室內設計

Interior Design and Space Planning Using AutoCAD

製圖講座

感謝您購買旗標書，記得到旗標網站

www.flag.com.tw

更多的加值內容等著您…

1. 建議您訂閱「旗標電子報」：精選書摘、實用電腦知識搶鮮讀；第一手新書資訊、優惠情報自動報到。
2. 「補充下載」與「更正啟事」專區：提供您本書補充資料的下載服務，以及最新的勘誤資訊。
3. 「線上購書」 專區：提供優惠購書服務，您不用出門就可選購旗標書！

買書也可以擁有售後服務，您不用道聽塗說，可以直接和我們連絡喔！

我們所提供的售後服務範圍僅限於書籍本身或內容表達不清楚的地方，至於軟硬體的問題，請直接連絡廠商。

● 如您對本書內容有不明瞭或建議改進之處，請連上旗標網站 www.flag.com.tw，點選首頁的 讀者服務，然後再按左側 讀者留言版，依格式留言，我們得到您的資料後，將由專家為您解答。註明書名（或書號）及頁次的讀者，我們將優先為您解答。

旗標網站：www.flag.com.tw

學生團體 訂購專線：(02)2396-3257 轉 362
傳真專線：(02)2321-1205

經銷商服務專線：(02)2396-3257 轉 331
將派專人拜訪
傳真專線：(02)2321-2545

國家圖書館出版品預行編目資料

室內設計製圖講座 / 留美幸著. -- 臺北市：
旗標, 2009.03 面； 公分
ISBN 978-957-442-714-7
1. AutoCAD(電腦程式) 2. 室內設計

312.49A97 98004192

作　　者／留美幸
發 行 所／旗標科技股份有限公司
台北市杭州南路一段15-1號19樓
電　　話／(02)2396-3257(代表號)
傳　　真／(02)2321-2545
劃撥帳號／1332727-9
帳　　戶／旗標科技股份有限公司
執行企劃／陳彥發
執行編輯／張根誠
美術編輯／林美麗・薛詩盈・張容慈
封面設計／古鴻杰
校　　對／張根誠・留美幸

新台幣售價：580 元
西元 2021 年 12 月初版 24 刷
行政院新聞局核准登記-局版台業字第 4512 號
ISBN 978-957-442-714-7

P R E F A C E

編者的話

平面設計圖的每個物件、線條、隔局、尺寸、比例、形狀、繪製方法都有其專業上的考量，但國內室內設計製圖卻不像建築製圖有明確的規範可依循，很多室內設計師都是憑經驗、習慣來繪製設計圖。對一些新手或經驗不足的設計師，就常會出現設計圖過於簡略、元件符號太陽春、標示不清等缺失，業主常因此質疑設計師的專業能力，甚至讓營建單位產生誤解而施工錯誤。

市面上不乏室內設計的書籍，但通常都是教『怎麼設計』、『怎麼擺設』，卻很少教怎麼把設計畫出來。想學室內設計製圖只能買的好幾年前出版的舊書，不但內容不合時宜、而且多半是以手繪製圖為例，對新一代的室內設計師幫助有限；少數國外翻譯書雖然內容不錯，但是施工的工法和國內差太多，參考價值並不高。

面對上述情況，本書是針對目前室內設計業界常見工法量身打造的室內設計製圖專書，幫助設計師畫出更美觀、更專業而且正確清楚的平面設計圖，希望能提供實務上施作的參考。

另外，一般來說室內設計平面圖上的文字字體多採用 "新細明體"，但由於印刷因素，書中另以其他可清楚呈現內容的字體呈現，特在此提出說明。

目錄

C O N T E N T S

3 繪製平面配置圖

4 系統圖面繪製

5 繪製圖面常見的問題

Chapter 1

室內設計新手必備基本概念

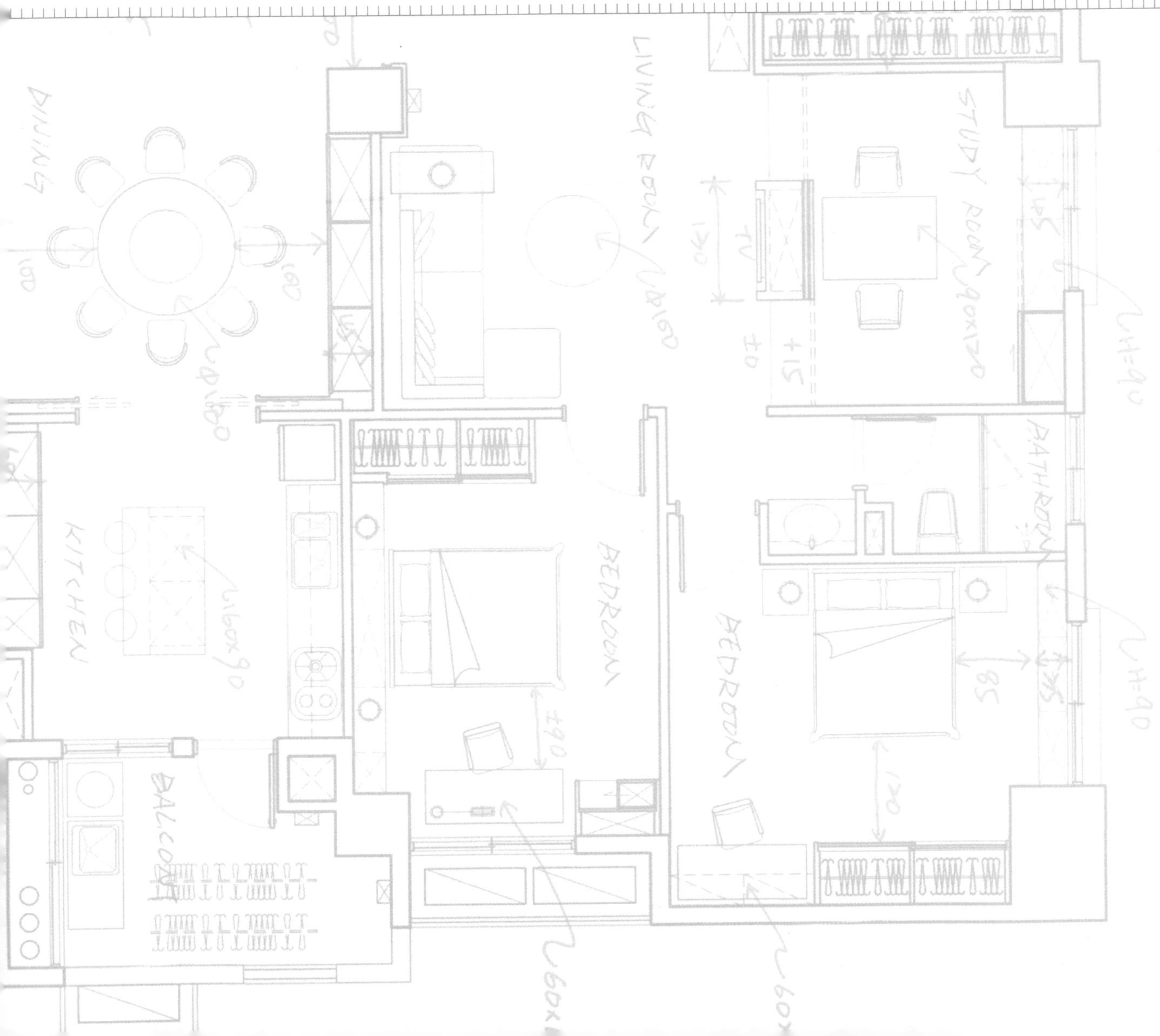

1-1 繪置平面配置圖的事前準備功課

有些人拿到一張平面隔間圖，並沒有用心思考就開始規劃配置；有些人拿到一張平面隔間圖，遇到需變更原有配置時卻無法下手規劃。所以，事前的準備功課就要從平常做起，至於如何做事前功課，提供一些建議方便大家參考：

（一） 收集平面配置圖

多看國內外的室內設計相關雜誌，一定要有平面配置圖來對照完工後的彩色圖片，這樣才會知道設計者如何處理空間及面材，若有不錯的平面配置圖可以COPY下來。配置平面配置圖遇到障礙時，可以當做參考範本。

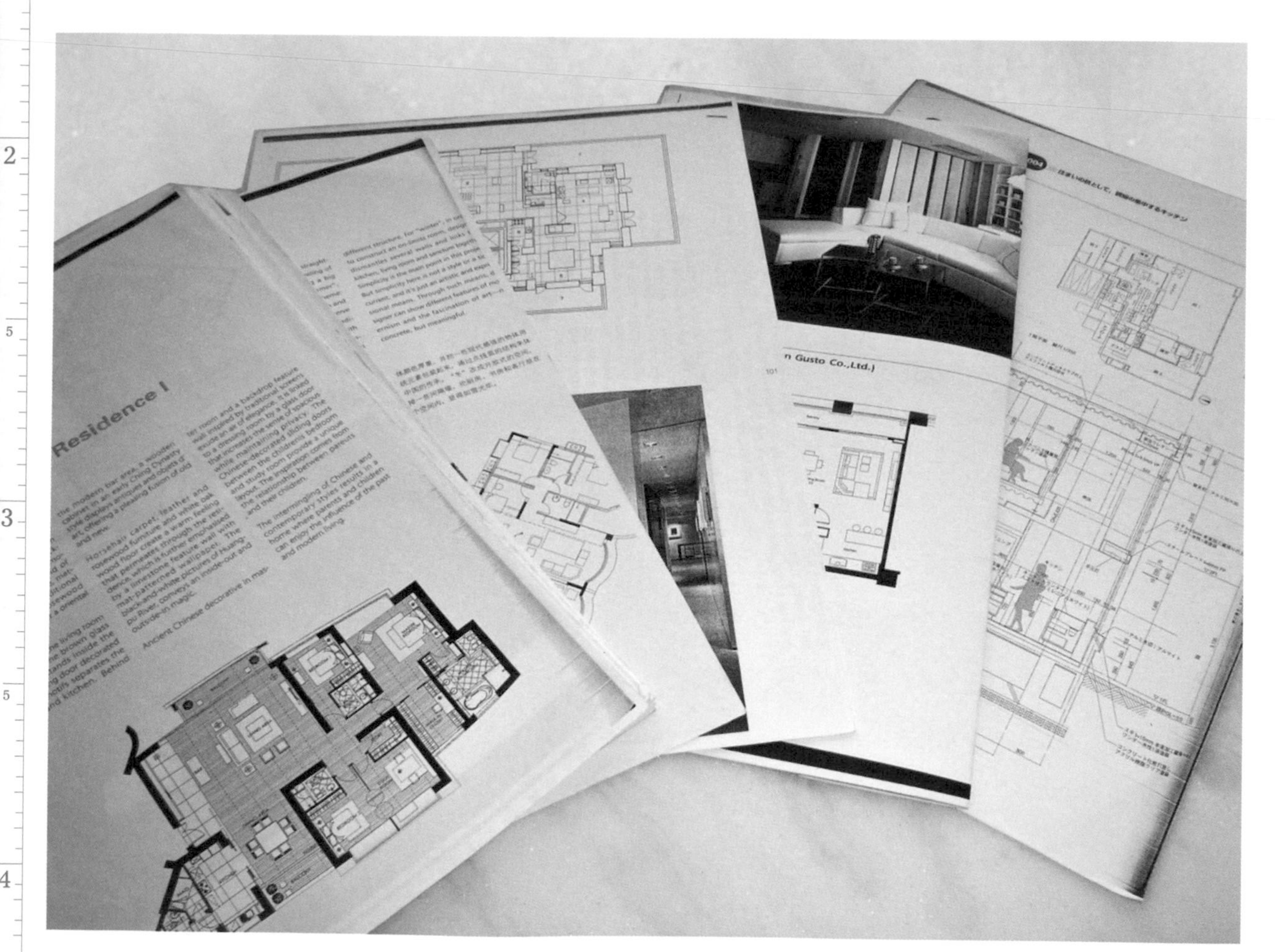

收集平面配置圖

（二） 觀察現況

突破固定思維暫時捨棄風水問題，在有些現況環境並非有好的視景是處於客廳的位置上；若業主非常需要安靜的睡眠環境，而現況的主臥室卻位於大馬路旁諸如此類問題。如何在既有的隔局去做調整及變更，必須要在現況多用心去觀察，並依循業主的需求再做調整。

（三） 初次配置

別太快用AutoCAD去規劃平面配置圖，可以試著多COPY幾張、或者用描圖紙覆蓋在現況隔間平面圖手繪，若直接在AutoCAD繪置只會花很多時間在小部份細節上，無法規劃出明確的大方向。建議先用草稿方式去規劃會比較清楚空間的可能性。可以先用鉛筆概略繪空間位置隔間及動線，再用黑鉛字筆描繪確定平面配置圖，草圖不用畫太細緻，因為進入AutoCAD繪製時，空間尺寸會再做調整，但整個架構會跟草圖是一樣的。

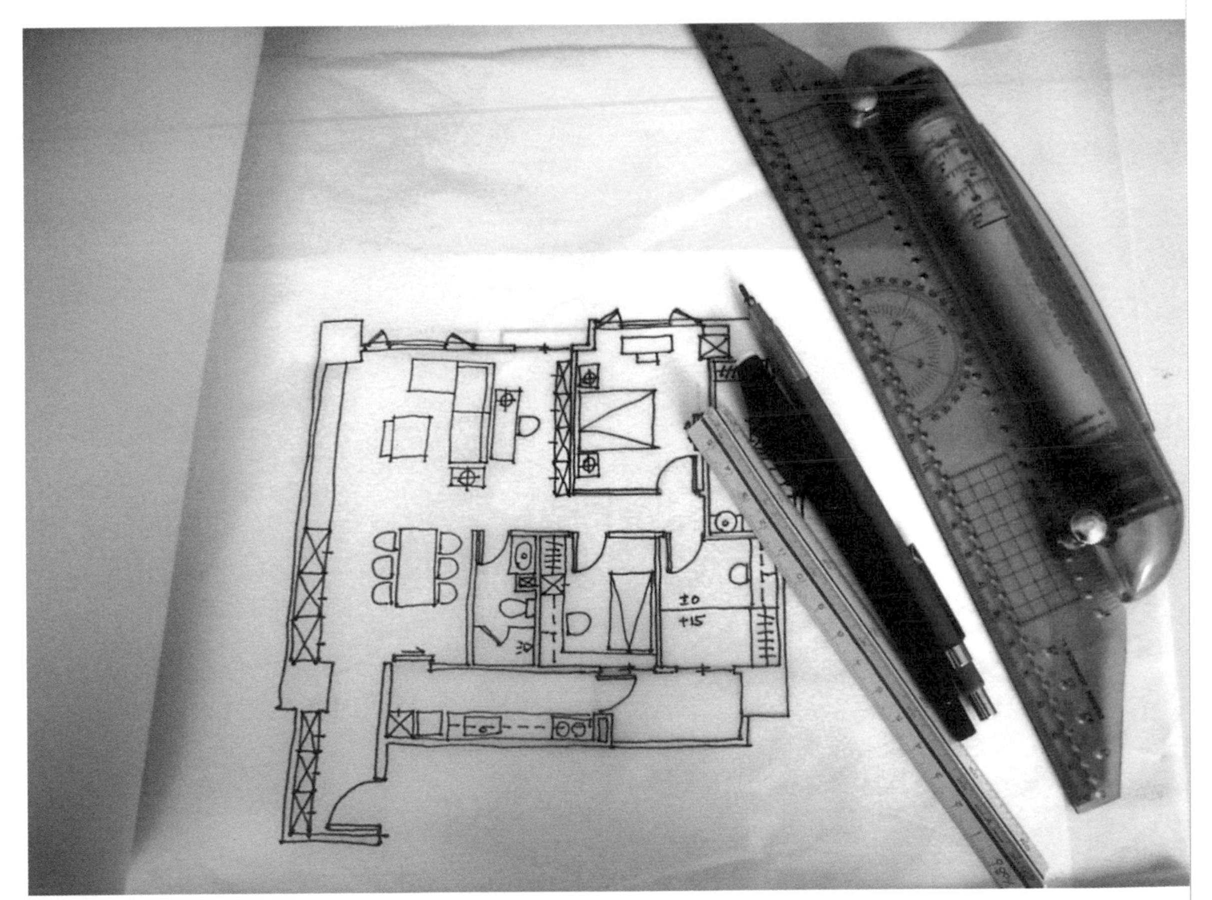

手繪初稿平面配置圖

1-2 現場丈量放樣

放樣圖面有很多樣，其中現場丈量放樣圖面比較多，所遇到房屋的狀況、隔局是非常多樣且多變，底下就取現場丈量須知流程加以說明。

1. 準備丈量工具：
    - 捲尺：分為一般捲尺與魯班尺，室內設計以使用魯班尺的機會較多。
    - 相機
    - 方眼紙或白紙
    - 自動鉛筆、原子筆 (紅、藍、綠色)、橡皮擦、螢光筆 (紅、綠色)

    其中魯班尺的標示與使用方法對於初入行的新手可能比較不熟悉，特別提出說明如下。

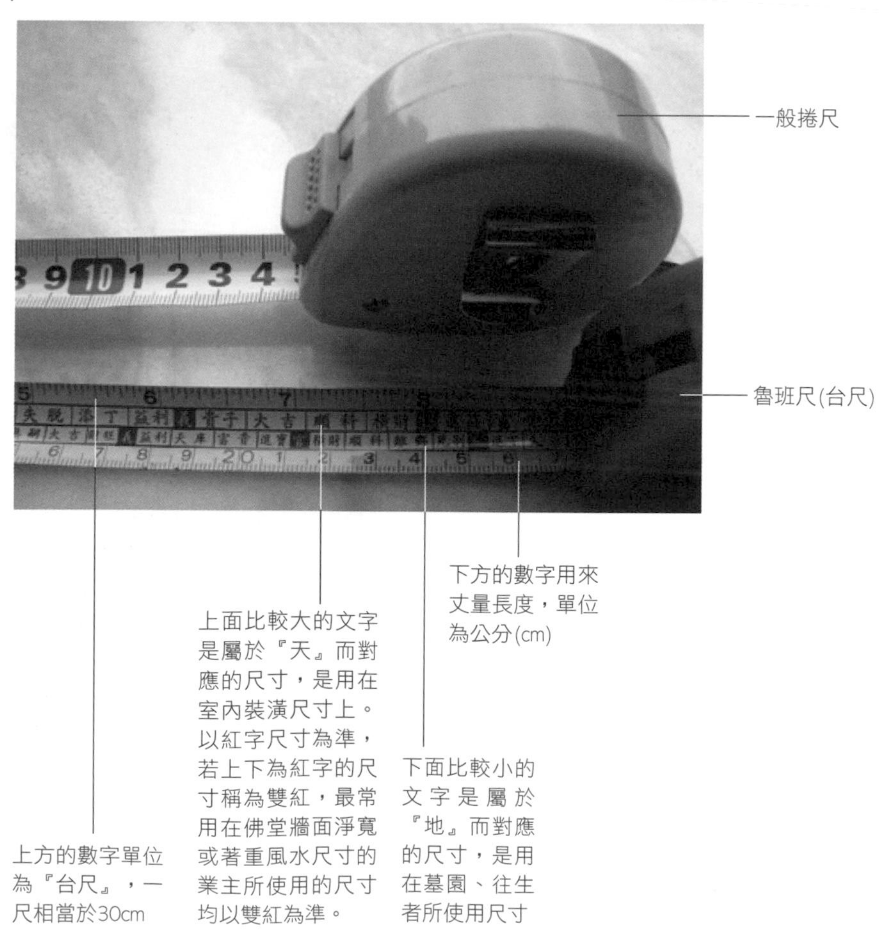

捲尺的使用分為幾種不同的場合，分別是『寬度的丈量』、『室內淨高的丈量』與『樑位寬度的丈量』，量測方法如下：

寬度的丈量

❶ 手姆指按住捲尺起頭。

❷ 平行拉出。拉至欲量的寬度即可。

室內淨高的丈量

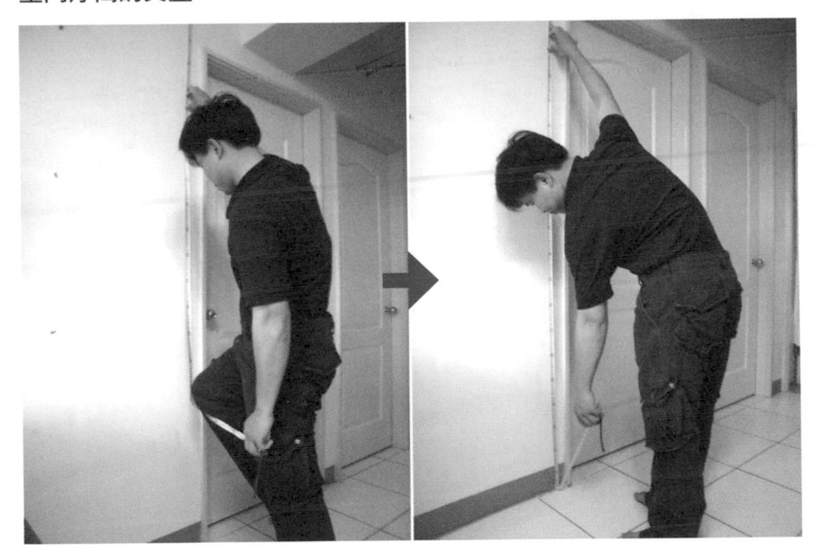

❶ 捲尺的起頭頂到天花板頂。

❷ 手姆指按住捲尺。

❸ 膝蓋頂住捲尺往下壓。

❹ 捲尺再往樓地板頂延伸即可。

樑位寬度的丈量

❶ 捲尺平行拉伸。

❷ 形成一個『ㄇ』字型。

❸ 往樑位底部頂住。

❹ 樑位單邊的邊緣與捲尺整數值齊，再依此推算樑寬的總值。

2. 先觀察建物形狀及四周環境：

因建物造型或建地關係，部份外觀會出現斜面、弧形、圓形、金屬造型、退縮、挑空等等，先由建物外觀先去了解並拍照。另外還有建物所面臨的四周狀況需去了解，有時會影響日後在配置平面圖考量依據。

大樓外觀各有不同

3. 使用相機拍下門牌號碼、記錄地址。

4. 進入屋內觀察隔局及形狀、間數。

5. 鉛筆用淡線勾繪大略的格局。

6. 開始丈量：

由大門入口開始丈量，最後閉合點(結束面)也是在入口大門。現場丈量繪製時也是用鉛筆且用重(粗)線一邊丈量一邊慢慢勾畫明確的隔局。而在柱與管道間要如何去分辦呢？只要記住『有樑就有柱子，有柱子卻無樑時，那就是管道間』。

雙箭頭尺寸數值是指總長或寬度，若遇到過多凹凸牆面的空間，需再丈量總總長或寬度，方便放圖尺寸的核對及減少誤差值的問題

先繪製方向箭頭,再寫尺寸數字：因為當遇到面積不大的面時，能清楚了解標示尺寸數字是指何處牆面

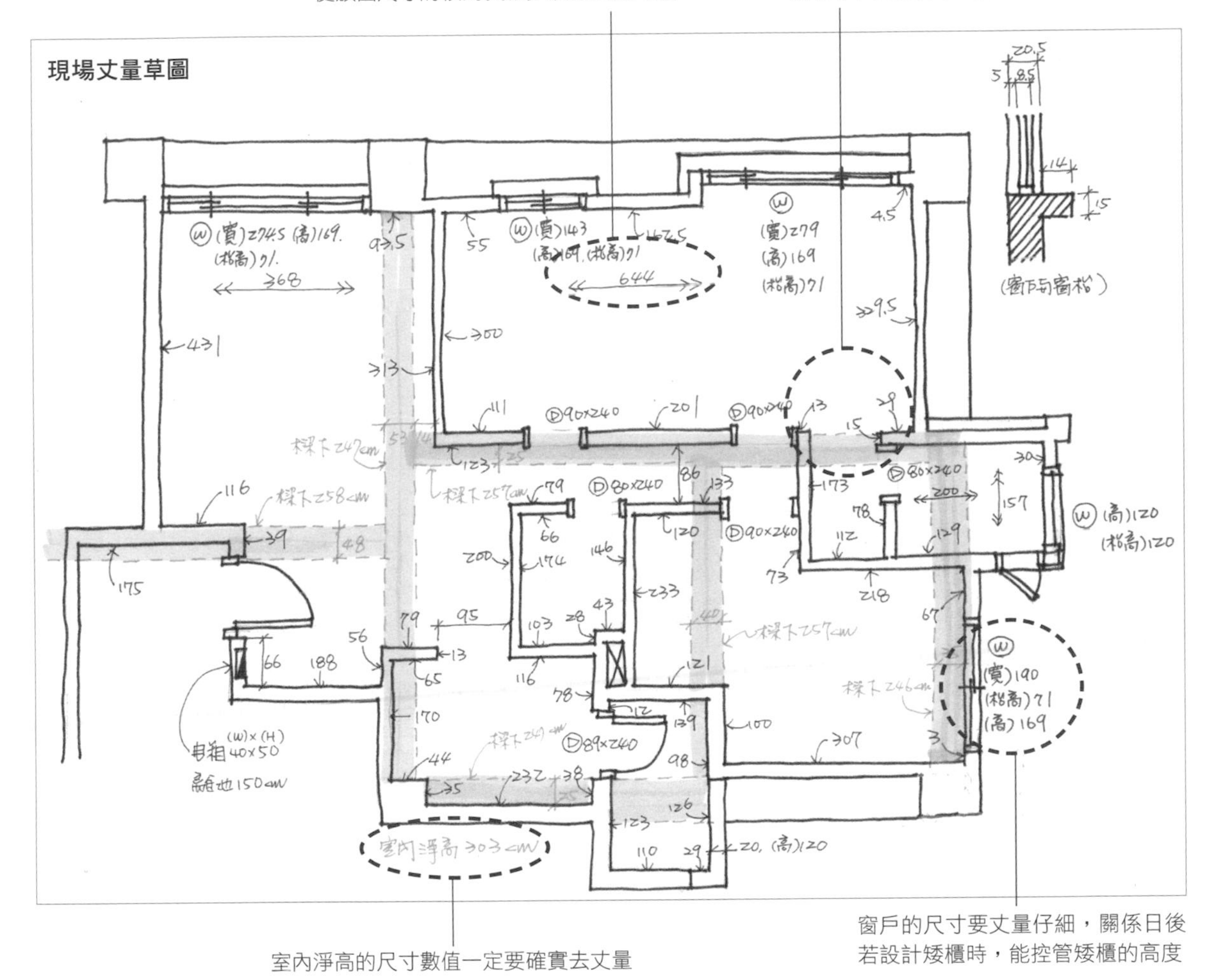

窗戶的尺寸要丈量仔細，關係日後若設計矮櫃時，能控管矮櫃的高度

室內淨高的尺寸數值一定要確實去丈量

7. 記得回應複數：

   若有兩個人去丈量，一定是一位拿捲尺丈量，另一位作繪製隔局及標示尺寸。所以，當有一位拿捲尺在丈量及唸出尺寸時，另一位需回應他所聽到尺寸數值，讓丈量數值誤差減到最低。

8. 丈量樑位：

   格局都丈量好時，接下來用綠色原子筆大略勾繪大小樑位。再用捲尺丈量室內淨高、樑寬、樑下淨高度。

9. 拍照或丈量弱電、給排水、空調排水孔、原有設備、地坪狀況

10. 再檢視現場丈量草圖與現況有無問題：若現場丈量尺寸都已繪製完畢,再確認是否有遺漏或有問題之處

11. 全室的現況拍照：站在角落身體半蹲拍照，每一張的景能均以拍到天花板、牆面、地面為最佳

12. 依現場丈量草圖，再由AutoCAD繪製正確完整的圖面

在房屋內部的隔局最常見的是單一層平面隔局，但也有特殊的隔局，如挑空的樓中樓、複式夾層，及雖是單一層隔局卻在客廳為挑高空間等等。這三種不同隔局的空間在繪製平面圖時並不相同，尤其在挑空的隔局繪製圖面比較容易出錯，再者後兩種隔局在繪製現況圖面時，最好能再繪製縱橫剖立面便於了解隔局上落差。底下提出實景現況範例介紹，當遇到什麼樣的隔局空間就會知道怎麼去繪製了。

✚ 範例 1：單層平面隔局

單層現況照片 -1

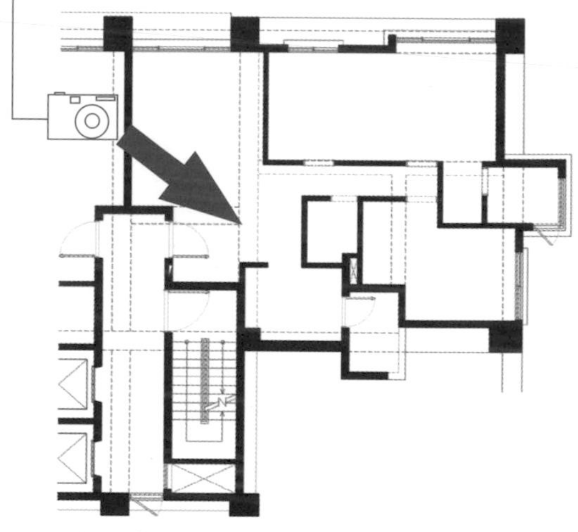

現況照片位置示意圖

單層現況照片 -2

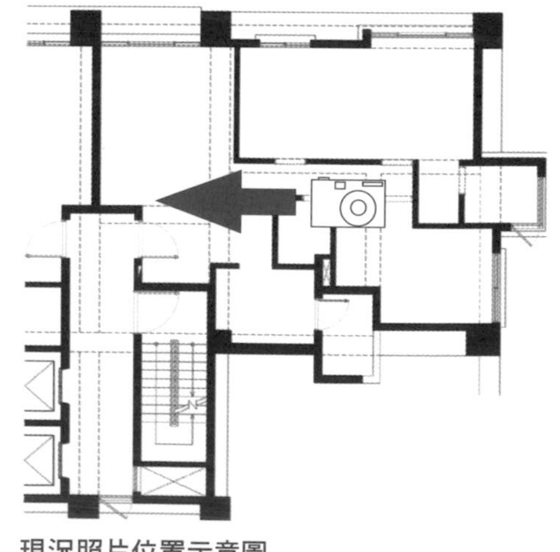

現況照片位置示意圖

單層現況照片 -3

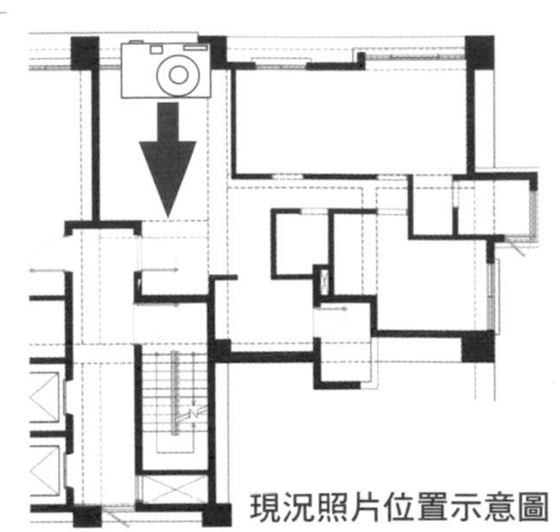

現況照片位置示意圖

單層現況照片 -4

現況照片位置示意圖

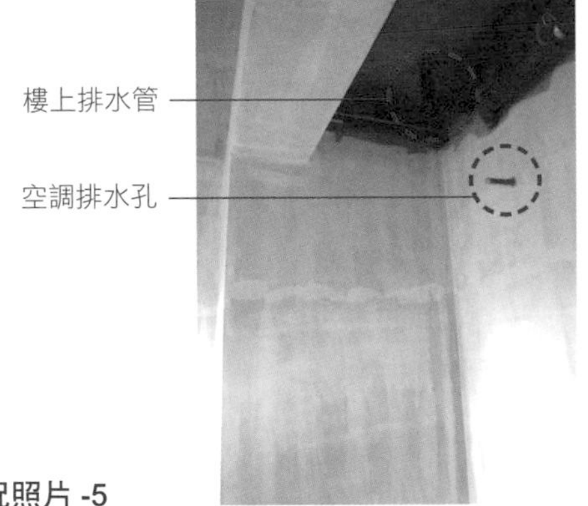

單層現況照片 -5

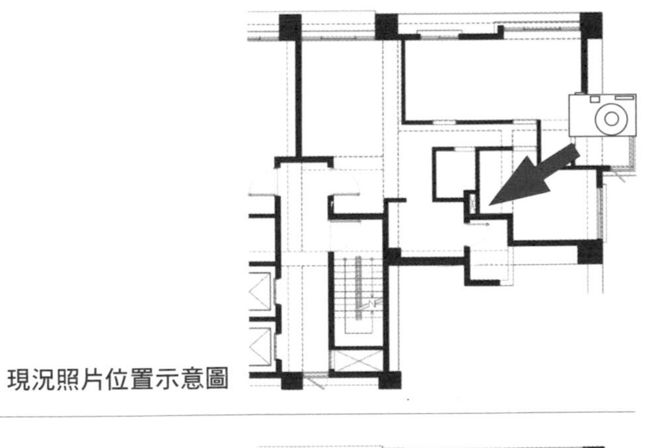

現況照片位置示意圖

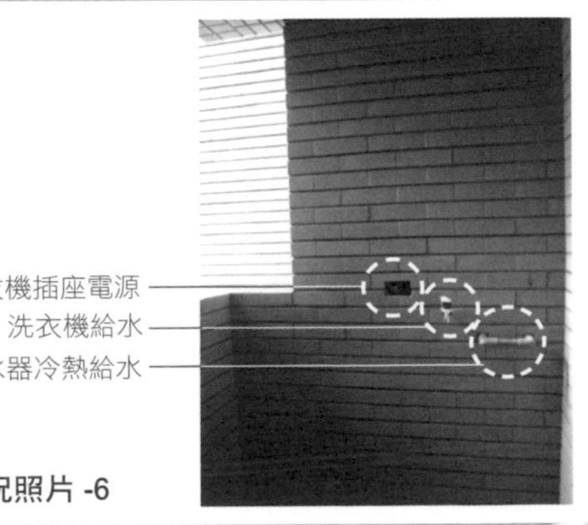

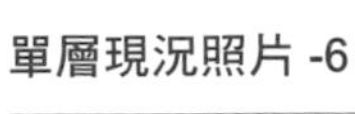

單層現況照片 -6

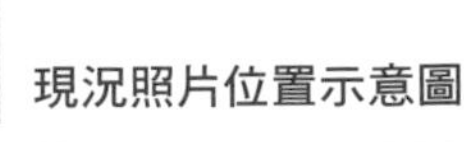

現況照片位置示意圖

下圖為依據現況丈量草圖，用AutoCAD繪製而成的圖面：

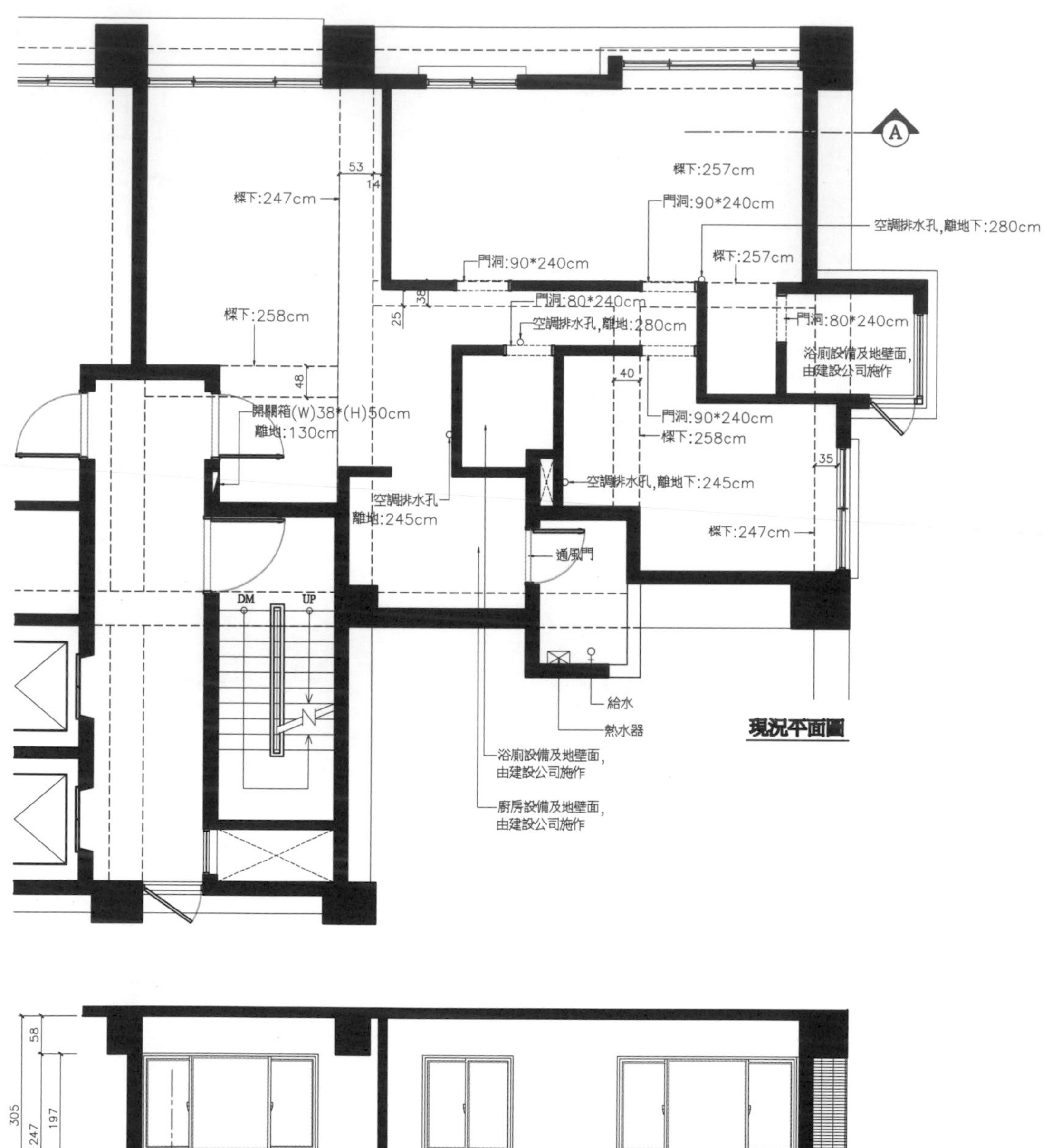

現況平面圖

A向立面圖

(現況地坪尚未施作地磚)

B向立面圖

+ 範例 2：樓中樓隔局

樓中樓現況照片-1

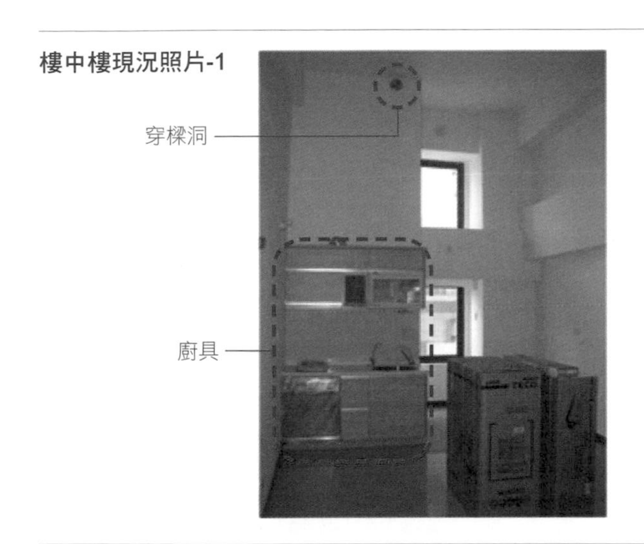

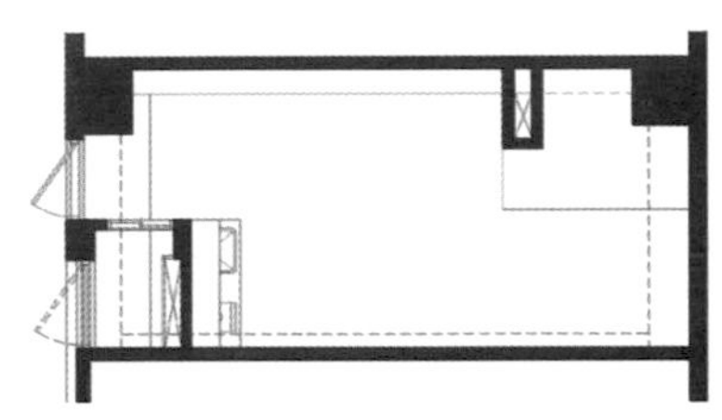

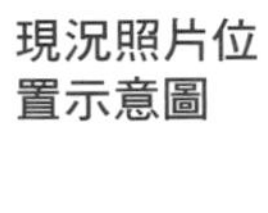

現況照片位置示意圖

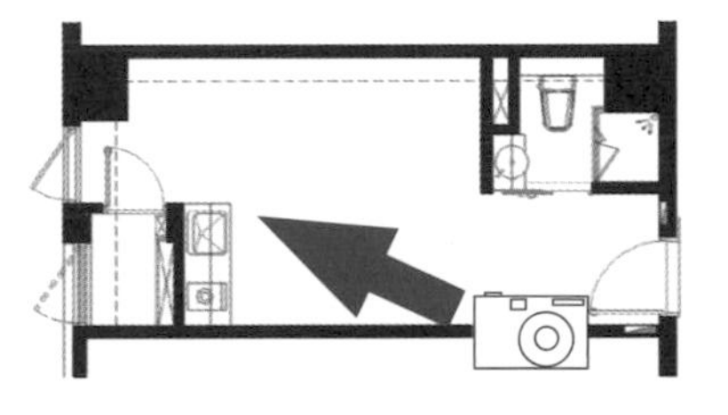

樓中樓現況照片-2

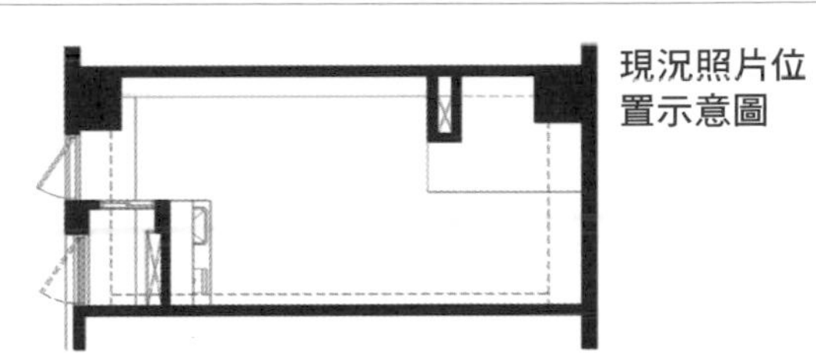

現況照片位置示意圖

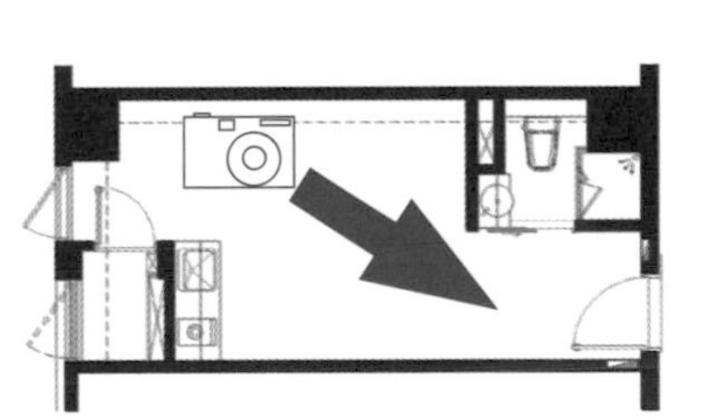

樓中樓現況照片-3

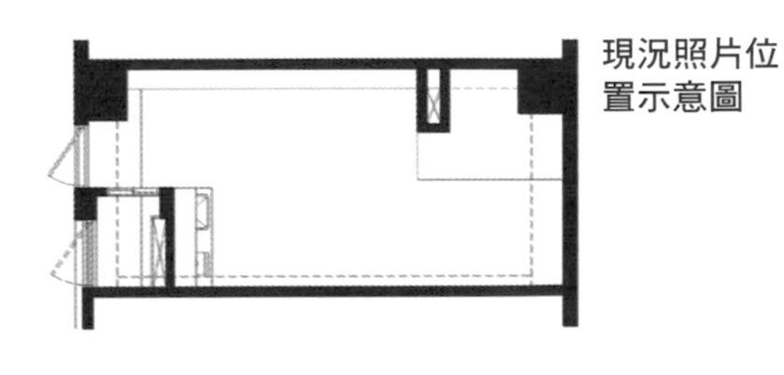

現況照片位置示意圖

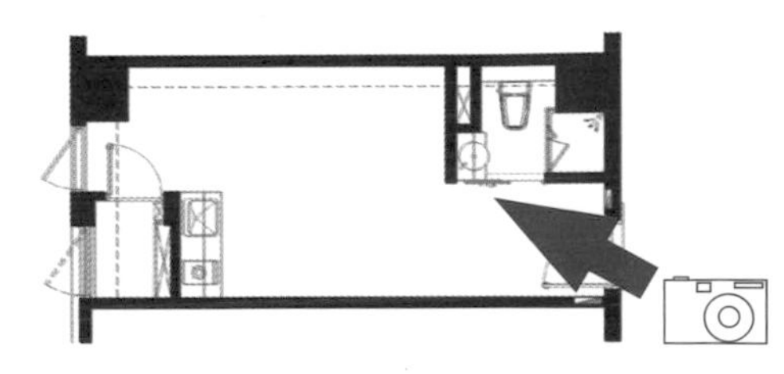

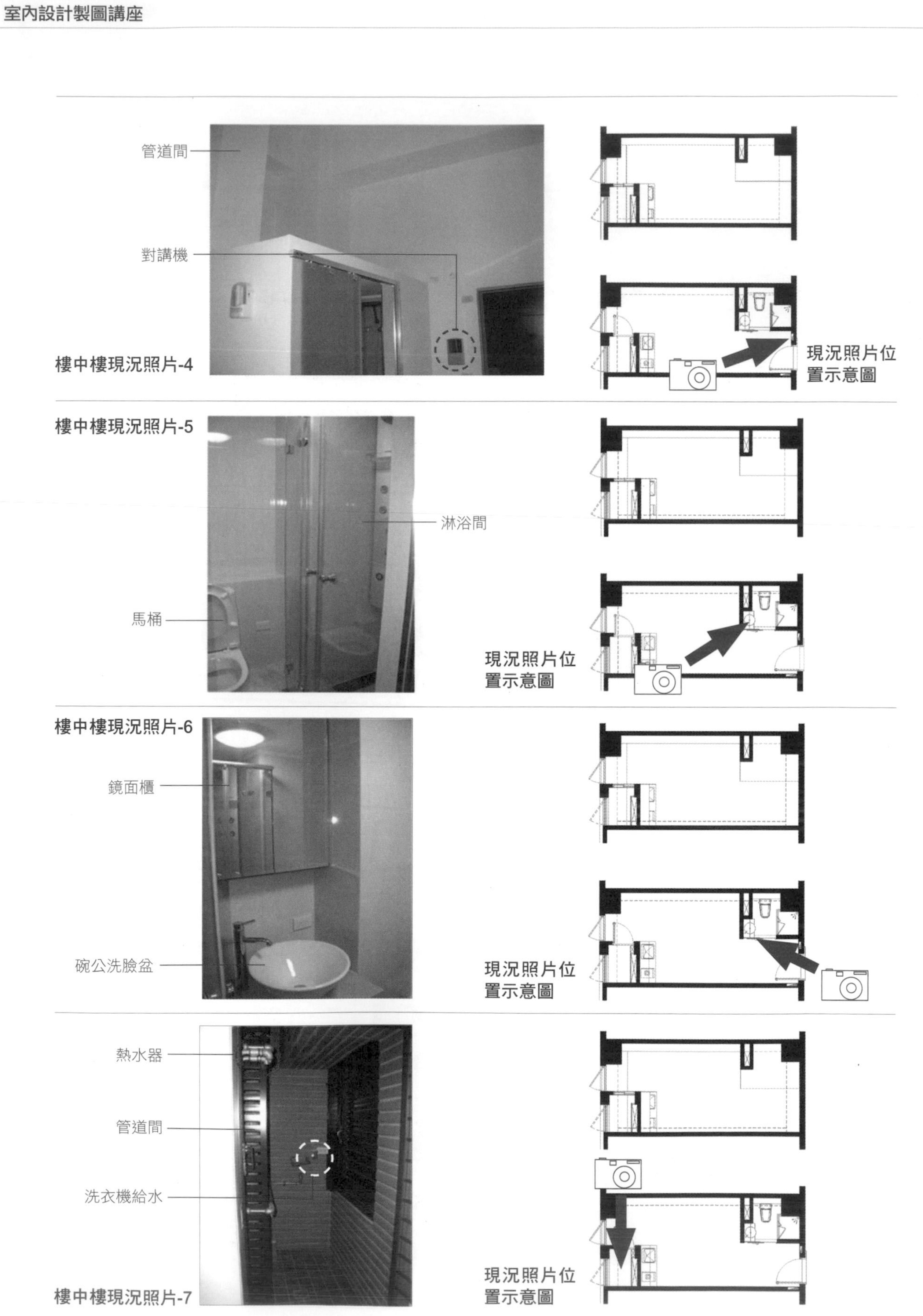
管道間
對講機
樓中樓現況照片-4
現況照片位
置示意圖
樓中樓現況照片-5
淋浴間
馬桶
現況照片位
置示意圖
樓中樓現況照片-6
鏡面櫃
碗公洗臉盆
現況照片位
置示意圖
熱水器
管道間
洗衣機給水
現況照片位
置示意圖
樓中樓現況照片-7

下圖為依據現況丈量草圖，用AutoCAD繪製而成的圖面：

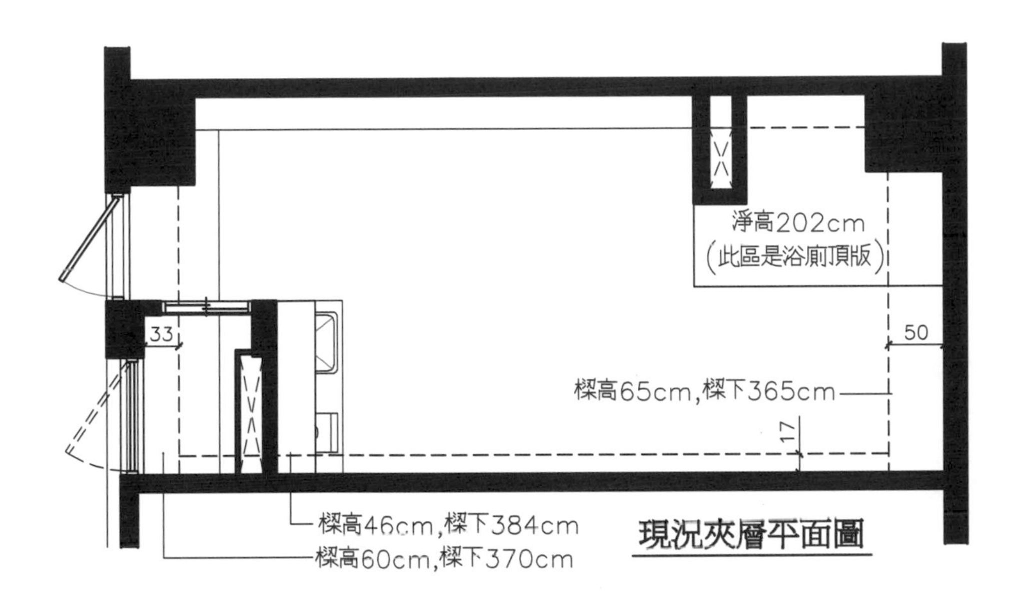

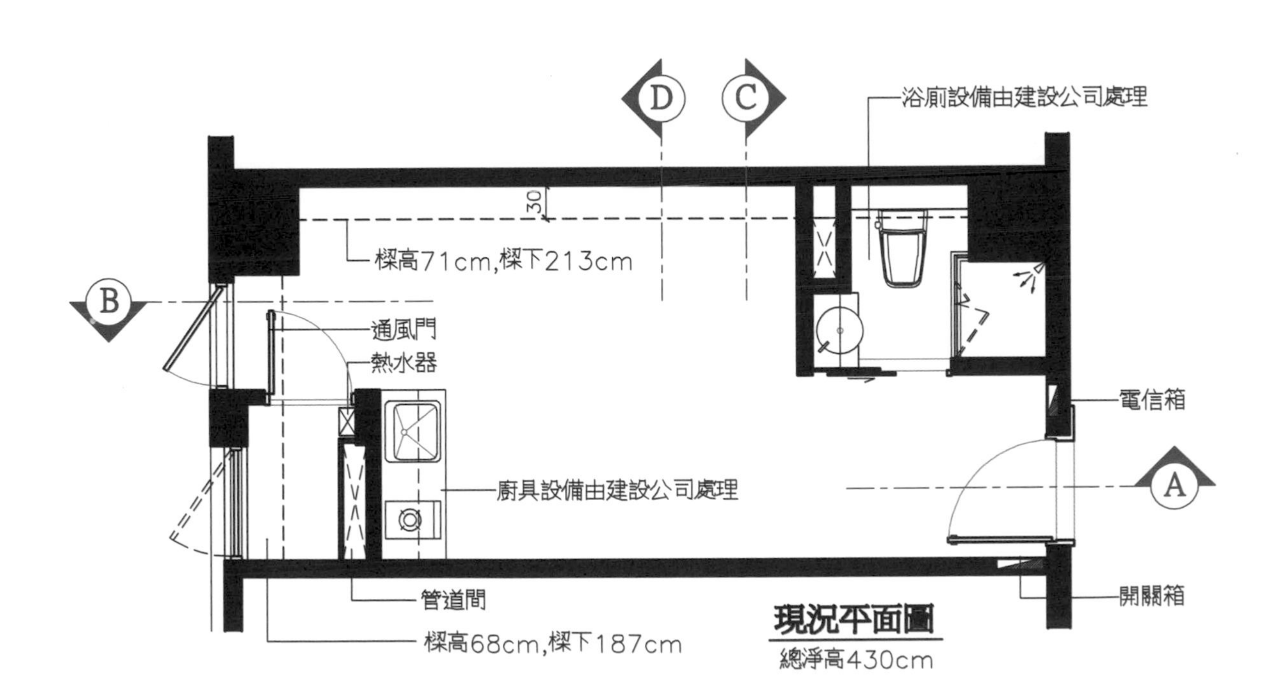

A向立面圖

B向立面圖

C向立面圖

D向立面圖

＋ 範例 3：複式夾層隔局

複式夾層現況照片-1

現況照片位置示意圖

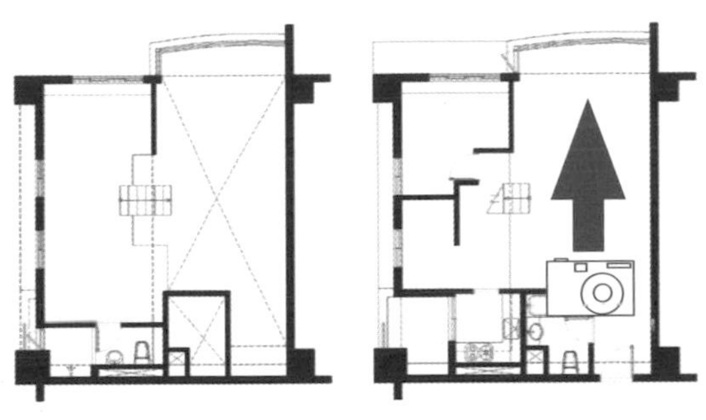

複式夾層現況照片-2

現況照片位置示意圖

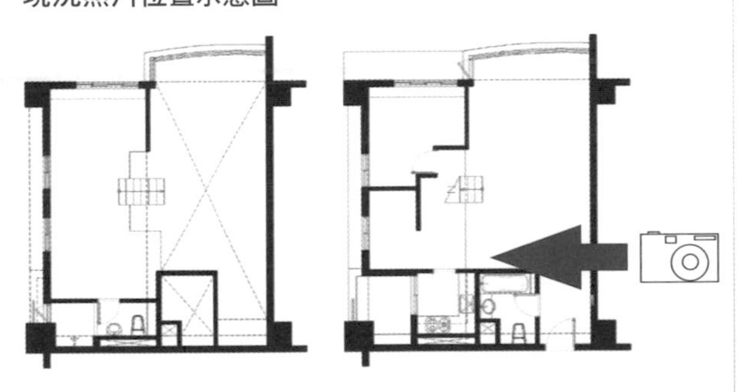

複式夾層現況照片-3

現況照片位置示意圖

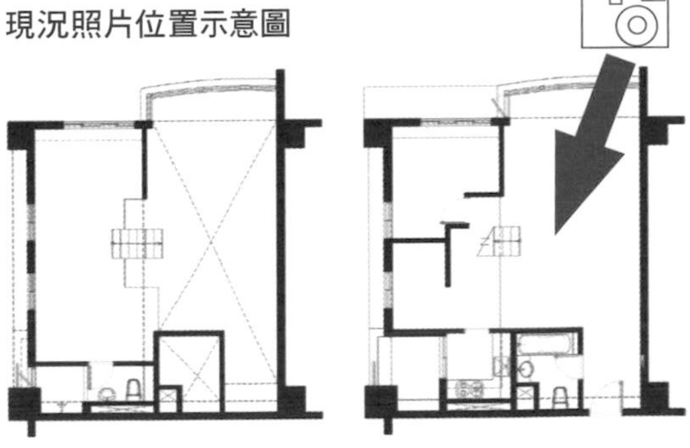

複式夾層現況照片-4

現況照片位置示意圖

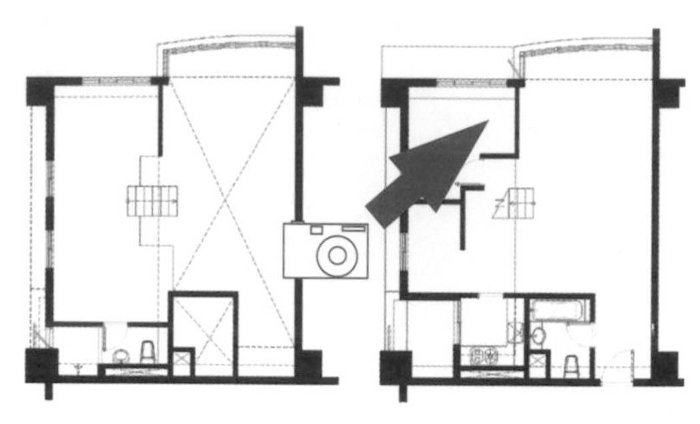

複式夾層現況照片-5

現況照片位置示意圖

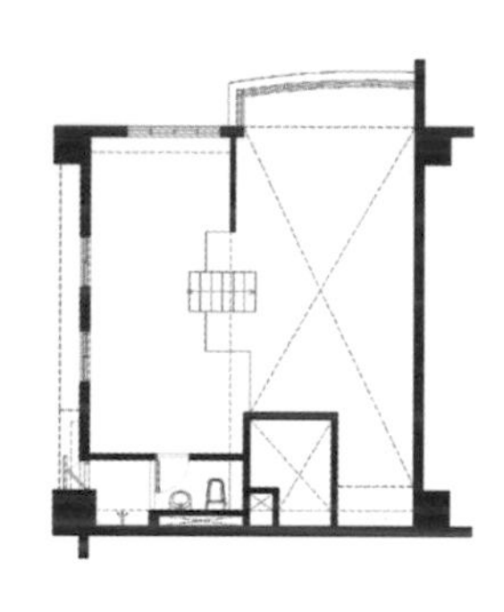

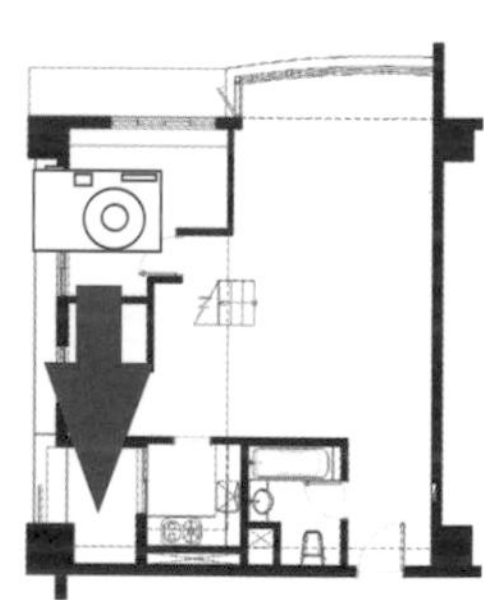

複式夾層現況照片-6

現況照片位置示意圖

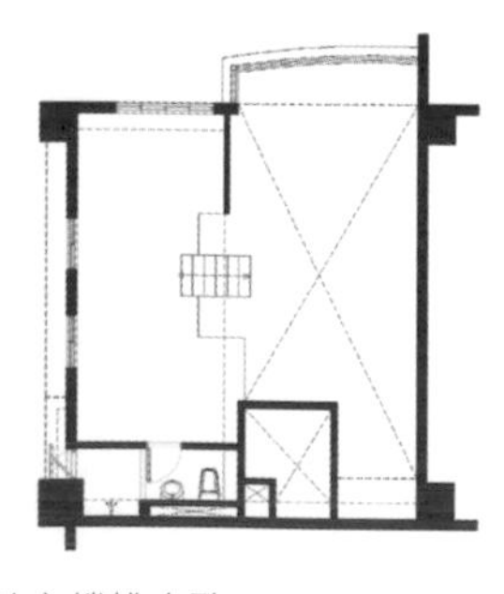

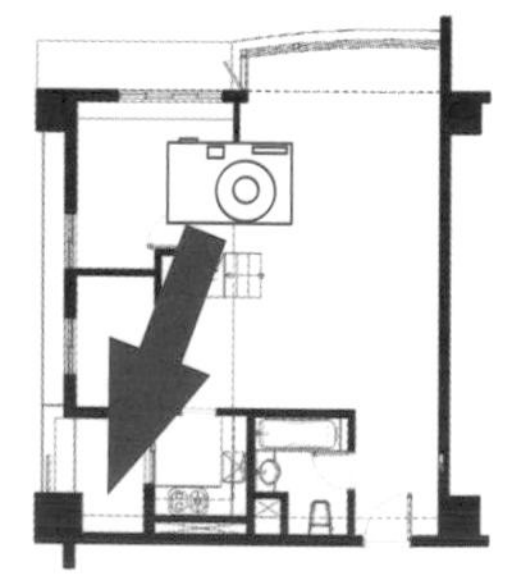

複式夾層現況照片-7

現況照片位置示意圖

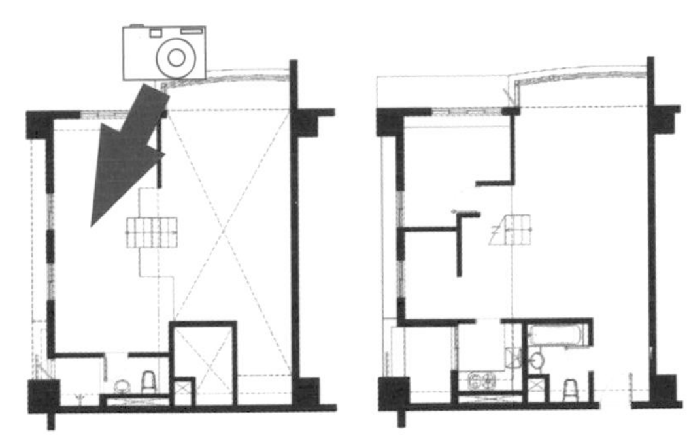

複式夾層現況照片-8

現況照片位置示意圖

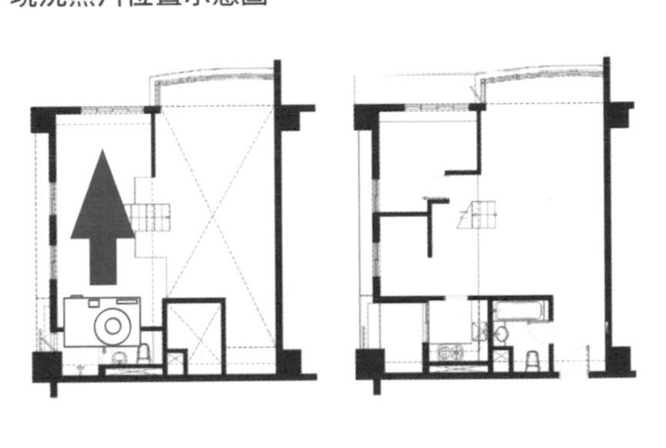

複式夾層現況照片-9

現況照片位置示意圖

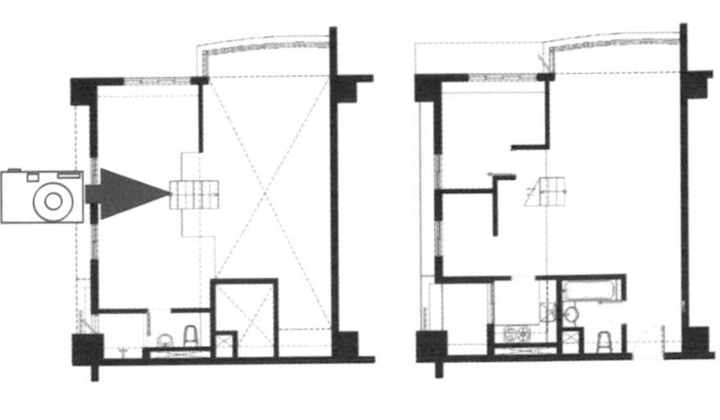

下圖是依據現況丈量草圖，用AutoCAD繪製而成的圖面：

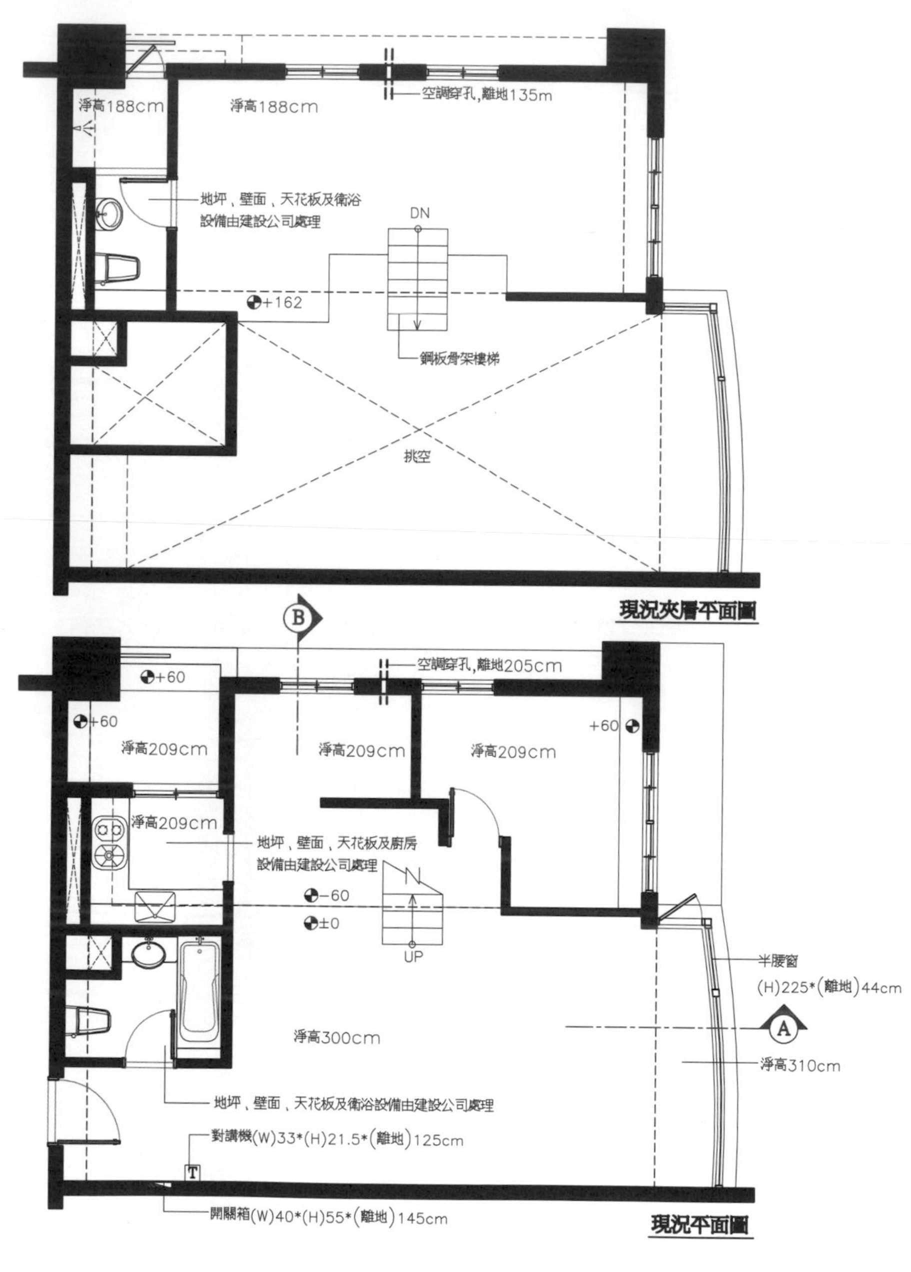

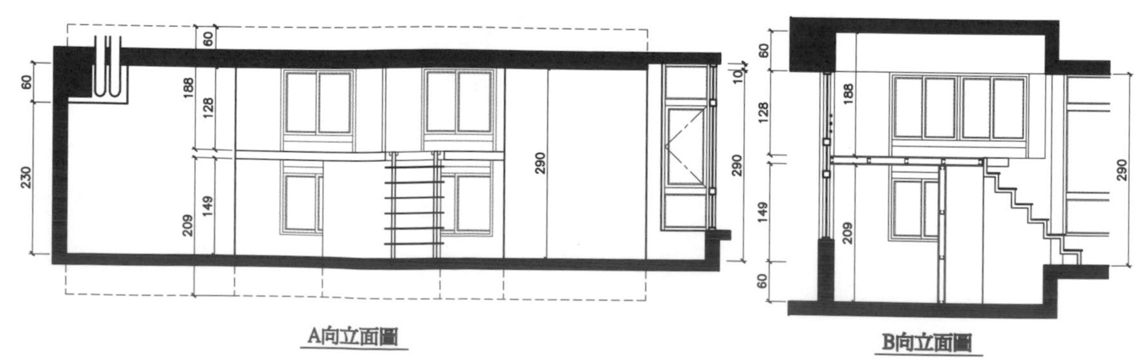

1-3 室內設計的風水問題

「風水」是自古老祖先流傳下來，到了現代則轉化為各自派學理論。面對不良的外在環境及內在環境，從事設計者需具備有基礎風水觀念，可避免不良的格局，但不需沉迷，而是以理性去看待及適度調整達到合理居住空間。目前不少的設計者也投入風水學的研究領域，期盼更能幫業主解決空間上問題，但有些空間的條件並不全然套用「風水」理論，必須考量實際空間格局是否合適，例如「穿堂煞」(如下圖)，為了避免風水上問題，而讓入口去做區隔擋煞，造成入口玄關的陰暗或犧牲空間的開擴性之類問題。

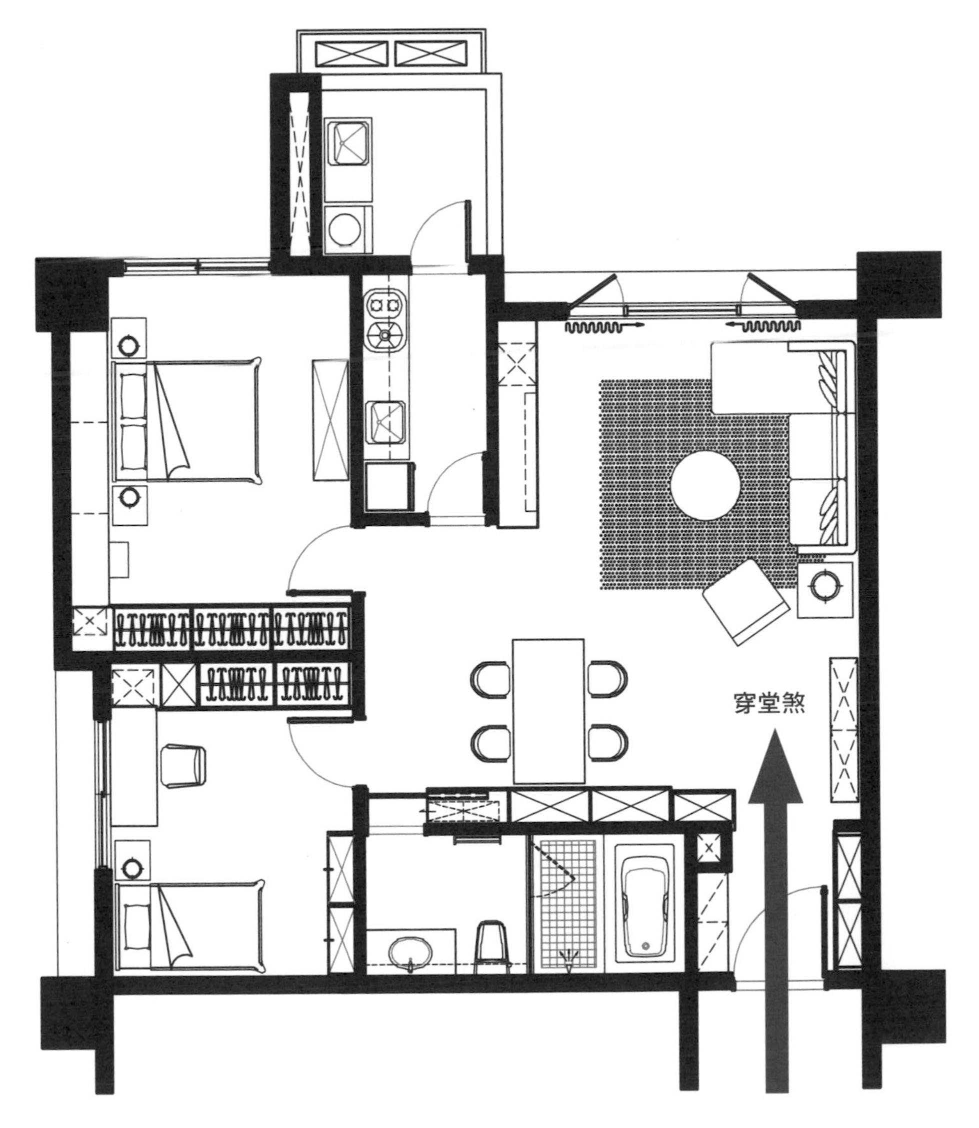

當然設計者也要尊重業主的意見，以設計者專業素養，在設計與風水中取得一個平衡點為解決的方式才是最重要。雖然風水學與設計者對空間的看法不一，但能讓業主住得平安、舒適放鬆便是好風水。

+ 問題格局：樑壓到佛桌

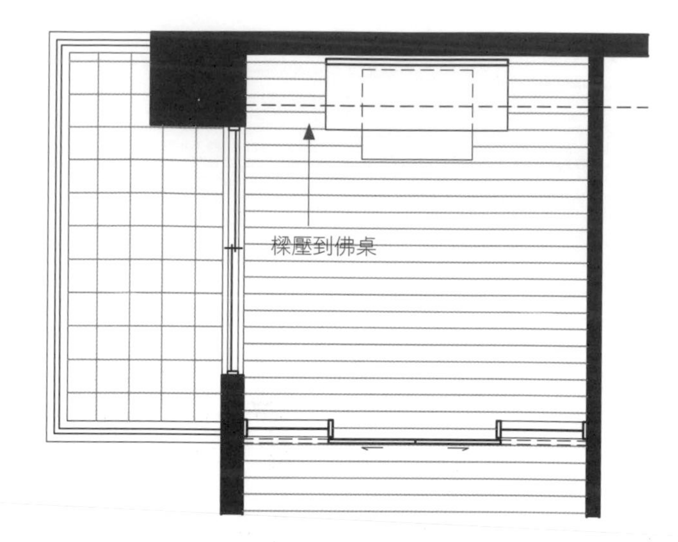

? 問題風水的原因

佛桌位置是一門大學問，因為會影響家中運勢,禁忌事宜也很多。像是佛桌後方不宜為臥室、不宜將廚房的爐灶及水管設在佛桌後方、佛桌左右不宜有房間等等，因此不得不多加留意。

! 解決方式

請地理風水老師堪輿適合的方位，再去更改佛桌位置。

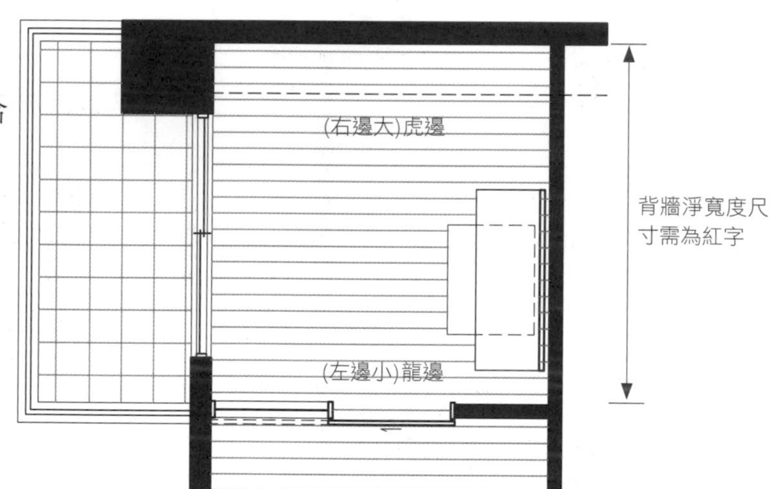

+ 問題風水的格局：門對門

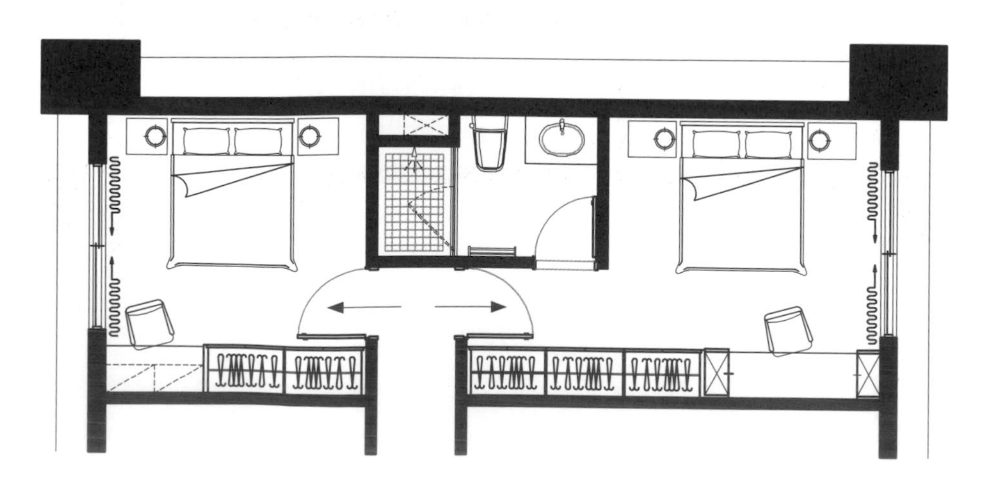

問題風水的原因

易發生口角。

解決方式

1. 在空間動線許可下，變更其中一個門的位置。
2. 或者其中一個門設計為暗門。
3. 若無法更改,可在門上掛上門簾。

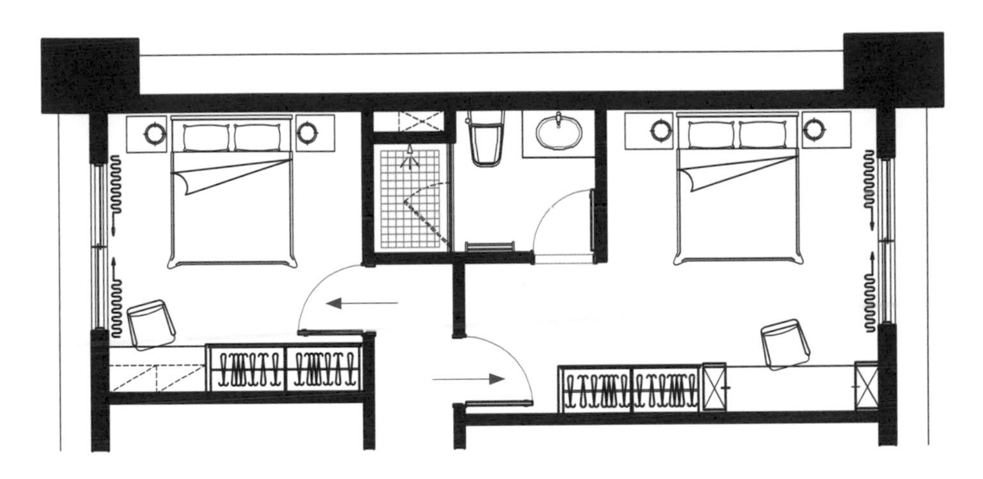

問題風水格局：床頭靠近樓梯間

問題風水原因

對於忙碌的現代人來說睡眠是很重要的，床頭不宜設置在電梯間、樓梯間、廚房等共同使用隔牆面空間，這種情況要盡量避免。

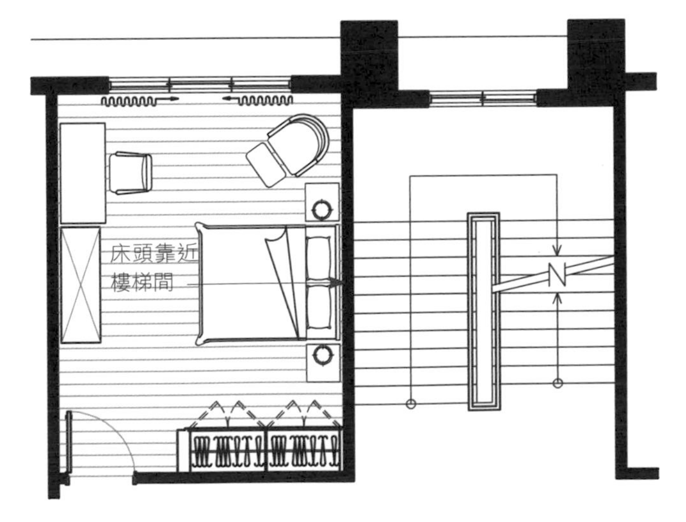

解決方式

1. 若空間上無法變更，可於床頭牆面加封隔音牆。
2. 床頭壁開樓梯間位置。

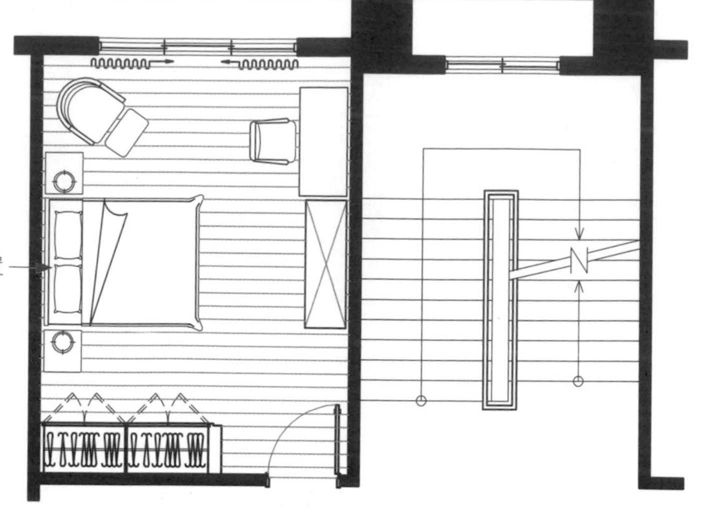

+ 問題風水格局：原有浴廁位置不可變更為臥室

問題風水原因

就算當層的樓層變更為臥室，但天花板依舊可見樓上的浴廁管路，而整棟大樓浴廁都集中在此區域，相對穢氣及管路的水聲都集中於此，會影響睡眠品質及健康。

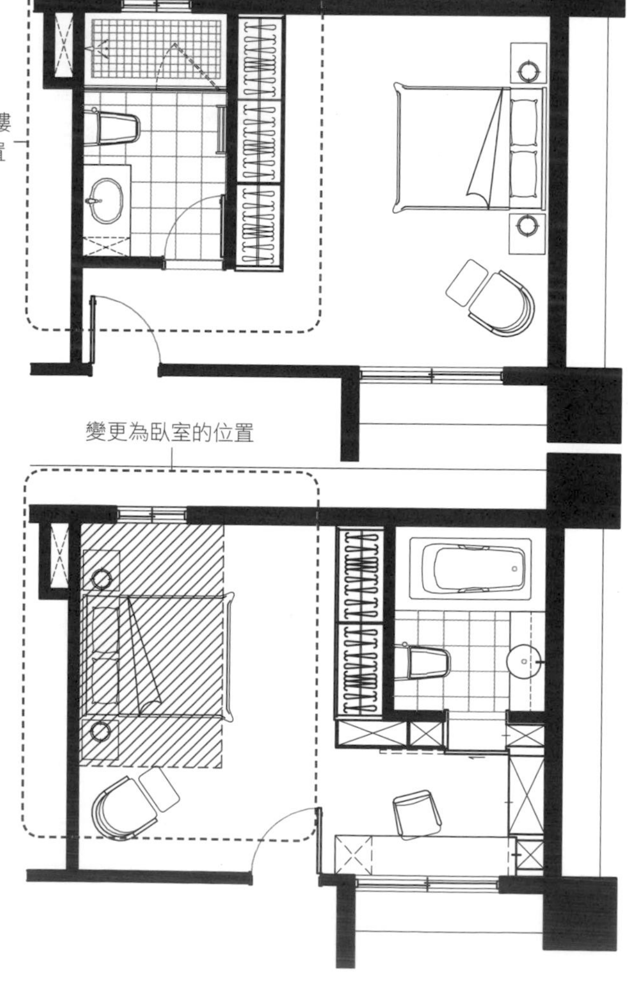

解決方式

若此浴廁不再使用狀況，可更改為儲藏室或工作間。

+ 問題風水格局：明鏡設計在常行走動線範圍內

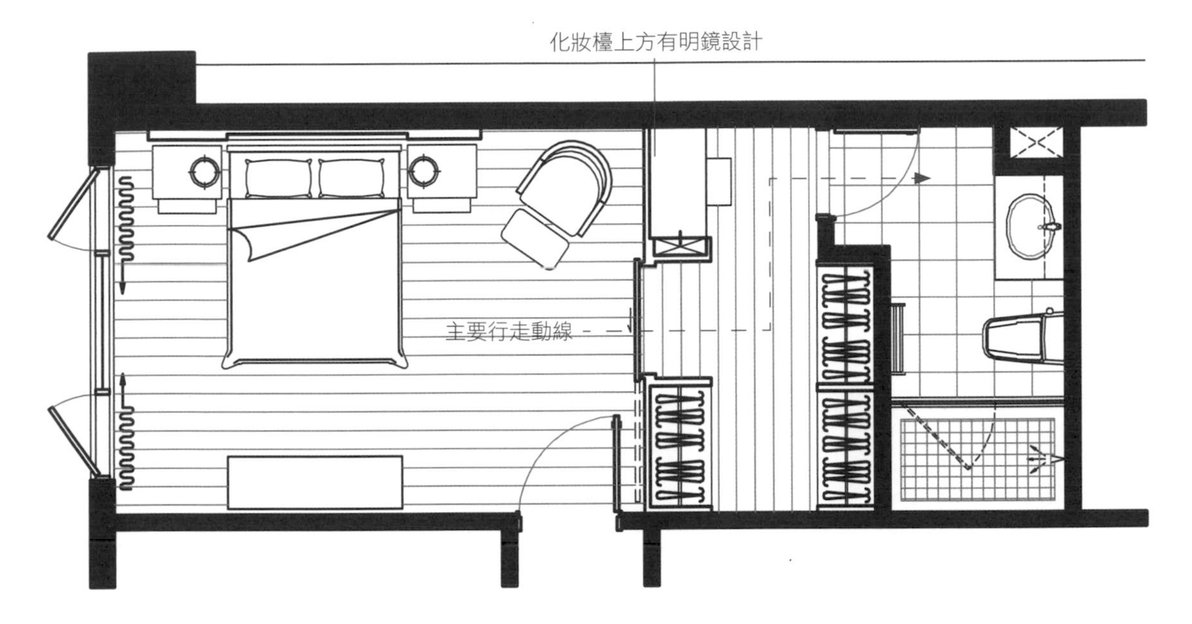

? 問題風水原因

若半夜使用浴廁，比較容易被驚嚇到。

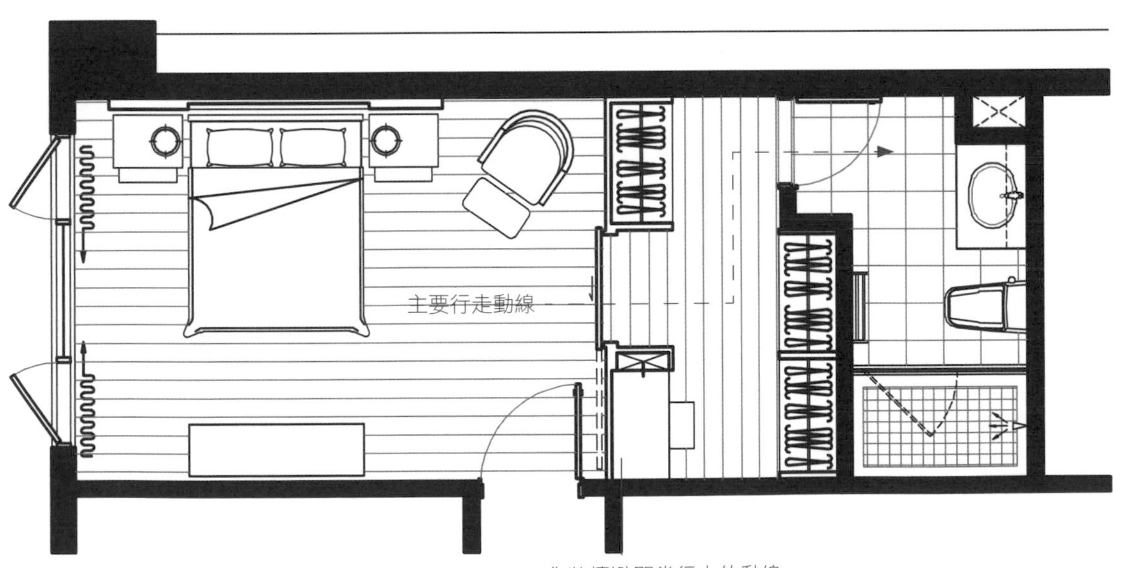

化妝檯避開常行走的動線

! 解決方式

1. 避開明鏡設計在常行走動線範圍內。

2. 可以設計明鏡為隱藏式。

+ 問題風水格局：化妝檯明鏡照到床

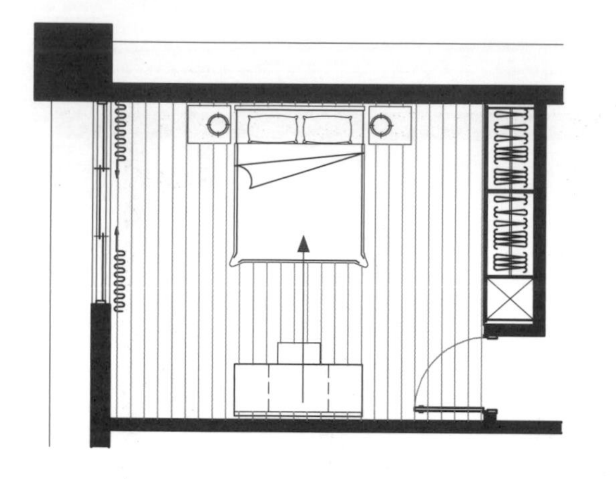

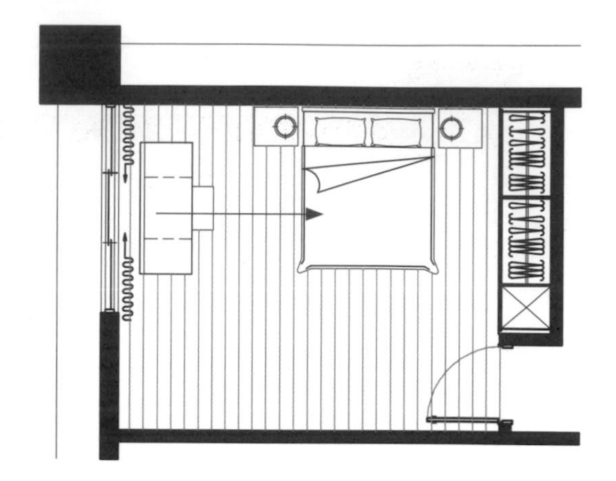

? 問題風水原因

比較容易被驚嚇到，會影響睡眠品質。

! 解決方式

請避開明鏡直接照到床。

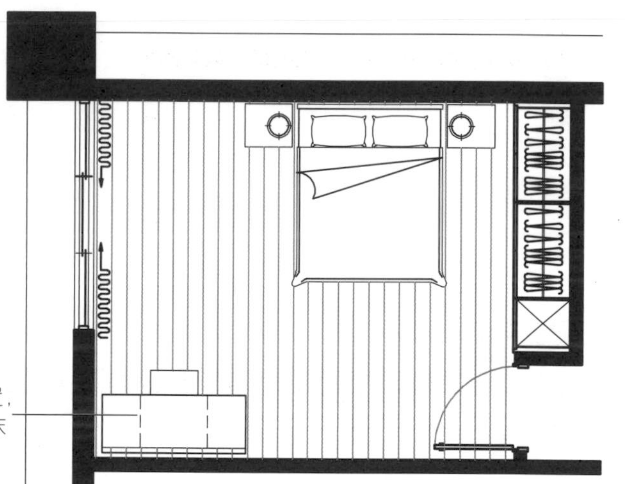

變更化妝檯位置，
就不會直接照到床

+ 問題風水格局：臥室不可多窗戶及床頭靠窗

? 問題風水原因

兩者問題皆會影響睡眠及磁場。

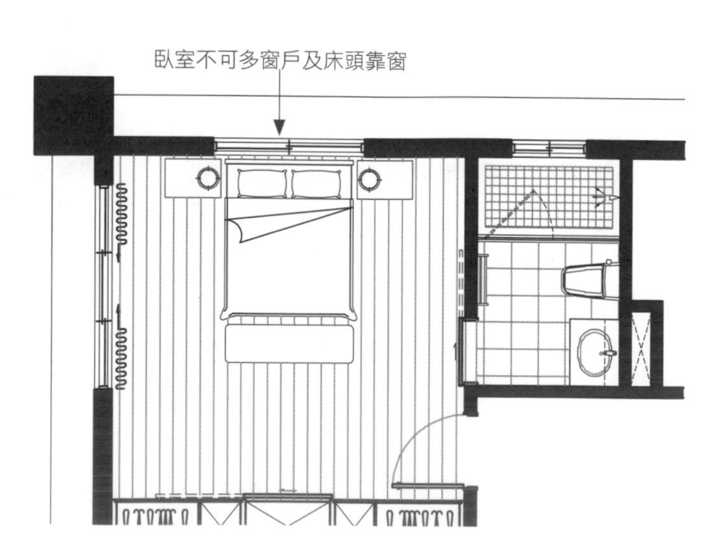

解決方式

1. 一間臥室以一個窗戶為宜，其餘窗戶需封閉。
2. 可以把床頭窗戶採用木作封閉再予以設計為造型壁板。

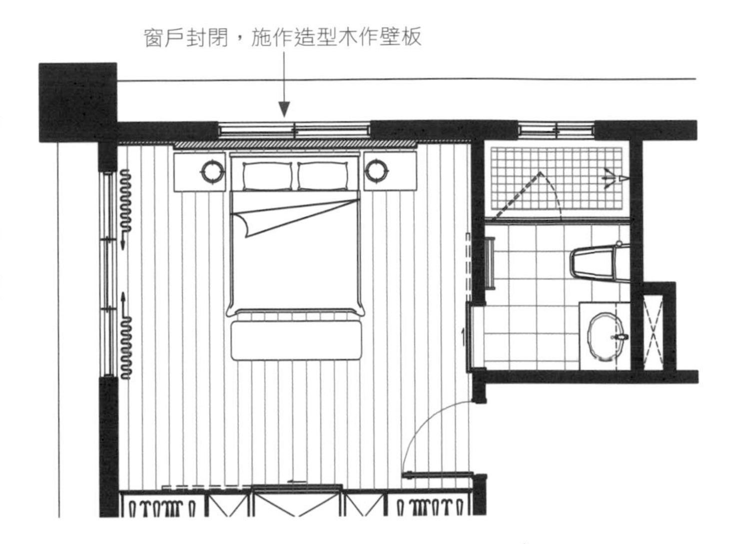

+ 問題風水格局：浴廁門直接對到床

問題風水原因

對身體健康造成不良的影響。

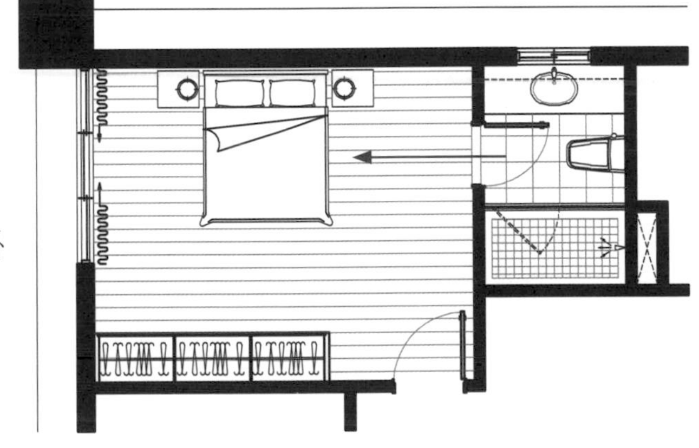

解決方式

1. 若無法更改施作，可在門上掛上門簾。
2. 空間許可下變更浴廁門位置，避開直沖床位的範圍。
3. 可變更浴廁門為暗門。
4. 空間許可下增加施作木作高櫃，讓浴廁門片與高櫃為一體，隱藏浴廁的位置。

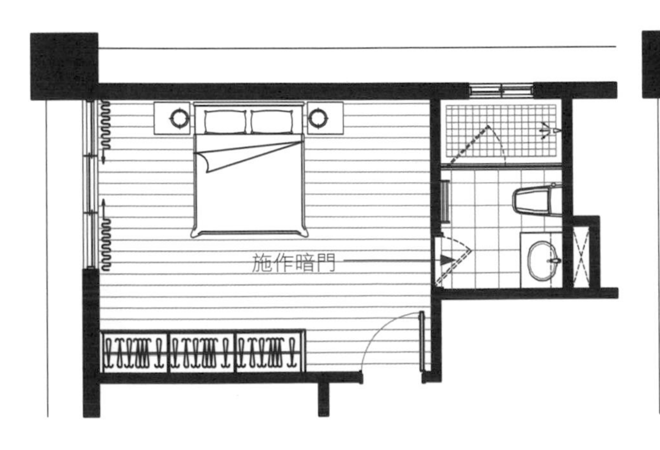

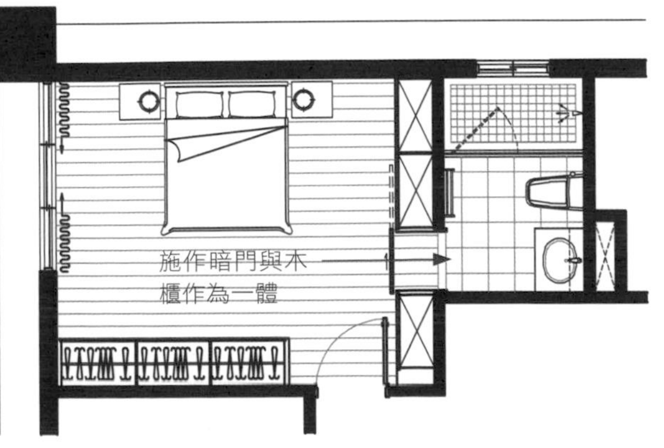

+ 問題風水格局：床位置對到牆角、開門範圍及房門見浴廁的門

? 問題風水原因

對居住者的健康影響非常大。

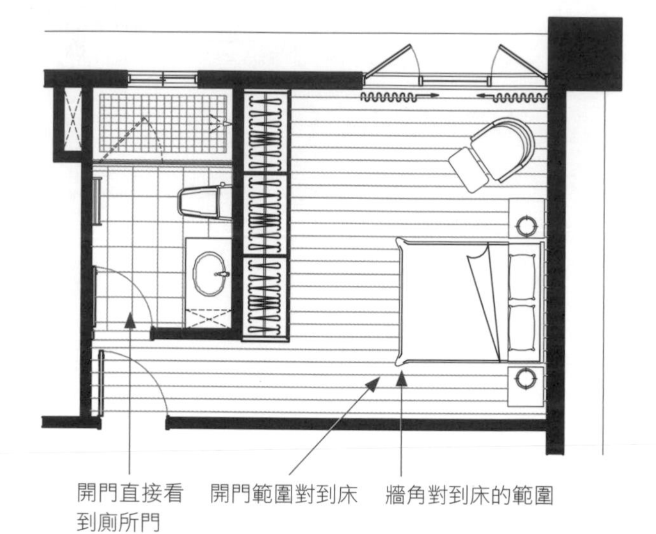

! 解決方式

1. 若無法更改，可在浴廁門上掛上門簾。
2. 空間可變更情況下去更改浴廁門、床位的位置。

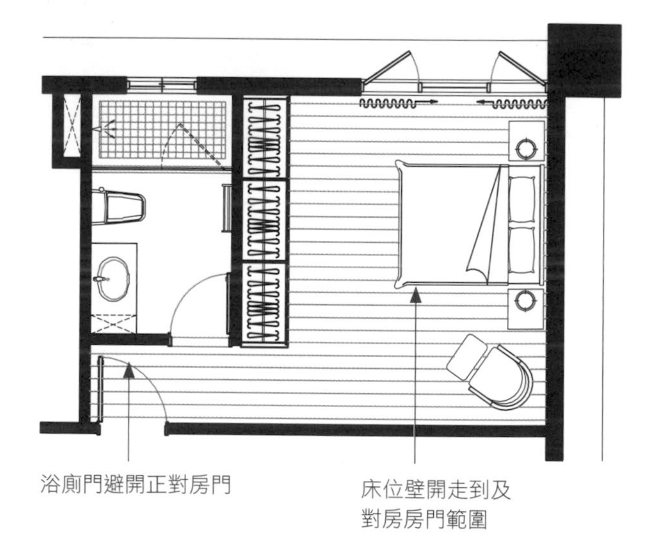

+ 問題風水格局：樑位壓到床的範圍

? 問題風水原因

對心理上造成壓迫感，對睡眠及健康與事業都有影響。

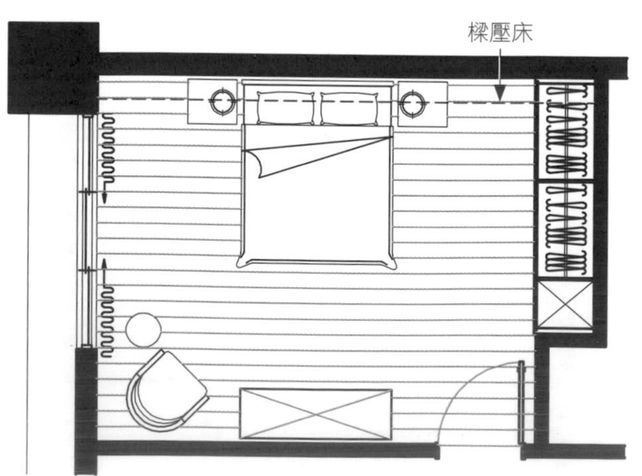

! 解決方式

1. 若空間不可變更，可將天花板平釘將樑隱藏。
2. 空間許可下，可施作木作矮櫃與樑寬同齊且增加收納效果。

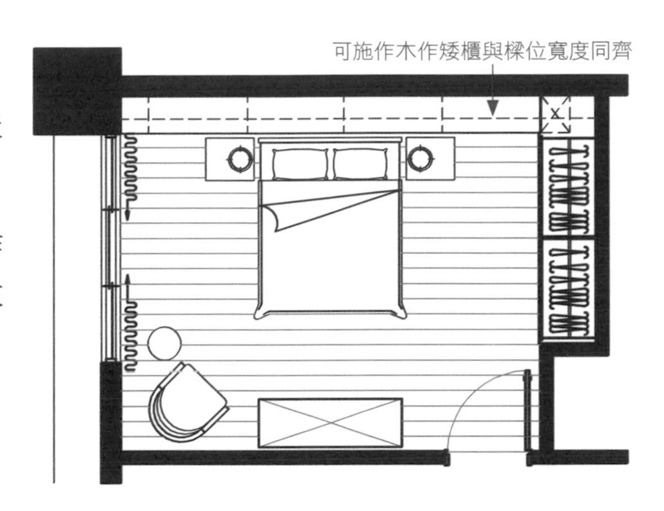

+ 問題風水格局：書房書桌背對窗戶

? 問題風水原因

流動氣流為散氣，此為「坐空」之凶格，書桌擺放在窗戶之前後，光源易將自己的影子投射於書本上，精神自然無法集中。

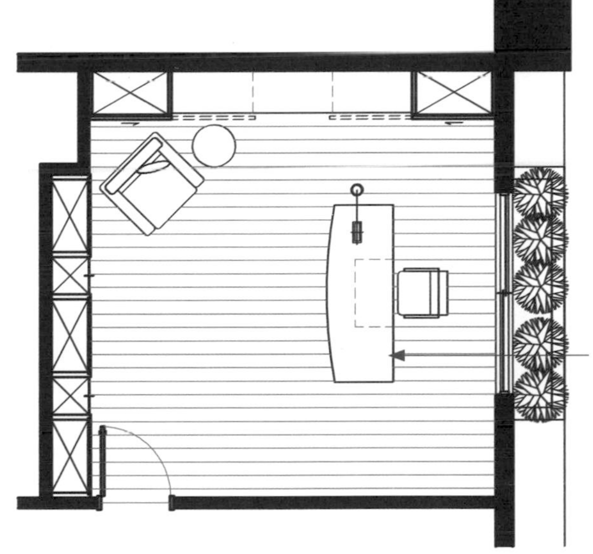

! 解決方式

書桌座位後方要有實牆可靠表示有靠山，可更改書桌位置。

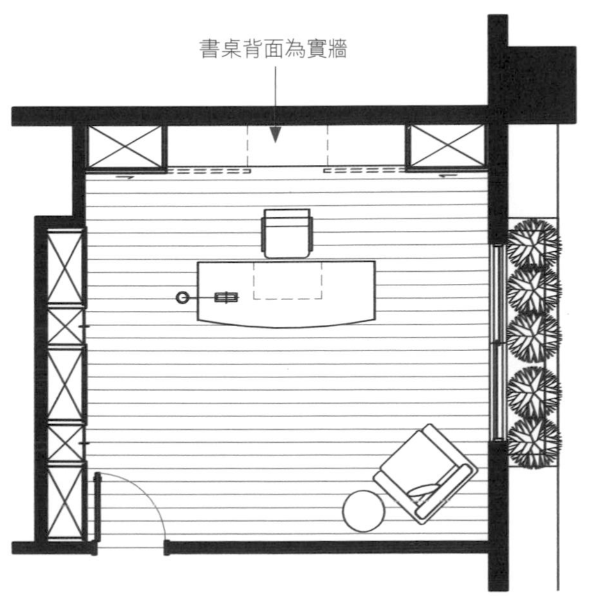

+ 問題風水的格局：爐檯正前方開窗

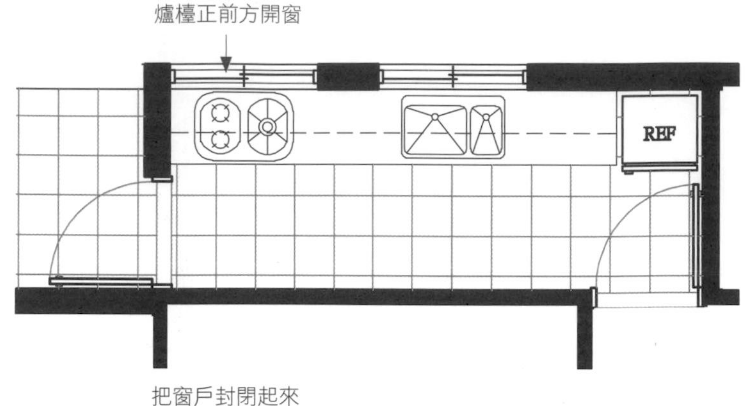

? 問題風水原因

會影響爐火的穩定及家裡會有火氣旺盛的情況。

! 解決方式

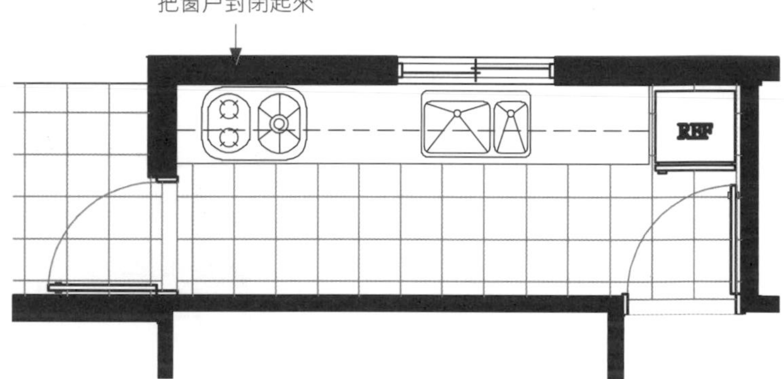

1. 把爐檯正前方的窗戶以砌磚封閉起來。
2. 若不想大興土木，可以用不鏽鋼板封閉增加爐檯清理便利性。

+ 問題風水格局：冰箱或爐檯不要靠浴廁空間之牆面

? 問題風水原因

食之污穢之氣會影響居住者的建康。

! 解決方式

1. 更改浴廁設備位置。
2. 或者更改冰箱位置。

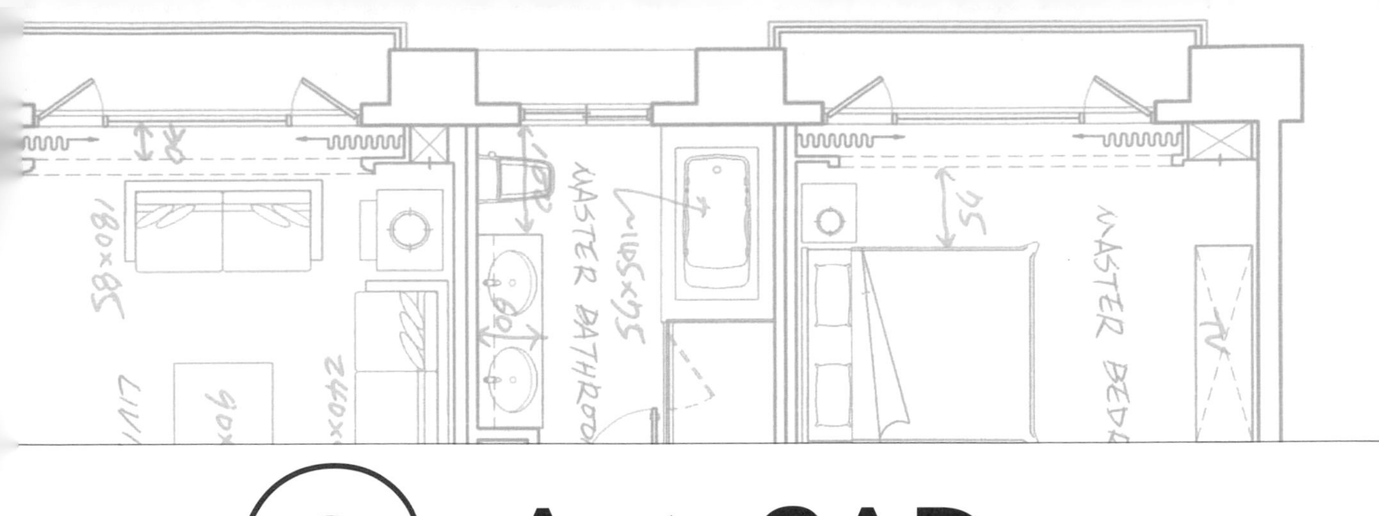

Chapter 2

AutoCAD 繪圖前的設定

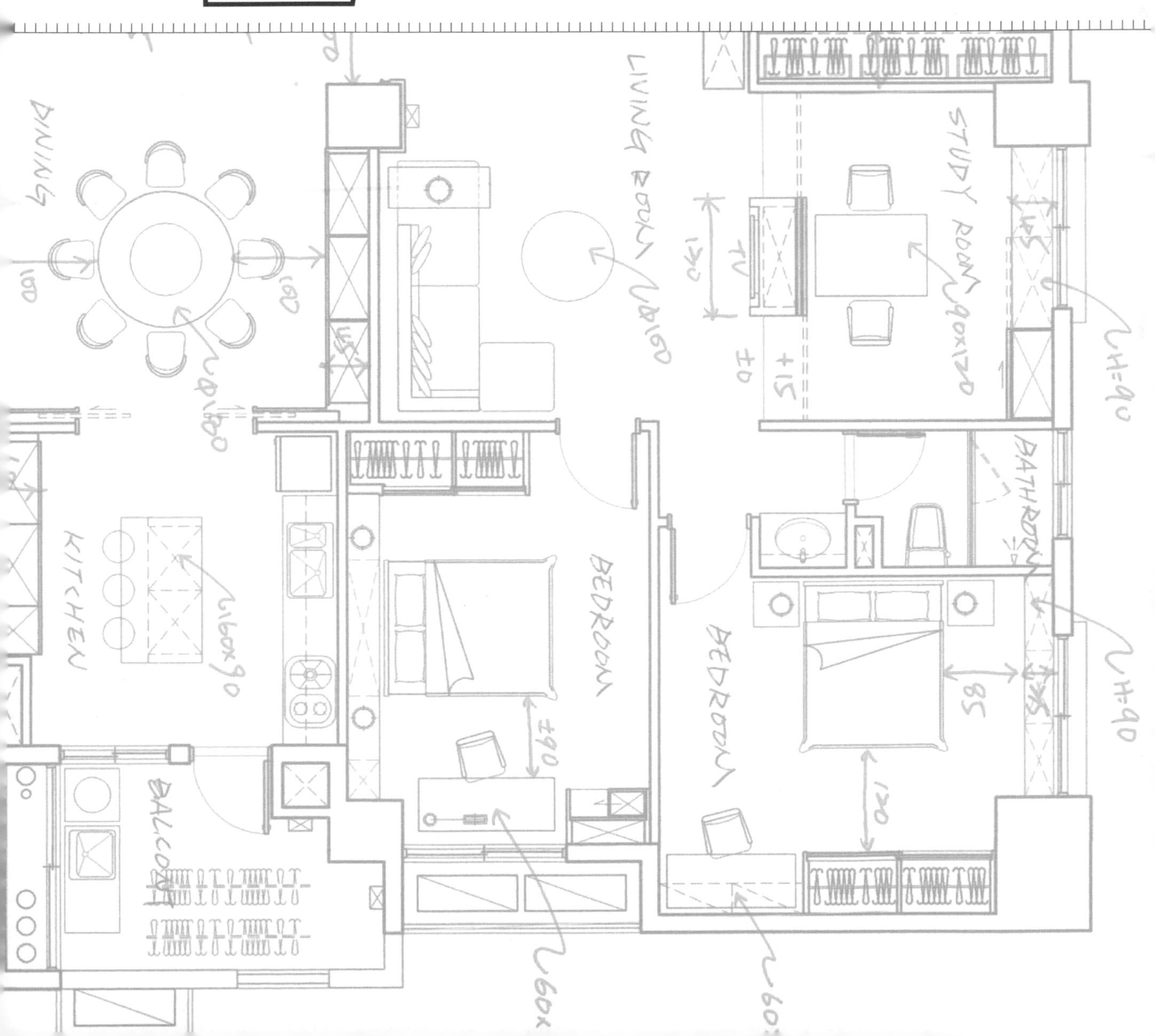

2-1 AutoCAD 出圖筆寬設定說明及範本

+ 筆寬觀念速建

早期室內設計的圖面是以手繪為主，線條上是以粗細去表示，但因為手繪線條在粗細上的表現只能繪製出 3 條左右粗細而已。進入 AutoCAD 電腦繪圖的系統加上印表機周邊設備，圖面上的線條不光只是 3 條左右，而是 27 條粗細線條的使用，但真正使用及應用到粗細線條約有 12 種，這樣就足夠讓圖面的線條增加了層次感及遠近深淺的效果。

所謂「遠近深淺」的效果是指有如我們在看萬巒山景時，靠近自己最近的山是非常清楚，而離自己越遠的山則非常不清楚。相對應用在圖面上也是如此，靠近自己越近的物件線條則是**粗線**，靠近自己越遠的物件線條則是**細線**。例如 (如下圖) 一張椅子放在平面圖上，分別呈現是椅座墊及椅背兩個組件時，靠近自己最近的是椅背，靠近自己比較遠的是椅座墊。所以，椅背的線條會使用比較粗一點的線條，而椅座墊會使用比較細的線條。這樣的觀念讓線條構成的物件並不呆板，讓每個線條不單只是長寬而是增加了深淺的效果。

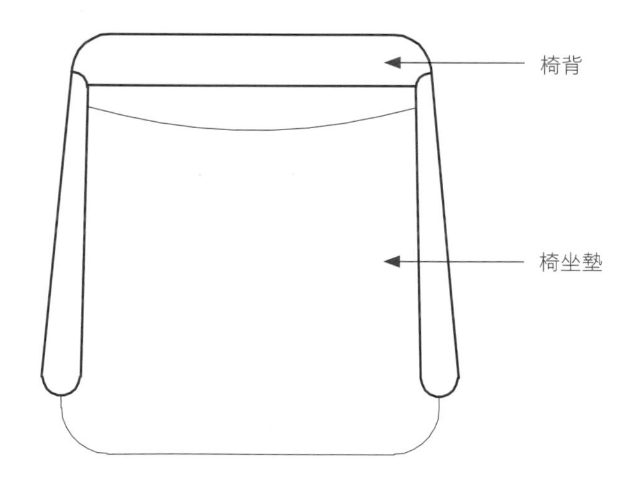

在AutoCAD粗細線條上的使用約有 12 種，若依循深淺線條的觀念應用在平面配置上，因遇到的物件及高度種類非常多，此時要如何去繪製、界定？是有方法的，因為平面配置圖是屬於平剖圖面，可將建築圖面在平面圖以高度 120-150cm 平剖的觀念，轉而應用在室內設計的平面配置圖上，讓線條及物件有屬於它們的粗細界定。至於，何謂「高度 120-150cm 平剖」是一個平面配置圖以高度 120-150cm 平行切開，高度 120-150cm 範圍內的物件保留下來，剩下高度 120-150cm 範圍以外的物件拿掉，保留下來的物件就是以平面配置圖的線型出現。依下圖舉例說明：

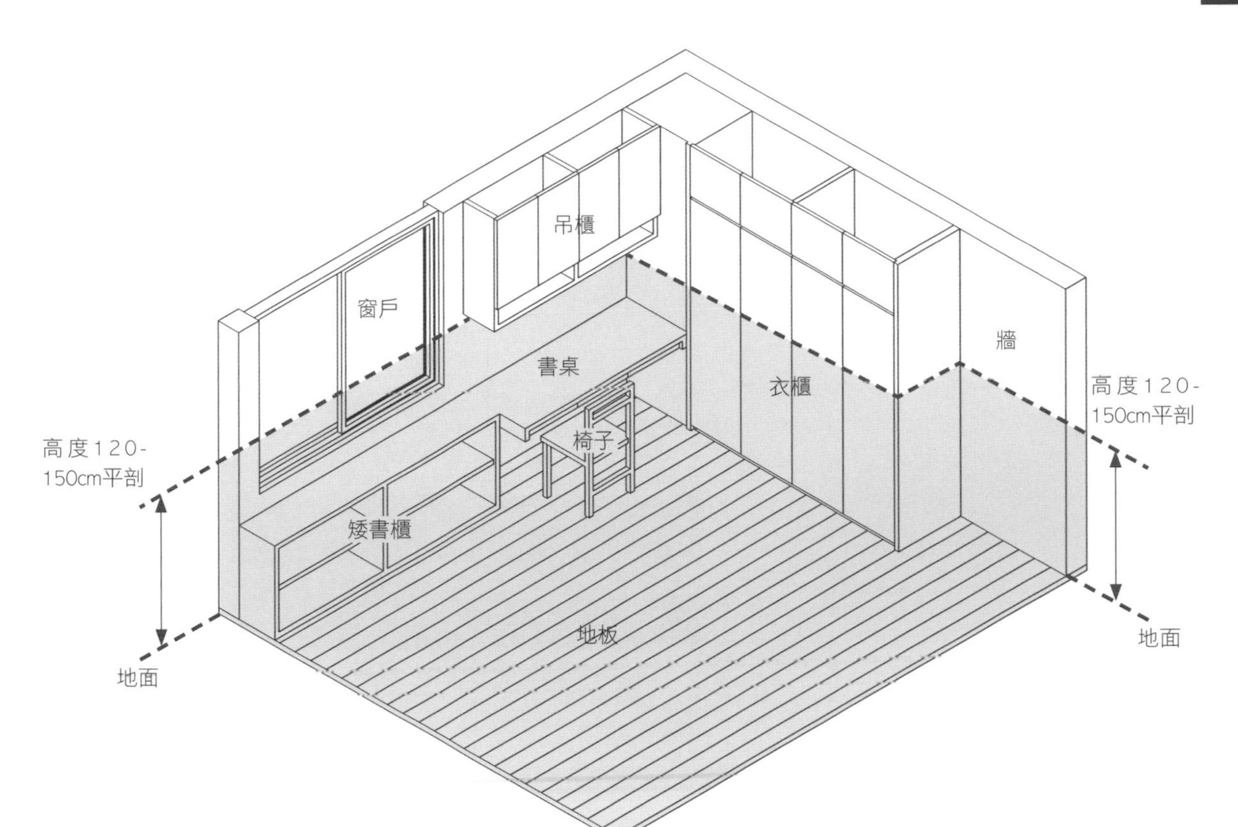

此圖面為單一空間的等角示意圖，依出現在示意圖的物件分別為地板、牆、衣櫃、書桌+矮書櫃、吊櫃、椅子、窗戶等物件，當以高度120-150cm平剖，就平剖到的物件為牆、衣櫃、窗戶，應用在平面配置圖上均屬於粗(重)線;而沒有平剖到的物件為書桌+矮書櫃、椅子、地板應用在平面配置圖上依遠近選擇中及細線條。超過高度120-150cm平剖範圍以外的物件為吊櫃，則應用在平面配置圖上應以虛線處理，且將實線更改為虛線表示。其主要目為了避免影響及誤導高度120-150cm平剖範圍以內的物件線條的存在。所以，依下圖的流程可得知遠近深淺及高度120-150cm平剖的觀念，兩者非常重要，是影響後續設定及作業的重要角色。

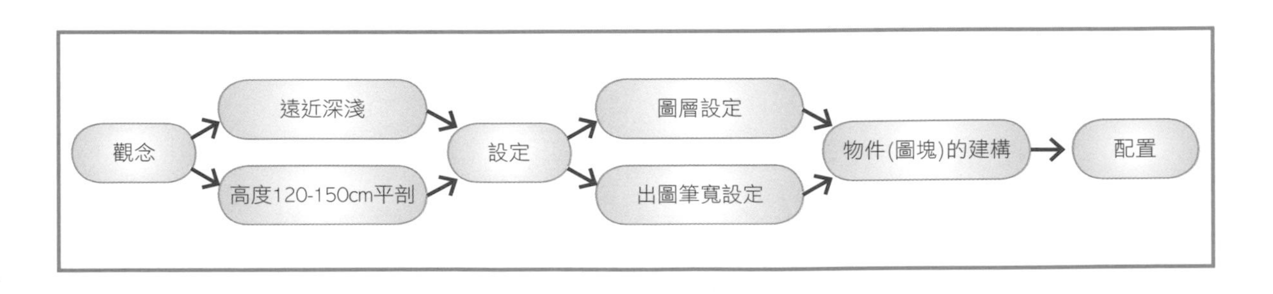

有了上述的觀念，再來解說出圖列印的筆寬設定的原理。筆寬設定猶如一盒彩色筆，共有 255 色，每一個顏色有它獨立的編號，如下圖虛線範圍內 "紅色" 其編號為 "1"，而黃色為編號"2"，其中1-9號筆的顏色為 AutoCAD 的基本顏色，此 1-9 號顏色是設定出圖筆寬的主要顏色，也就是說一盒彩色筆只有1-9號筆的顏色是常常拿來畫圖，若畫到不一樣或特殊物件，則再使用其他 10-255號筆的顏色，這樣就可以區分 1-9 號筆與 10-255 號筆在圖畫紙上 (AutoCAD 的桌面) 的顯示。而會應用 10-255 號筆的顏色通常是在繪製系統圖 (是指弱電、給排水、空調、天花板燈具等等圖面) 時。

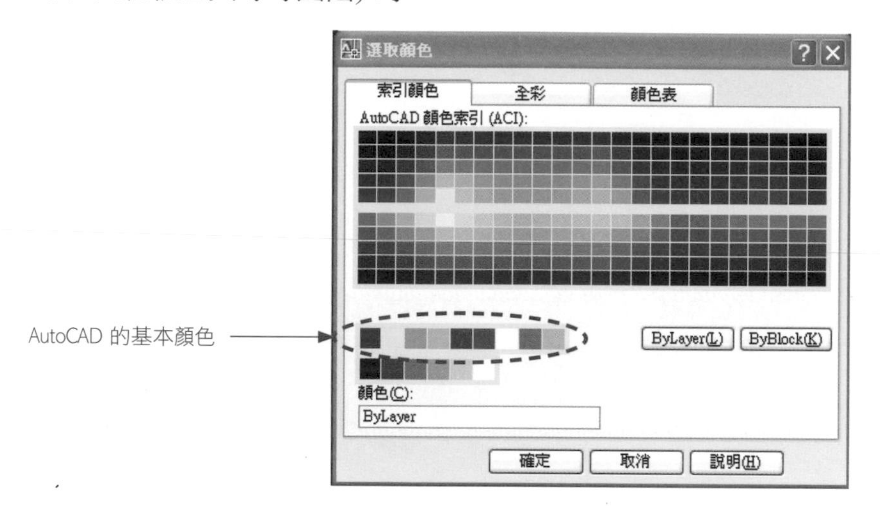

知道了一盒彩色筆的顏色上的使用，就來了解彩色筆的粗細設定。因為 1-9 號筆顏色是最常使用的畫筆 (如上圖虛線範圍)，所以，以 1-9 號筆做為粗細為主要設定範圍。依 1-9 號筆的順序設定由粗→中→細的觀念，如果因圖面不同比例的需要，可由這一盒 1-9 號彩色筆再建多組略有不同粗細的彩色筆組，但仍要維持 1-9 號筆的順序，設定由粗→中→細的筆寬。

舉例來說，以紅色彩色筆為編號 "1" 來說是為粗線，但針對不同圖面的比例，若將紅色彩色筆設定粗線為 0.4-0.3，仍必須是彩色筆盒裡最粗線條的筆。而之所以要針對比例不同設定不同組的筆寬，是為了讓筆的線條，不會因為圖面比例過大，否則使用太粗的線條筆寬組合，會讓列印出來的圖面線條黏著在一起。因此，需以適合圖面比例的出圖筆寬下去出圖列印，才不會發生線條不分明的狀況。

就是依這樣的觀念去設定筆寬，在實際繪製圖面時，因使用不同顏色的線條中無法明確得知在出圖列印時筆寬數值，但可以知道是紅色 (1) 的線條一定是最粗的線，依順序而青色 (4) 筆線條一定比藍色 (5) 筆線條還要粗一點，灰色 (8) 及淺灰色 (9) 一定是最細線條的筆。由下圖的流程觀念可得知依顏色順序去設定筆寬的觀念。

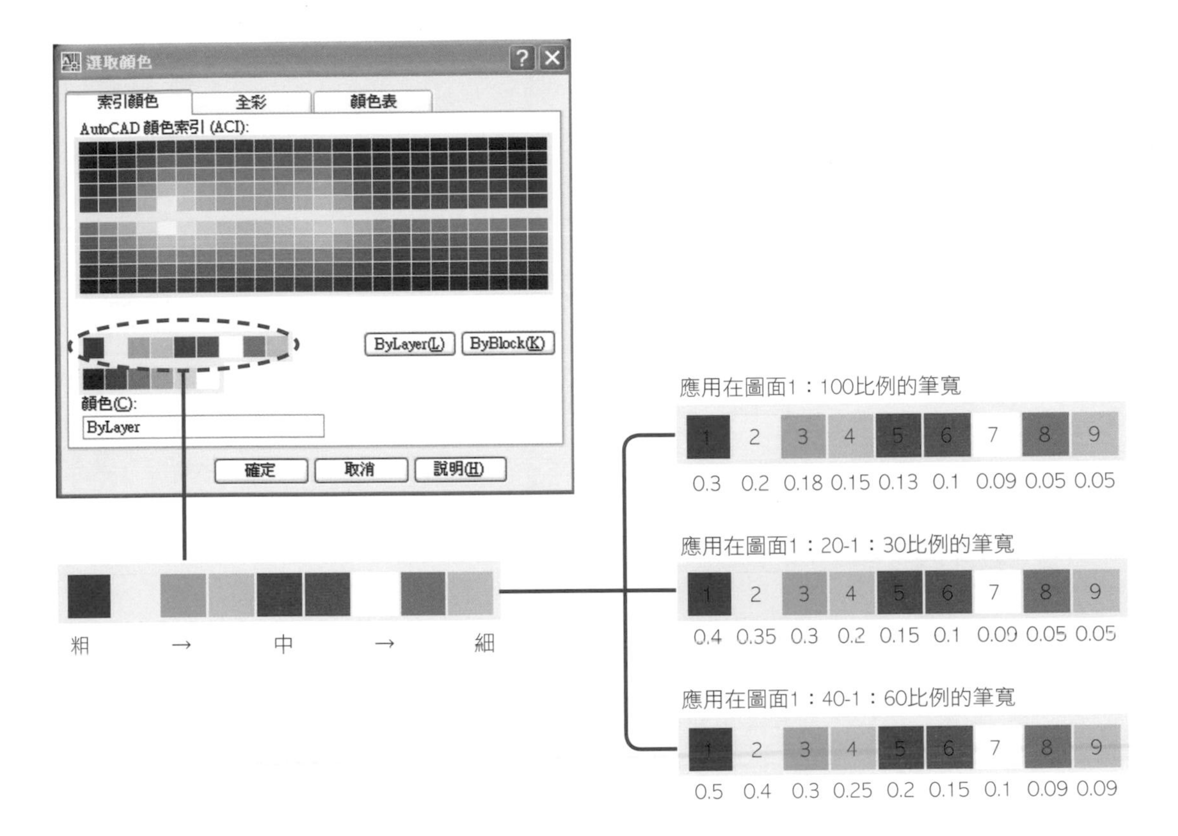

再次強調，設定出圖筆寬主要目的是實踐遠近深淺、高度 120-150cm 平剖的觀念，讓列印出來的圖面所呈現的線條有粗細之分別、讓線條有遠近深淺高度尺寸之依據，以線條反應紙張上的視覺變化效果。

+ 有筆寬 VS 無筆寬的範例對照

拿兩張有無筆寬設定出圖的平面配置圖內浴廁空間來說，拿淋浴間的線條相互對比之下仍有明顯不同。在有筆寬設定出圖的玻璃淋浴隔間與淋浴間的小方格地坪線，是有粗細落差之分別，因為玻璃淋浴隔間實際完成高度約在 180cm，且靠近自己的物件為粗 (重)線，而地坪是離自己比較遠的物件為細線。在無操作 AutoCAD 查詢之下，藉由出圖筆寬列印出來的圖面，仍然可以用線條來辨識圖面物件的高與低。而無筆寬設定出圖的玻璃淋浴隔間與淋浴間的小方格地坪線，就無法達到這樣的辨識程度。所以，設定出圖筆寬仍然有它存在的必要性。

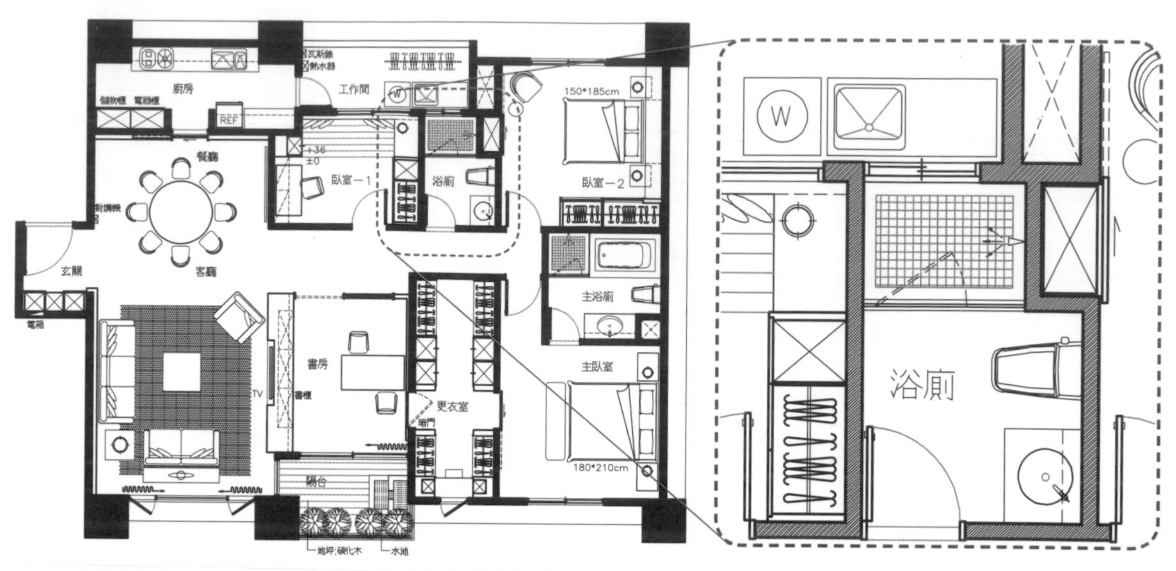

(A) 有筆寬設定下出圖

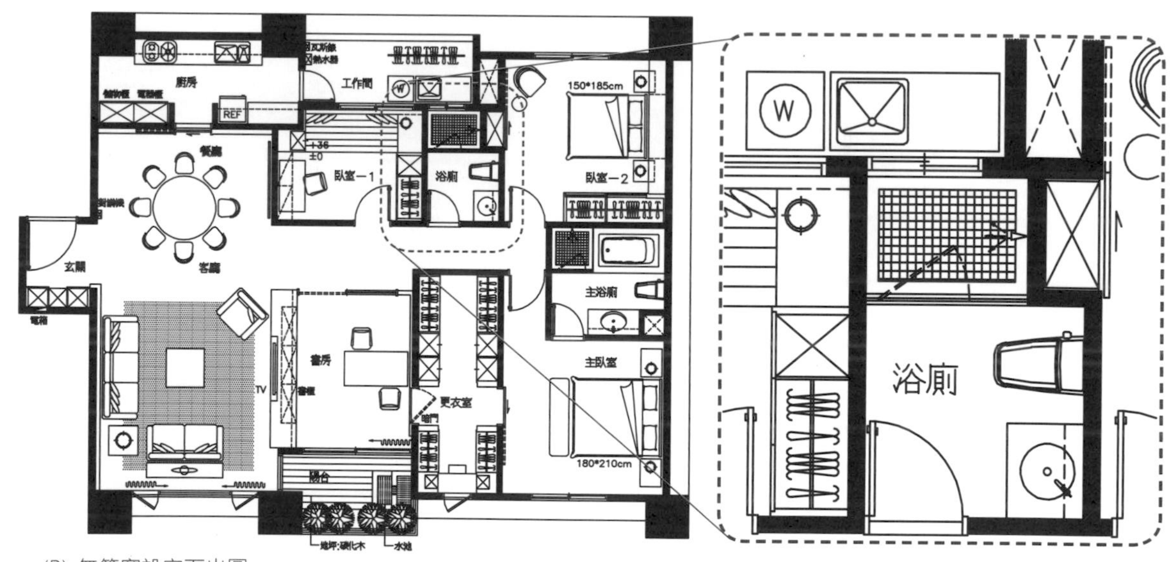

(B) 無筆寬設定下出圖

+ 出圖筆寬的設定方式

出圖筆寬的設定路徑在 AutoCAD 標準工具列裡，點選 "列印" 則進入出圖的對話框，在對話框右上方有 "出圖型式表 (圖筆指定)" 點選捲軸，會出現目前 AutoCAD 所有的筆寬 ctb檔，捲軸往下拉會看到 "新建" 的名稱，點選 "新建" 會進入頁面式的對話框，依循出現對話框的設定就可新建出圖筆寬的ctb檔。

STEP 1 點選列印

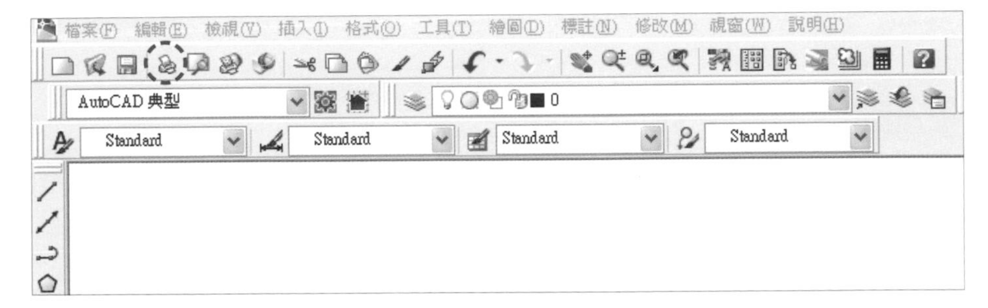

STEP 2 點選"出圖型式表(圖筆指定)"捲軸

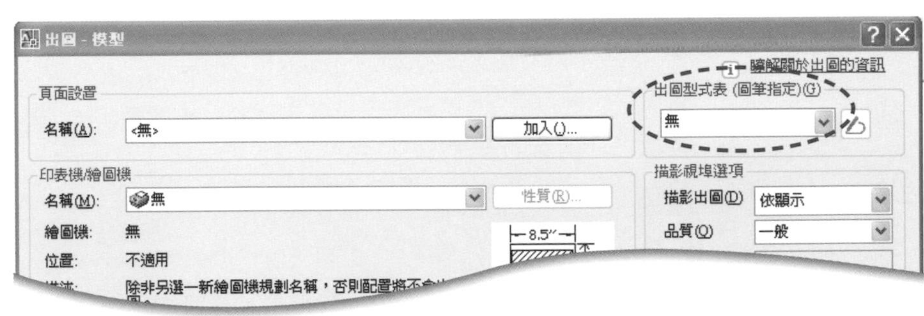

STEP 3 點選新建

無
A1出圖筆寬.ctb
A3出圖筆寬.ctb
A4出圖筆寬.ctb
acad.ctb
DWF Virtual Pens.ctb
Fill Patterns.ctb
Grayscale.ctb
monochrome.ctb
Screening 100%.ctb
Screening 25%.ctb
Screening 50%.ctb
Screening 75%.ctb
比例100.ctb
比例20-30.ctb
比例40-60.ctb
新建...

STEP 4 點選"從頭開始"的建立全新出圖型式表，再點選"下一步"

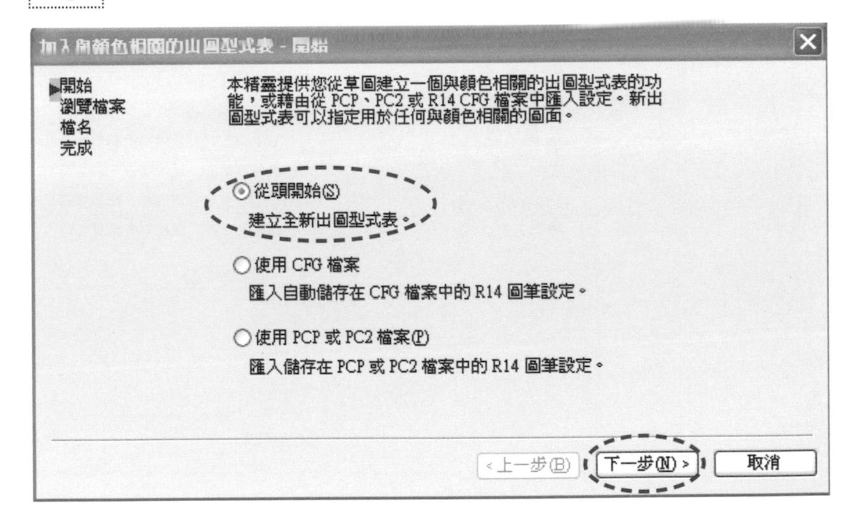

STEP 5 建立"檔名"輸入完畢，再點選"下一步"

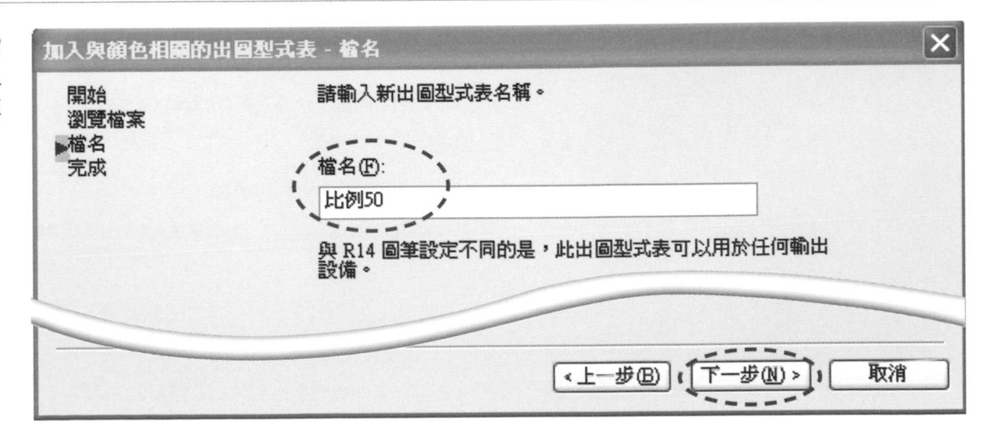

STEP 6 建立"出圖型式表編輯器"，即可進入出圖型式表編輯器的設定對話框，進行出圖筆寬的設定

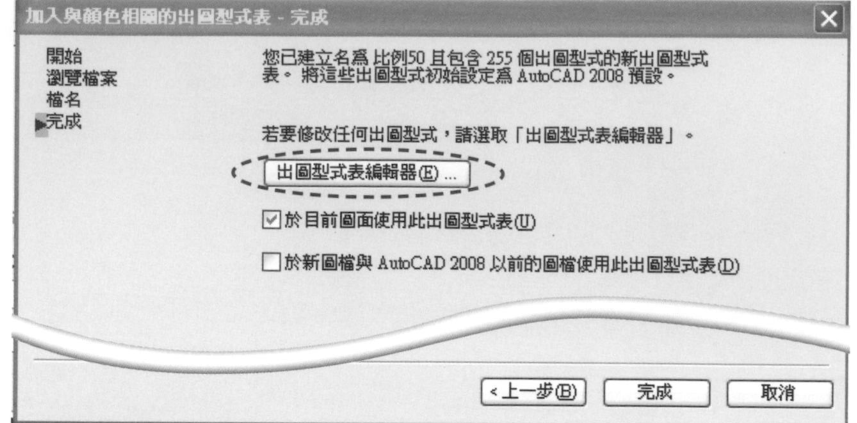

STEP 7 在出圖型式表編輯器的設定對話框中，設定出圖筆寬順序為：

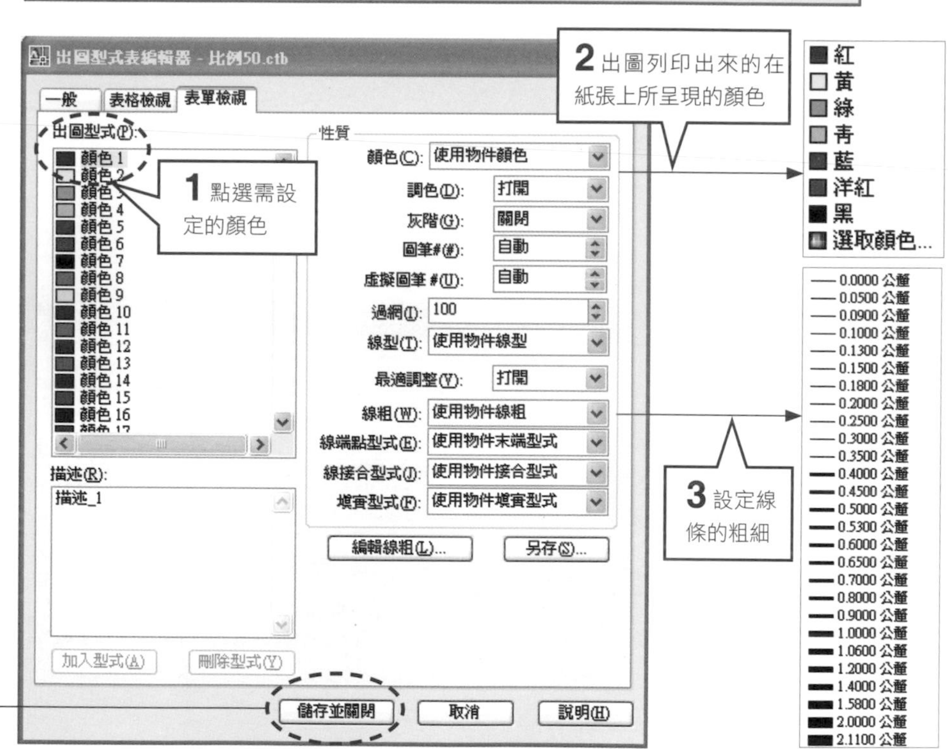

4 設定完畢後，再點選"儲存並關閉"(要設定多少組顏色則依需求而定)

STEP 8 點選"完成"，就完成新建出圖筆寬

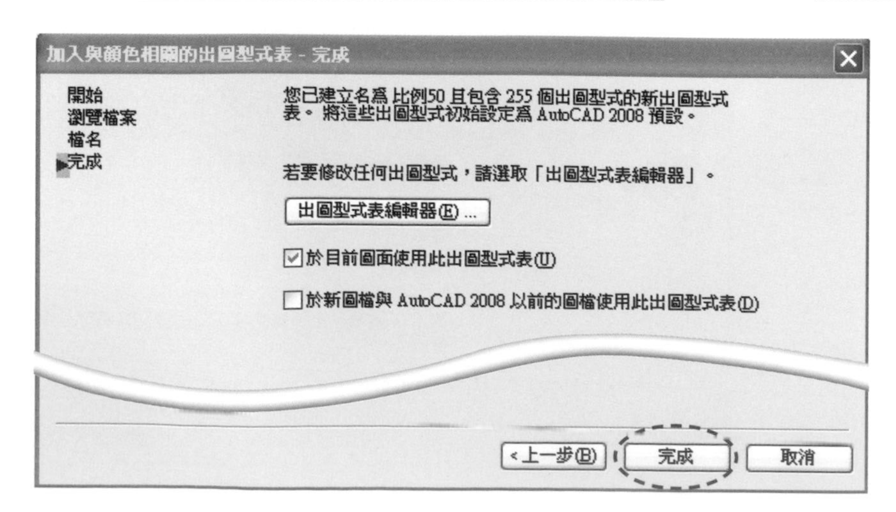

下列為 AutoCAD 出圖筆寬的設定範例，針對圖面 1：100、1：20-1：30 、1：40-1：50時，作為您在設定出圖筆寬數值及顏色時的參考。

出圖比例	顏色筆號	出圖筆寬	出圖顏色
SCALE:1/100	1	0.3	黑色
	2	0.2	黑色
	3	0.18	黑色
	4	0.15	黑色
	5	0.13	黑色
	6	0.1	黑色
	7	0.09	黑色
	8	0.05	灰色 (8)
	9	0.05	黑色
SCALE:1/20-1/30	1	0.4	黑色
	2	0.35	黑色
	3	0.3	黑色
	4	0.2	黑色
	5	0.15	黑色
	6	0.1	黑色
	7	0.09	黑色
	8	0.05	灰色 (8)
	9	0.05	黑色
SCALE:1/40-1/50	1	0.5	黑色
	2	0.4	黑色
	3	0.3	黑色
	4	0.25	黑色
	5	0.2	黑色
	6	0.15	黑色
	7	0.1	黑色
	8	0.09	灰色 (8)
	9	0.09	黑色

室內設計大部份列印出來的圖面均以黑色線條去處理，有個例外是系統圖 (第 4 章會介紹)，可以將物件或圖例各別依顏色設定，列印為彩色，這樣就可以凸顯區別系統圖的位置。

+ 修改出圖筆寬設定

若出圖筆寬需要修改的話，其修改路徑在 AutoCAD 標準工具裡，點選 "列印" 則進入出圖的對話框，在對話框右上方有 "出圖型式表(圖筆指定)"，在欄位旁像筆的符號，點選即可進入 "出圖型式表編輯器"，再進行修改，當修改完成時再點選 "儲存並關閉"即可。

小提醒

有一點請讀者注意：出圖筆寬建議以"列印"的出圖型式編輯對話框去設定執行，別使用 AutoCAD 性質工具列的粗細控制去執行(如下圖)，那是因為這樣筆寬設定只有繪圖者知道，若別人接手此圖面，會面臨無法得知筆寬粗細的設定值，而增加修改圖面的困難度。所以，要透過出圖型式編輯器去執行，讓所設的筆寬便於其他人知道，這才是正確的圖面管理作法。

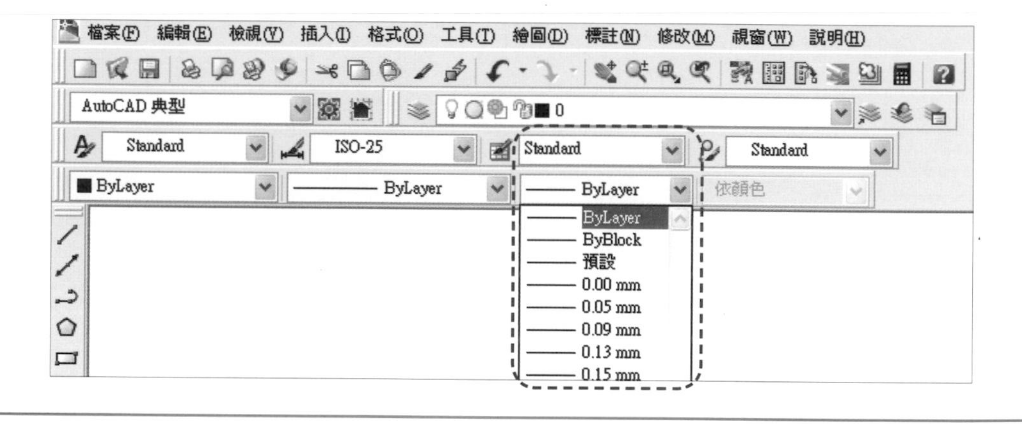

2-2 AutoCAD 圖層設定說明及範本

圖層設定的目的是為了讓圖面上的物件及線條有屬於自己的名稱，方便識別，當進行繪製及修改時，可將不需要的圖層暫時關閉或者鎖住 (如下圖)，加快繪製及修改的時間。

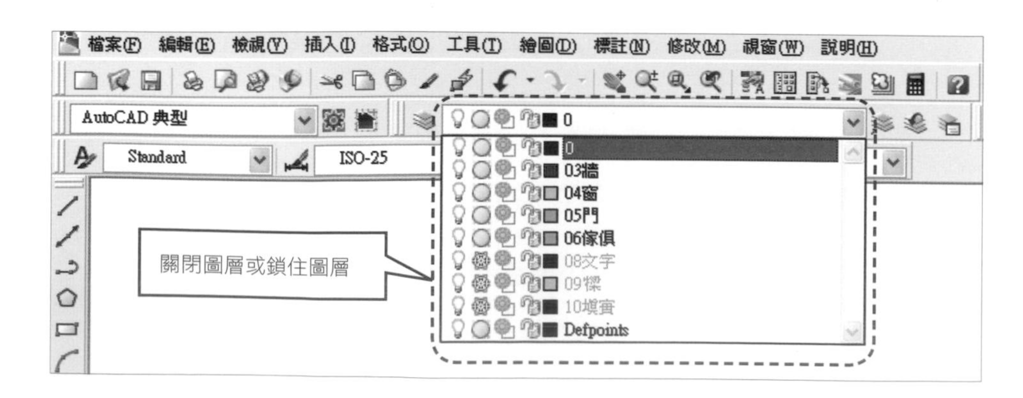

舉一個例子來說，當一張已經繪製好的平面配置圖，面臨需要修改部份隔間及傢俱配置時，此時的圖面已經繪製很多的物件及線條，若不使用關閉或者鎖住圖層的動作，相對的在進行修改時會發生刪除或移動不需修改的物件及線條，反而增加修改的困難度。所以，圖層的設定是非常重要的，不光能知道物件及線條該所屬名稱，也方便圖面上的延展、繪製、修改。

+ 新建圖層

在一個圖檔尚未設定圖層時，AutoCAD只提供 "0" 層而已，其餘的圖層需自行設定。請在**圖層**工具列點選進入**圖層性質管理員**對話框，滑鼠至空白處按右鍵會出現圖層的設定功能，點選 "新圖層" 即可進行圖層的建立。

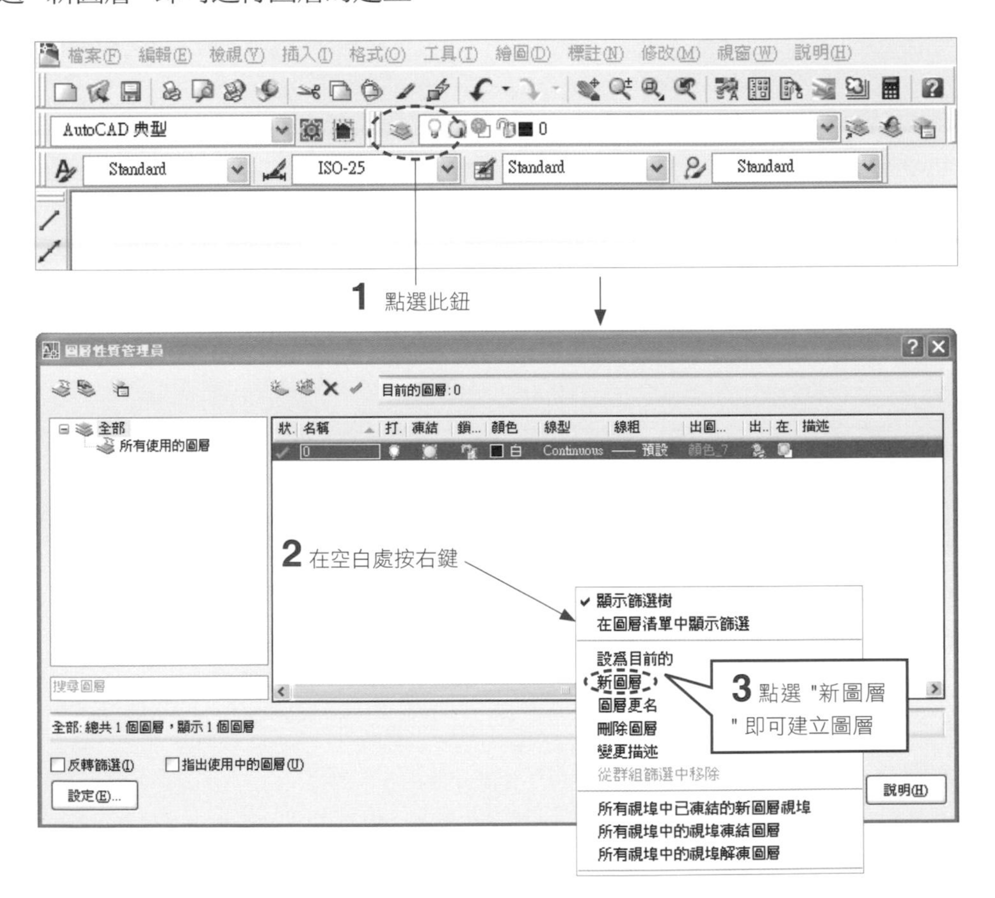

點選之後，圖層欄位會出現新的圖層 (例如圖層1)，再去更改圖層名稱及顏色即可：

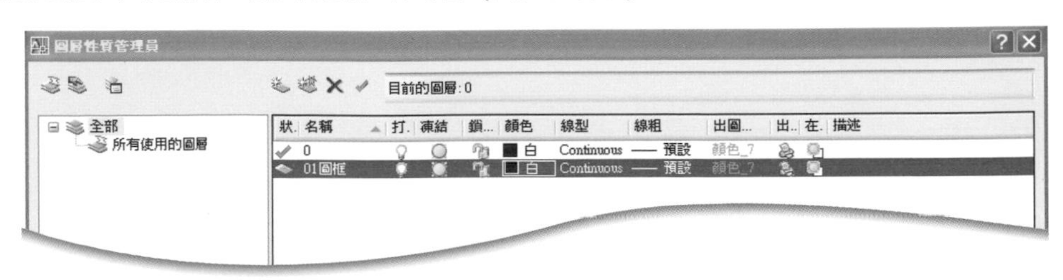

依新建圖層的程序建構需要使用的圖層、顏色線型，依序完成所需要的圖層設定。

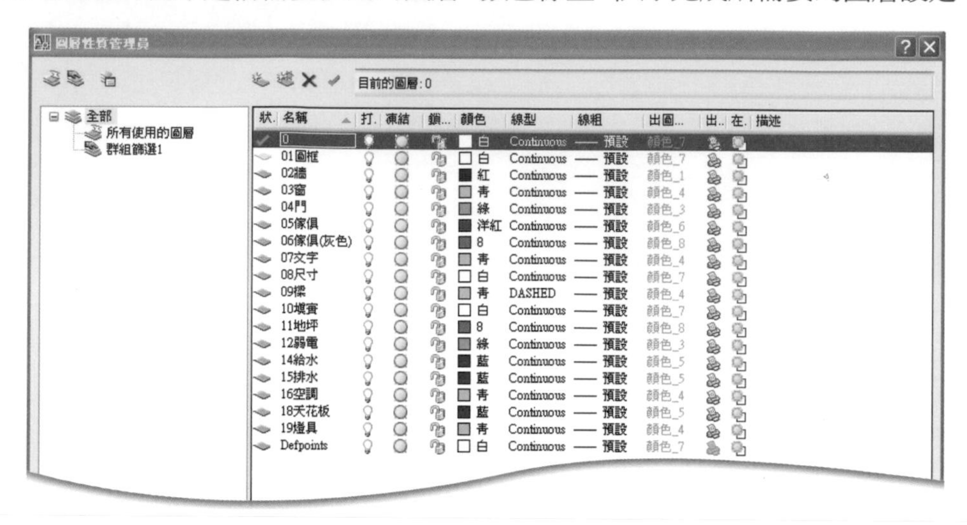

以室內設計來說，繪製圖面時所需建構的圖層有哪些呢？下表整理出常使用在室內設計的圖層並加以說明，提供您作為設定參考：

圖層名稱	顏色	線型	備註
0	白色(7)	Continuous	本身AutoCAD基本圖層，此圖層用在立面圖，再更改顏色去使用
01圖框	白色(7)	Continuous	
02牆	紅色(1)	Continuous	遇到輕隔間的話，只要更改顏色為黃色(2)
03窗	青藍色(4)	Continuous	
04門	綠色(3)	Continuous	
05傢俱	紫紅色(6)	Continuous	
06傢俱(灰色)	灰色(8)	Continuous	用在系統圖的底圖
07文字	青藍色(4)	Continuous	
08尺寸	白色(7)	Continuous	
09樑	青藍色(4)	DOT	
10填實	白色(7)	Continuous	外牆及磚牆為白色(7)，輕隔間為灰色(8)
11地坪	綠色(3)	Continuous	用在系統圖的圖層
12弱電	綠色(3)	Continuous	用在系統圖的圖層

接下表

圖層名稱	顏色	線型	備註
13給水	藍色(5)	Continuous	用在系統圖的圖層
14排水	藍色(5)	Continuous	用在系統圖的圖層
15空調	青藍色(4)	Continuous	用在系統圖的圖層
16天花板	藍色(5)	Continuous	用在系統圖的圖層
17天花板尺寸	白色(7)	Continuous	用在系統圖的圖層
18燈具	青藍色(4)	Continuous	用在系統圖的圖層
DEFPOINTS		Continuous	隱藏出圖的框線所使用圖層 一般用在出圖時選範圍基準

+ 設定圖層的注意事項

圖層的設定需注意以下事項：

1. 除了特殊圖面或者系統圖面需要，圖層顏色設定盡量用AutoCAD基本1-9號顏色。其路徑在**圖層**工具列點選進入**圖層性質管理員**對話框，再點入**顏色**，就可以看到基本1-9號顏色。

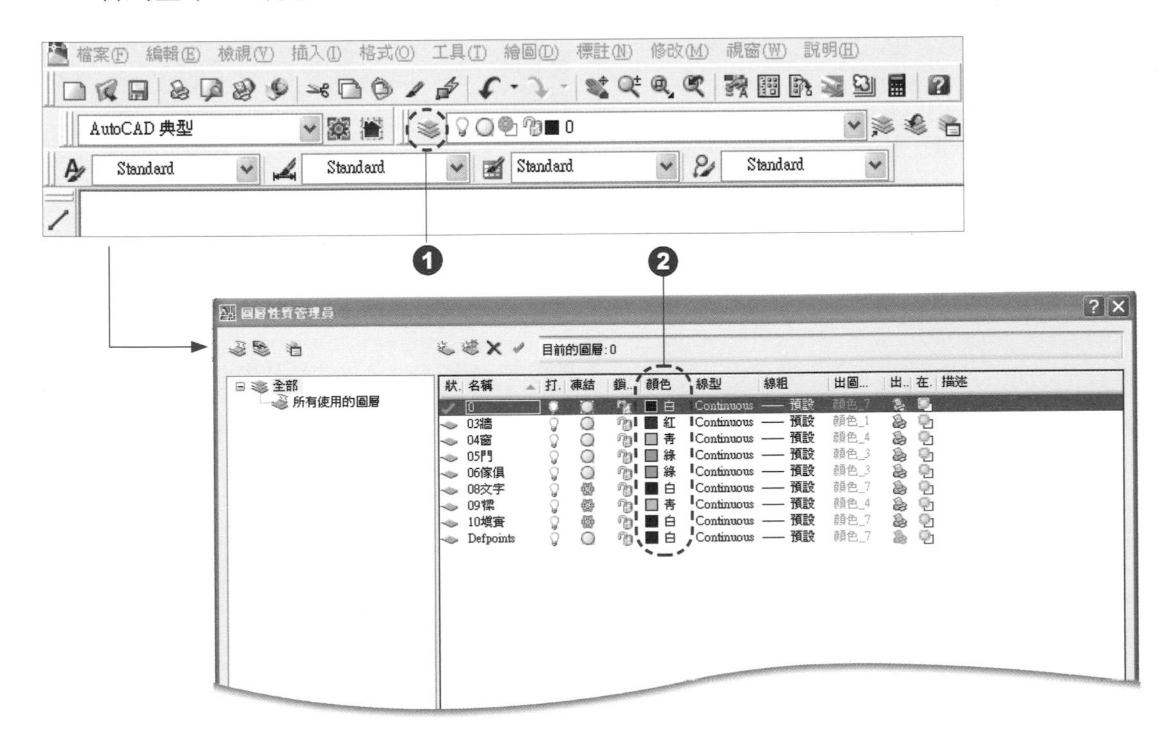

2. 在室內設計公司因要求圖面有所不同，相對會影響圖層的增減。又因業主(居住者)生活水平上的要求，會再增加全熱交、換機設備配置圖、中央集塵 設備配置圖、二線式設備配置圖、監控設備配置圖、影音設備配置圖等等系統圖面，這樣就會再去增減圖層。

3. 繪圖時務必讓圖層分明，方便逐一開啟、關閉。這樣繪製時圖面就能清楚明瞭，修改圖面時間會縮短許多。

4. 非必要時不要建構太多圖層，可以縮減圖面繪製的速度。

其中上述第一點顏色的部份要提出來特別說明：對於AutoCAD的初學者來說，圖層所設定到的名稱及顏色跟出圖列印的筆寬很難理解，但兩者設定卻是密不可分的。

先拿顏色來解說，右圖為 "出圖列印的筆寬設定的對話框"，而下頁上圖是 "圖層設定裡的顏色設定對話框"，兩者共通點是使用的顏色都是一樣的，一樣有255種顏色 (包括了1-9號基本的顏色)，每個顏色都有它的號碼。簡單來說都是使用同一盒彩色筆，**出圖列印的筆寬設定是代表彩色筆的粗細，而圖層設定裡的顏色設定則是依彩色筆的粗細，來決定是用比較粗的彩色筆還是比較細的彩色筆**。就因如此，出圖列印的筆寬設定必須先去設定 (2-1節)，沒有這樣的動作，圖層的設定顏色很難去定義。

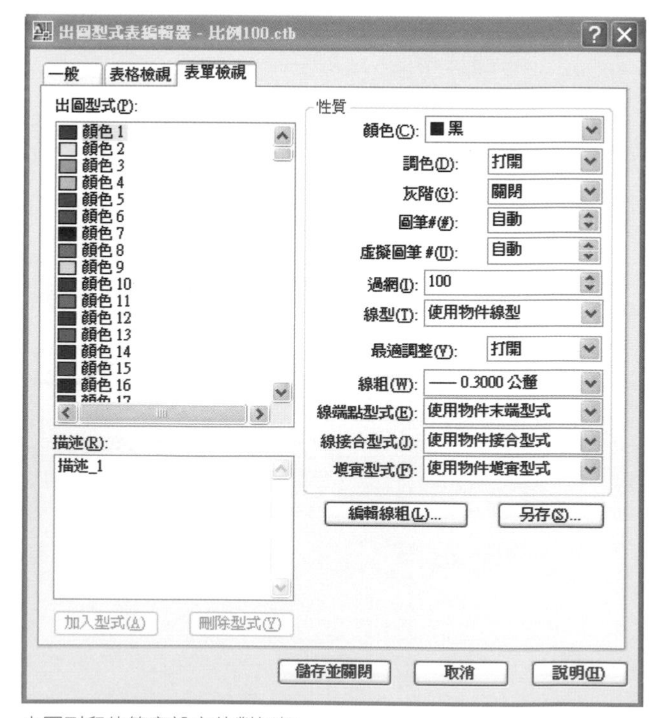

出圖列印的筆寬設定的對話框

圖層設定裡的顏色設定對話框

那麼圖層的設定顏色如何決定？又如果已知道彩色筆的粗細，在新建圖層顏色如何決定？這必需以 2-1 章節提到的觀念來決定圖層設定的顏色。例如 "02牆" 層，牆的物件或線在圖面上是被平剖到的，那是為粗(重)線，依出圖筆寬的設定範例裡顏色筆號設定為最粗的線是 "1" 則為紅色，則在 "02牆" 層圖層設定時，顏色設定為紅色。

建立好繪圖上的觀念，在圖層的設定顏色上就沒有問題了。

+ 物件在圖層的界定及顏色用法

設定好AutoCAD的圖層設定，在繪製圖面過程中，也必須配合履行圖層設定的規範模式去繪製，做到圖層分明，這樣才會有一致整合性。而讓圖面線條達到深淺層次、輕重更分明。筆者在繪製下面這組圖面時，"沙發" 圖塊依舊建立在 "傢俱" 層裡，為了讓沙發更有深淺感覺，會使用三種左右顏色。又如 "衣櫃" 圖塊也建立在 "傢俱" 層裡，但因為在平剖高度而剖到的衣櫃物件，也會使用三種左右顏色，但衣櫃物件外框架線為重(粗)線。其主要目的還是為了營造書中一再強調的圖面線條更有深淺層次、輕重更分明的效果。

至於平面配置圖那些物件該歸納界定在那一個圖層使用，下面取一張平面配置圖，利用開關圖層的方式延展六張圖面，讓物件明確的歸屬於它該有的圖層。為了讓圖層物件比較鮮明，關閉的圖層以灰色表示，而 "10 填實" 因為會影響幾個圖層的線條辨識度，從第二張到第六張圖面均已將此圖層關閉且不顯示。

這是在AutoCAD的桌面呈現的一張平面配置圖，底下進行圖層的關閉。

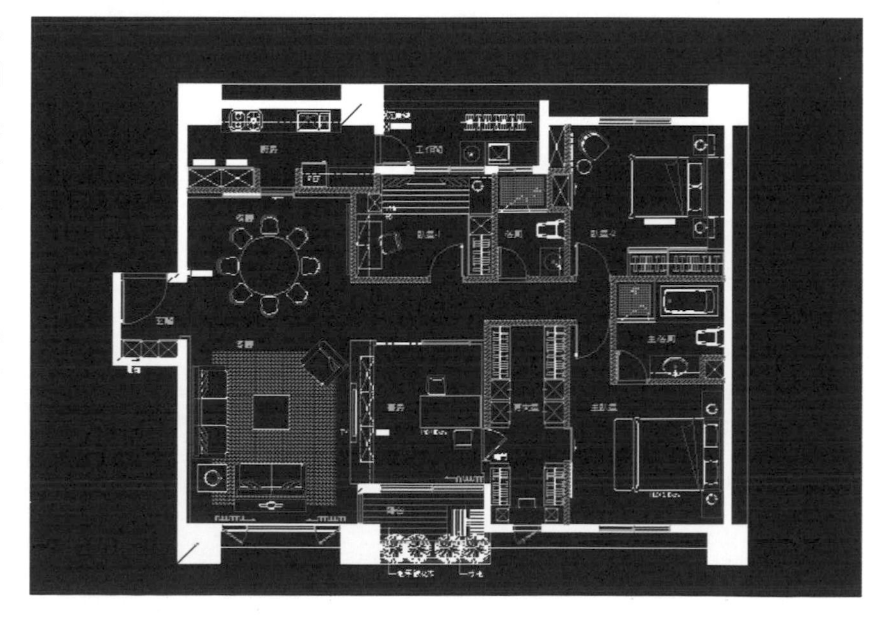

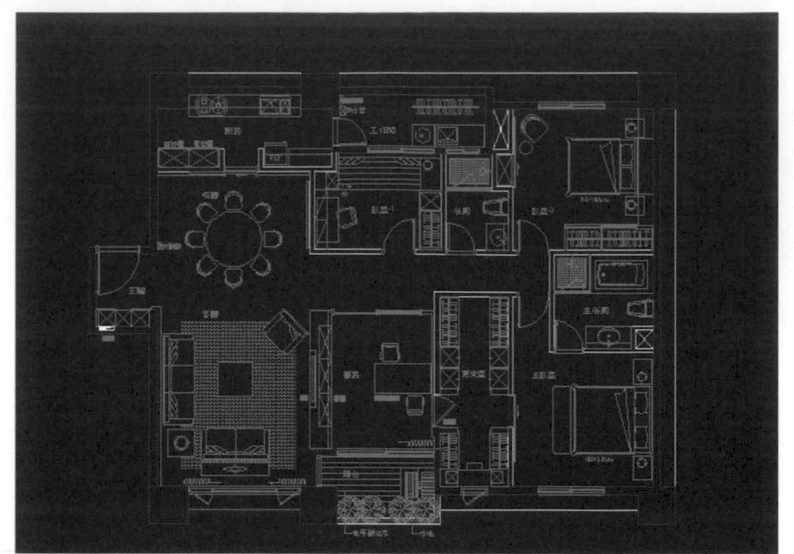

LAYER圖層-02牆

物件包括:柱、RC牆、磚牆、輕隔間、輕質混凝牆

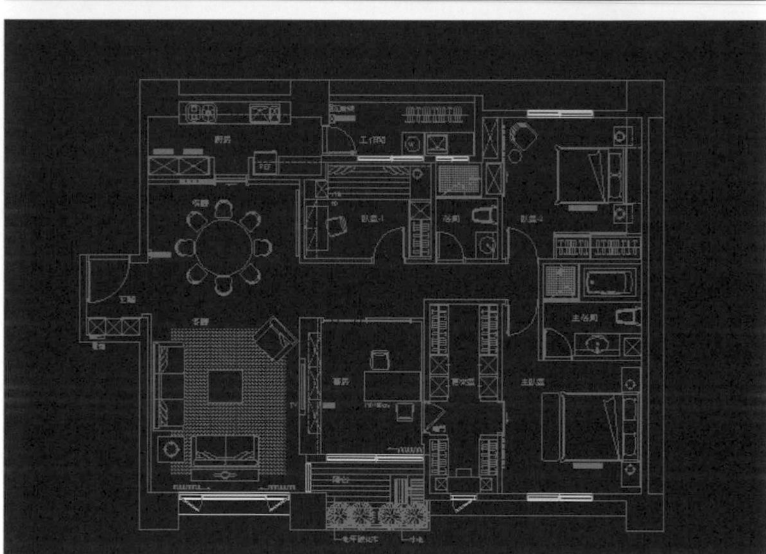

LAYER圖層-03窗

物件包括:半腰窗、落地窗、氣窗、推窗等等窗型

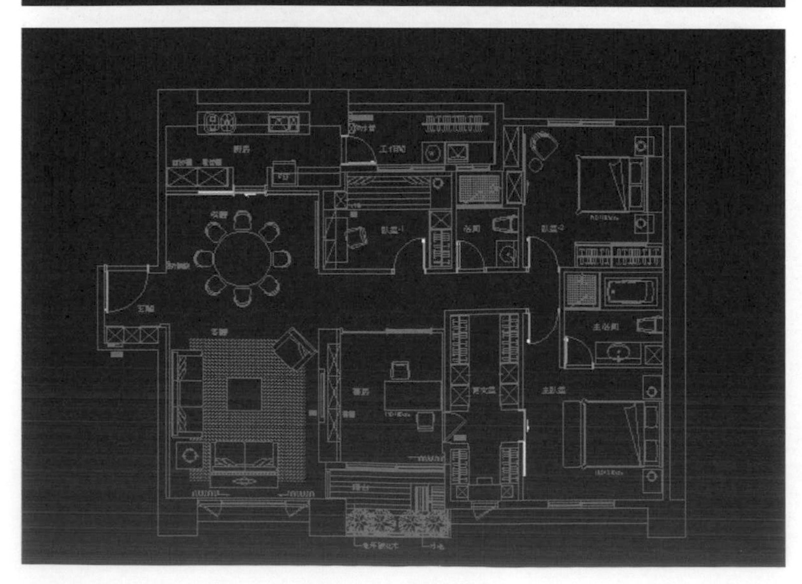

LAYER圖層-04門

物件包括:木作門、大門、暗門、鋁門、橫拉門等獨立的門

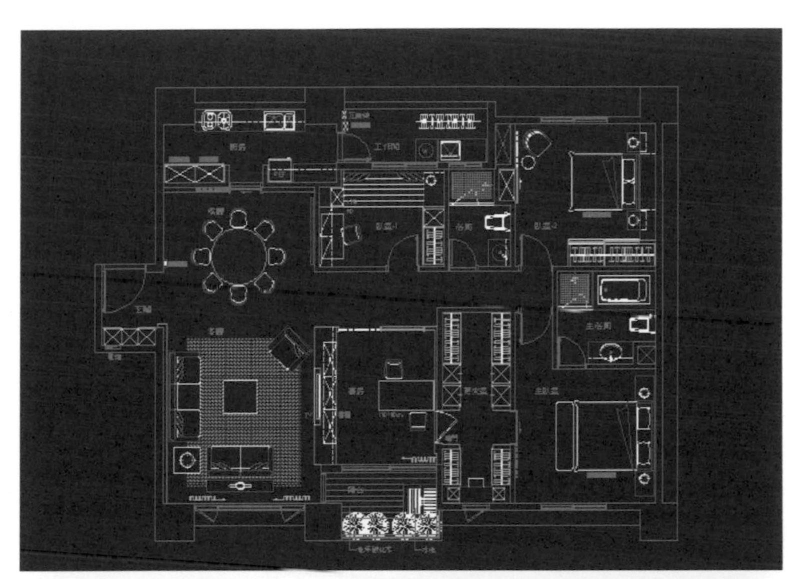

LAYER圖層-05傢俱

物件包括:沙發、矮櫃、衣櫃、活動傢俱、床、書桌、衛浴設備、廚房設備、家電及電器設備、窗簾、木隔間、木作造型牆面、窗簾、燈具、地坪材質、裝飾品

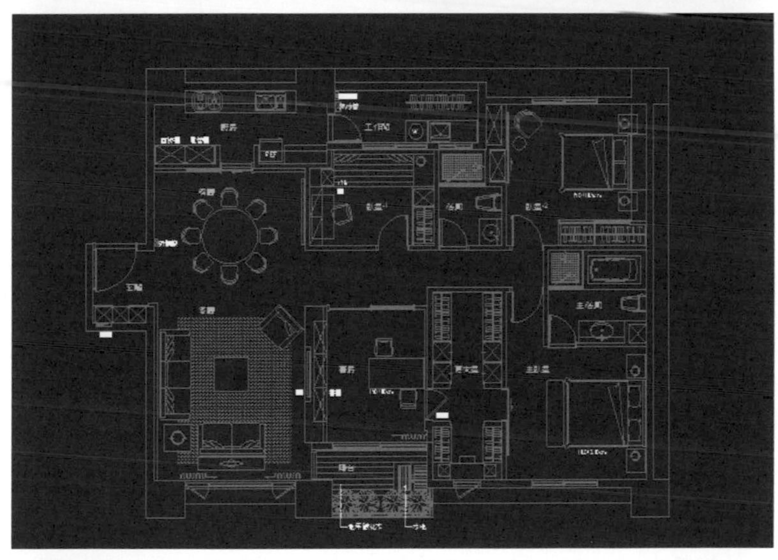

LAYER圖層-07文字

物件包括:文字、副標題文字、內文、中文、英文

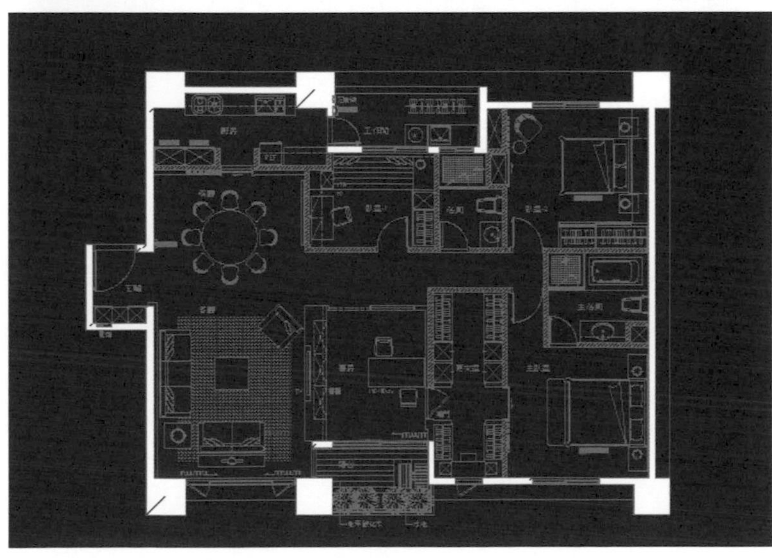

LAYER圖層-10填實

物件包括:柱剖面線、 RC牆剖面線、磚牆剖面線、輕隔間剖面線、輕隔混凝牆剖面線

2-3 平面配置圖的文字

在平面圖上標示文字可清楚了解每一個單位空間使用上的作用，然而若文字放置不當，以及因比例上的不同讓文字處於過大干擾到平面圖的整體配置設計(如下圖)，或者過小而無法明確得知空間上的作用及功能，這些都反而造成困擾。因此，妥善管理平面圖的文字的是影響整個圖面關鍵之一。

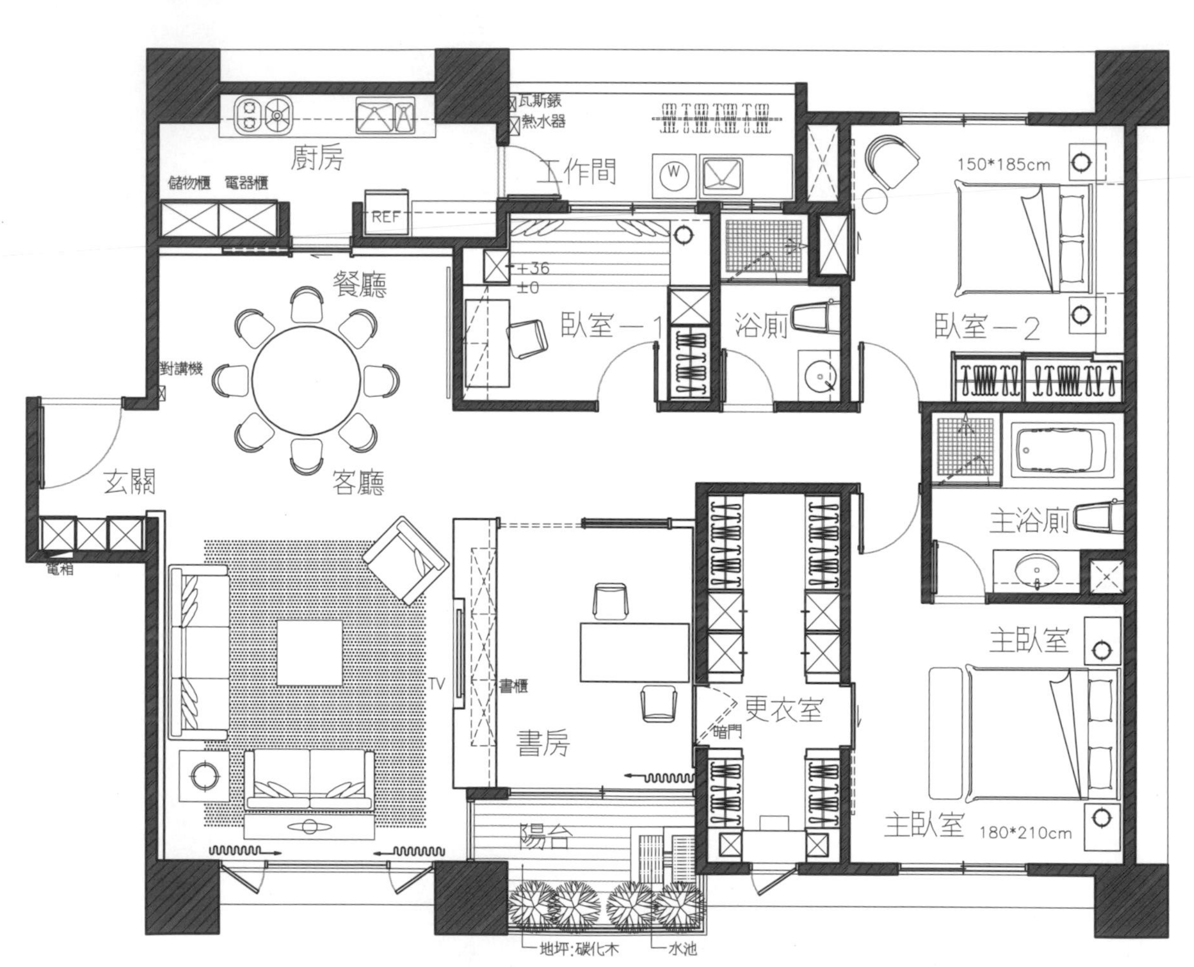

+ 文字的大小

以文字的大小來說，因平面圖使用比例不同相對文字的大小也有所不同，而在一張平面圖裡也要去界定文字的不同，如標題文字上會是比較大字，其它的空間名稱及內文的文字會比標題字小 (如下圖)，這原理就報紙及雜誌的排版編排方式一樣。

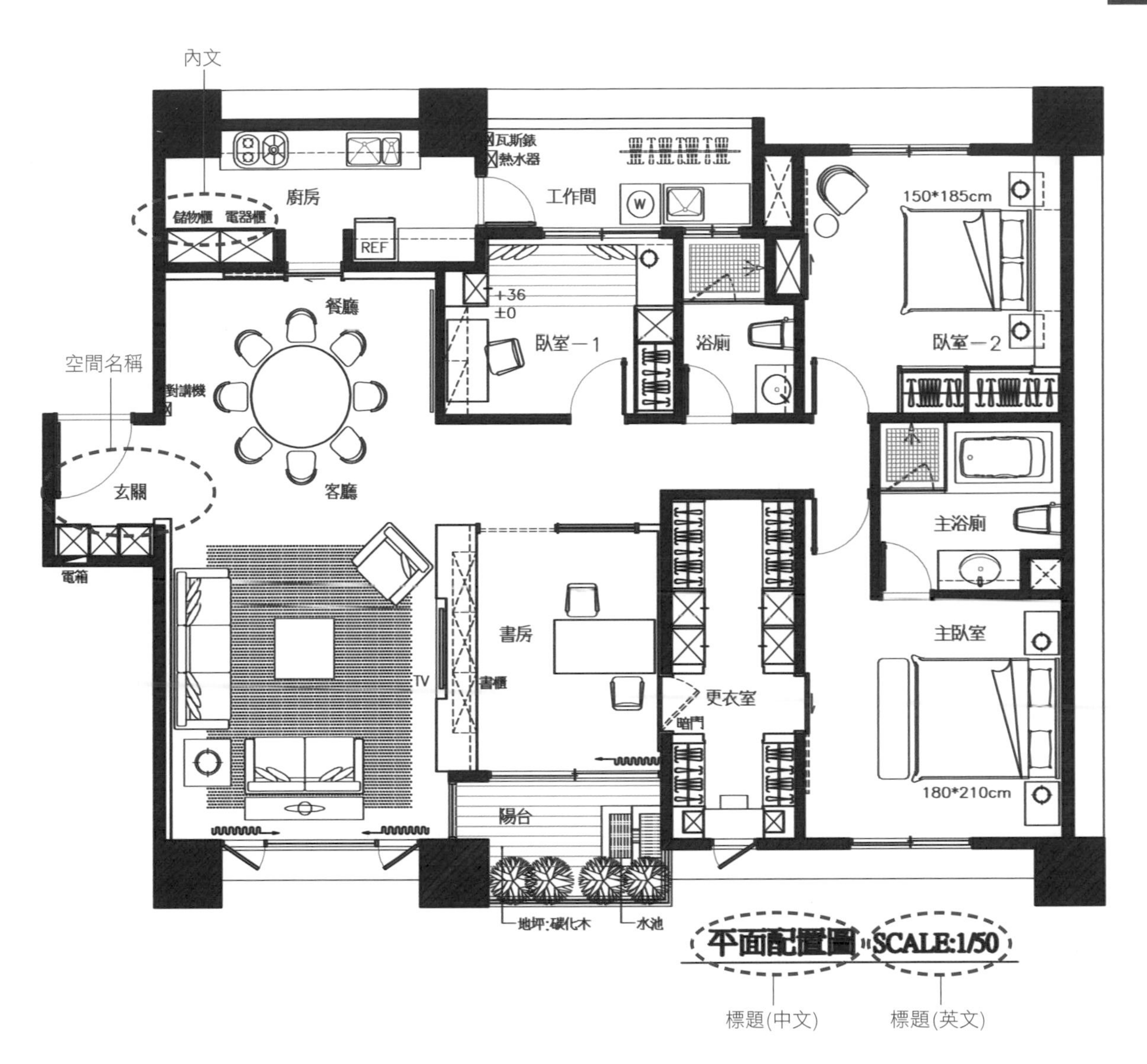

以下是依 "新細明體" 字型在不同圖面比例下的文字大小數值，提供您參考：

圖面使用比例	標題		空間名稱	內文
	中文	英文		
SCALE:1/100	40	30	20	15
SCALE:1/60	25	20	15	10
SCALE:1/50	20	15	12	10
SCALE:1/40	15	10	8	6
SCALE:1/30	10	8	6	5
SCALE:1/20	8	5	4	3
SCALE:1/10	5	3	3	2

✚ 水平、垂直的配置

每一個空間配置上，為了讓文字有個適當位置擺設，通常會將文字選擇在單一空間的空白處擺設，但就整張平面配置圖的整體來說，文字的位置若沒有達到整體水平及垂直，或壓在配置圖的圖塊物件上，就會呈現有如跳動音符一般，讓平面配置圖呈現不協調，或影響到圖塊物件的獨立性。(如下圖)

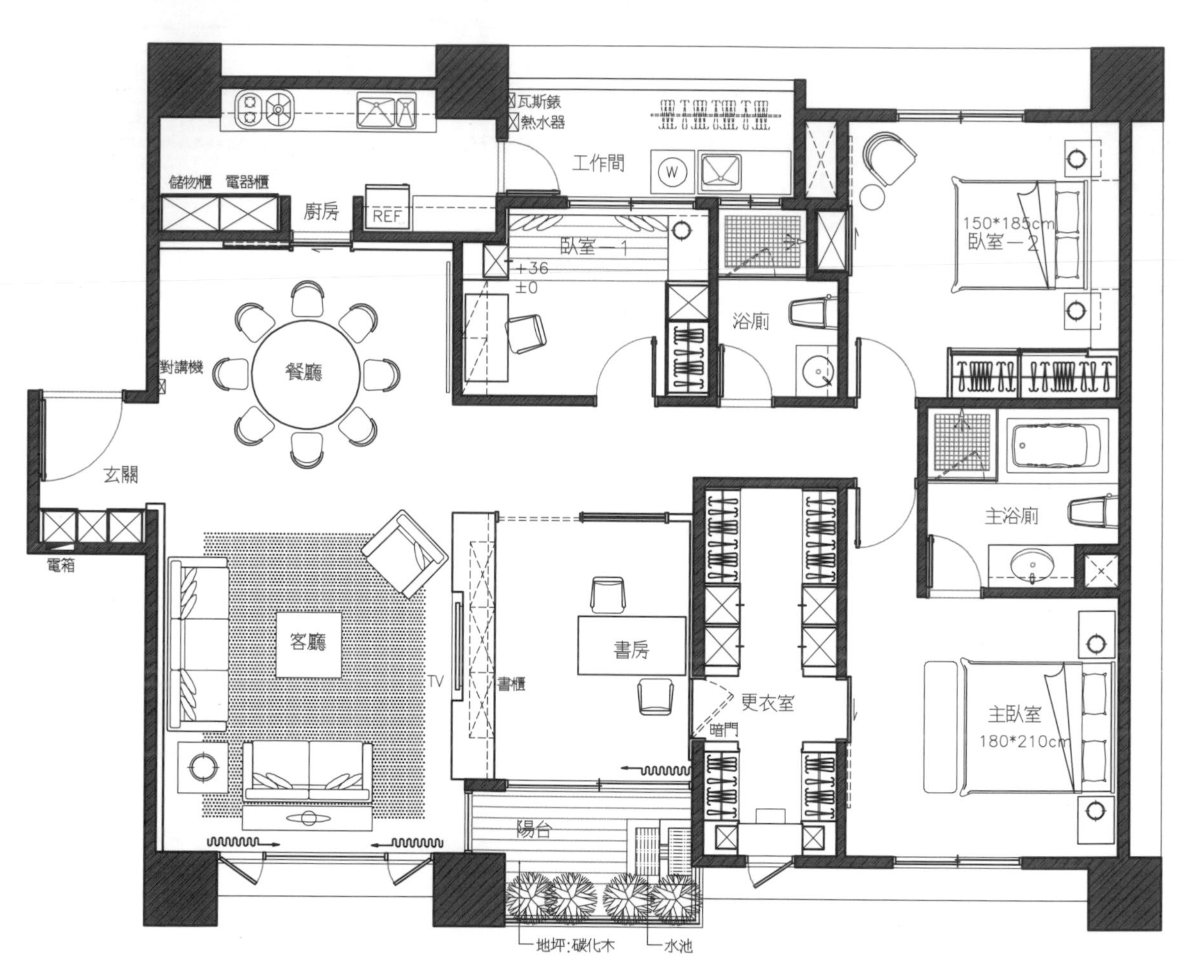

因此，當平面配置圖都已完成繪製好時，可再進行文字上位置微調，讓文字與文字間盡量能在水平及垂直的排列位置，便可減少文字造成平面配置上的影響。(如下圖)

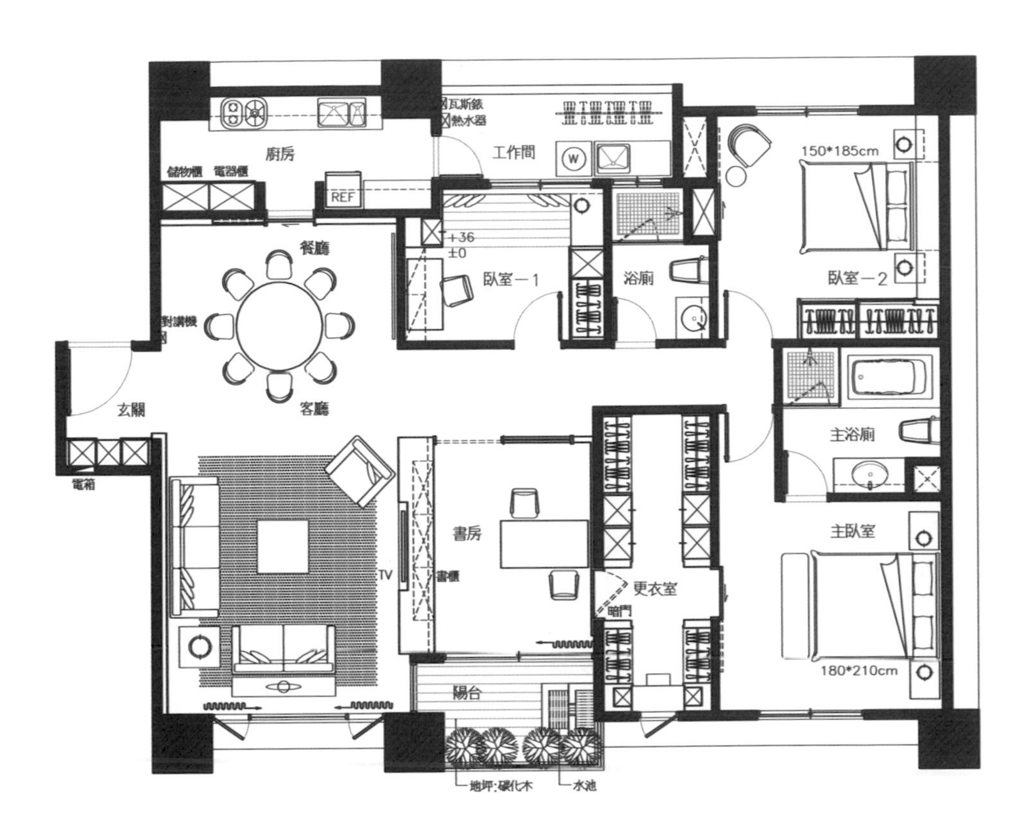

+ 平面配置中英文的應用

至於平面配置圖應用的文字有兩種，分別為中文及英文。而要選用中文或英文並沒有去限制，依設計者 (繪圖者) 依喜好去選擇。

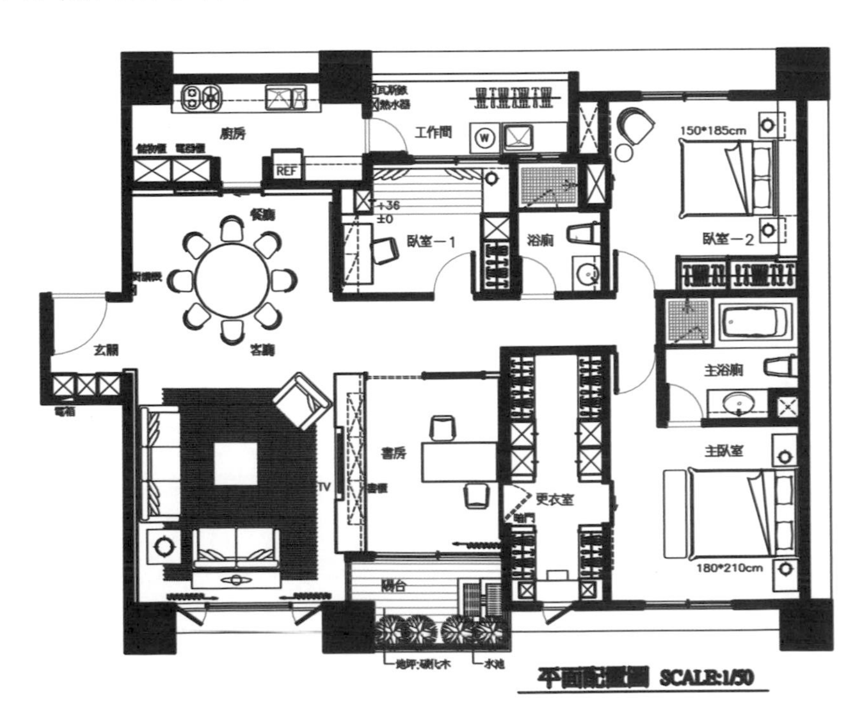

PLAN SCALE:1/50

以下表格是應用在平面配置圖常用空間中文及英文名稱，做為圖面文字應用的參考。

空間名稱(中文)	空間名稱(英文)	空間名稱(中(中文)	空間名稱(英文)
玄 關	LOBBY	小孩房	KID’S ROOM
客 廳	LIVING	浴 廁	BATHROOM
起居室	LIVING ROOM	淋浴間	SHOWER
餐 廳	DINING	主浴廁	MASTER BATHROOM
廚 房	KITCHEN	公共浴廁	PUBLIC BATHROOM
吧 檯	BAR	傭人房	MAID ROOM
書 房	STUDY ROOM	儲藏室	STORAGE
主臥室	MASTER BEDROOM	走 道	WALKWAY
更衣室	WALK-IN CLOSET	陽 台	BALCONY
臥 室	BEDROOM	樓 梯	STAIRCASE
客 房	GUEST ROOM		

+ 簡寫文字

名稱上的簡寫文字在室內設計的應用上並沒有像建築使用這麼多，但會因案型的不同而會有接觸到建築圖面的機會，有時看到一些簡寫文字卻無法得知它的含意而誤解。底下整理常會用到的或者常見到的名稱簡寫文字，讓您更了解名稱的簡寫文字定義，表格如下：

用途	簡寫文字	說明	用途	簡寫文字	說明
設備	A/C	空調	門窗	D	門
	REF	冰箱		SD	鐵捲門
	W	洗衣機		W	窗
	H	烘衣機		DW	落地窗
尺度及位置	D，d	直徑	建築構材	C	柱
	R，r	半徑		FG	地樑
	W	寬度		G，g	樑
	L	長度		S	板
	H	高度		CS	懸臂板
	T	厚度		W	牆
	@	間距		FS	基礎板
	#	材料規格號碼		BW	承重牆
	ϕ	材料直徑		SW	剪力牆
尺度及位置	C.C.	中心間距	建築構造	RC	鋼筋混凝土
	℄	中心線		SRC	鋼骨鋼筋混凝土
	BN	水準點		S	鋼構造
	HL	水平線		B	磚構造
	VL	垂直線		W	木構造
	GL	地盤線	配置設備	ELEV	電梯
	WL	牆面線		R	樓梯級高
	CL	天花板線		T	樓梯級深
	1FL	一樓		UP	樓梯(上)
	2FL	二樓		DN	樓梯(下)
	B1FL	地下一層			
	B2FL	地下二層			
	FL	基準面			
	SFL	完成後的高程			
	RF	屋頂			

2-4 AutoCAD 尺寸設定範例

+ 標駐尺寸的觀念

尺寸的設定需注意箭頭符號的使用，在建築圖使用的標註尺寸箭頭符號為 "圓點"，那是因為建築圖在標註尺寸用法上，均以標示牆與牆的中心點。但室內的圖面均以標註淨寬尺寸，所使用的標註尺寸箭頭符號為 "斜線"。所以盡量不要用標註尺寸箭頭符號為 "箭頭" 或者 "圓點"，以免當標註細小尺寸時無法明顯知道標示尺寸實際範圍。

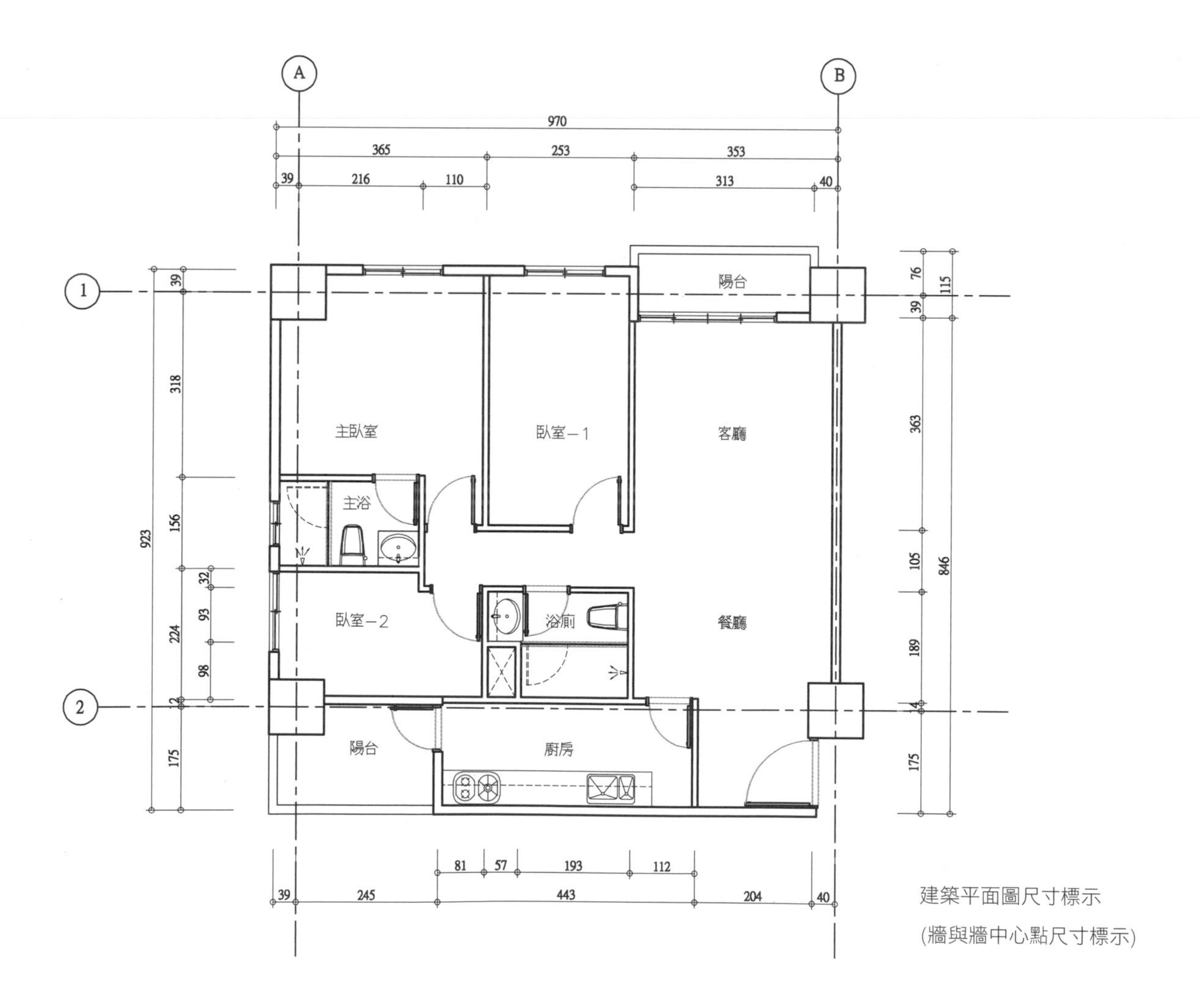

建築平面圖尺寸標示

(牆與牆中心點尺寸標示)

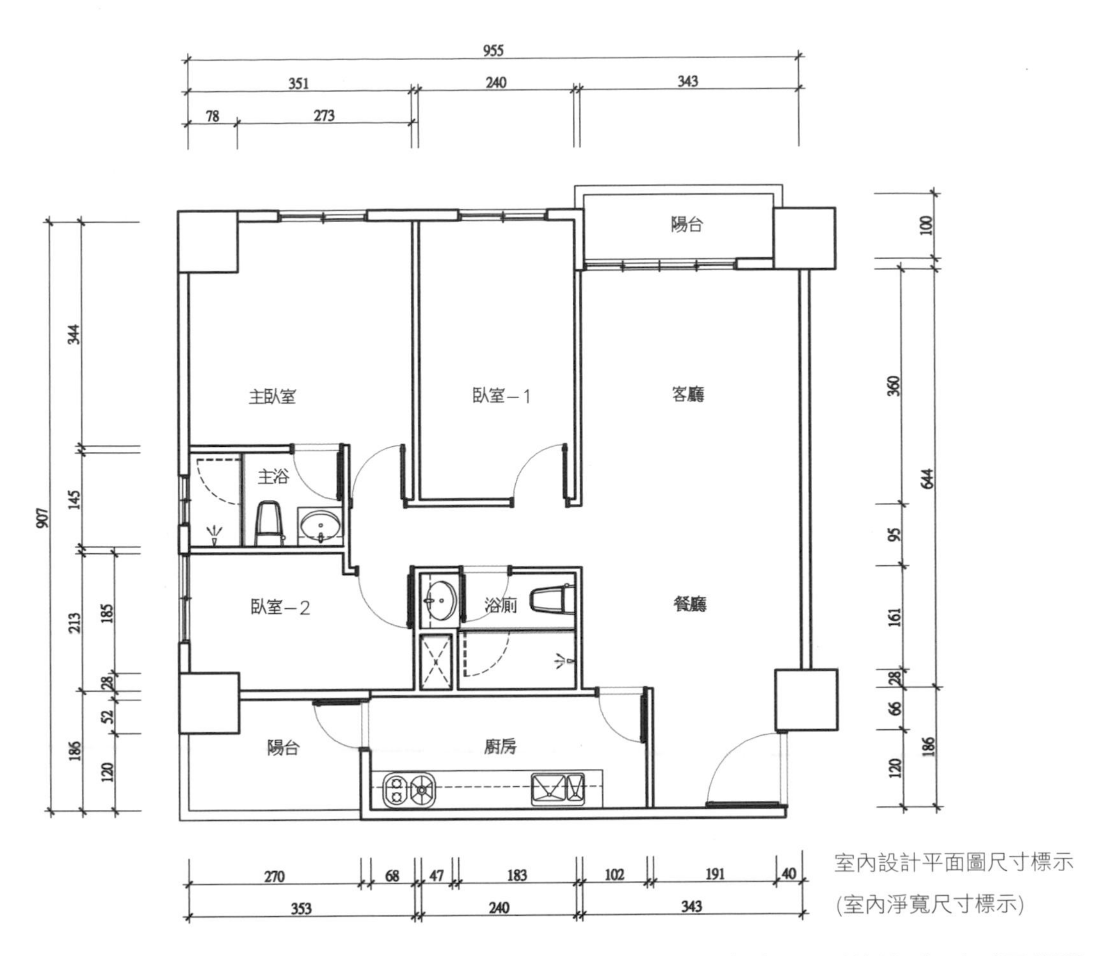

室內設計平面圖尺寸標示
(室內淨寬尺寸標示)

還有，因圖面比例的不同，相對的標註尺寸的設定也不同。例如下圖的浴廁平面圖假設是 1:100 的比例，在標註尺寸的名稱上需另新建 DESIGN-100 的標註尺寸，其內定值都是針對 1:100 的比例去調整。

若沒有這樣設定，圖面上會發生標註尺寸過大 (如圖-1)，或尺寸過小 (如圖-2)，甚至造成數字與數字之間重疊在一起，看不出尺寸數值為何的情況。因此，標註尺寸要能配合圖面比例而有所調整，才能在圖面上達到尺寸數值的明確性 (如圖-3)。

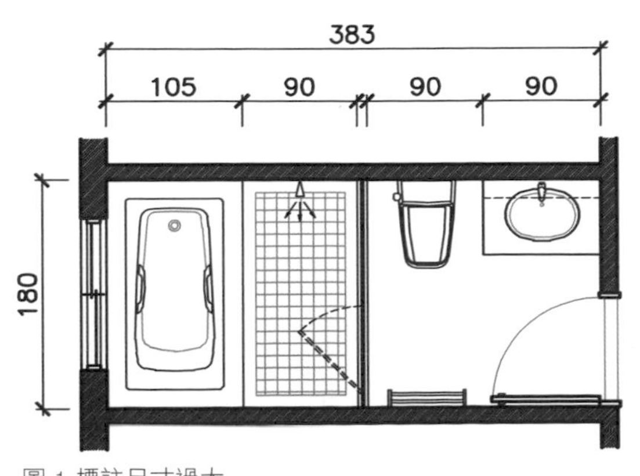

圖-1 標註尺寸過大

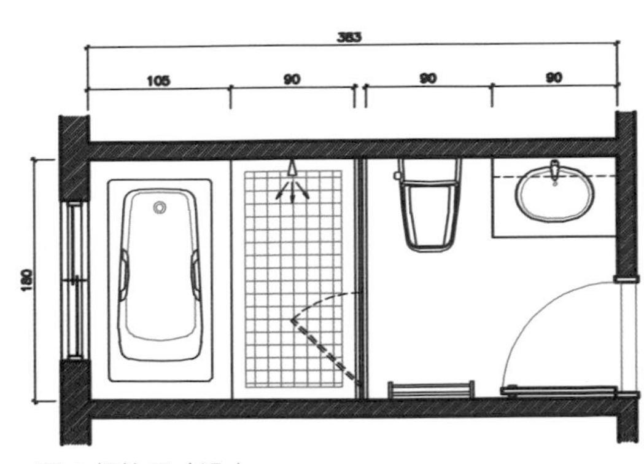

圖-2 標註尺寸過小

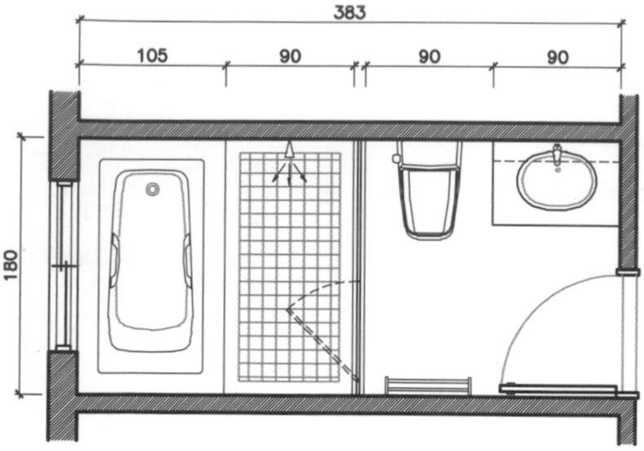

圖-3 適合的標註尺寸

✚ 新建標註尺寸

新建標註尺寸的路徑有兩個方式：

» 第一種方式是點選在桌面的**型式**工具列的**標註型式**，即可進入交談框進行新建。

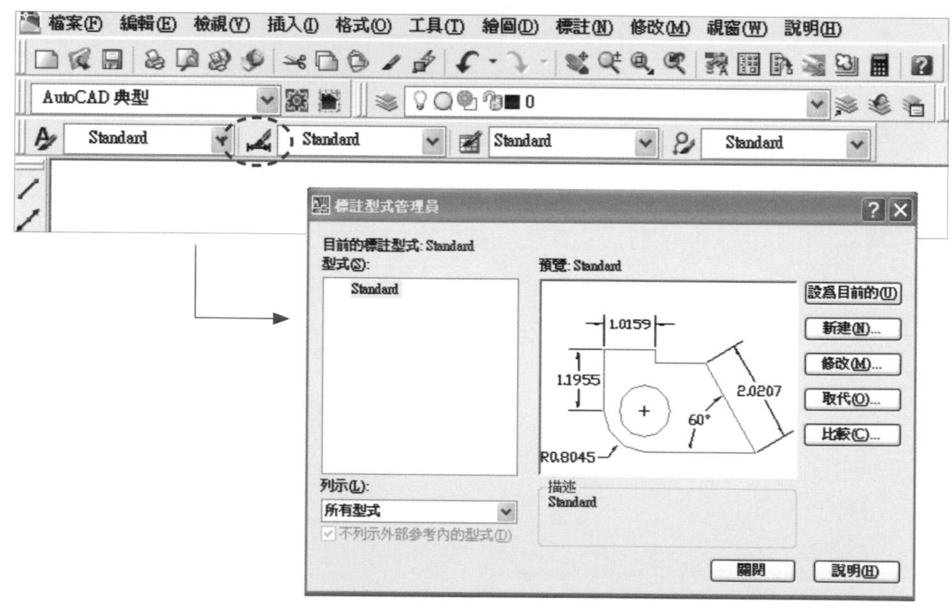

» 第二種方式是下拉式功能表的**標註/標註型式**，點選 "標註型式" 即可進入標註型式管理員對話框。

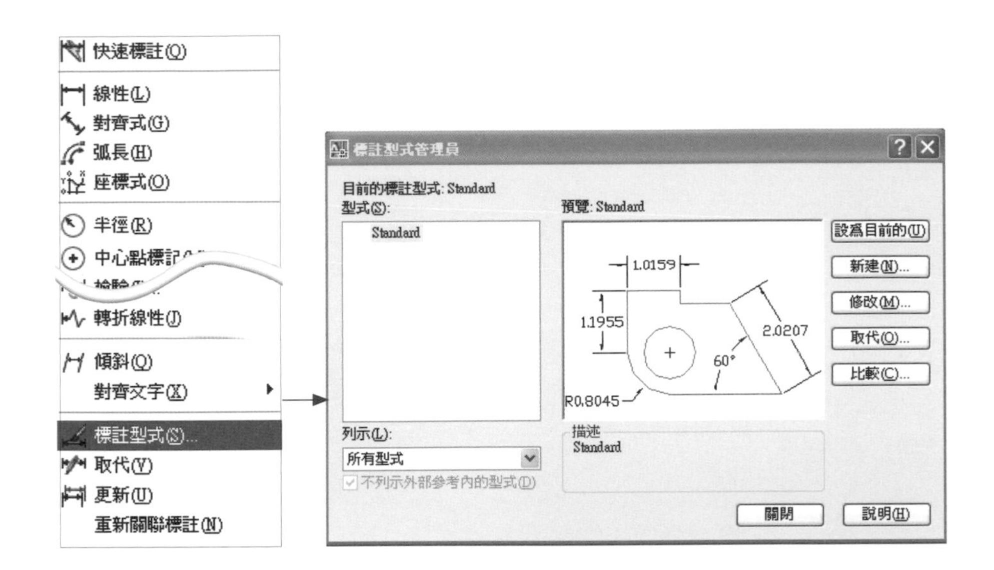

依圖面比例的需要，新建不同比例的標註型式。若需修改內定數值也是在此對話框進行修改。

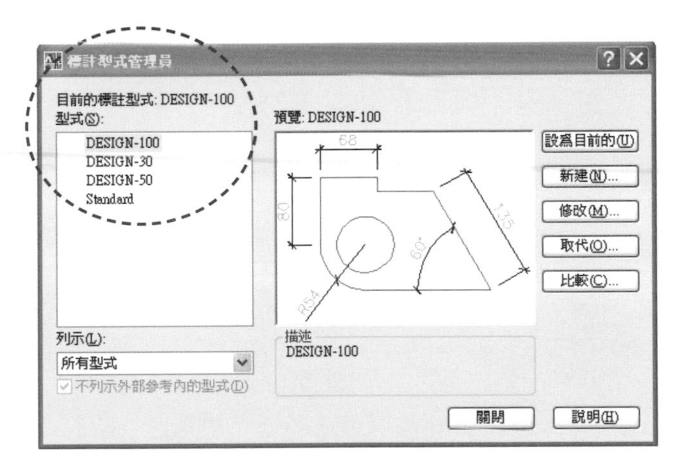

在圖檔內設定不同的標註型式後，則 AutoCAD 的型式工具列也會顯示出來。

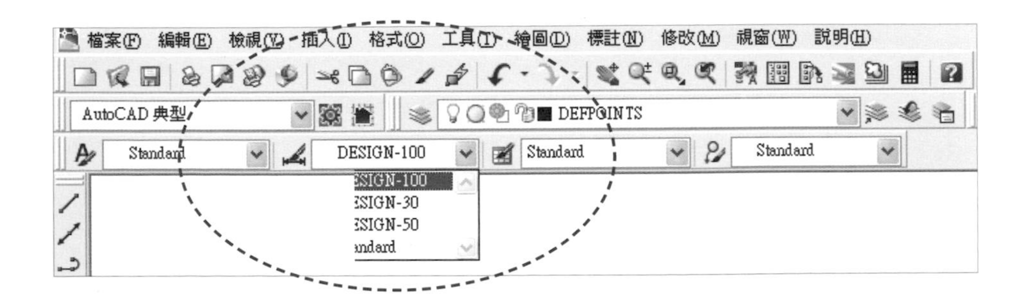

+ 標註尺寸範例

平面圖或立面圖常使用的比例為1:100、1:50、1:30，底下分別整理三種比例的標註尺寸範例，提供您在不同比例之下作為參考。

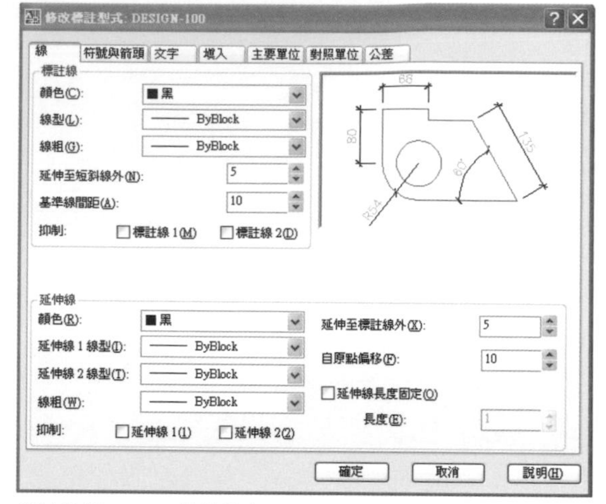

標註比例1:100 線的設定

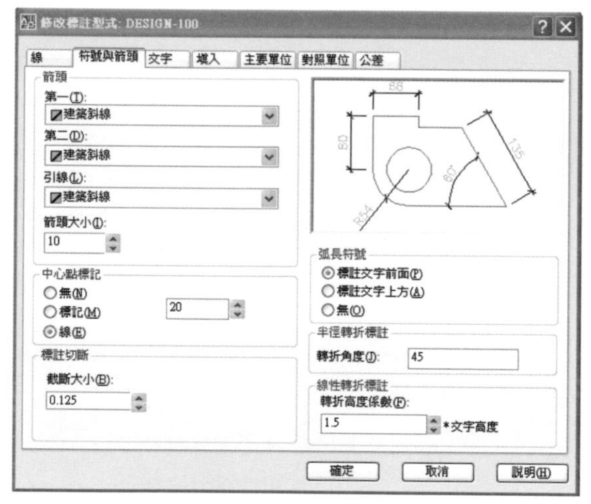

標註比例1:100 符號與箭頭的設定

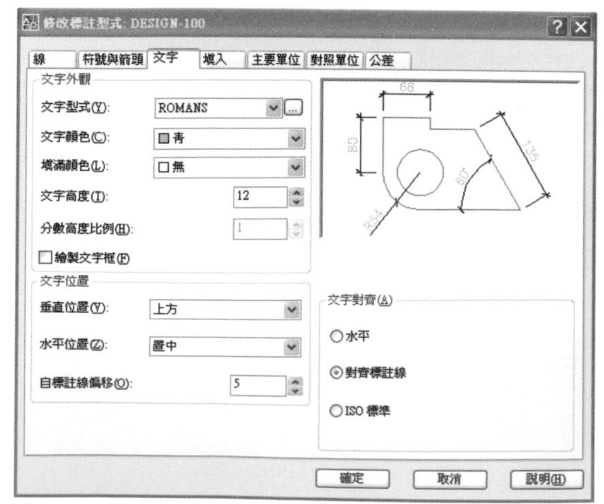

標註比例1:100 文字的設定

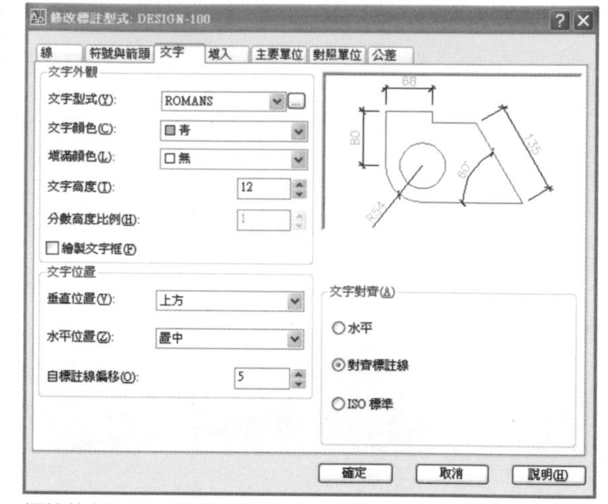

標註比例1:50 文字的設定

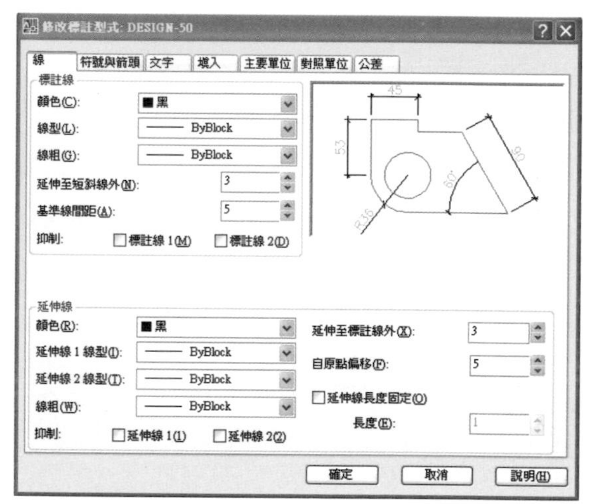

標註比例1:50 線的設定

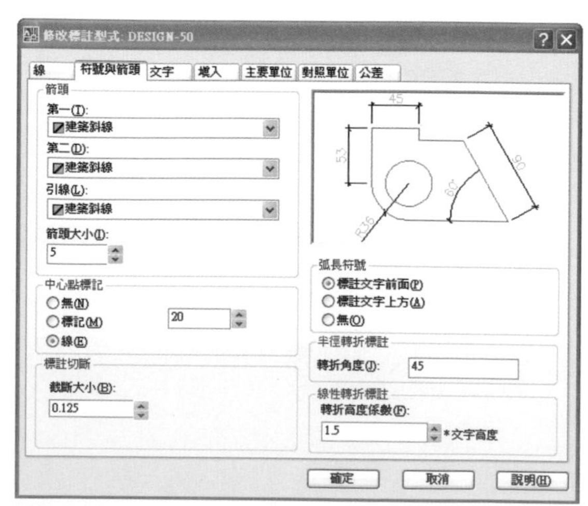

標註比例1:50 符號與箭頭的設定

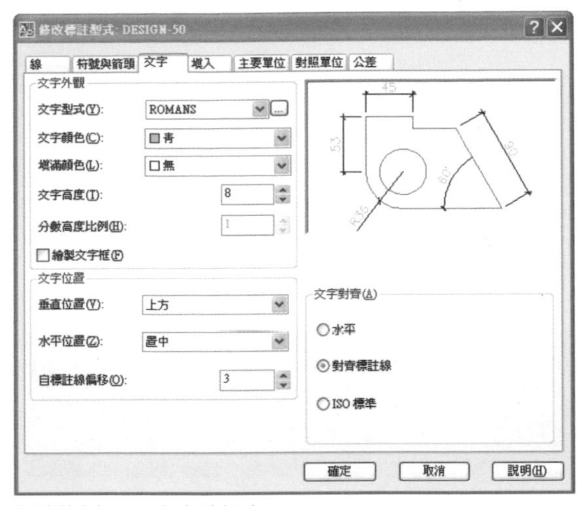

標註比例1:30 文字的設定

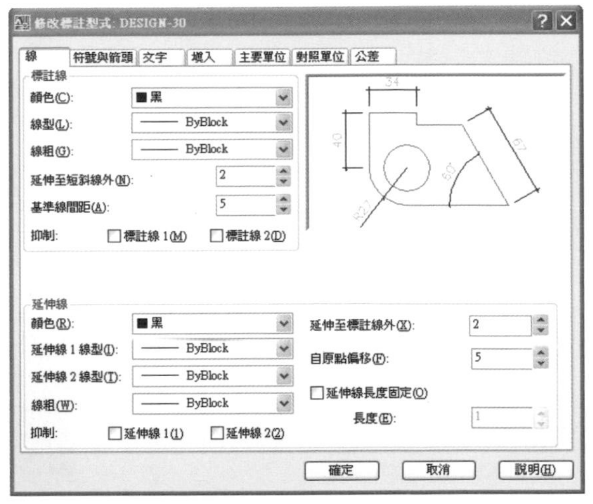

標註比例1:30 線的設定

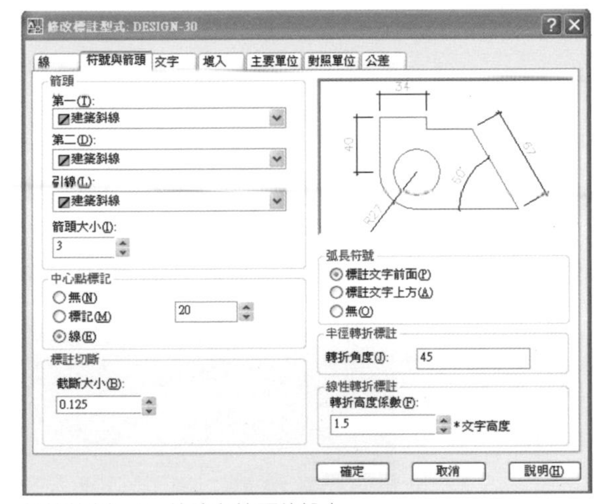

標註比例1:30 符號與箭頭的設定

2-5 其他 AutoCAD 圖面繪製注意事項

每個人在操作 AutoCAD 的習慣並不太相同，當一個案子開始衍生後續的圖面或者重覆修改圖面時，每個人難免都會依自己的習慣去處理，筆者的經驗是經常會發生繪製工作銜接不順利、後接的人找不到圖 (檔) 面、或圖檔容量過大而造成不穩定的當機等等問題，所以，在 AutoCAD 作圖習慣上需納入上敘所發生的問題。

+ CAD 圖面基準點及排列方法

不管一個圖檔裡面有幾張圖面，左下角的位置座標必需在 (0，0) 點。在指令下輸入 "Zoom" (視窗)，再輸入 "A" (全部視窗) 時，所有圖面才會完整呈現。當圖面數量過多，無法拆圖的狀況下，圖面要力求排列工整。筆者的觀念是，AutoCAD 的圖面就如同自己的桌面，有秩序的排列能讓圖面更清楚，也能提高自己或他人讀圖的速度。

在執行指令下輸入 "Zoom" (視窗)，再輸入 "A" (全部視窗) 時，可看到尚未排列工整的圖面猶如在太空中漫步的圖

排列的操作步驟如下：

STEP 1 執行指令 "MOVE" (移動)，逐一把每塊圖面排列工整

STEP 2 執行指令 "MOVE" (移動)，框選全部的圖面，點選左下圖框邊角為基準點，移至左下角的0，0點位置

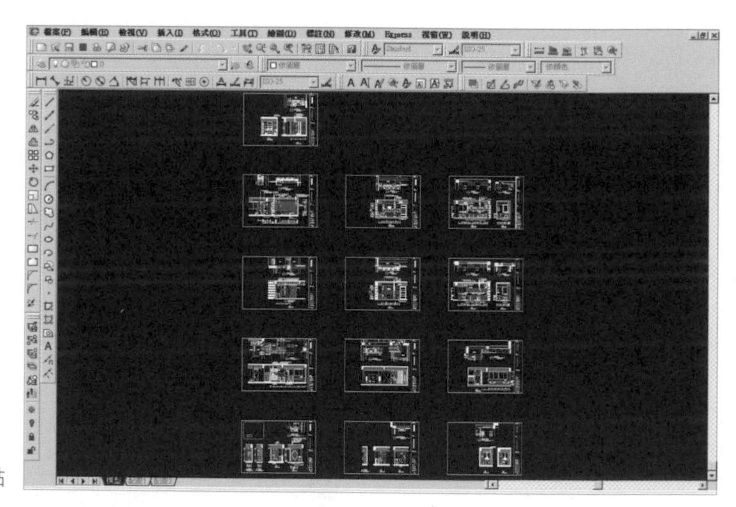

圖面左下角都需設在0，0點

+ 隨時做清除的動作

在繪製圖面過程中，常會有插入、剪貼圖塊、線型、文字、圖層、圖面及圖片等動作，不過討厭的是，即使刪除這些物件，圖面的檔案容量並不會因此減少。隨著操作動作的累積，圖檔容量就會慢慢增大，而影響到作圖速度，學會以下的清除技巧，並養成習慣，就可避免上述情況發生。操作步驟如下：

STEP 1

❶ 到AutoCAD下拉式指令點選 "檔案"，會出現"檔案"快顯功能表

❷ 滑鼠往下拖曳至 "圖檔公用程式"

❸ 會出現另一個延伸的快顯功能表，點選"清除" 再出現"清除"對話框

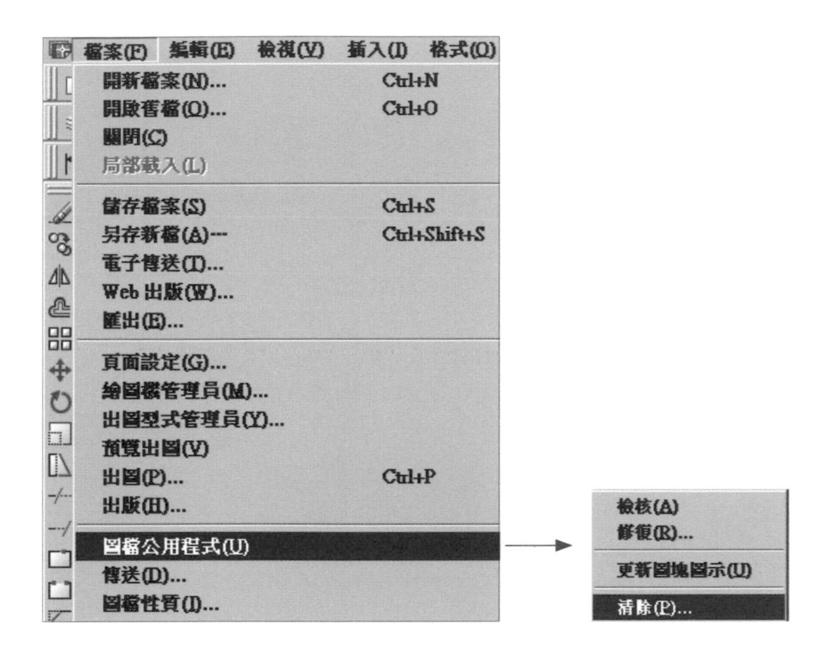

Tip 在指令輸入"PURGE" 或者輸入簡寫指令 "PU"，則會直接出現 "清除" 對話框。

STEP 2

❶ 點選 "檢視您可以清除的項目"

❷ 若項目前面出現 "⊞" 符號，點選"清除全部" 就可清除不需要或者暫存的項目

❸ 點選 "關閉" 即可結束清除的動作

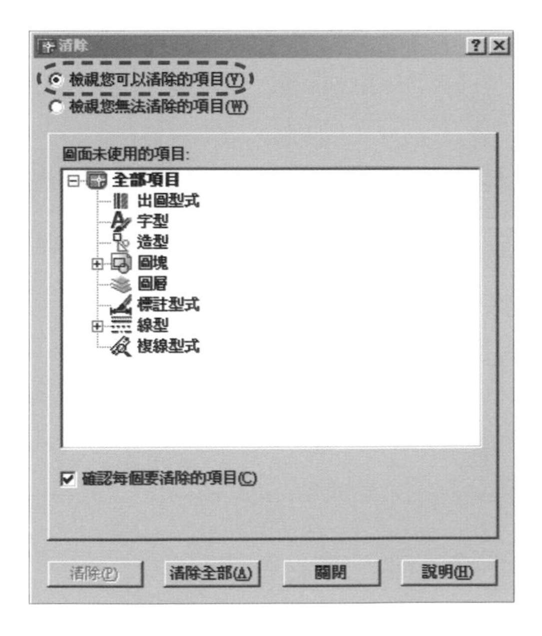

+ 要習慣使用圖層

圖層界定一定要分明，並在繪製時逐一開、關圖層修改。

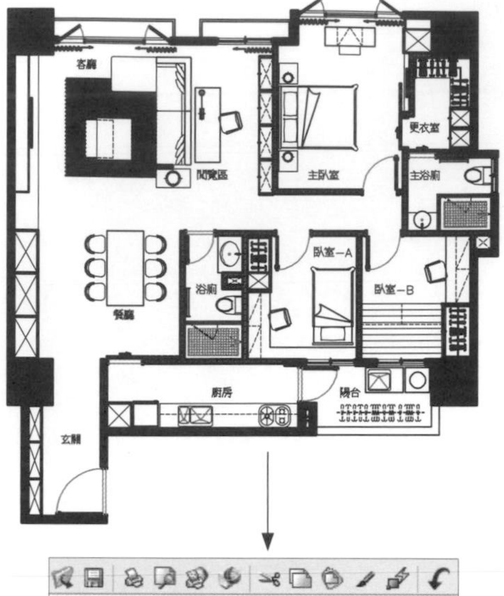

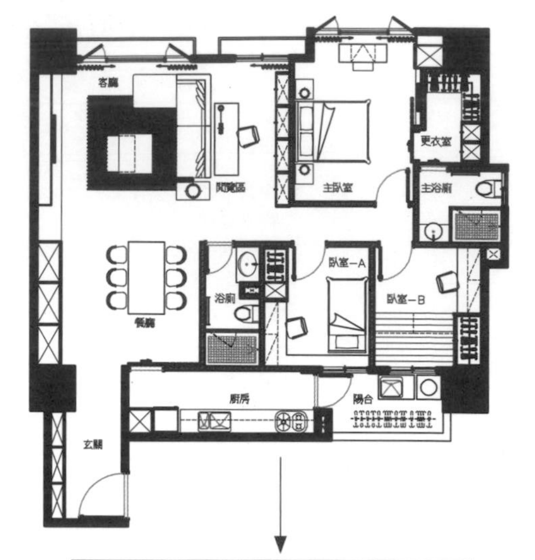

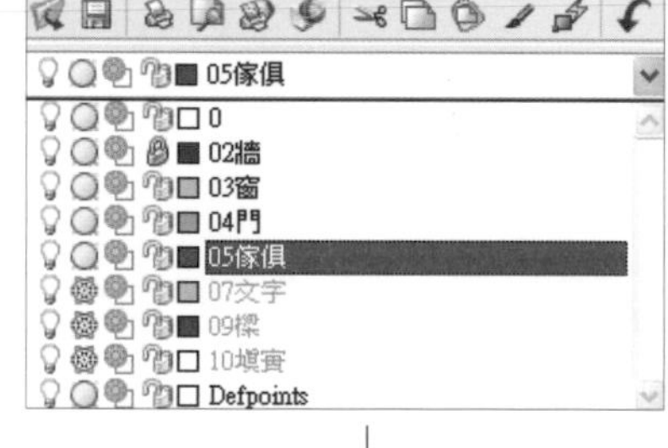

修改隔間：關閉傢俱、文字、樑、填實等圖層，目前將圖層設定為"牆"層，單純化圖面後比較容易去修改隔間

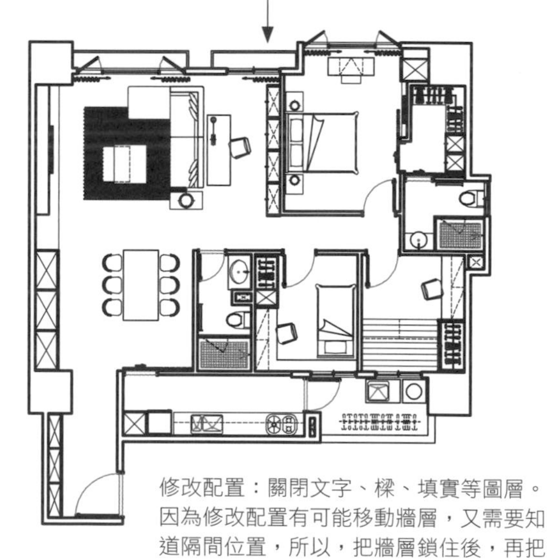

修改配置：關閉文字、樑、填實等圖層。因為修改配置有可能移動牆層，又需要知道隔間位置，所以，把牆層鎖住後，再把目前圖層設定為 "傢俱" 層來進行配置

其他平面繪製經驗分享

1.繪製一條牆線時，不要分成 2-3 條線段去組合而成。

2.繪製時要留意不可線中線，若一條線段隱藏覆蓋無意義的線段，出圖時會發現線段變得比較粗。

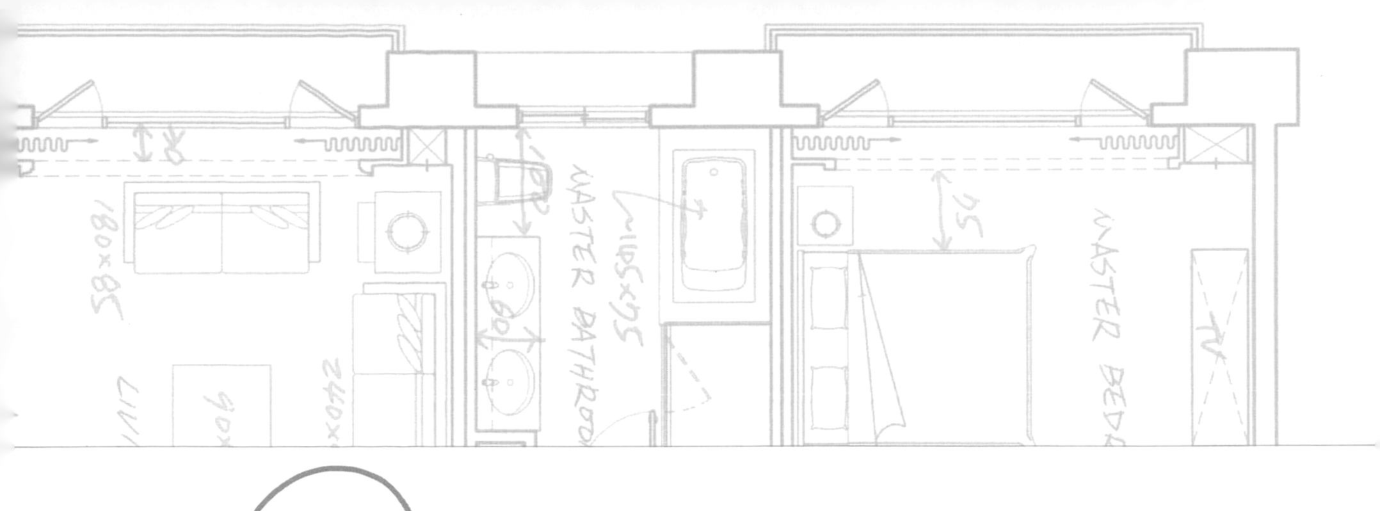

Chapter 3 繪製平面配置圖

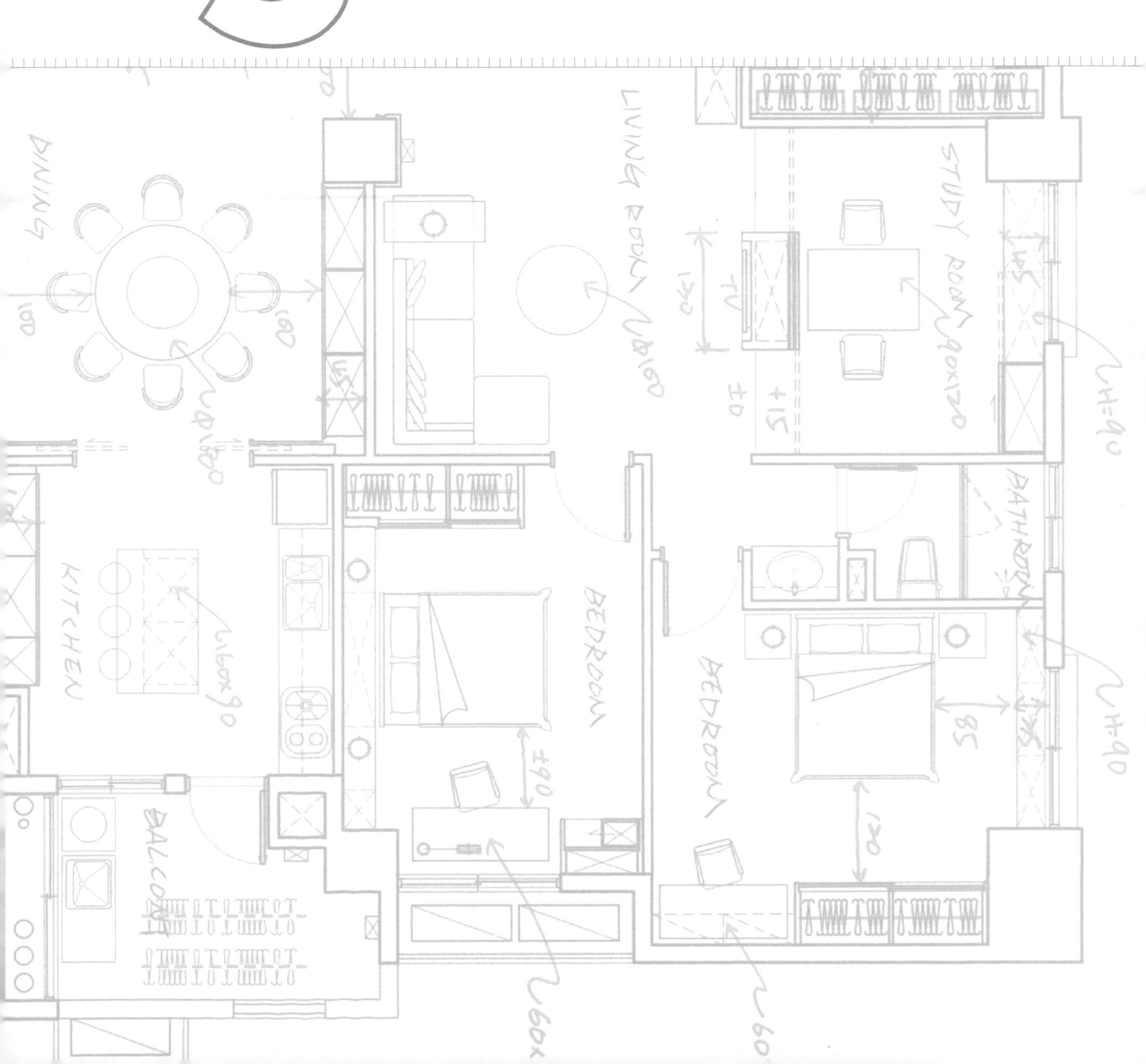

3-1 平面圖圖塊物件概敘

本節將平面配置圖常會用的圖塊及常會使用到的尺寸，概略整理出來並標示尺寸及敘述。這些尺寸並不是"一定"或者"絕對"使用，而會因使用者的體型、習慣或者是設計者的尺寸觀而略有所不同，供您參考。

開門高櫃

開門高櫃的尺寸及形狀配置需注意：

(1) 開門尺寸一片寬度±30-60cm。

(2) 開門門片寬度盡量不要超過60cm, 因為過大會變形。

30−60
有門片及櫃框畫法

30−60
有門片無櫃框畫法

無門片畫法

30−60
有門片及櫃框畫法

30−60
有門片及櫃框畫法

30−60
有門片及櫃框畫法

30−60
有無門片及櫃框組合的高櫃畫法

30−60
門片及櫃框畫法

30−60
有門片及雙面櫃框＋木作門框組合的高櫃畫法

上掀矮櫃

上掀矮櫃的尺寸及形狀配置需注意：

(1) 上掀矮櫃的深度±35-60cm。

(2) 吊櫃常使用的深度±25-35cm。

(3) 常用在床頭矮櫃或者窗檯邊矮櫃兼收納或者休憩地方。

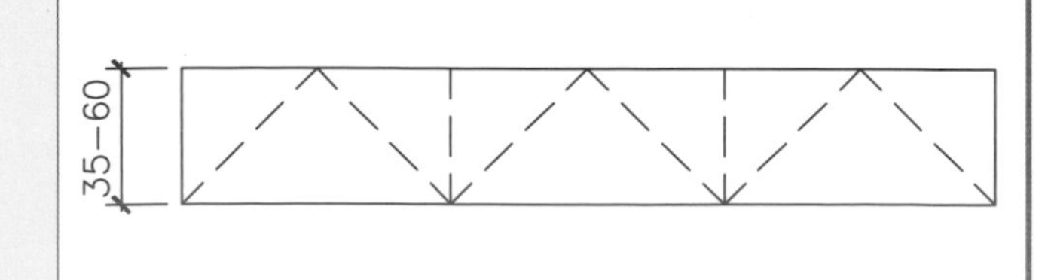

橫拉門高櫃

(3-3-1)

橫拉門高櫃的尺寸及形狀配置需注意：

(1) 橫拉門尺寸寬度約50-120cm/一片。

(2) 因為木板材面寬最大為120cm。

(3) 只要畫到橫拉門時須再加5-10cm滑軌尺寸。例如：

35cm（櫃深）+10cm（滑軌）
=45cm（橫拉門高櫃總深度）

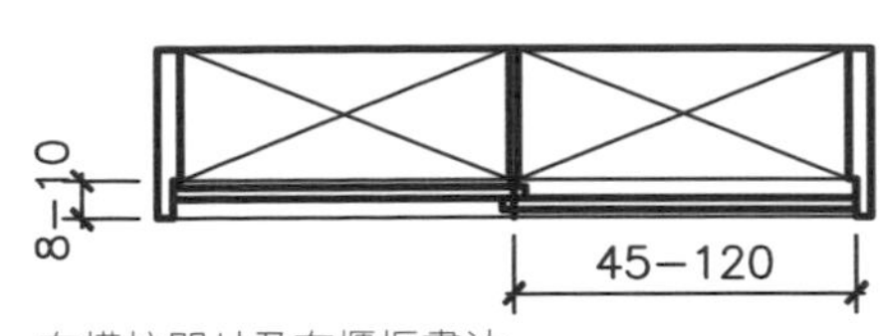

有橫拉門片及有櫃框畫法

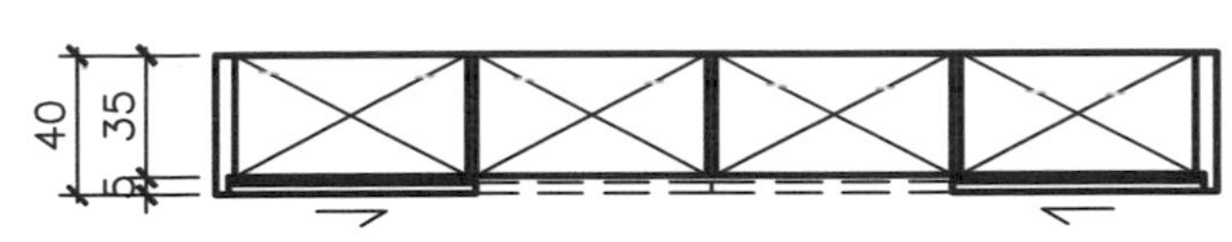

有橫拉門片、有櫃框及端景空間畫法

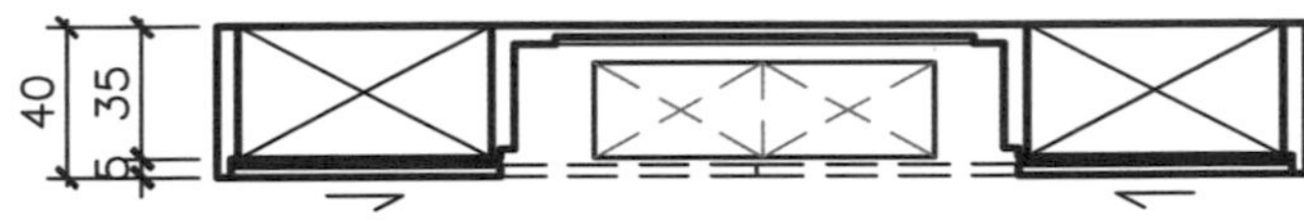

有橫拉門片、有櫃框、造型框、端景空間畫法

書櫃

書櫃的尺寸及形狀配置需注意：

(1) 一般書櫃深度大約24-45cm。

(2) 書櫃因使用機能不同，相對畫法略為不同。

(3) 只要掌控櫃深基本深度，就可衍生出櫃面造型不同。

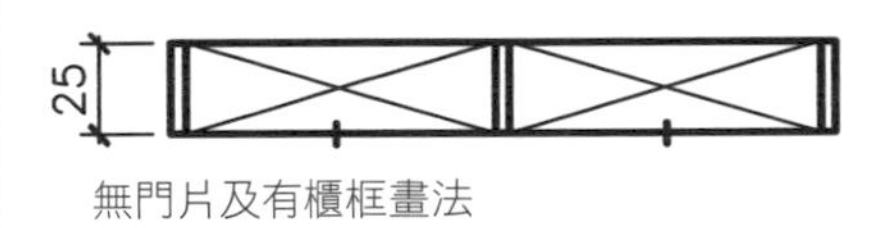

無門片及有櫃框畫法

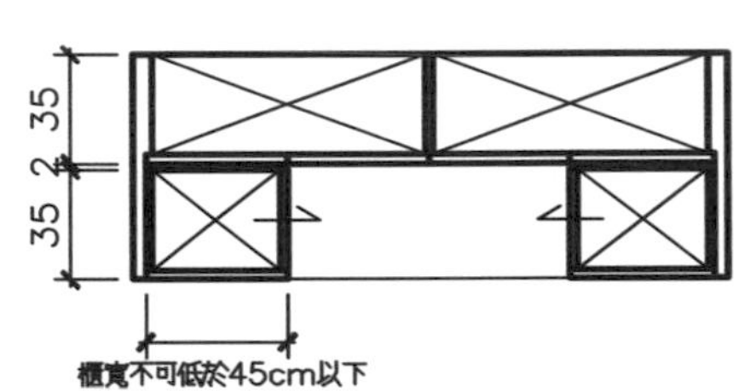

雙層有門片櫃框畫法

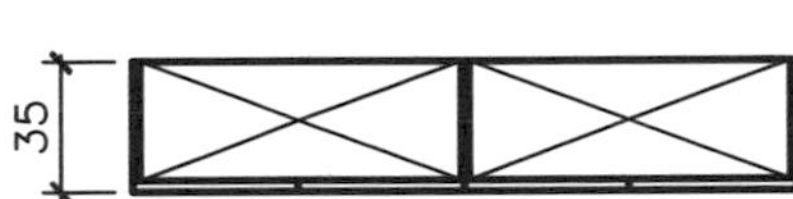

有門片及無櫃框畫法

35

有門片及有櫃框畫法

有門片、有櫃框的高矮書櫃畫法

洗臉檯

洗臉檯的尺寸及形狀配置需注意：

(1)洗臉盆有下嵌式及檯面式。所以，檯面深度±45-60cm。

(2)鏡面櫃常用深度±15-20cm。

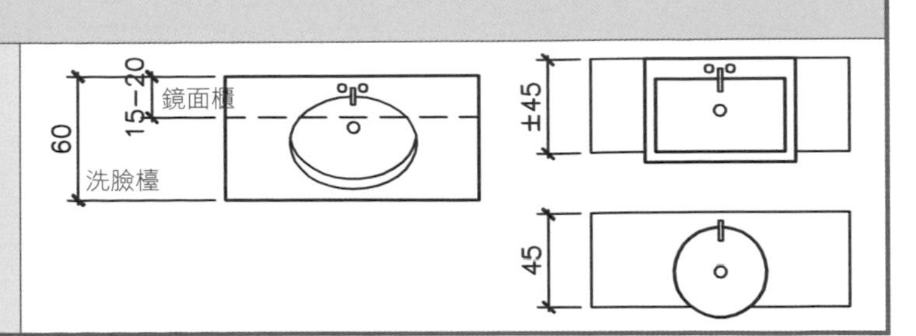

鞋櫃

鞋櫃的尺寸及形狀配置需注意：

(1) 一般鞋櫃深度約35cm, 雙層鞋櫃深度65-70cm。

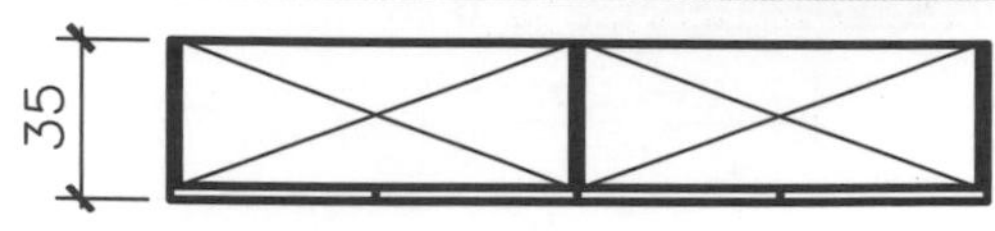

無櫃框的鞋櫃畫法

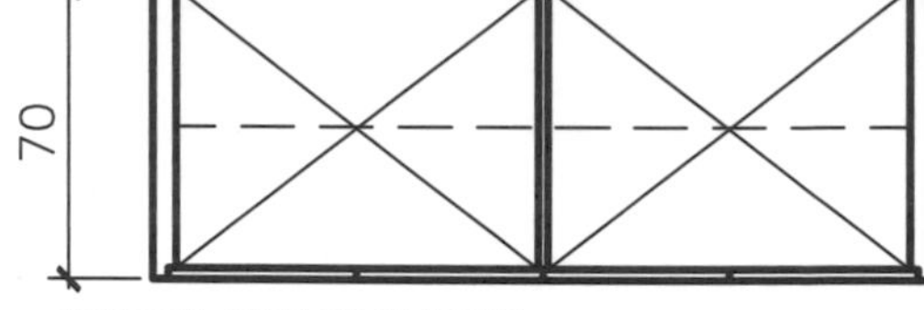

有櫃框的 (橫拉門) 鞋櫃畫法

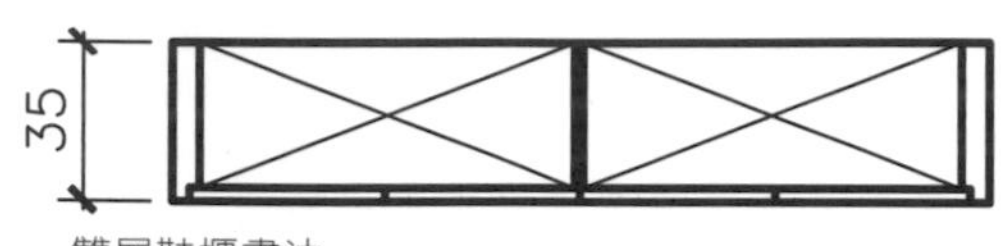

雙層鞋櫃畫法

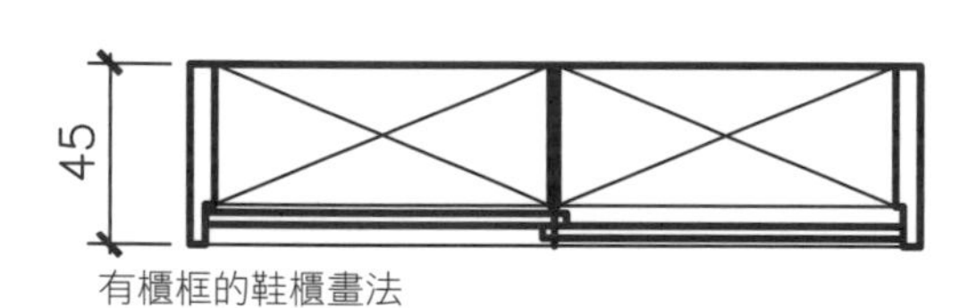

有櫃框的鞋櫃畫法

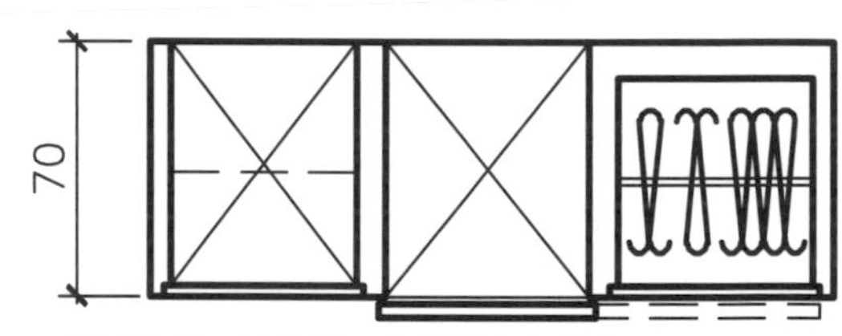

雙層鞋櫃 + 展示櫃 + 衣櫃組合的畫法

衣櫃

衣櫃的尺寸及形狀配置需注意：

(1)無門片衣櫃，大都使用在更衣室，而衣櫃深度約在50cm。

(2)有門片衣櫃深度約在60cm。

(3)橫拉門片衣櫃，需再加8-10cm滑軌尺寸。

例如：

60cm(櫃深)+10cm(滑軌)
=70cm(橫拉門高櫃總深度)

(4)雙層衣櫃採用橫拉門片使用或者無門片比較適用，而雙層衣櫃總深度約在100-115cm左右。

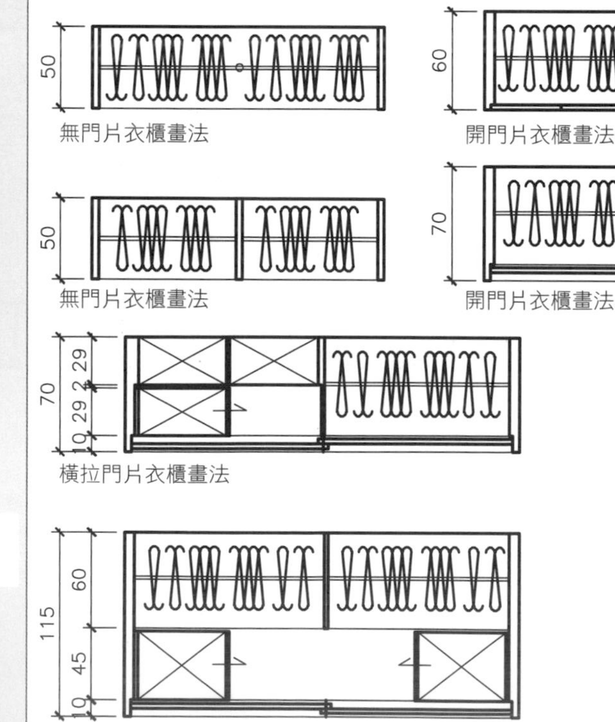

無門片衣櫃畫法

開門片衣櫃畫法

無門片衣櫃畫法

開門片衣櫃畫法

橫拉門片衣櫃畫法

橫拉門片雙層衣櫃畫法

書桌+吊櫃

書桌、吊櫃的尺寸及形狀配置需注意：

(1) 書桌常使用的深度±50-70cm。

(2) 吊櫃常使用的深度±25-35cm。

(3) 書桌及吊櫃寬度依空間、設計者、使用者去做調整。

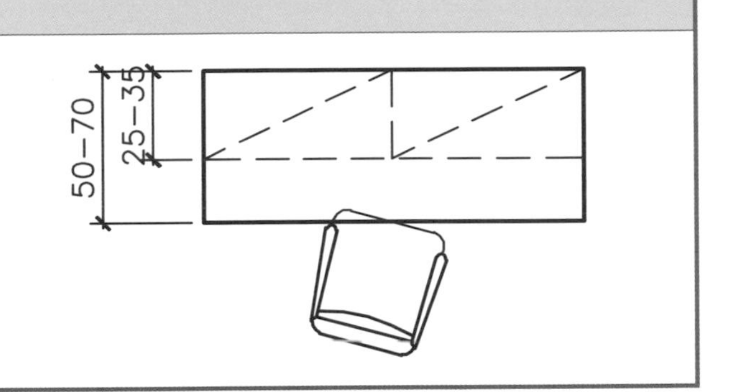

折門高櫃

折門高櫃常用在電視櫃。

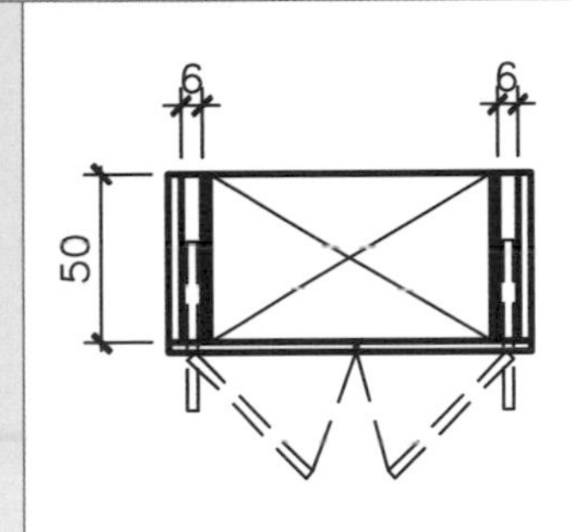

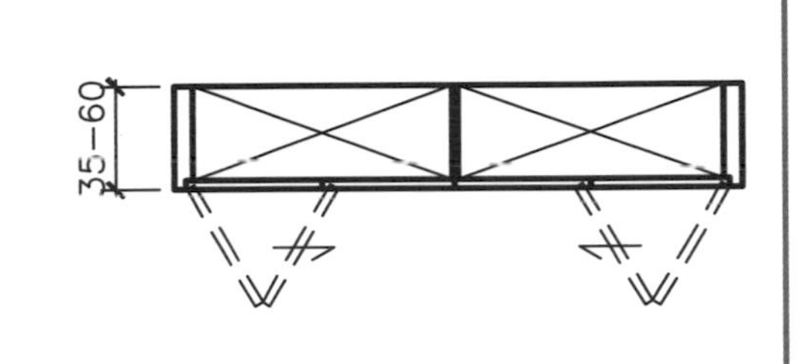

馬桶

馬桶的尺寸及形狀配置需注意：

(1) 馬桶使用淨寬度±75-100cm。

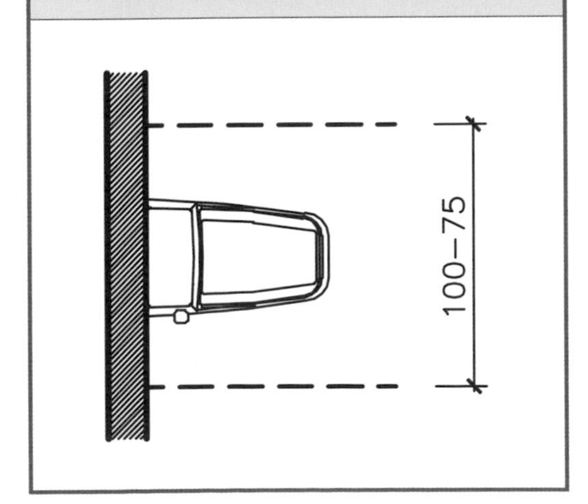

淋浴間

淋浴間的尺寸及形狀配置需注意：

(1) 淋浴間使用寬度±85-150cm。

(2) 淋浴間使用長度±100-200cm。

(3) 淋浴間玻璃隔間門片寬度±60-70cm。

(4) 止水門檻寬度±8-10cm。

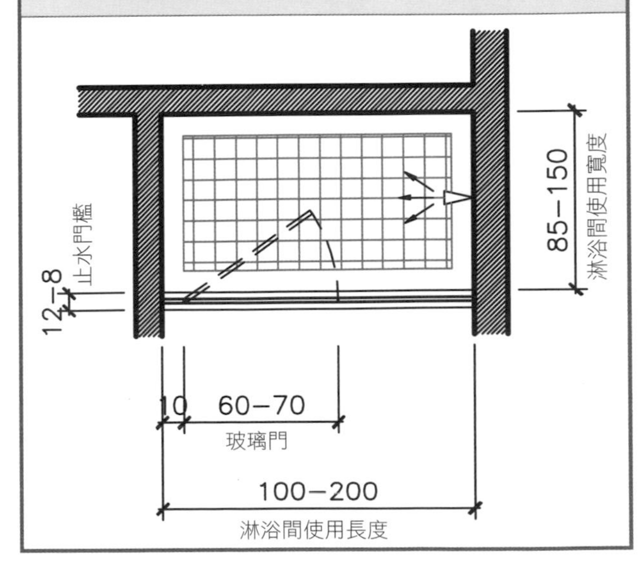

嵌入式浴缸

嵌入式浴缸的尺寸及形狀配置需注意：

(1) 常使用浴缸的長度±150-190cm。

(2) 常使用浴缸的寬度±70-110cm。

(3) 常使用浴缸的深度±45-64cm。

(4) 浴缸邊緣平台約在10-30cm, 可設置浴缸四邊平台、前後平台、左右平台等設置。

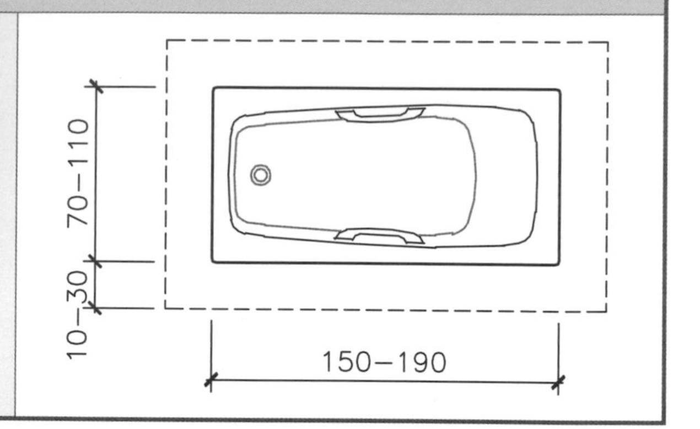

沙發

沙發的尺寸及形狀配置需注意：

(1)一般沙發深度±80-100cm，而深度在100cm多為進口沙發，並不適合東方人體型使用。

(2) 一人沙發(單人沙發)：寬度±80-100cm。

(3) 二人沙發：寬度±150-200cm。

(4) 三人沙發：寬度±240-300cm。

(5) L型沙發：單座延長深度±160-180cm。

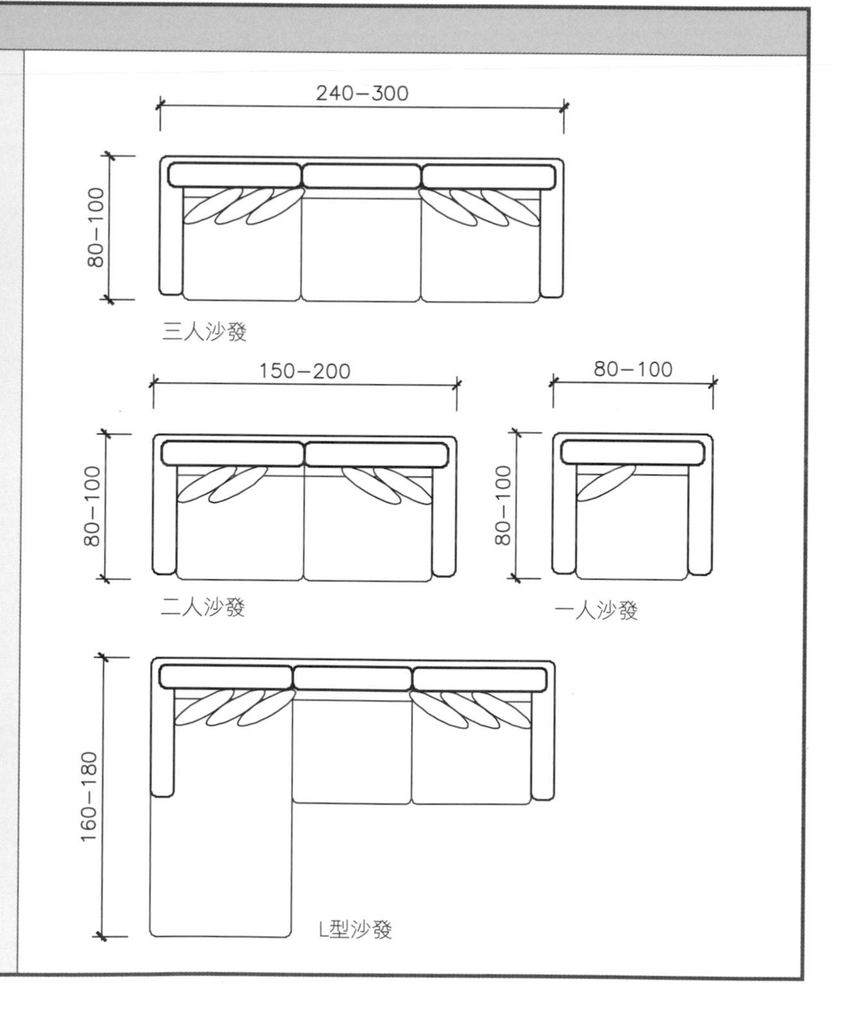

大小茶几

茶几的尺寸有很多種，例如：45*60cm、50*50cm、90*90cm、120*120cm等等。當客廳的沙發組配置就定位時，才把茶几圖塊物件依空間比例大小及動線，去調整大小尺寸及決定形狀，才不會讓大小茶几在配置圖上的比例過於奇怪。

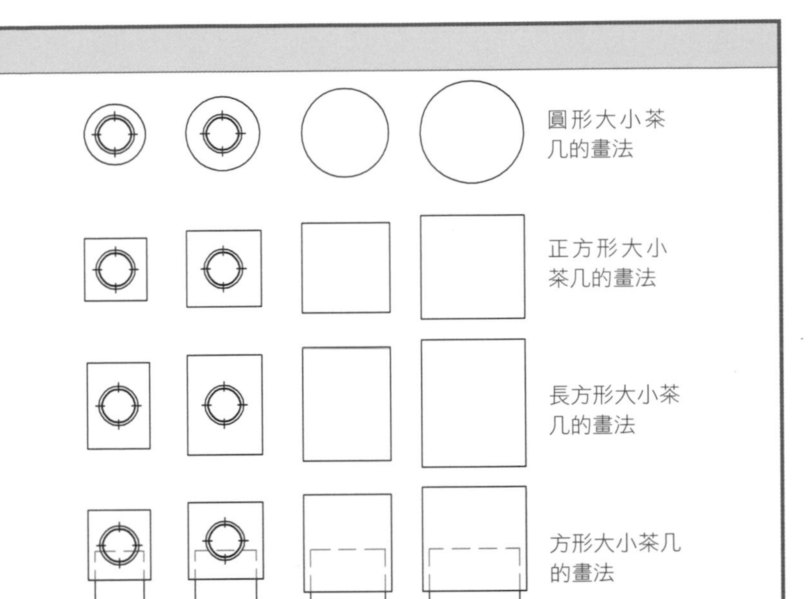

床

床的尺寸及形狀配置需注意：

(1) 單人床：3.5x6.2尺 (105x186cm)

(2) 雙人床：5x6.2尺 (150x186cm)

(3) QUEEN SIZE 雙人床：6x6.2尺 (180x186cm)

(4) KING SIZE雙人床：6x7尺 (180x210cm)

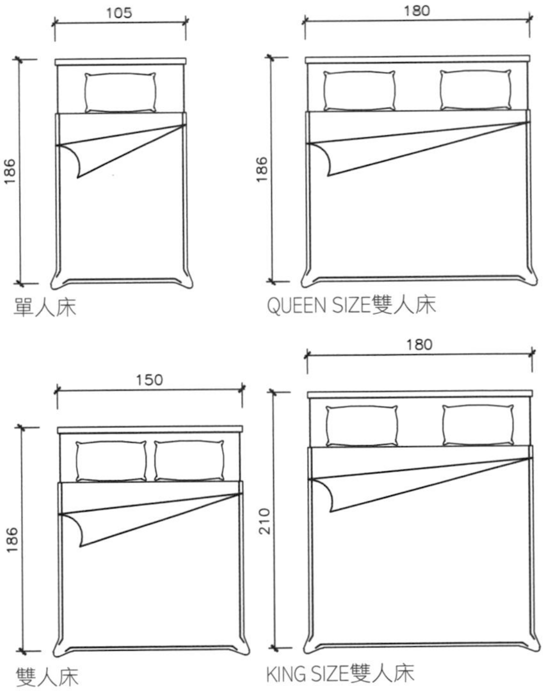

105
186
單人床

180
186
QUEEN SIZE雙人床

150
186
雙人床

180
210
KING SIZE雙人床

鐵捲門

在線條上必須去區分跟其他門是不同的種類。

鐵捲門的畫法

暗門

暗門的尺寸及形狀配置需注意：

(1) 無框門片與牆面或木作壁板同材質造型處理。

(2) 任何的門片在圖塊的繪製可以不用太複雜，但重線及細線要表現出來。

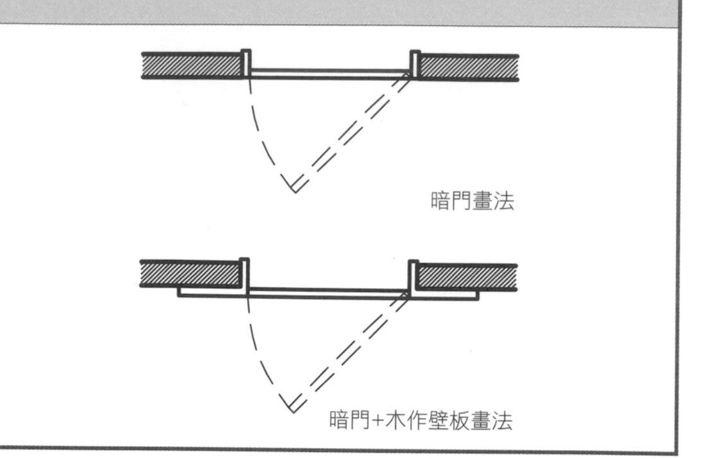

開門

開門的尺寸及形狀配置需注意：

(1) 門框需壁凸牆面1.5-2cm。

(2) 門框面寬為±4cm，門片厚度為±4cm。

(3) 一般室內木作門(含門框)寬度±90cm;而廚房及浴廁門片 (含門框) 寬度±80-90cm。

(4) 木作門畫法有兩種，主要是門框及有無門檻之差別。

(5) 有門檻的門片通常應用在浴廁、廚房、陽台入口大門等空間上。

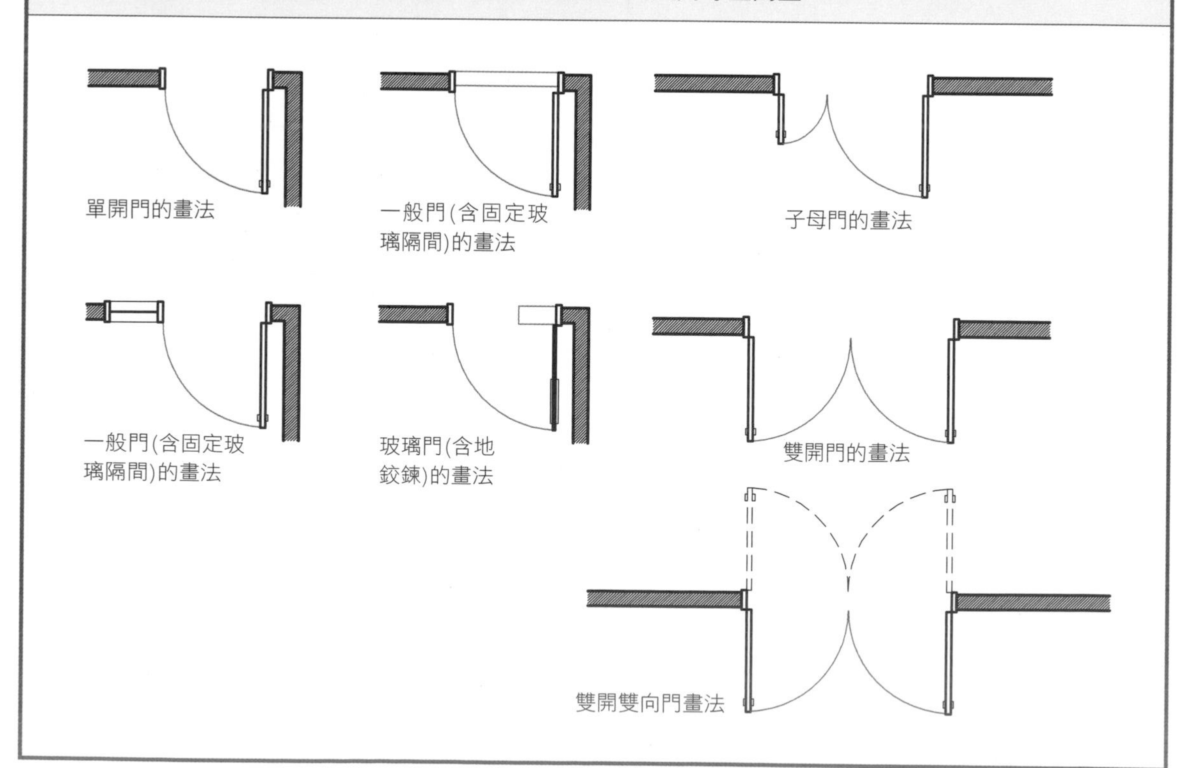

(橫)拉門

橫拉門片的每一片寬度不得超過120cm。

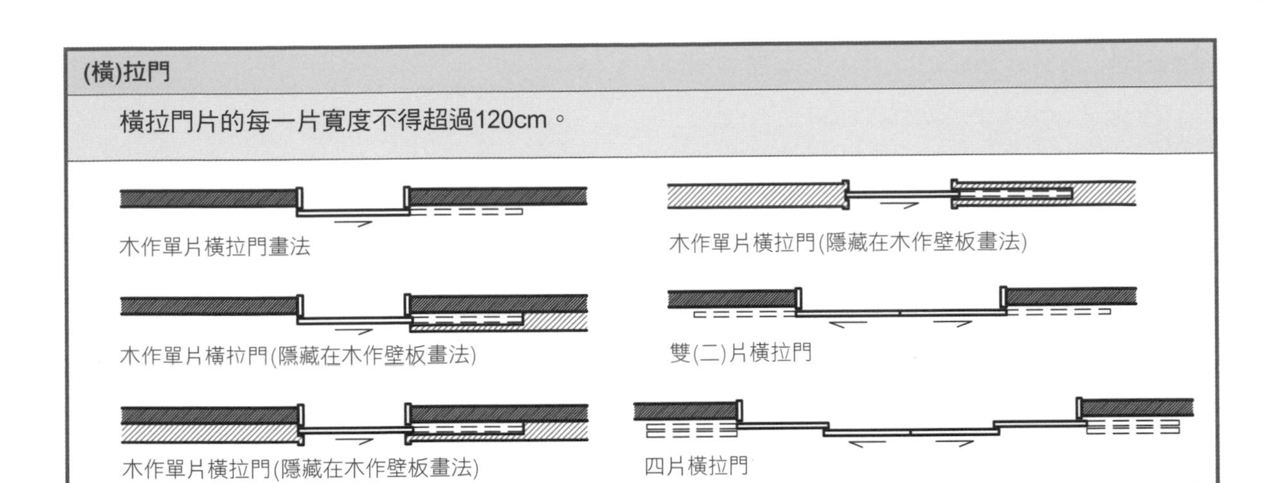
木作單片橫拉門畫法

木作單片橫拉門(隱藏在木作壁板畫法)

木作單片橫拉門(隱藏在木作壁板畫法)

雙(二)片橫拉門

木作單片橫拉門(隱藏在木作壁板畫法)

四片橫拉門

折門

折門片的每一片寬度±50-120cm。

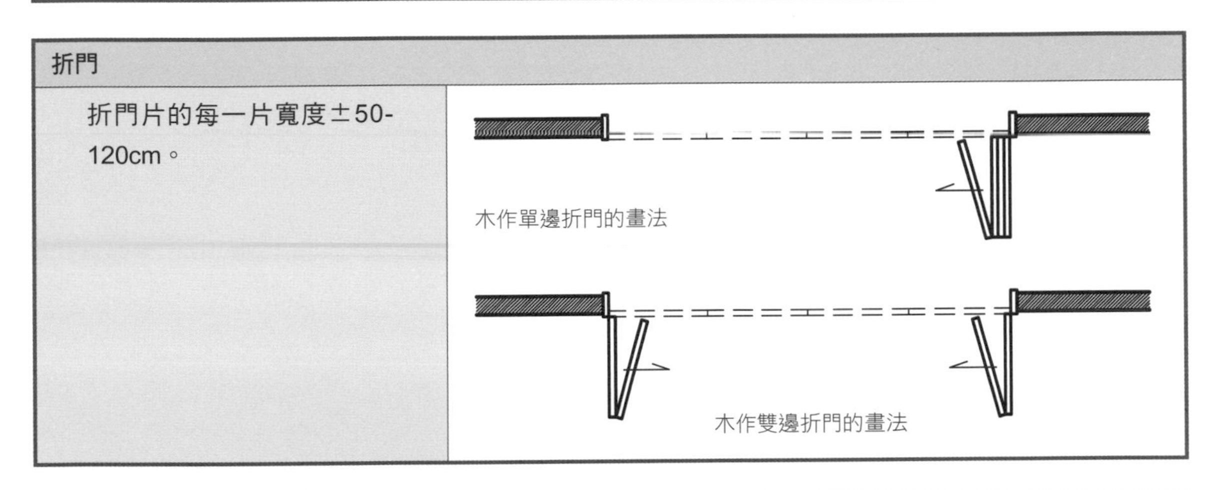
木作單邊折門的畫法

木作雙邊折門的畫法

鋁窗

鋁窗的尺寸及形狀配置需注意：

(1) 鋁窗型式多樣，均依現況實際狀態及設計者而定。

(2) 有分落地鋁窗、半腰鋁窗、氣窗、推窗、景觀窗等等。

(3) 鋁框料厚度有10cm 及12cm，而面寬約為±4cm。

(4) 推窗的開口面寬約為±75cm。

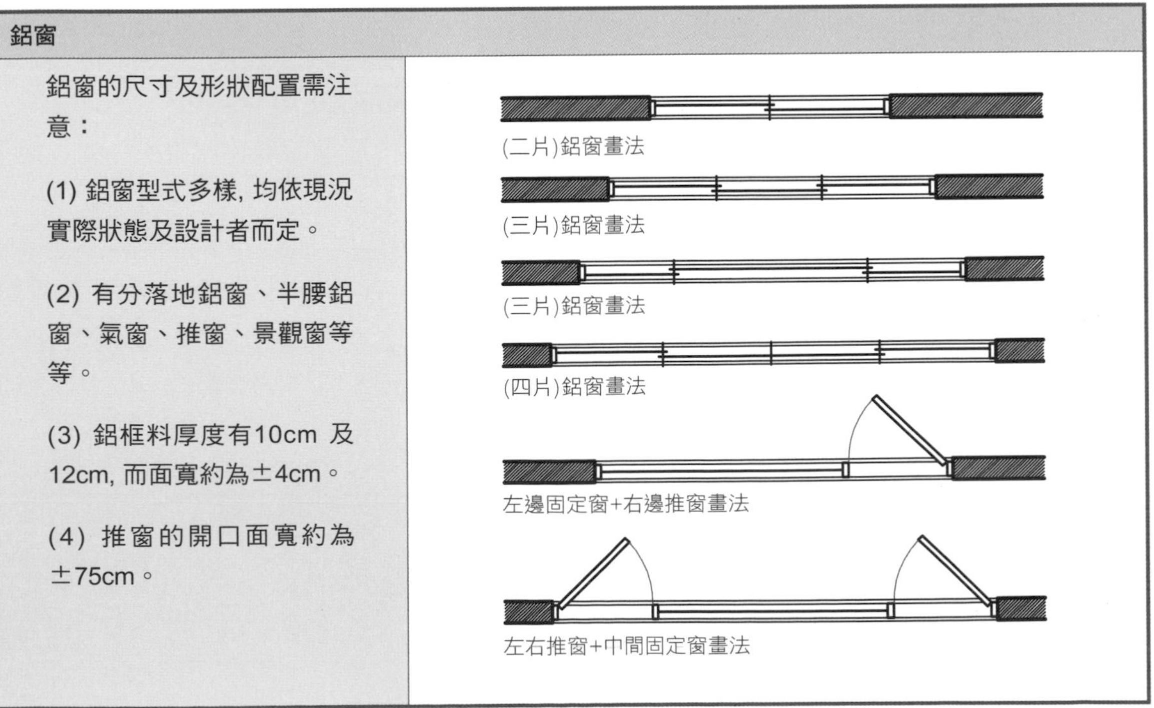
(二片)鋁窗畫法

(三片)鋁窗畫法

(三片)鋁窗畫法

(四片)鋁窗畫法

左邊固定窗+右邊推窗畫法

左右推窗+中間固定窗畫法

景觀鋁窗

景觀窗畫法-1

景觀窗畫法-3

景觀窗畫法-2

景觀窗畫法-4

餐桌

餐桌的尺寸及形狀配置需注意：

(1) 依餐廳實際的空間大小及動線流暢性來決定餐桌的尺寸及形狀。

(2) 需考慮使用者(業主) 成員多寡。

(3) 需考慮使用者(業主) 的生活飲食習慣

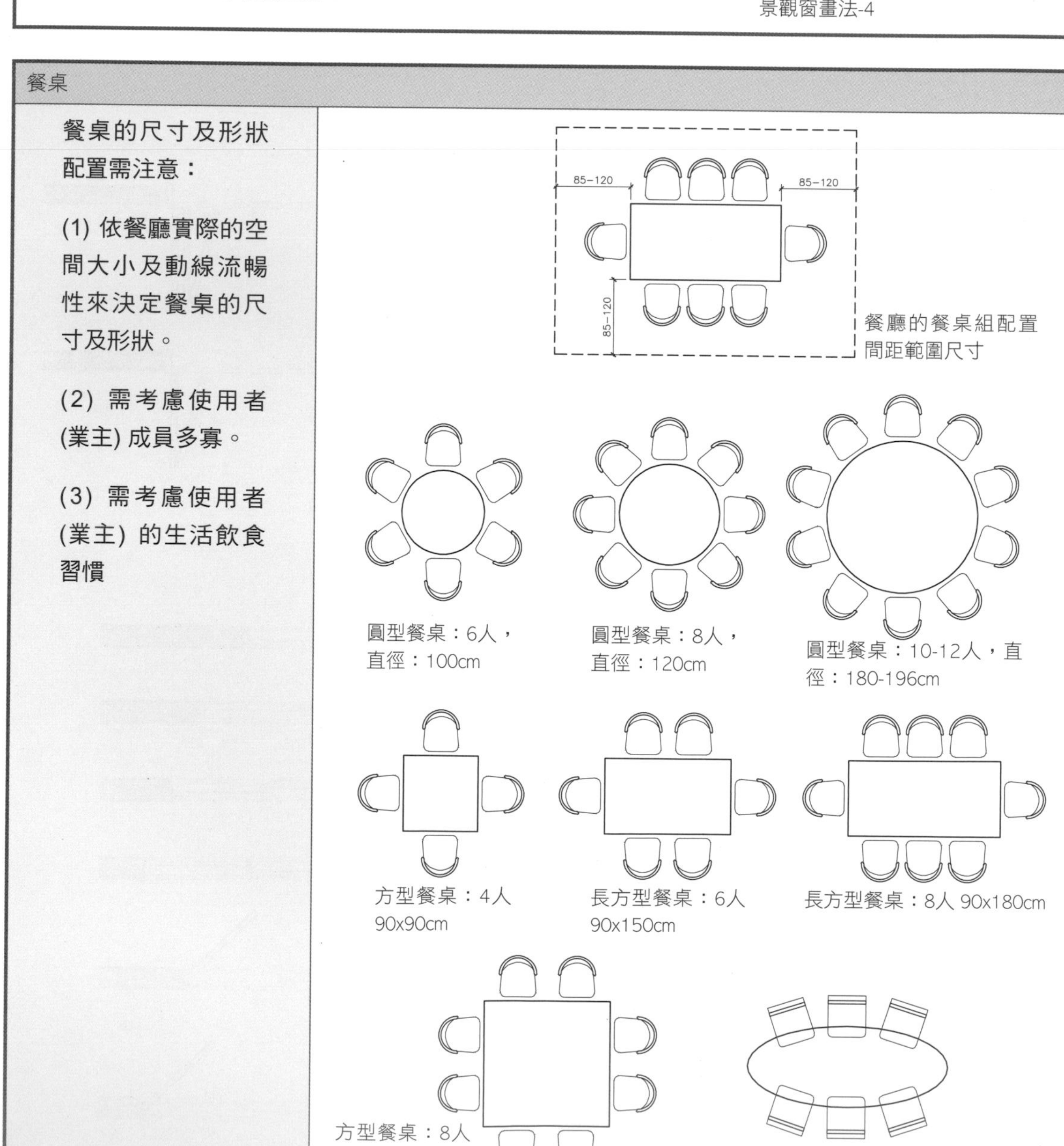

椅子

椅子的尺寸及形狀配置需注意：

(1) 因造型不同在尺寸部份有很多種，而椅子寬度±40-80cm及深度±37-80cm。

(2) 椅子圖塊可以因使用空間位置不同，椅子圖塊可依不同空間可採用不同樣式的圖塊去配置。

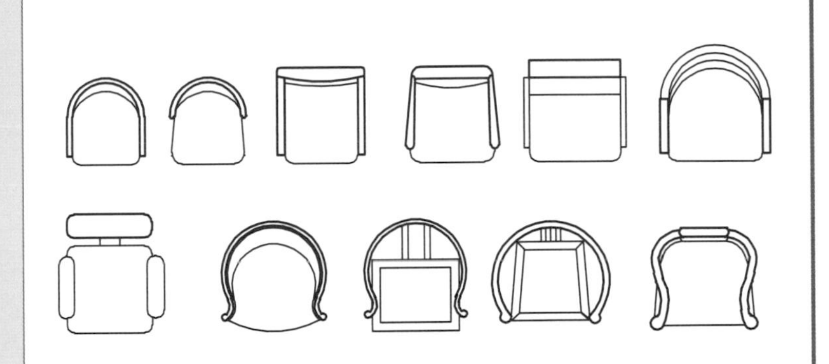

植栽

植栽的尺寸及形狀配置需注意：

(1)用在室內的植栽圖塊，若只是點綴可以使用一種樣式去配置。

(2) 植栽圖塊可依圖面的比例，去選擇簡易或者複雜的植栽圖塊。

(3)依空間上比例的需要，植栽需予以縮放小大處理。

洗衣機 / 烘衣機

洗衣機/烘衣機的尺寸及形狀配置需注意：

(1)洗衣機：(寬) ±60x(深) ±60x(高) ±95-105cm

(2)烘衣機：(寬) ±60x(深) ±60x(高) ±86cm

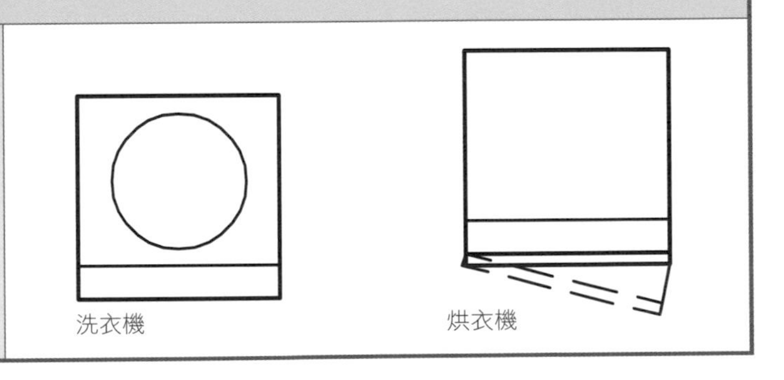

燈具

燈具的尺寸及形狀配置需注意：

(1)燈具的圖塊直徑約15cm。

(2)燈具的圖塊應用在客廳的空間上，可以放大燈具的圖塊比例。

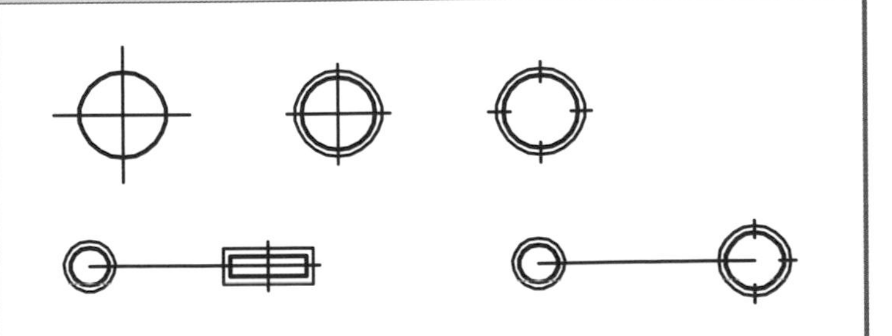

電漿(液晶)電視

每個廠牌不同的電視尺寸也不相同，下列表格提供建構圖塊尺寸參考。

吋	(W)寬×(H)高×(D)深 單位：mm
32"	803×541×117
37"	905×590×110
40"	986×646×110
42"	1054×730×104
46"	1120×782×115
52"	1262×871×149

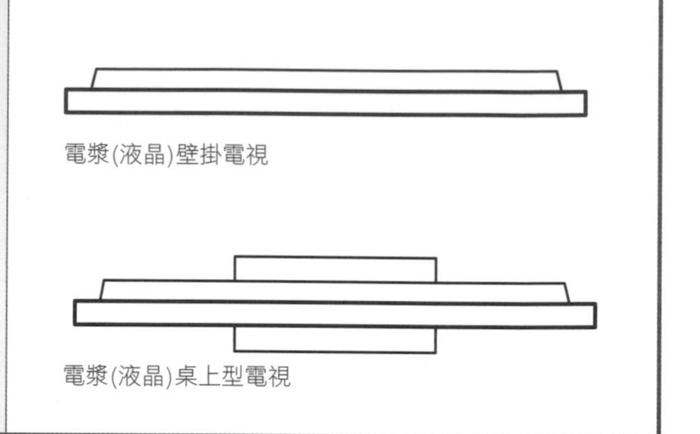

電腦

電腦的尺寸及形狀配置需注意：

(1)液晶電腦：
(寬)±50x(深)±20x(高)±42cm

(2)筆記型電腦：
(寬)±36x(深)±28x(高)±42cm

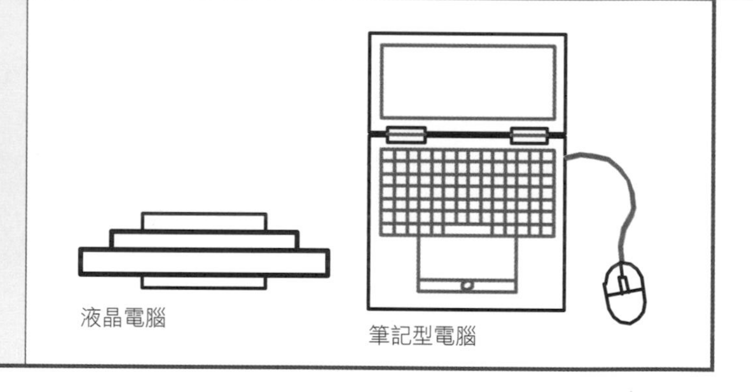

冰箱 (又稱REF)

冰箱的尺寸及形狀配置需注意：

(1)冰箱-A：
(寬) ±46x(深±53x(高) ±78cm

(2)冰箱-B：
(寬) ±60x(深) ±60x(高) ±121-158cm

(3)冰箱-C：
(寬) ±90x(深) ±60x(高) ±121-158cm

(4)冰箱-D：
(寬) ±120x(深) ±74x(高) ±178cm

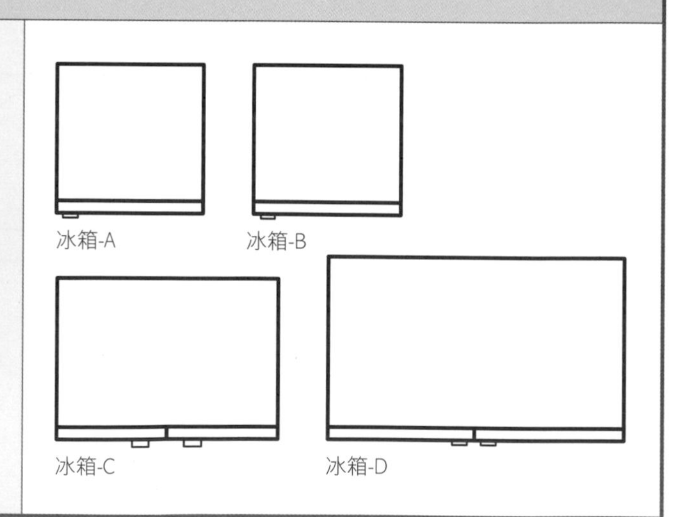

3-2 建構圖塊及物件的注意事項

平面配置圖所使用到的既定圖塊 (BLOCK) 有衛浴設備、廚房設備、家電設備、活動傢俱等，而在木作部份盡量不要使用既定做好的圖塊，因為木作形體因設計需求變化會比較大，通常在平面配置圖時再去繪製。木作是以實體實作的型體去繪製，不需把板材與板材間拼接細部繪製出來，只要將形體架構繪製出來就可以了。整體來說雖然比較費工，但可以磨練收頭收尾上的思考、平面配置圖的物件比例上的掌控，進而讓平面配置圖精緻化。建構圖塊或繪製物件時需注意歸納如下。

+ 圖塊要建構要有深淺高低

舉例 -1

沙發圖塊-1的物件均為單一顏色及單一筆寬建構的圖塊，呈現生硬狀態，也無法得知此物件的深淺或高低；沙發圖塊-2的物件就以實體的變化上，應以深淺高底的概念去變更線條的顏色，讓圖塊物件能在簡單線條組合下就明確知道物件的高或低。

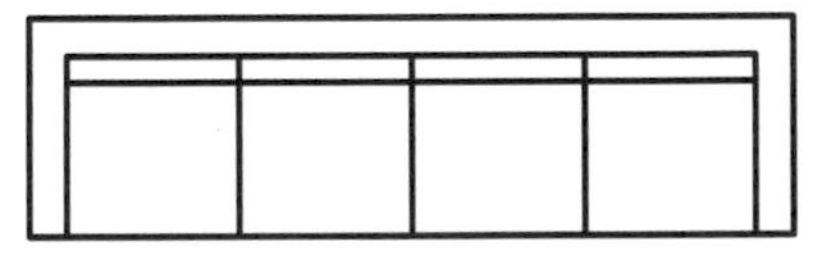
沙發圖塊-1

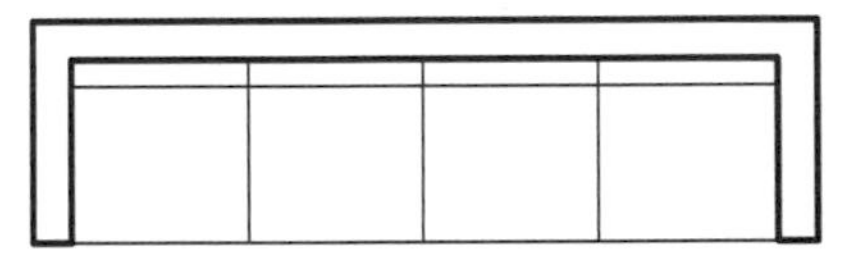
沙發圖塊-2

+ 圖塊物件不宜太複雜或者單板

通常應用在平面配置圖的圖塊所面臨是坪數不一的問題，相對圖面所使用到的比例也會不同。當使用比例1：50或者1：60時，複雜的圖塊很清楚，但應用在比例1：100時線條會黏著在一起。所以，需注意建構圖塊複雜程度上所產生的問題。

舉例 -2

活動家電的冰箱圖塊-1的物件，只用方型去表示而太過單板，在平面配置圖上很難辨識是何種物件;而冰箱圖塊-2的物件，太過複雜。而冰箱圖塊-3的物件為適中，形體能辨識，也不會因比例的問題而去影響到圖塊物件。

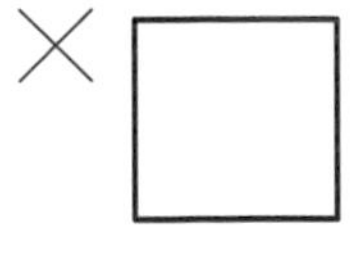

冰箱圖塊-1

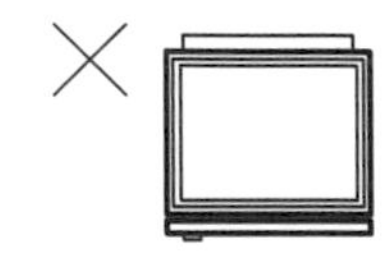

冰箱圖塊-2

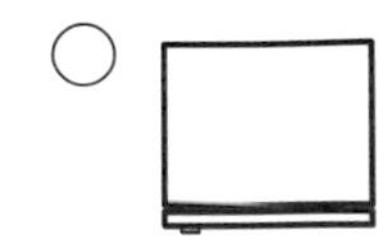

冰箱圖塊-3

舉例 -3

窗戶片是平剖時所剖到物件，窗戶圖塊-1 的物件是使用雙線厚度時，因比例上的問題，線條幾乎黏著在一起，經過多次影印時，會讓窗戶的樣式變得模糊。而窗戶圖塊-2 的物件則使用單一線條去繪製，比較不會因比例變大或者重覆性影印而模糊了窗戶的型式。

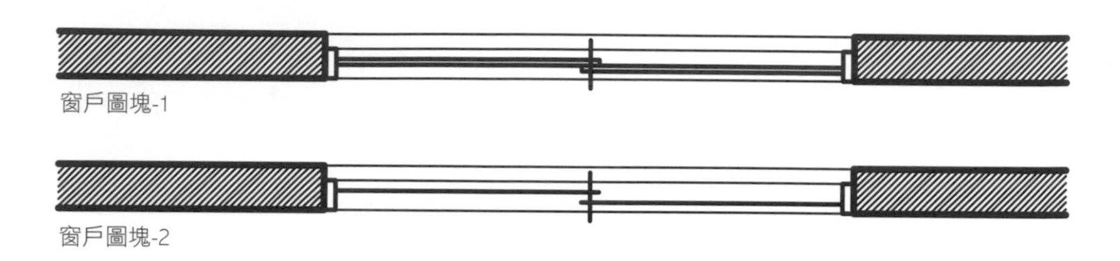

+ 盡量不要使用簡易既有圖塊

在木作高矮櫃盡量不要使用簡易既有圖塊，因為這樣就無法在平面圖的圖面上辨識出木作高矮櫃及系統高矮櫃之分別。

高矮櫃的畫法	說明
一般常見高矮櫃畫法	這是一般常見簡易的高矮櫃畫法，卻無法分辨是系統或者木作，再者櫃面樣式是有否無門片等實體作法。
80 90 80 系統高矮櫃畫法	這是高矮系統櫃的畫法，標示尺寸可以明確了解每個櫃體都有固定尺寸，左右邊角剩下不足尺寸系統櫃會以立板封住縫。
84 84 84 木作高矮櫃畫法	這是有框有門片的高矮木作櫃的畫法，標示尺寸可以明確了解每個櫃體都是依現場實際總寬去做等分處理，讓整體櫃剛好足尺寸下去施作，而且並沒有浪費任何空間及尺寸。
一般常見衣櫃畫法	這是一般常見簡易的衣櫃畫法，卻無法分辨櫃面樣式是有否無門片等實體作法。
木作衣櫃畫法	此衣櫃物件是依實體實作平剖繪製而成，在門片數及櫃體架構分割也很清楚，再者也區分了左側無門展示櫃與衣櫃之分別。

3-3 平面配置圖的圖塊及物件繪製流程

對剛學習電腦繪圖的初學者而言，圖塊的繪製上雖然有點複雜，但應用在室內的平面配置圖上是非常實用的。在繪製時，大部份是以輔助線再用矩形或者聚合線去組合圖塊，而不是一條線逐一去組合而成，這樣若此物件在沒有做為群組的圖塊情況下去移動時，才不會造成物件選取困難或者支離破碎。

在下列單一物件圖塊的繪製流程，除了帶您熟悉繪製方法，也更能明確知道物件的組合尺寸為何，例如門片厚度要繪製多少？鋁窗鋁框尺寸有那些？這些都可以在繪製操作中了解。

由於 AutoCAD 在指令上的功能上是有重覆性的，線與線的組合方式有很多方法，因此依個人習慣相對繪製流程會略有不同，但切記以下幾點：

» 在建構或者繪製線條時，必須搭配"物件鎖點"方式，若不這樣設定比較容易發生線與線沒有連接或無閉合情況。

» 當在做剖面線(HATCH)時，會搜索不到閉合的範圍而無法執行。連編輯聚合線也無法執行。

» 在平移或者垂直移動圖塊及物件時，鍵盤的 F8 正交的開與關需依繪製需要適時去切換，若沒有去注意就會讓線條或圖塊略有傾斜狀況發生。

在衛浴設備的圖塊使用上本書並沒有介紹，那是因為圖塊型體本身比較複雜，線條繪製上很難達到順暢及詳盡，只要到衛浴設備的網站如 TOTO、和成 HCG、凱撒等網站，便可搜尋到衛浴設備的 CAD 檔圖塊，下載後再重新整理圖塊的線條、圖層及調整比例就可以使用了。而在比例的部份需注意的是，網站上衛浴設備的 CAD 圖塊均以 mm 單位去建構，需下載後在 AutoCAD 環境下執行SCALE(比例) 指令，並且輸入 0.1 的數值即可將mm 單位的圖塊縮小為cm單位的圖塊，便於後續的應用。

+ 平面圖的物件畫法-門

STEP 1 指令：LINE(線)

❶ 取一個開門洞的開口，進行門的繪製

❷ 指定第一條線：→點選相交點(A)點

❸ 指定下一點或[復原(U)]：→滑鼠拖曳點選(B)點位置 Enter

圖塊的繪製初期都是以輔助線先去
繪製，輔助完成形體後再予以刪除

A B

STEP 2 指令：LINE(線)

❶ 指定第一條線：→點選相交點(A)點

❷ 指定下一點或[復原(U)]：→滑鼠拖曳點選(B)點位置 Enter

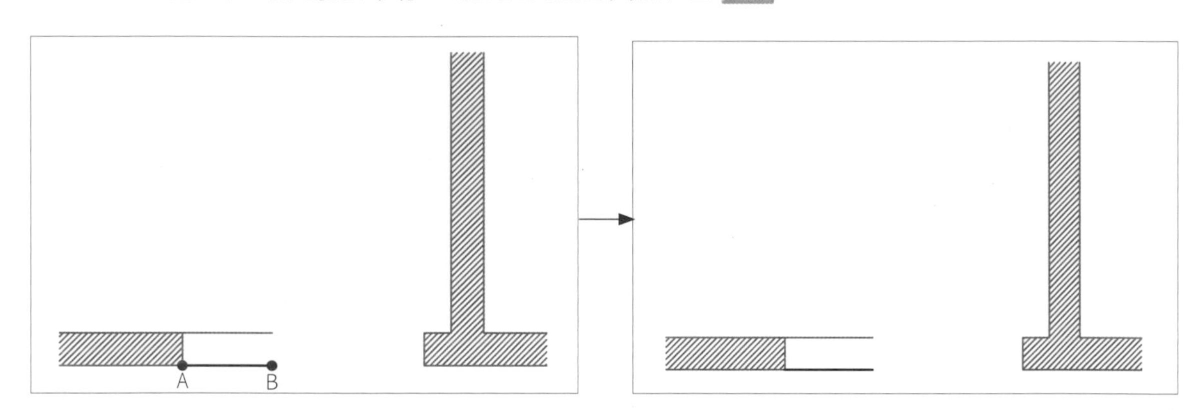

STEP 3 指令：LINE(線)

❶ 指定第一條線：→點選相交點(A)點

❷ 指定下一點或[復原(U)]：→滑鼠拖曳點選(B)點位置 Enter

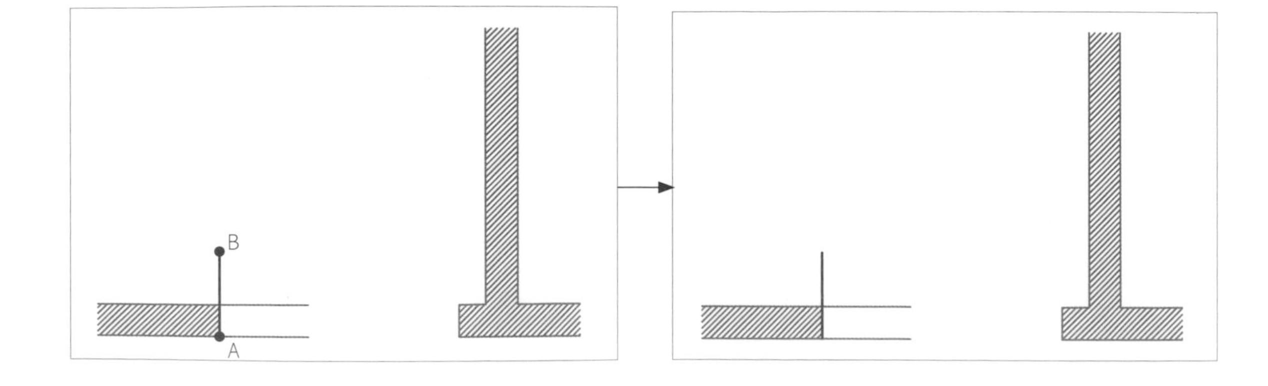

STEP 4 指令：OFFSET(偏移複製)

❶ 指定偏移距離[通過(T)]：4 →輸入"4"數值 Enter

❷ 選取要偏移的物件或 <結束>：→點選需要偏移的線條(A)

❸ 指定要在那一側偏移：→點選右方空白處(B)點 Enter

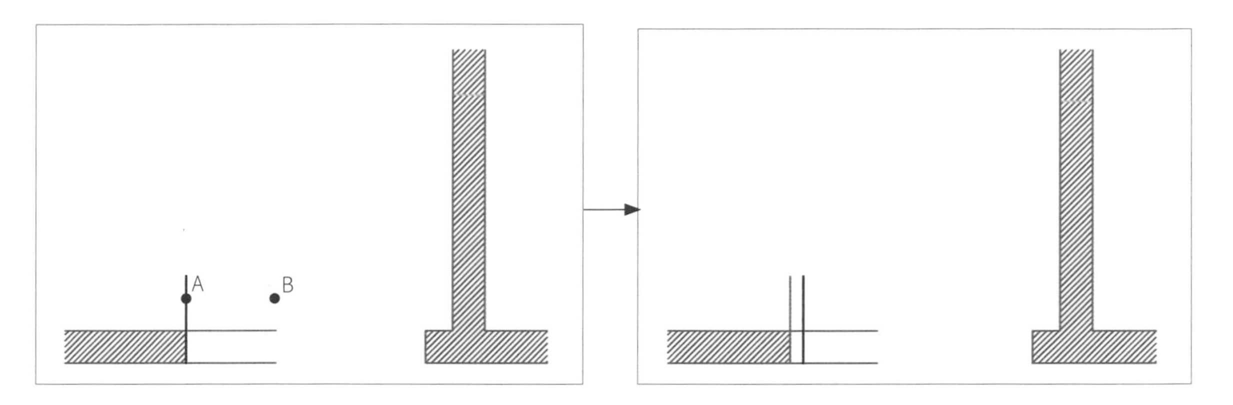

STEP 5 指令：OFFSET(偏移複製)

❶ 指定偏移距離[通過(T)]：2 →輸入"2"數值 Enter

❷ 選取要偏移的物件或 <結束>：→點選需要偏移的線條(A)

❸ 指定要在那一側偏移：→點選上方空白處(B)點 Enter

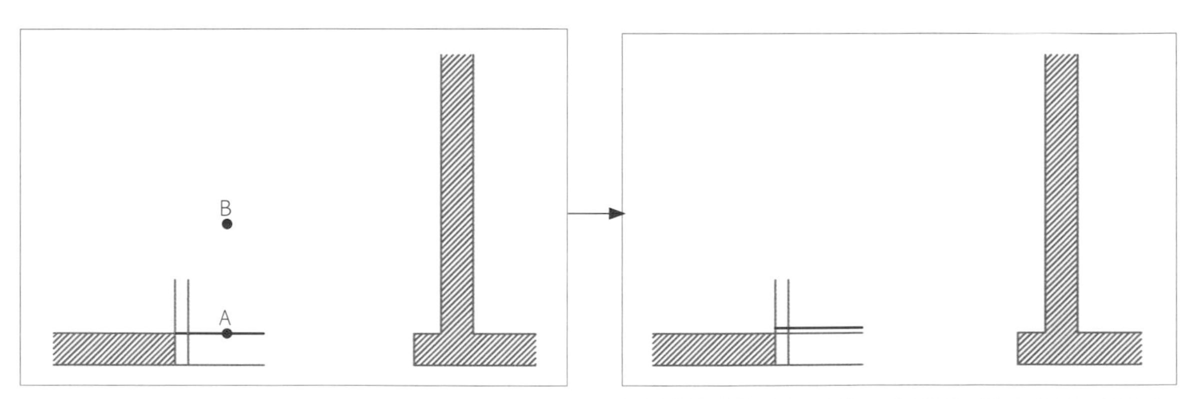

門框並不是與壁面同齊的，那是因為當兩種界面材質不同而相平接時，實際上會產生破口。再者若施作踢腳板遇到門框會產生無法收尾的問題。所以，門框繪製則需壁凸牆面為1.5cm或2cm。只有因為設計而採用暗門(隱藏門)時，門框才會與壁面同齊。

STEP 6 指令：OFFSET(偏移複製)

❶ 指定偏移距離[通過(T)]：2 →輸入"2"數值 Enter

❷ 選取要偏移的物件或 <結束>：→點選需要偏移的線條(A)

❸ 指定要在那一側偏移：→點選下方空白處(B)點 Enter

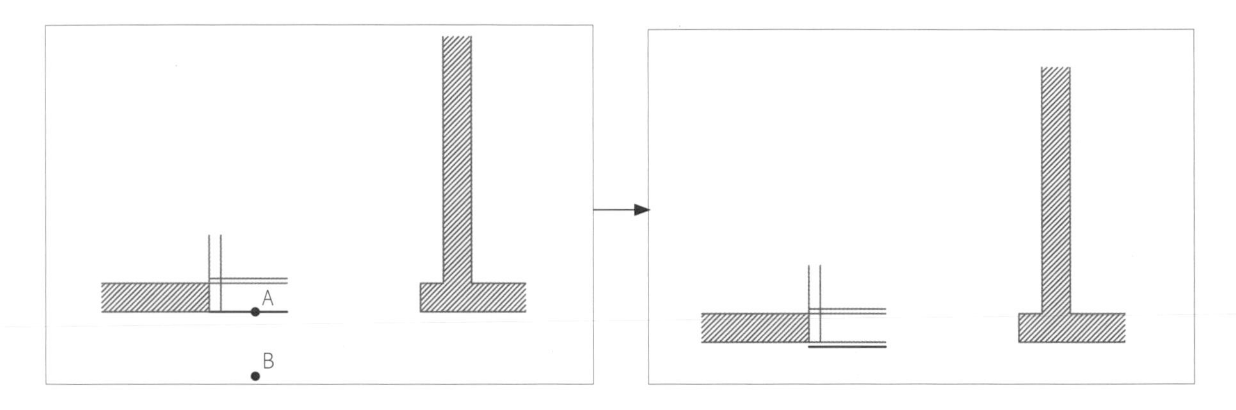

STEP 7 指令：MOVE(移動)

❶ 選取物件：→滑鼠點選(A)點至(B)點框選 Enter

❷ 指定基準點或位移：→點選(C)物件，滑鼠往下方拖曳

❸ 指定位移的第二點或 <使用第一點作為位移>： 2 →輸入"2"為位移數值 Enter

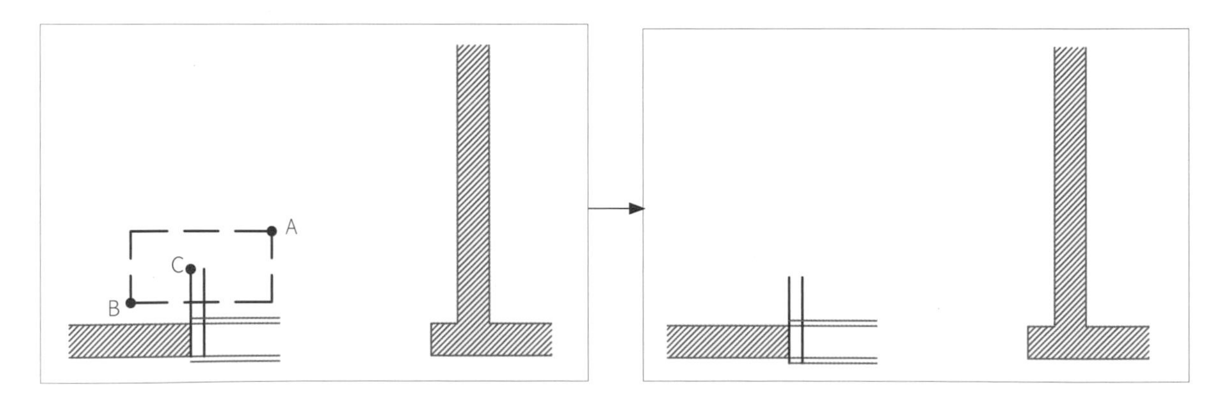

STEP 8 指令操作：

❶ 指令：RECTANG(矩形)

❷ 指定第一點或[倒角(C)/高程(E)/圓角(F)/厚度(T)/線寬(W)]：→點選相交點(A)點至相交點(B)點

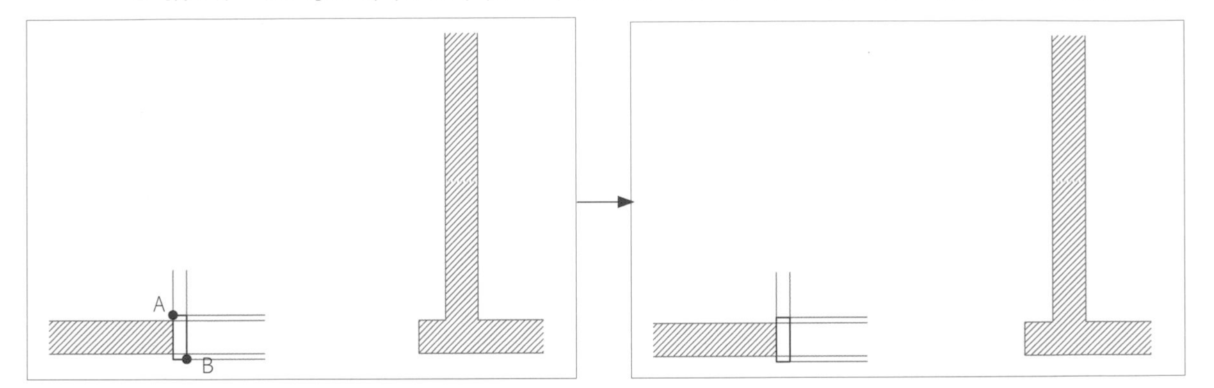

STEP 9 指令：ERASE(刪除)

選取物件：Enter →選取不再使用的輔助線條物件，並予以刪除 (紅色線段為需刪除物件)

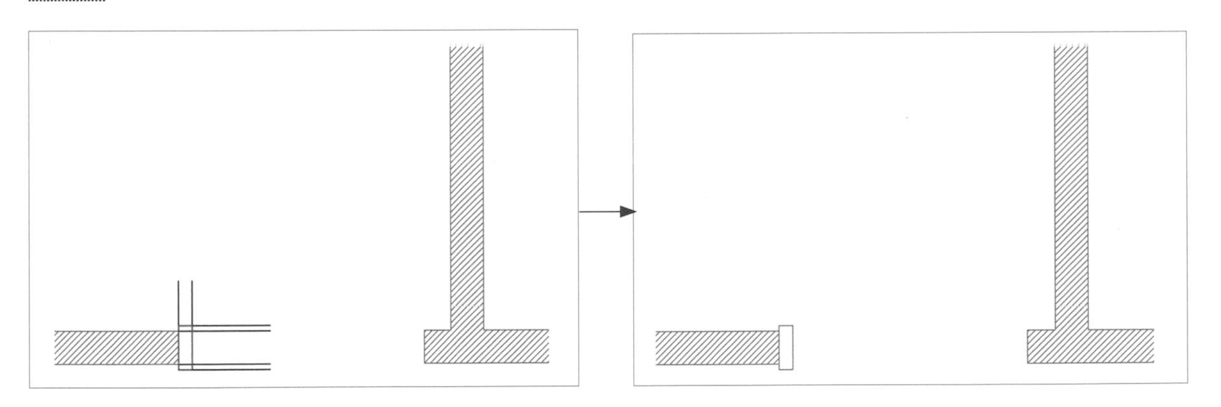

STEP 10 指令：LINE(線)

❶ 指定第一條線：→點選相交點(A)點

❷ 指定下一點或[復原(U)]：→滑鼠拖曳點選(B)點位置 Enter

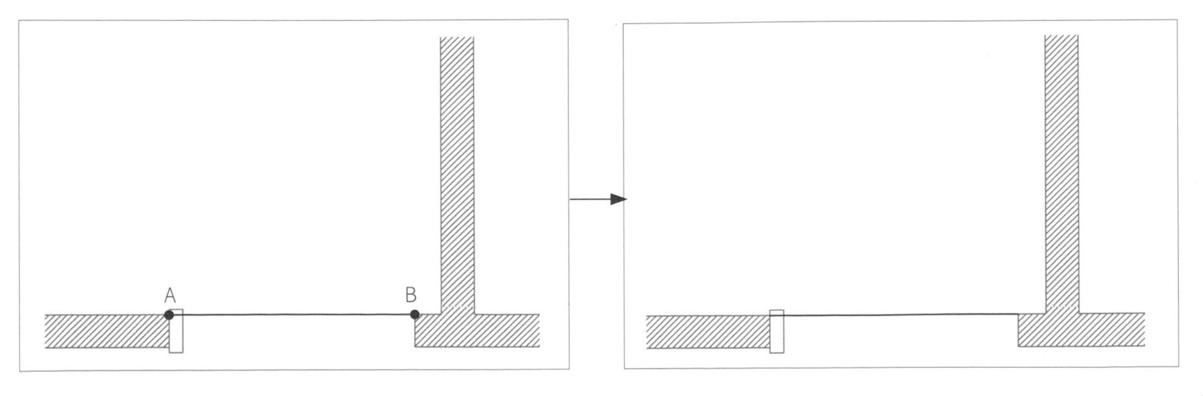

STEP 11 指令：MIRROR(鏡射)

1. 選取物件：→選取左側櫃框物件(A) Enter
2. 指定鏡射線的第一點：→點選中心點(B)點
3. 指定鏡射線的第二點：→滑鼠往下拖曳點選至(C)點
4. 刪除來源物件？[是(Y)/否(N)]<N>：N →輸入"N"保留原有來源物件 Enter

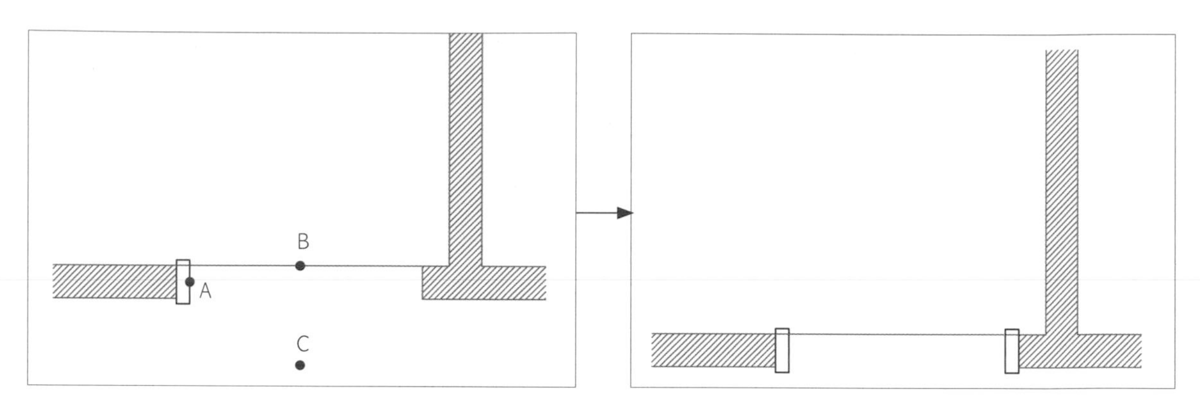

STEP 12 指令：ERASE(刪除)
選取物件： Enter 選取不再使用的輔助線條物件，並予以刪除 (紅色線段為需刪除物件)

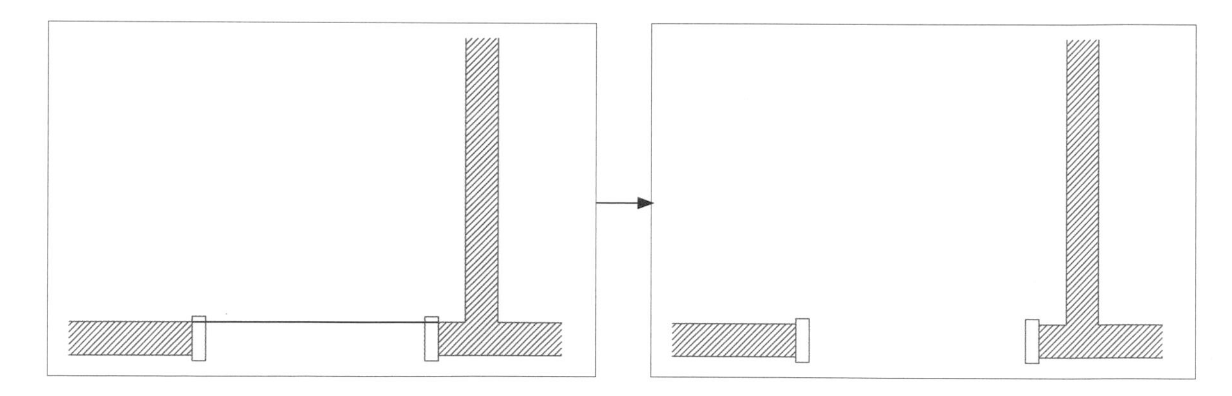

STEP 13

1. 指令：COPY(複製物件)
2. 選取物件：→點選右邊門框矩形物件 Enter
3. 指定基準點或位移[多重(M)]：→點選(A)點物件
4. 指定位移的第二點或 <使用第一點作為位移>：→拖曳至相交點(B)點

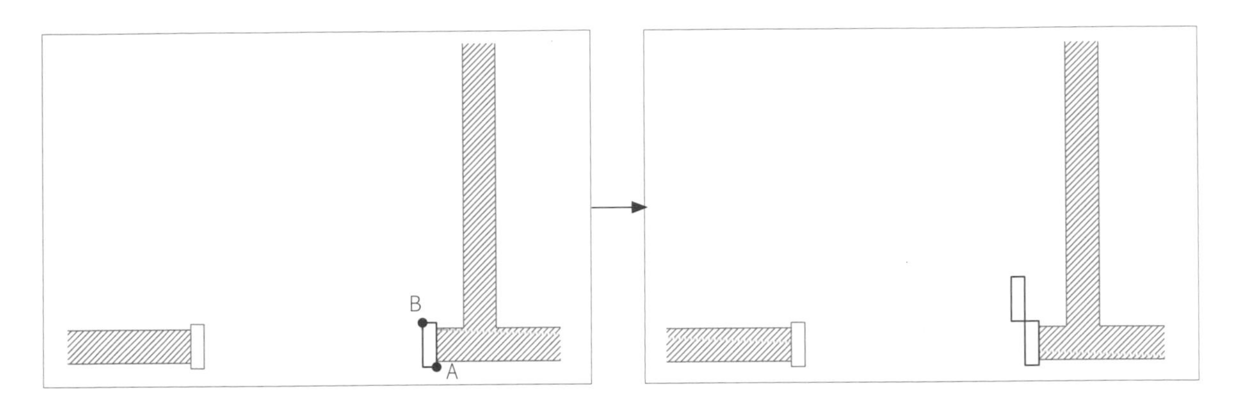

STEP 14 指令：LINE(線)

❶ 指定第一條線：→點選相交點(A)點

❷ 指定下一點或[復原(U)]：→滑鼠拖曳點選(B)點位置 Enter

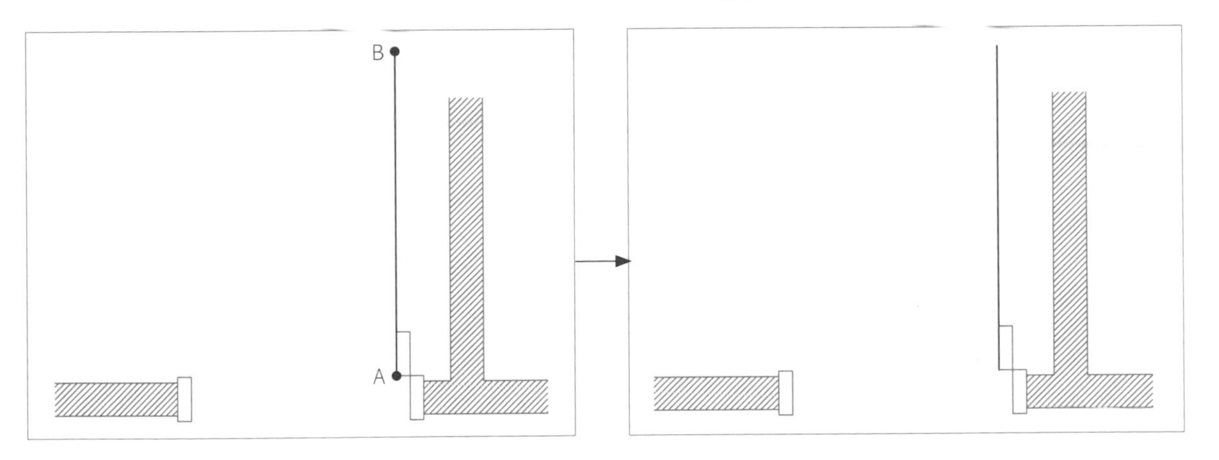

STEP 15 指令：CIRCLE(圓)

❶ 指定圓的中心點或[三點(3P)/兩點(2P)/相切、相切、半徑(T)]：→點選相交點(A)點

❷ 指定圓的半徑或[直徑(D)]：→滑鼠拖曳點選垂直點(B)點

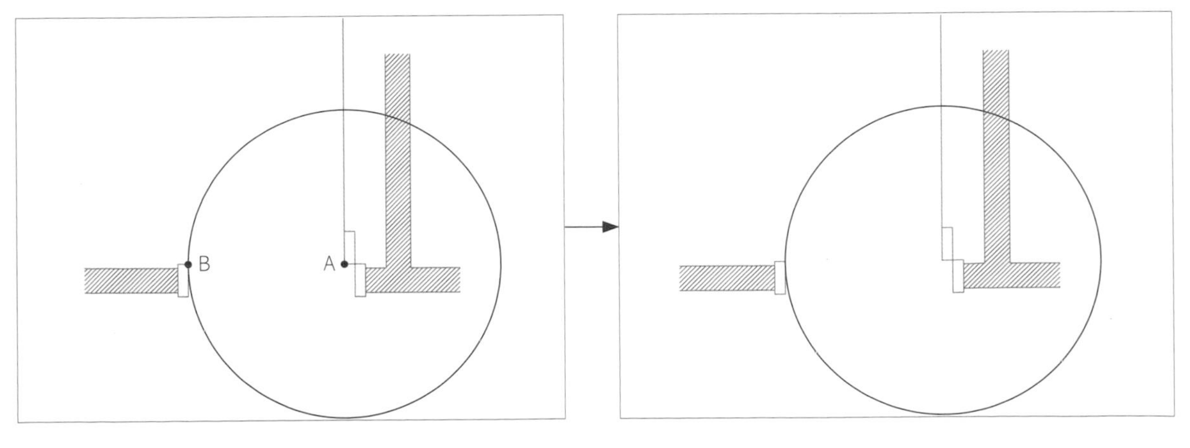

STEP 16 指令：LINE(線)

❶ 指定第一條線：→點選相交點(A)點

❷ 指定下一點或[復原(U)]：→滑鼠拖曳點選(B)點位置 Enter

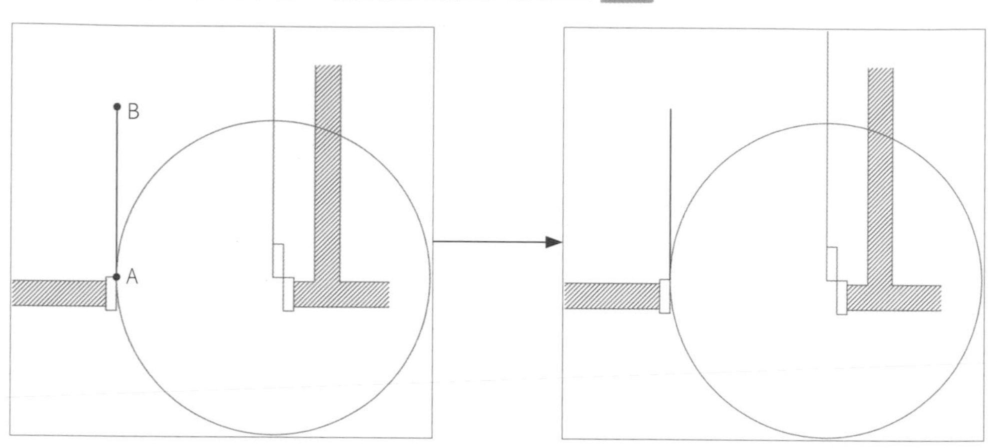

STEP 17 指令：LINE(線)

❶ 指定第一條線：→點選相交點(A)點

❷ 指定下一點或[復原(U)]：→滑鼠拖曳點選(B)點位置 Enter

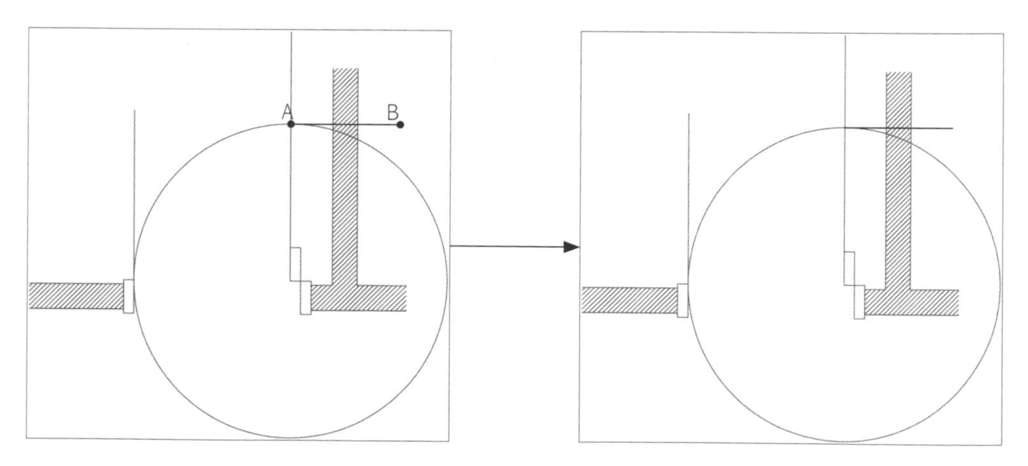

STEP 18 指令：TRIM(修剪)

❶ 選取物件：→選取(A)(B)點線段 Enter

❷ 選取要修剪的物件，或 Shift 鍵並選取物件以延伸或[投影(P)/邊緣(E)/復原(U)]：→選取(C)(D)點線段 Enter

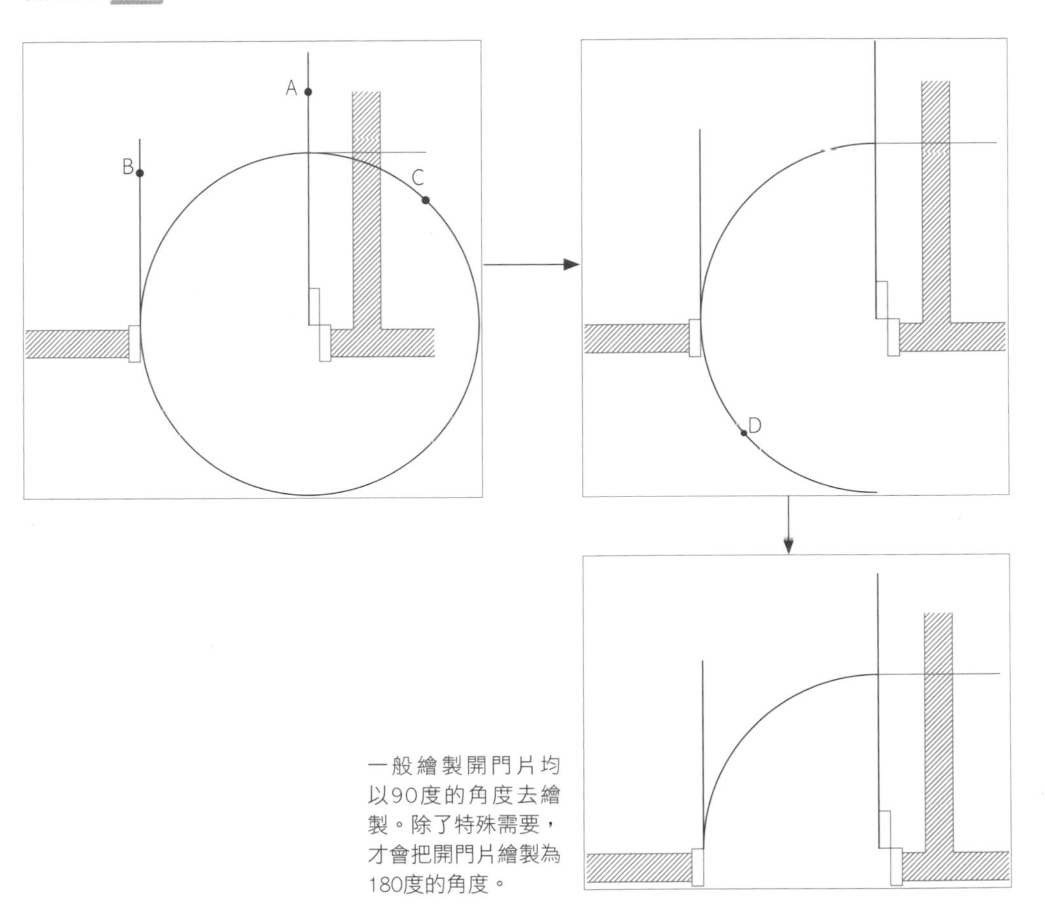

STEP 19 指令：ERASE(刪除)

選取物件： Enter 選取不再使用的輔助線條物件，並予以刪除 (紅色線段為需刪除物件)

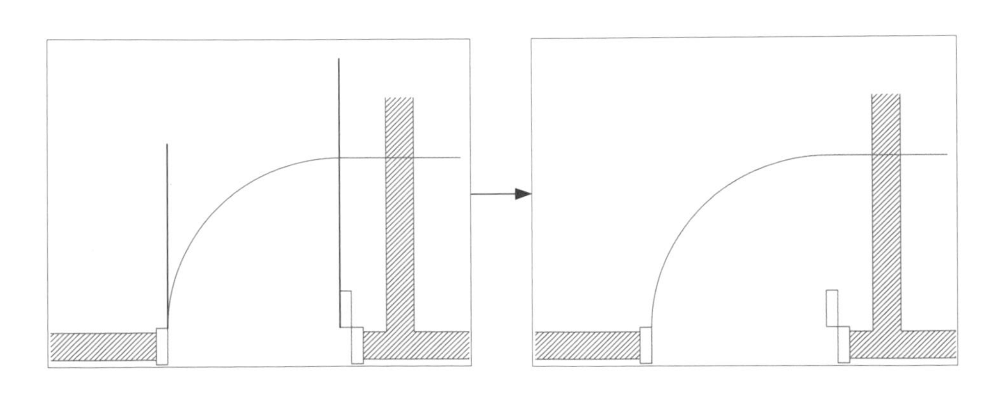

STEP 20 指令：STRETCH(拉伸)

❶ 以「框選窗」或「多邊形框選」選取要拉伸的物件…… 選取物件：→點選(A)點至(B)點框選物件 Enter

❷ 指定基準點或位移：→點選中心點的(C)點

❸ 指定位移的第二點或 <使用第一點作位移>：→點選垂直點於(D)點線段

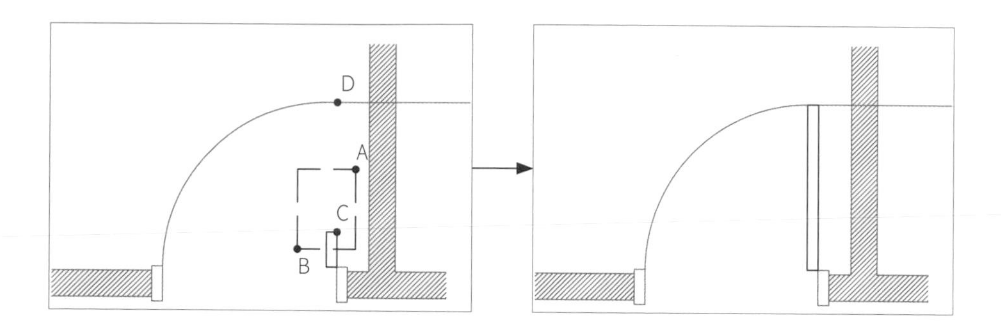

STEP 21 指令：ERASE(刪除)

選取物件： Enter 選取不再使用的輔助線條物件，並予以刪除(紅色線段為需刪除物件)

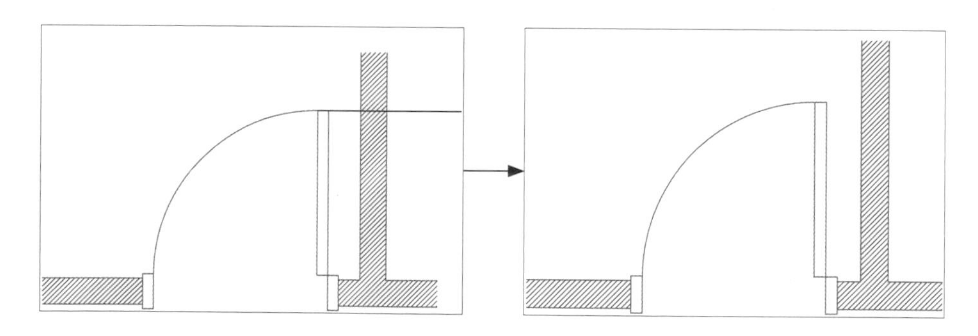

STEP 22 更改正確的圖層及顏色，門就繪製完成。

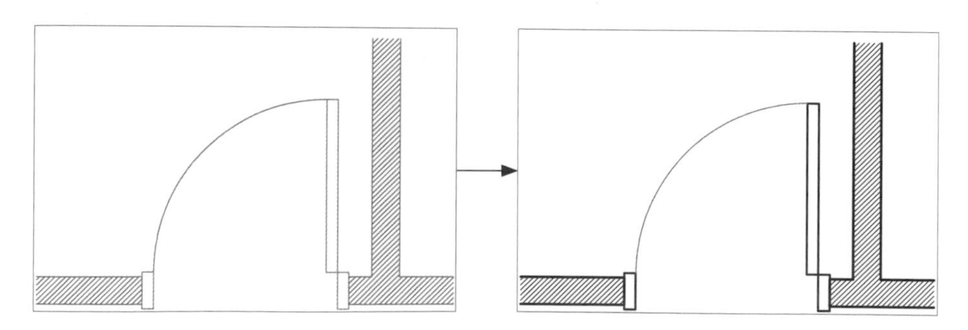

注意

門框之間加上(A)(B)點線段表示為門檻，一般門檻深度為5-10cm左右(是指(A)(B)線段之間的間距值)，而門檻主要是阻水作用，常應用在浴廁、廚房、陽台等等空間。

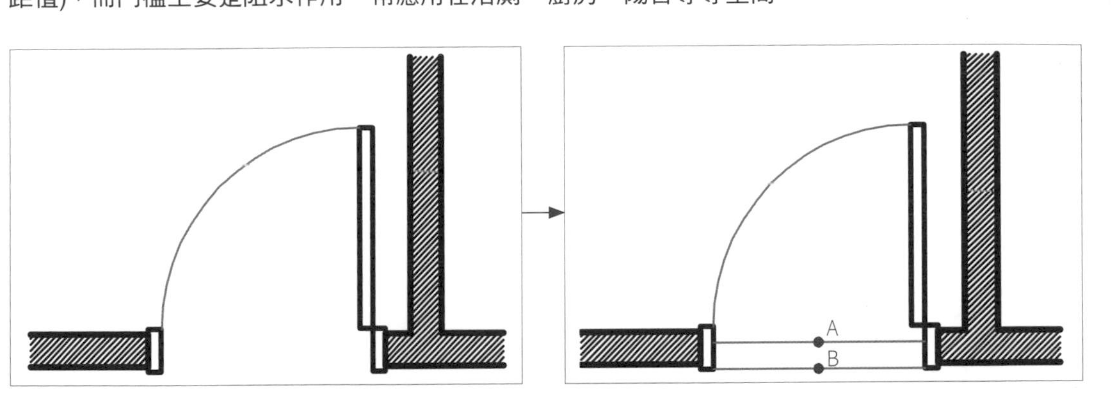

+ 平面圖的物件畫法-鋁窗

STEP 1

指令：LINE(線)

❶ 取一個開窗洞的開口，進行繪製鋁窗

❷ 指定第一條線：→點選相交點(A)點

❸ 指定下一點或[復原(U)]：→滑鼠拖曳點選(B)點位置 Enter

圖塊的繪製初期都是以輔助線先去繪製，輔助完成形體後再予以刪除

STEP 2

❶ 指令：OFFSET(偏移複製)

❷ 指定偏移距離[通過(T)]：10 →輸入"10"數值 Enter

❸ 選取要偏移物件或 <結束>：→點選需要偏移的(A)點線條

❹ 指定要在那一側偏移複製的點：→點選上方空白處(B)點 Enter

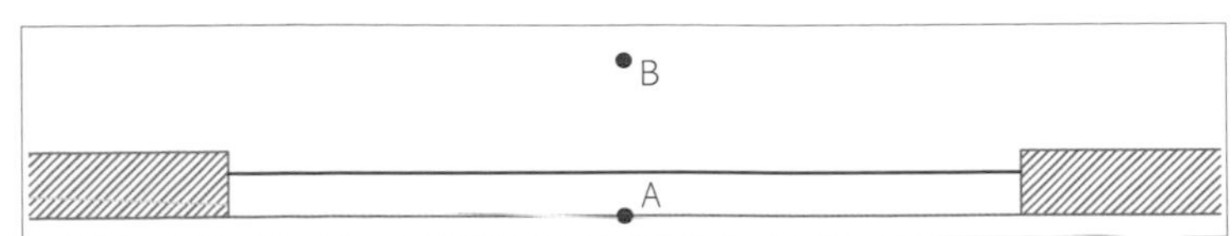

鋁窗框料有分10cm及12cm，也是最常用尺寸。但為了讓鋁窗能出現窗檯線條，會使用10cm下去繪製

STEP 3 指令：LINE(線)

❶ 指定第一條線：→點選相交點(A)點

❷ 指定下一點或[復原(U)]：→滑鼠拖曳點選(B)點 Enter

STEP 4 指令：OFFSET(偏移複製)

❶ 指定偏移距離[通過(T)]：4 →輸入"4"數值 Enter

❷ 選取要偏移的物件或 <結束>：→點選需要偏移的(A)點線條

❸ 指定要在那一側偏移：→點選右方空白處(B) Enter

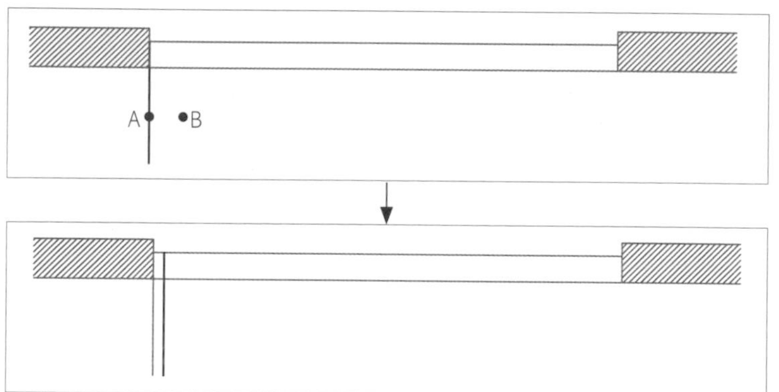

鋁窗面框為4cm也是最常見完成面的面寬度

STEP 5 指令：ERASE(刪除)
選取物件： Enter 選取不再使用的輔助線條物件，並予以刪除 (紅色線段為需刪除物件)

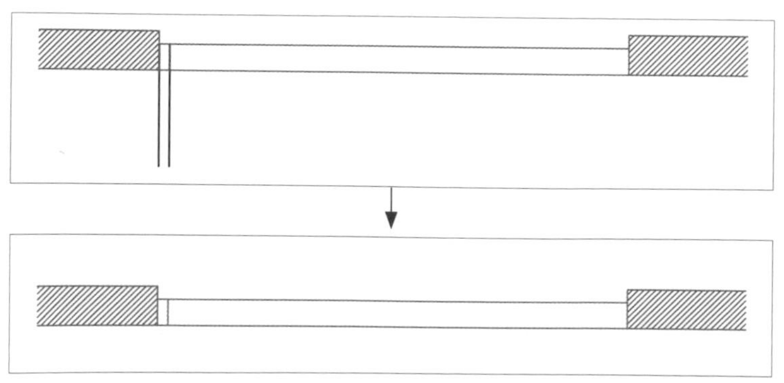

STEP 6

❶ 指令：RECTANG(矩形)

❷ 指定第一點或[倒角(C)/高程(E)/圓角(F)/厚度(T)/線寬(W)]：→滑鼠點選(A)點拖曳至點選(B)點

STEP 7 指令：MIRROR(鏡射)

❶ 選取物件：→選取左側櫃框物件(A)

❷ 指定鏡射線的第一點：→點選中心點(B)點 Enter

❸ 指定鏡射線的第二點：→滑鼠往下拖曳點選至(C)點

❹ 刪除來源物件？[是(Y)/否(N)]<N>：N →輸入"N"保留原有來源物件 Enter

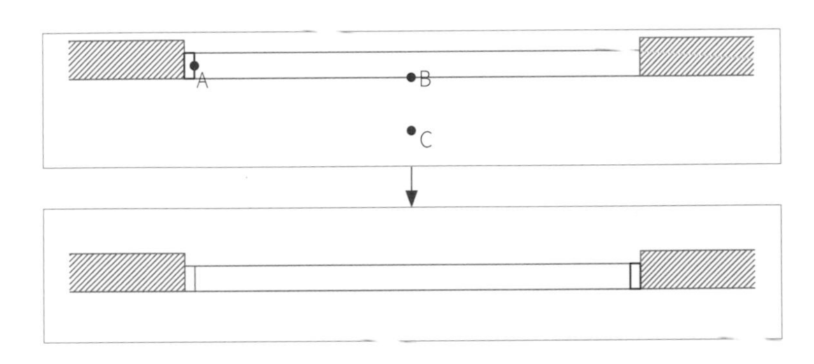

STEP 8 指令：LINE(線)

❶ 指定第一條線：→點選相交點(A)點

❷ 指定下一點或[復原(U)]：→滑鼠拖曳點選(B)點位置 Enter

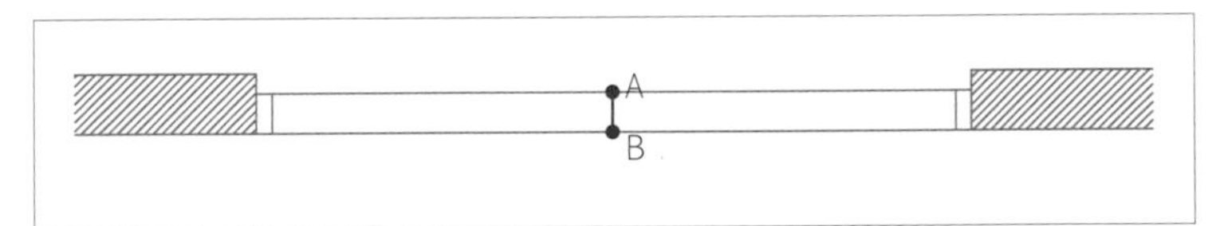

STEP 9 指令：DIVIDE(等分)

❶ 選取要等分的物件：→選取需等分的線條物件

❷ 輸入分段數目或[圖塊(B)]：3 →輸入"3"數值 Enter

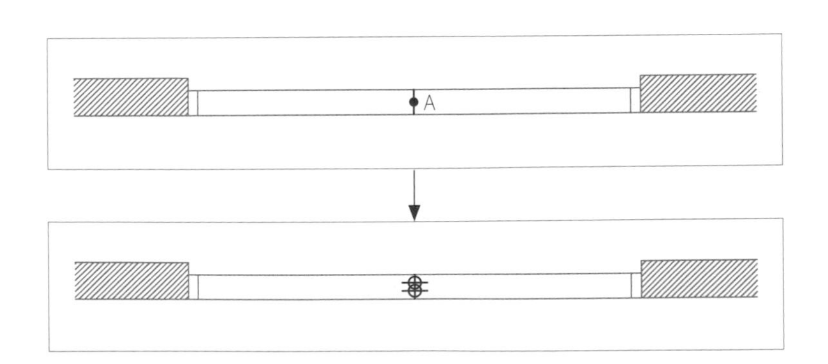

STEP 10 指令：LINE(線)

❶ 指定第一條線：→點選相交點(A)點

❷ 指定下一點或[復原(U)]：→滑鼠拖曳點選(B)點位置 Enter

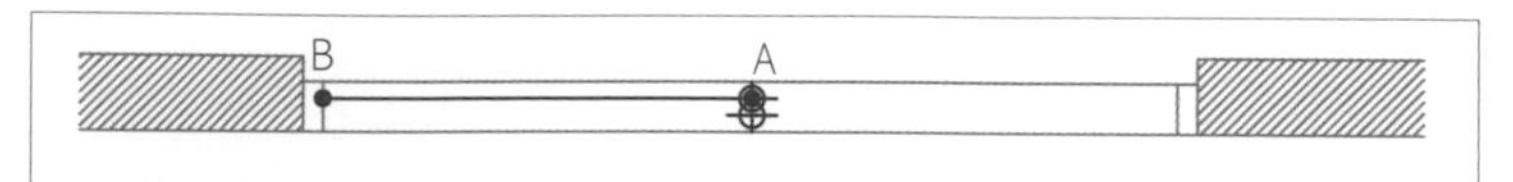

鋁窗單一門片不要繪製雙線，當圖面比例
比較大時，雙線條會黏在一起為粗的線條

STEP 11 指令：LINE(線)

❶ 指定第一條線：→點選相交點(A)點

❷ 指定下一點或[復原(U)]：→滑鼠拖曳點選(B)點 Enter

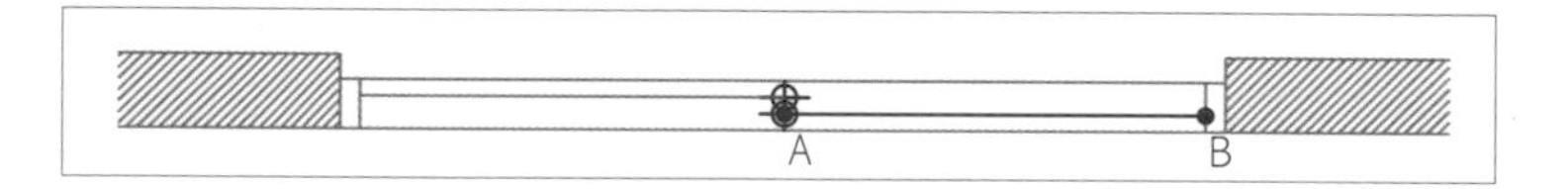

STEP 12 指令：ERASE(刪除)
選取物件： Enter 選取不再使用的輔助線條物件，並予以刪除

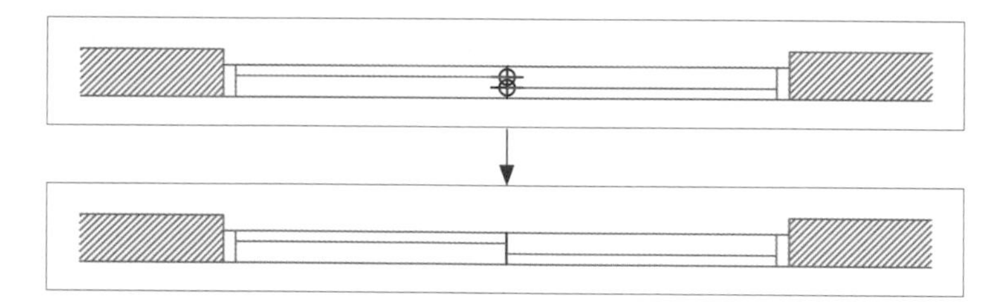

STEP 13 指令：STRETCH(拉伸)

❶ 選取物件：→滑鼠點選(A)點至(B)點框選線段 Enter

❷ 指定基準線或位移：→點選端點(C)點，滑鼠拖曳至(D)點

❸ 指定位移的第二點或<使用第一點作位移> ：3 →輸入"3"數值，為偏移拉伸數值 Enter

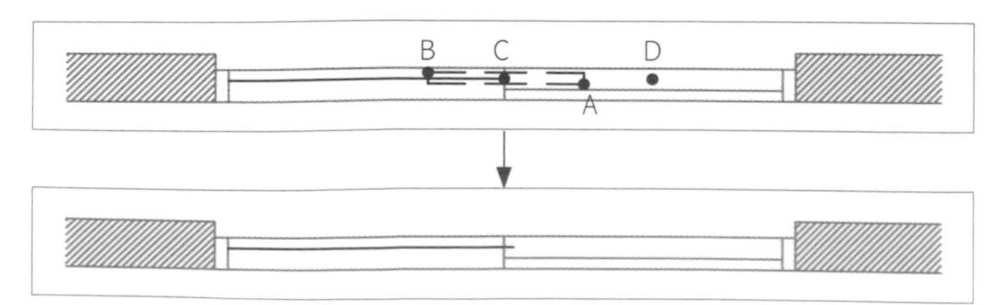

STEP 14 指令：STRETCH(拉伸)

❶ 選取物件：→滑鼠點選(A)點至(B)點框選線段 Enter

❷ 指定基準線或位移：→點選端點(C)點，滑鼠拖曳至(D)點

❸ 指定位移的第二點或<使用第一點作位移>：3 →輸入"3"數值，為偏移拉伸數值 Enter

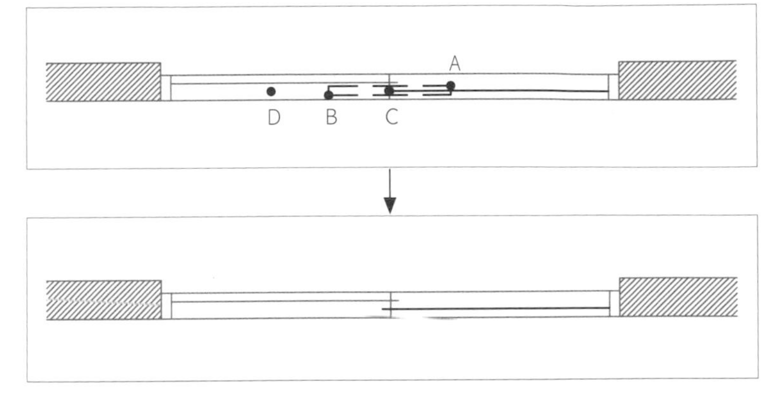

STEP 15 指令：STRETCH(拉伸)

❶ 選取物件：→滑鼠點選(A)點至(B)點框選線段 Enter

❷ 指定基準線或位移：→點選端點(C)點，滑鼠拖曳至(D)點

❸ 指定位移的第二點或 <使用第一點作位移>：3 →輸入"3"數值，為偏移拉伸數值 Enter

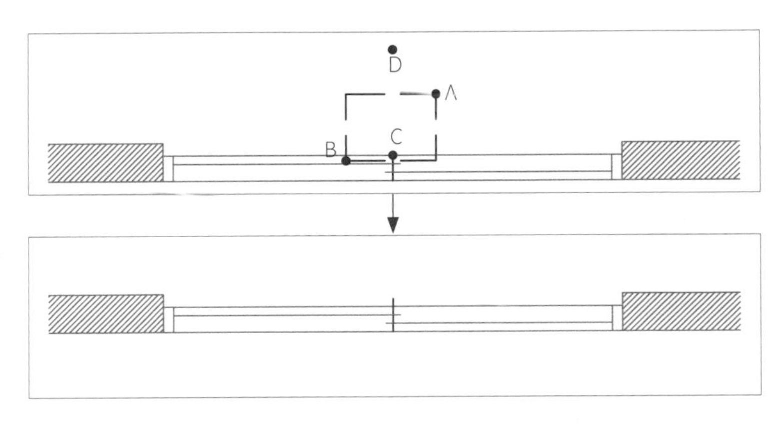

STEP 16 指令：STRETCH(拉伸)

❶ 選取物件：→滑鼠點選(A)點至(B)點框選線段 Enter

❷ 指定基準線或位移：→點選端點(C)點，滑鼠拖曳至(D)點

❸ 指定位移的第二點或<使用第一點作位移>：3 →輸入"3"數值，為偏移拉伸數值 Enter

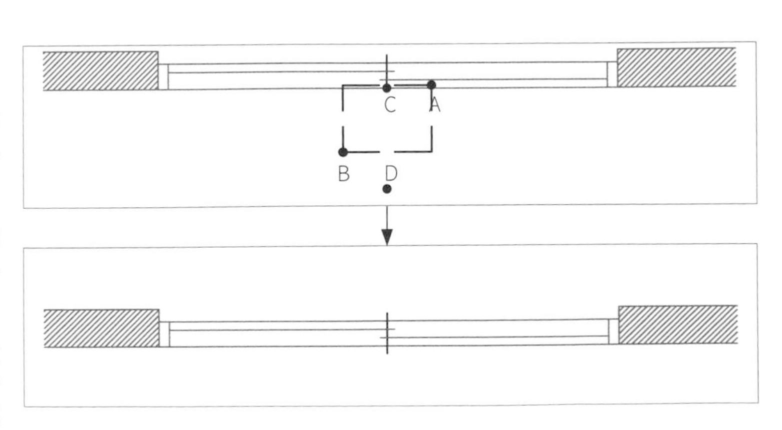

STEP 17 指令：LINE(線)

❶ 指定第一條線：→點選相交點(A)點

❷ 指定下一點或[復原(U)]：→滑鼠拖曳點選(B)點位置 Enter

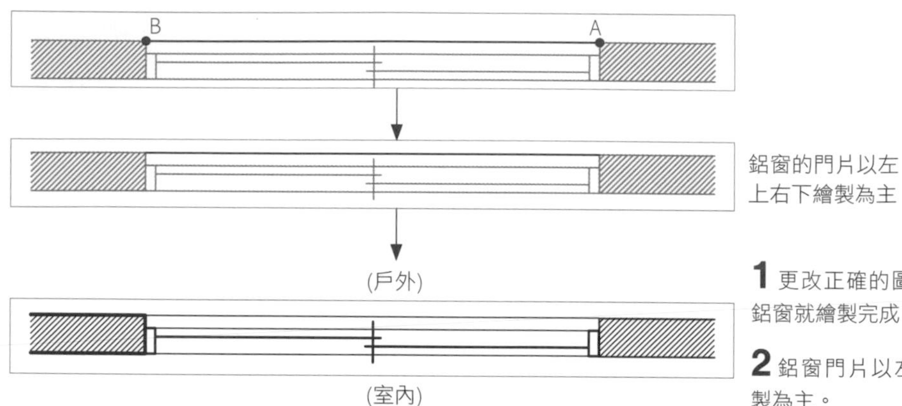

鋁窗的門片以左上右下繪製為主

1 更改正確的圖層及顏色，鋁窗就繪製完成。

2 鋁窗門片以左上右下繪製為主。

注意

鋁窗繪製完成後，就再更改正確的圖層及顏色，而在更改窗戶線條顏色時需去注意(A)(B)點的線段，那是因為鋁窗有高低不一，通常分為落地鋁窗、半腰窗、氣窗(用於浴廁窗戶)，為了讓窗戶在平面圖能區分之間的高低的差異性，會在(A)(B)點的線段依窗戶的高度而去更改顏色。

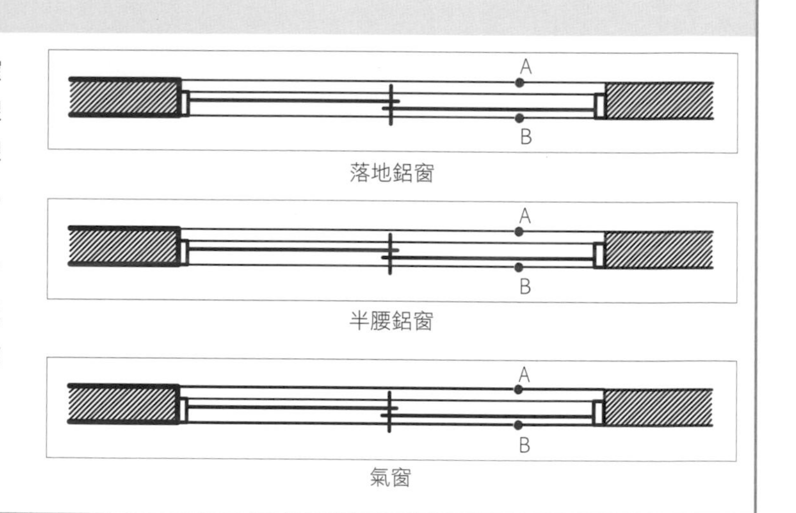

+ 平面圖的物件畫法-木作高櫃(開門)

STEP 1 指令：LINE(線)

❶ 指定第一條線：→點選相交點(A)點

❷ 指定下一點或[復原(U)]：→滑鼠拖曳點選(B)點位置 Enter

圖塊的繪製初期都是以輔助線先去繪製，輔助完成形體後再予以刪除

STEP 2 指令：LINE(線)

❶ 指定第一條線：→點選相交點(A)點

❷ 指定下一點或[復原(U)]：→滑鼠拖曳點選(B)點位置 Enter

STEP 3 指令：OFFSET(偏移複製)

❶ 指定偏移距離[通過(T)]：180 →輸入"180"數值 Enter

❷ 選取要偏移的物件或 <結束>：→點選需要偏移的(A)點線條

❸ 指定要在那一側偏移：→點選右側空白處(B)點 Enter

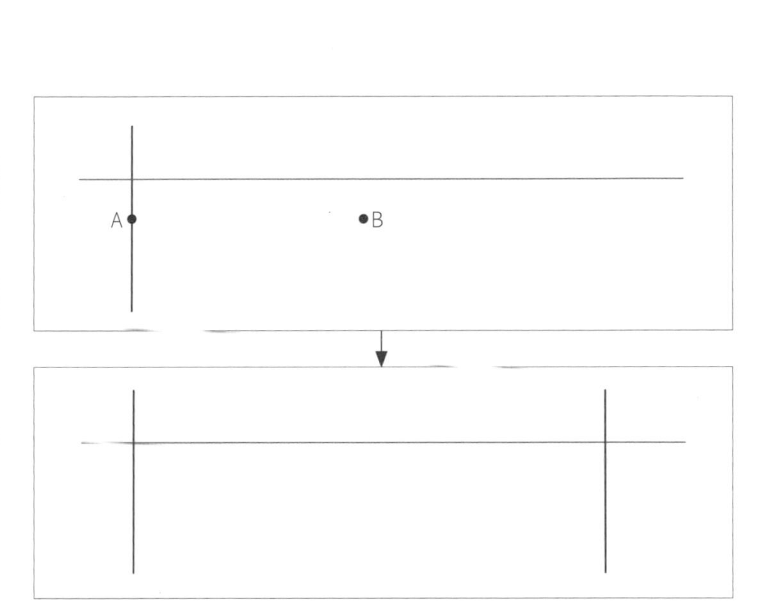

STEP 4 指令：OFFSET(偏移複製)

❶ 指定偏移距離[通過(T)]：45 →輸入"45"數值 Enter

❷ 選取要偏移的物件或 <結束>：→點選需要偏移的(A)點線條

❸ 指定要在那一側偏移：→點選下方空白處(B)點 Enter

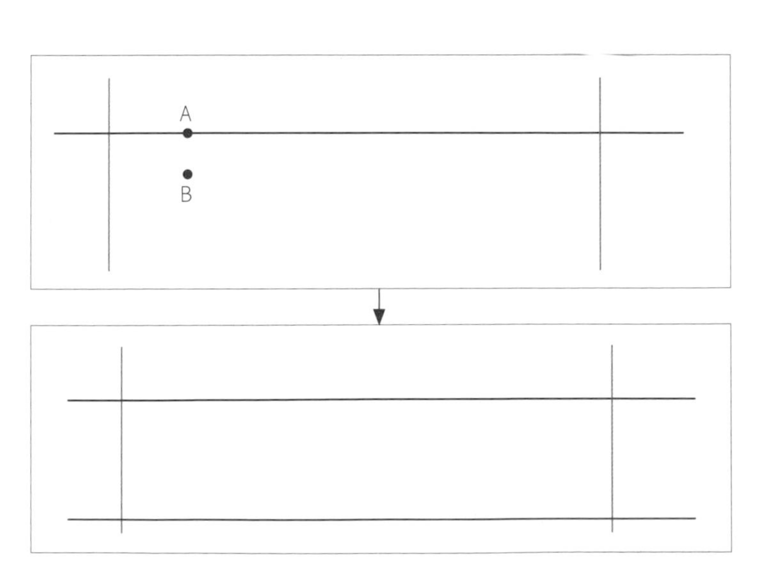

STEP 5 指令：OFFSET(偏移複製)

❶ 指定偏移距離[通過(T)]：3 →輸入"3"數值 Enter

❷ 選取要偏移的物件或 <結束>：→點選需要偏移的(A)點線條

❸ 指定要在那一側偏移：→點選上方空白處(B)點 Enter

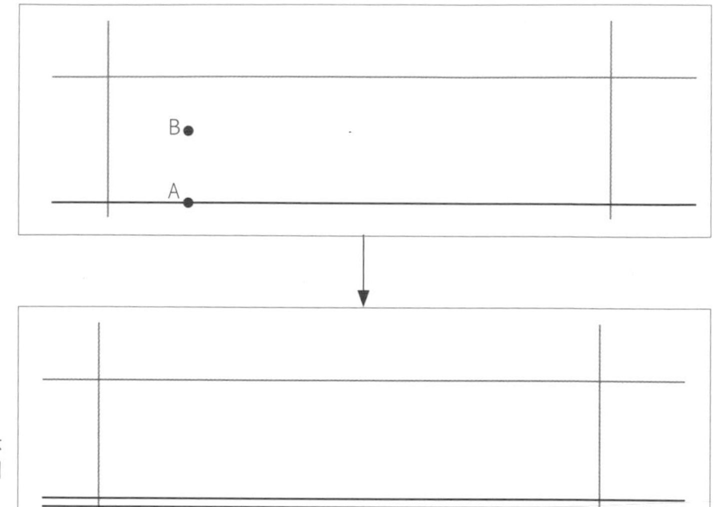

開門式門片是使用六分木心板(1.8cm)去施作，就算表面付予裝飾材質，櫃體開門片實際施作最大厚度為約2.4cm左右，為了讓線條分明，會採用3cm去繪製

STEP 6 指令：OFFSET(偏移複製)

❶ 指定偏移距離[通過(T)]：4 →輸入"4"數值 Enter

❷ 選取要偏移的物件或 <結束>：→點選需要偏移的(A)點線條

❸ 指定要在那一側偏移：→點選右側空白處(B)點 Enter

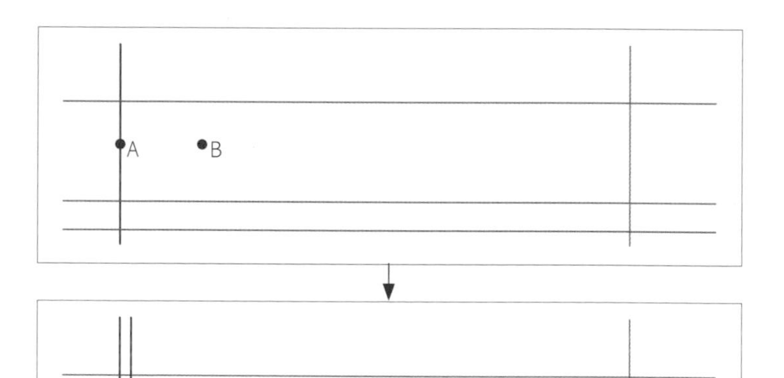

開門片式的高櫃，可以繪製有框或者無框，可依設計為準

STEP 7 指令：OFFSET(偏移複製)

❶ 指定偏移距離[通過(T)]：2 →輸入"2"數值 Enter

❷ 選取要偏移的物件或 <結束>：→點選需要偏移的(A)點線條

❸ 指定要在那一側偏移：→點選右側空白處(B)點 Enter

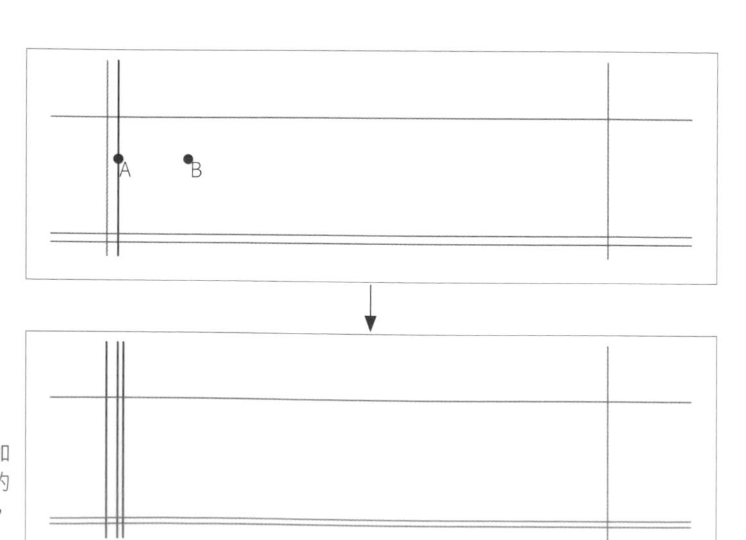

為了讓開門片在關起來時再增加密合度及阻擋效果，會在櫃內的內側再封六分木心板(約1.8cm)，但在繪製時只要2cm就可以

STEP 8 指令：PLINE(聚合線)

❶ 指定起點：→點選取起點

❷ 指定下一點或[弧(A)/閉合(C)/半寬(H)/長度(L)/復原(U)/寬度(W)]：→點選至結束點 Enter

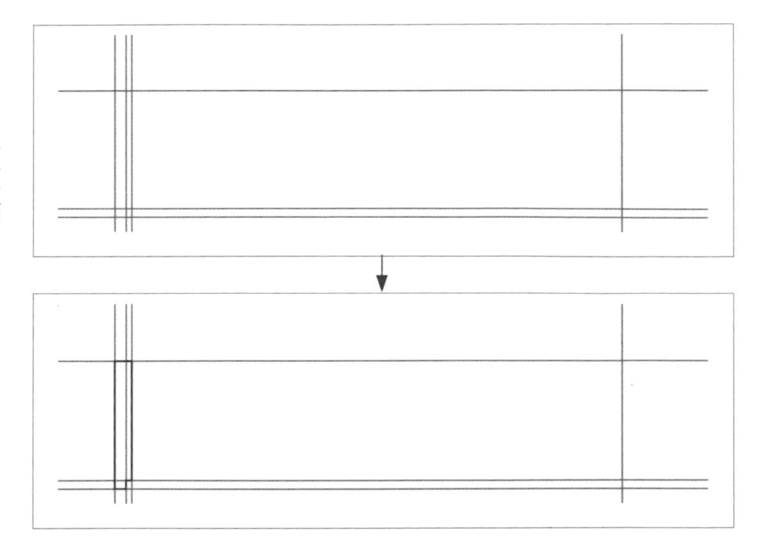

STEP 9 指令：LINE(線)

❶ 指定第一條線：→點選相交點(A)點

❷ 指定下一點或[復原(U)]：→滑鼠拖曳點選(B)點位置 Enter

STEP 10 指令：ERASE(刪除)
選取物件：選取不再使用的輔助線條物件。並予以刪除。(紅色線段為需刪除物件)

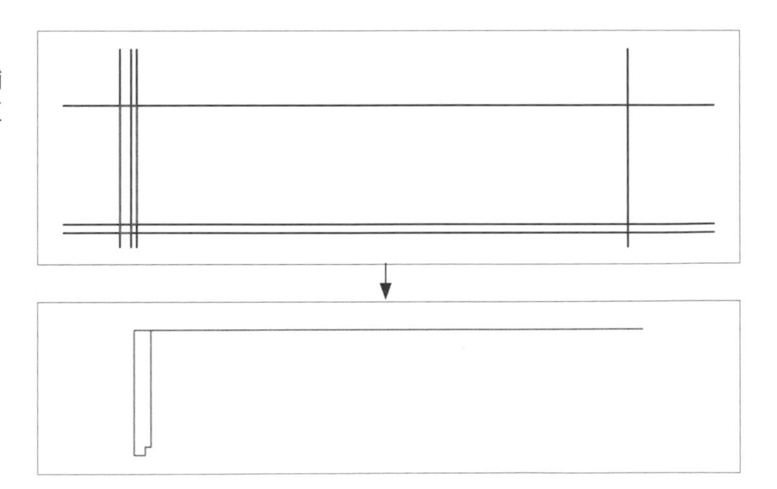

STEP 11 指令：MIRROR(鏡射)

❶ 選取物件：→點選(A)點物件 Enter

❷ 指定鏡射線的第一點：→點選中心點(B)點

❸ 指定鏡射線的第二點：→滑鼠往下拖曳點選至空白處(C)

❹ 刪除來源物件？[是(Y)/否(N)]<N>：N →輸入"N"保留原有來源物件 Enter

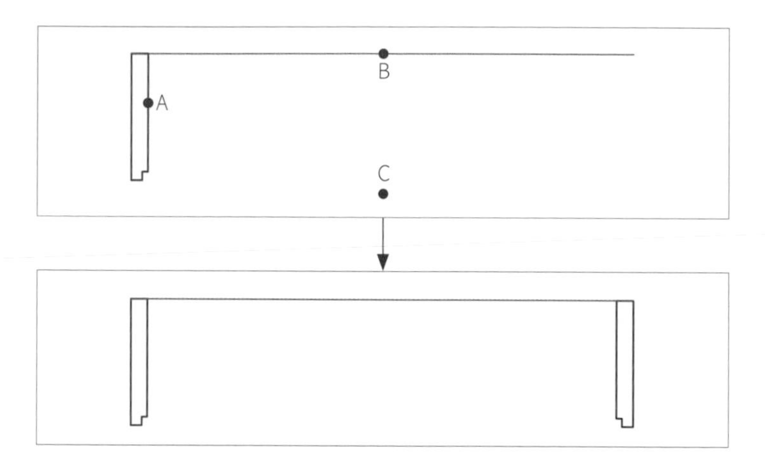

STEP 12 指令：LINE(線)

❶ 指定第一條線：→點選相交點(A)點

❷ 指定下一點或[復原(U)]：→滑鼠拖曳點選(B)點位置 Enter

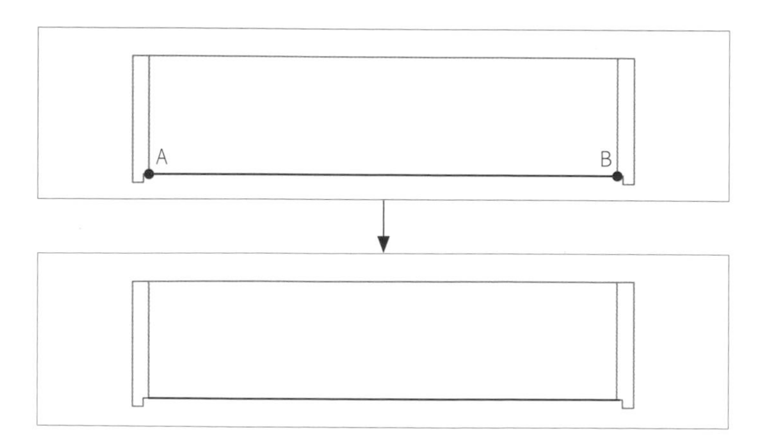

STEP 13 指令：COPY(複製物件)

❶ 選取物件：→點選(A)點物件 Enter

❷ 指定基準點或位移[多重(M)]：→點選(A)點線條

❸ 指定位移的第二點或 <使用第一點作為位移>：→點選(B)點

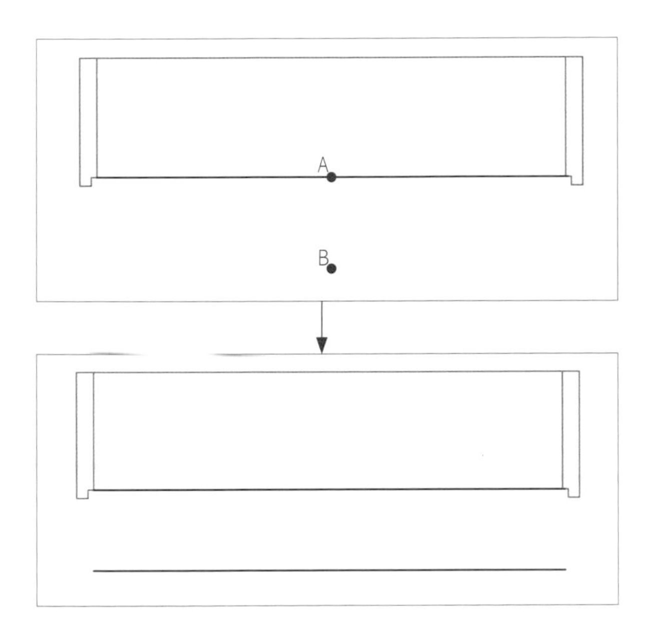

STEP 14 指令：DIVIDE(等分)

❶ 選取要等分的物件：→選取需等分的線條物件

❷ 輸入分段數目或[圖塊(B)]：4 →輸入"4"數值 Enter

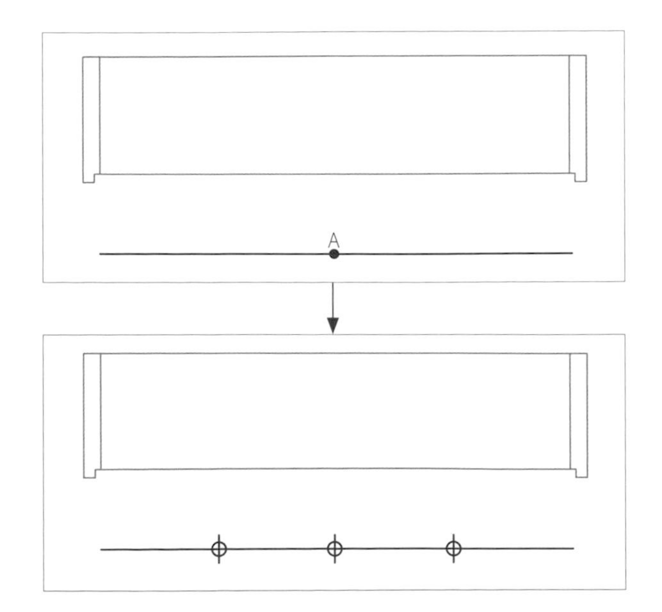

繪製門片總長度÷90=高櫃桶身數

高櫃桶身數x2=需繪製開門片數量

例如：繪製門片總長度180cm

180÷90=2 (高櫃桶身數)

2×2=4 (需繪製開門片數量)

需去注意一片開門片的面寬度不得超過60cm

STEP 15 指令：LINE(線)

❶ 指定第一條線：→點選單點(A)點

❷ 指定下一點或[復原(U)]：→滑鼠拖曳點選(B)點位置 Enter

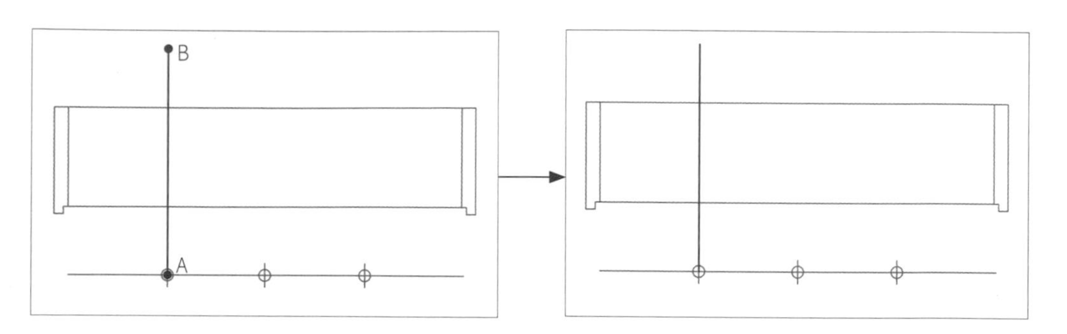

STEP 16 指令：RECTANG(矩形)
指定第一點或[倒角(C)/高程(E)/圓角(F)/厚度(T)/線寬(W)]：→滑鼠點選(A)點拖曳至點選(B)點

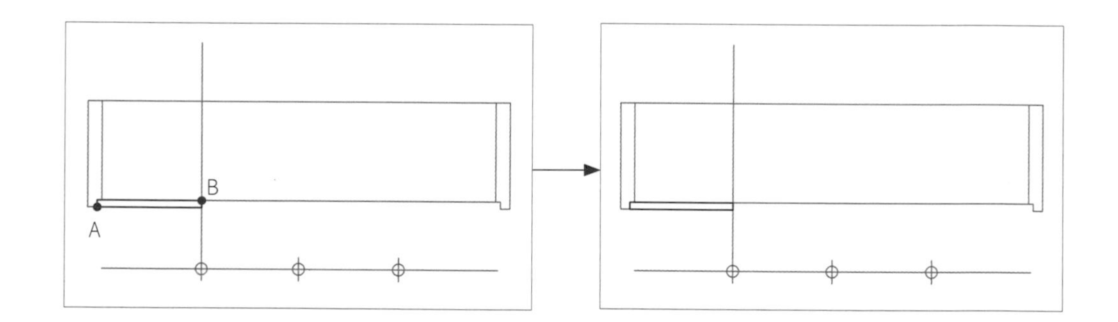

STEP 17 指令操作：指令：ERASE(刪除)
選取物件：選取不再使用的輔助線條物件，並予以刪除。(紅色線段為需刪除物件)

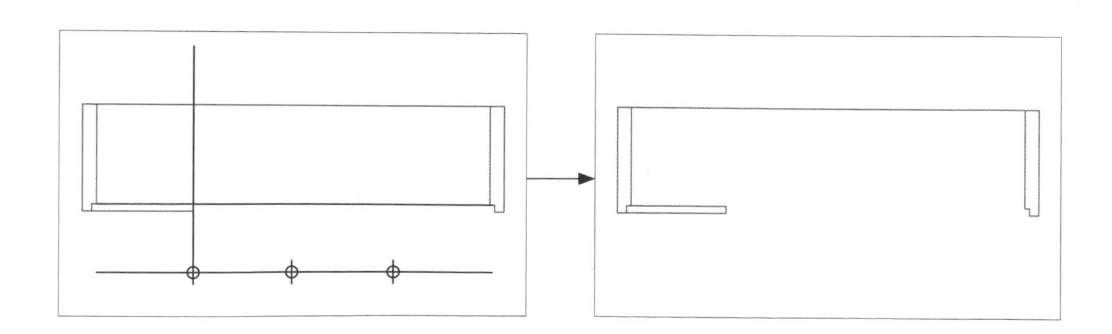

STEP 18 指令：MIRROR(鏡射)

1. 選取物件：→點選(A)點物件 Enter
2. 指定鏡射線的第一點：→點選(B)點
3. 指定鏡射線的第二點：→滑鼠往下拖曳點選至(C)點
4. 刪除來源物件？[是(Y)/否(N)]<N>：N Enter

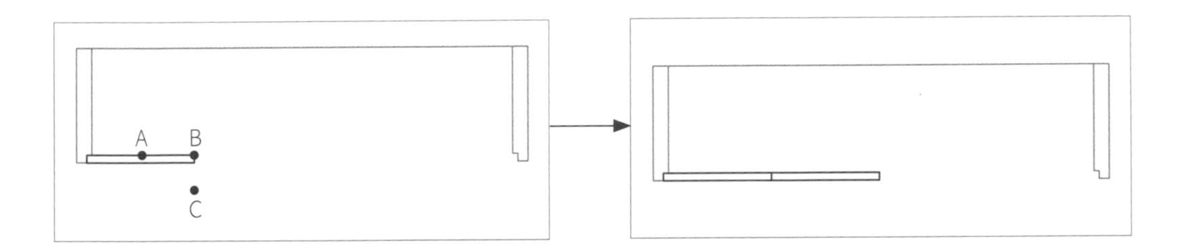

STEP 19 指令：MIRROR(鏡射)

1. 選取物件：→點選(A)點至點選(B)點框選物件 Enter
2. 指定鏡射線的第一點：→點選(C)點
3. 指定鏡射線的第二點：→滑鼠往下拖曳點選至(D)點
4. 刪除來源物件？[是(Y)/否(N)]<N>：N →輸入"N"保留原有來源物件 Enter

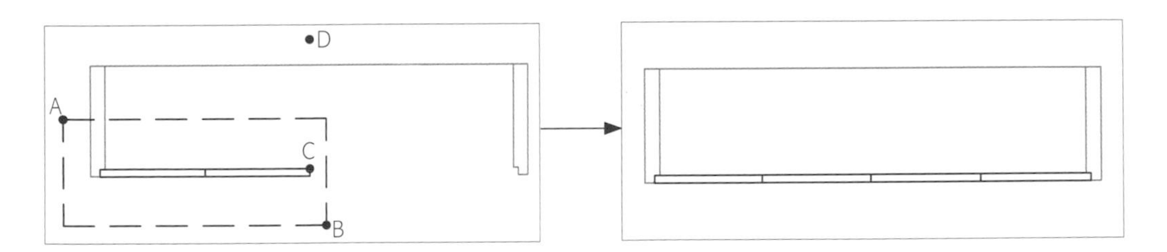

STEP 20 指令：LINE(線)

1. 指定第一條線：→點選相交點(A)點
2. 指定下一點或[復原(U)]：→滑鼠拖曳點選(B)點位置 Enter

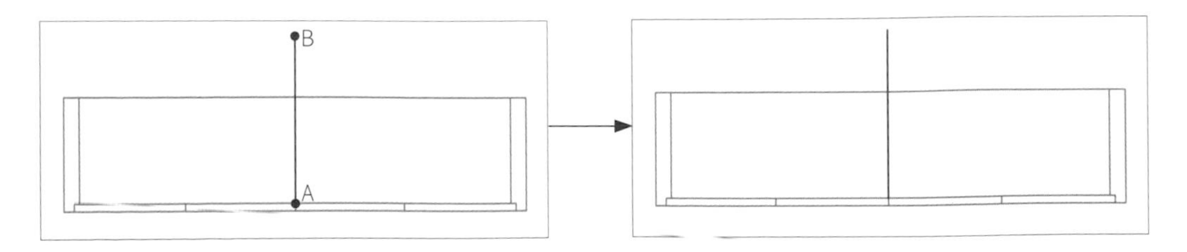

STEP 21 指令：OFFSET(偏移複製)

❶ 指定偏移距離[通過(T)]：1 →輸入"1"數值 Enter

❷ 選取要偏移的物件或 <結束>：→點選需要偏移的(A)點線條

❸ 指定要在那一側偏移：→點選左側空白處(B)點 Enter

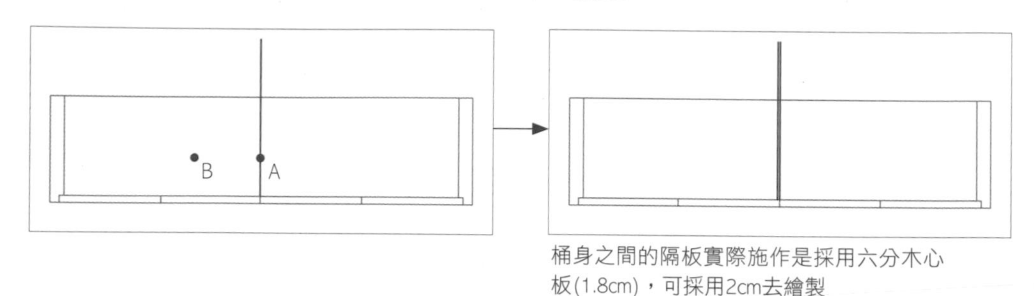

桶身之間的隔板實際施作是採用六分木心板(1.8cm)，可採用2cm去繪製

STEP 22 指令：OFFSET(偏移複製)

❶ 指定偏移距離[通過(T)]：1 →輸入"1"數值 Enter

❷ 選取要偏移的物件或 <結束>：→點選需要偏移的(A)點線條

❸ 指定要在那一側偏移：→點選右側空白處(B)點 Enter

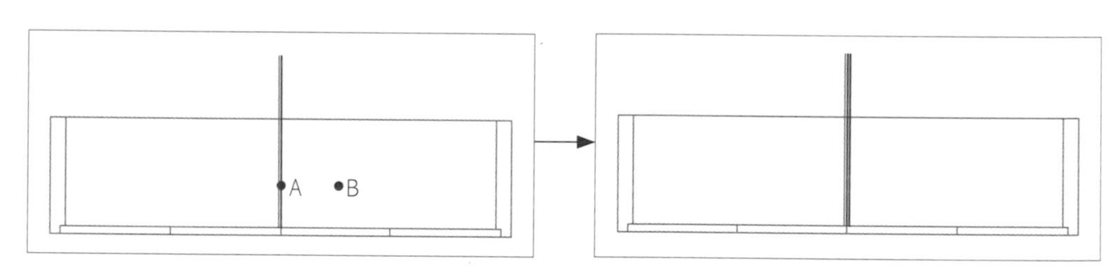

STEP 23 指令：RECTANG(矩形)
指定第一點或[倒角(C)/高程(E)/圓角(F)/厚度(T)/線寬(W)]：→滑鼠點選(A)點拖曳至(B)點點選

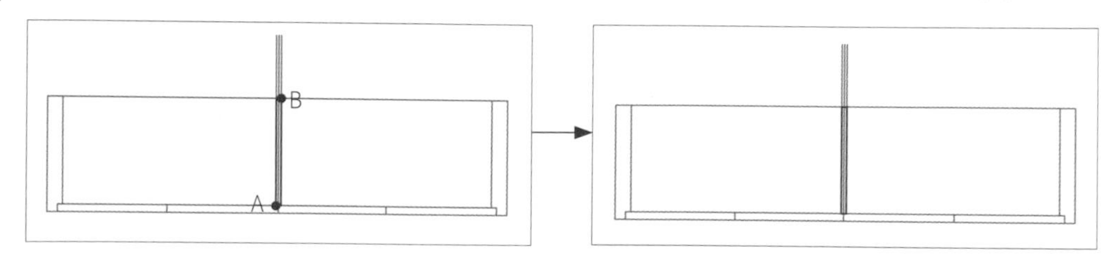

STEP 24 指令：ERASE(刪除)
選取物件： Enter 選取不再使用的輔助線條物件，並予以刪除。(紅色線段為需刪除物件)

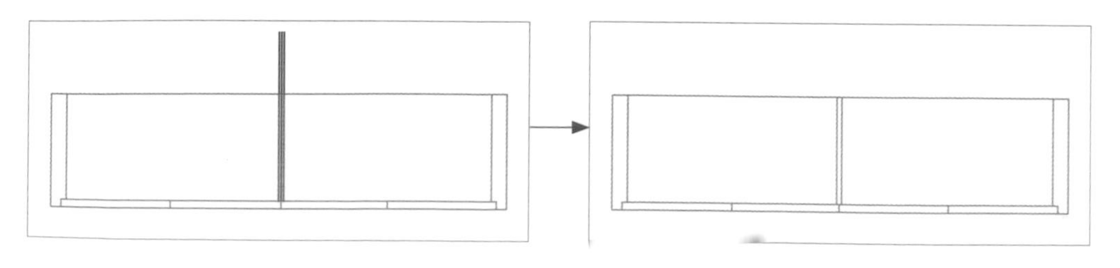

STEP 25 指令：LINE(線)

❶ 指定第一條線：→點選相交點(A)點

❷ 指定下一點或[復原(U)]：→滑鼠拖曳點選(B)點位置 Enter

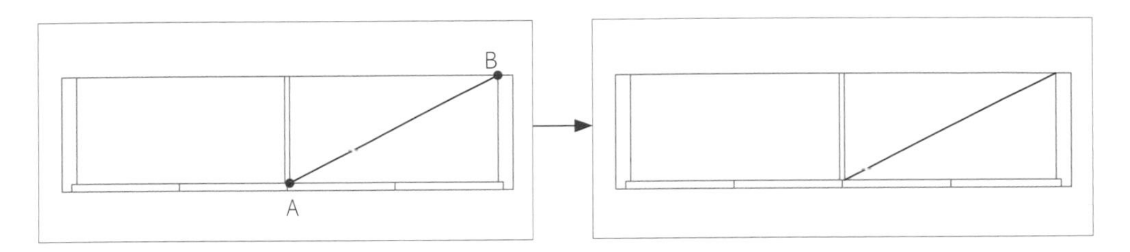

STEP 26 指令：LINE(線)

❶ 指定第一條線：→點選相交點(A)點

❷ 指定下一點或[復原(U)]：→滑鼠拖曳點選(B)點位置 Enter

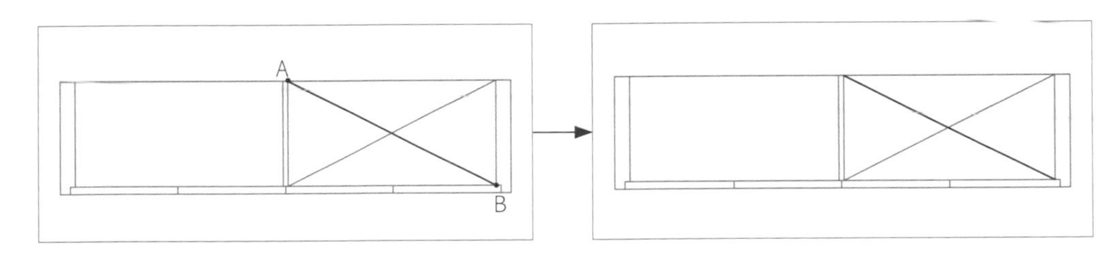

STEP 27 指令：COPY(複製物件)

❶ 選取物件：→點選(A)(B)點物件 Enter

❷ 指定基準點或位移[多重(M)]：→點選物件(C)點

❸ 指定位移的第二點或 <使用第一點作為位移>：→拖曳物件至(D)點

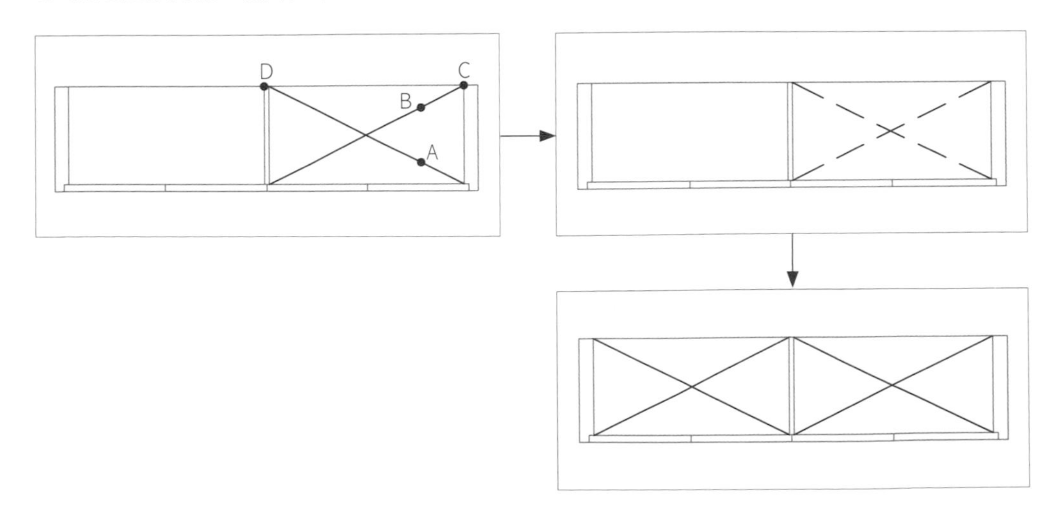

STEP 28 更改正確的圖層及顏色，木作高櫃(開門)就繪製完成。

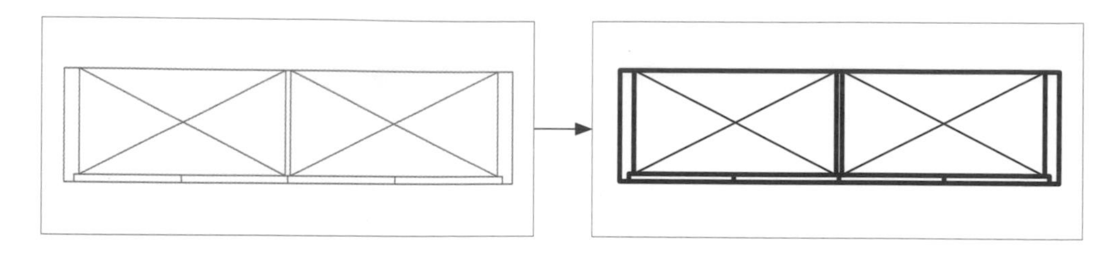

注意

桶身與桶身之間的隔板也盡量避免繪製錯誤，就如下圖兩個(A)(B)的高櫃都是錯誤的畫法，其主要原因是開門片是採用鉸鍊五金且固定於門片和桶身的側板，兩者則均為存在必要性，繪製桶身的隔板時需去注意。

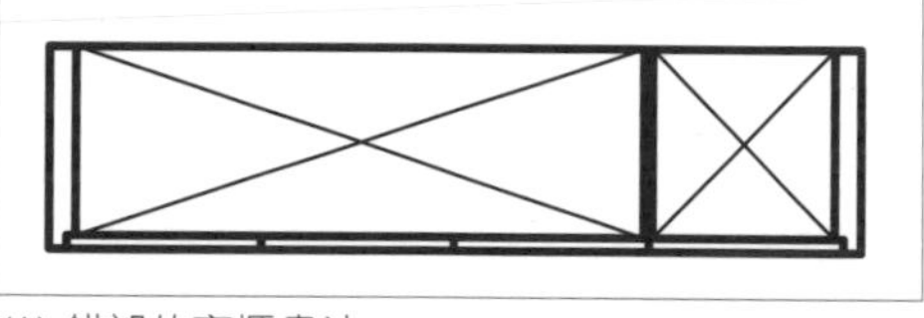

(A) 錯誤的高櫃畫法

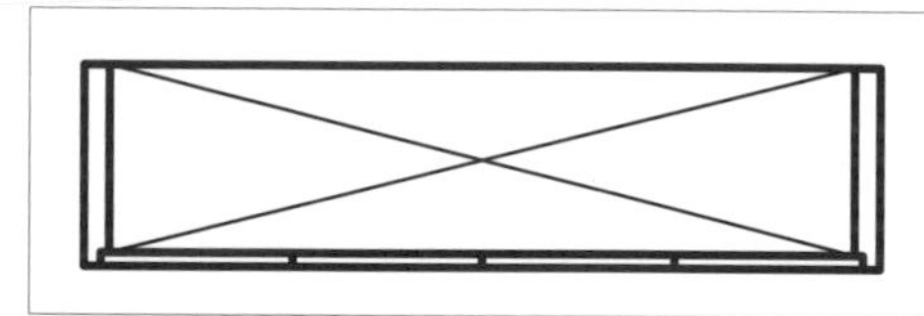

(B) 錯誤的高櫃畫法

+ 平面圖的物件畫法-木作高櫃(拉門)

STEP 1 指令：LINE(線)

1. 指定第一條線：→點選相交點(A)點
2. 指定下一點或[復原(U)]：→滑鼠拖曳點選(B)點位置 Enter

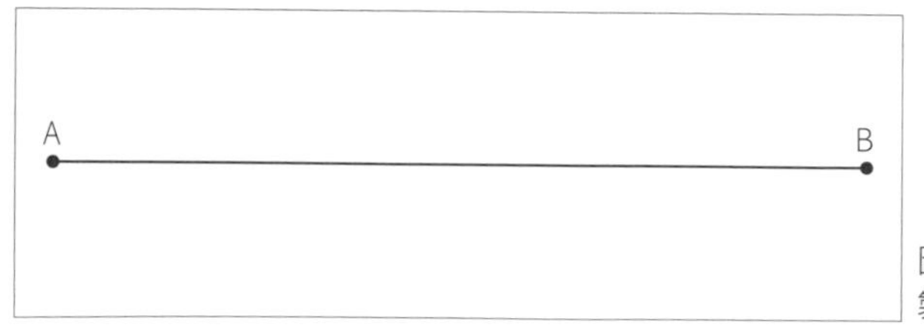

圖塊的繪製初期都是以輔助線先繪製，當輔助完成形體後再予以刪除

STEP 2 指令：LINE(線)

1. 指定第一條線：→點選相交點(A)點
2. 指定下一點或[復原(U)]：→滑鼠拖曳點選(B)點位置 Enter

STEP 3 指令：OFFSET(偏移複製)

❶ 指定偏移距離[通過(T)]：180 →輸入"180"數值 Enter

❷ 選取要偏移的物件或 <結束>：→點選需要偏移的(A)點線條

❸ 指定要在那一側偏移：→點選右側空白處(B)點 Enter

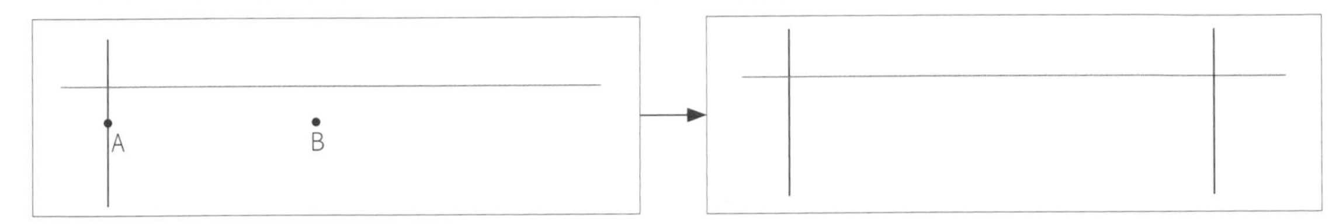

STEP 4 指令：OFFSET(偏移複製)

❶ 指定偏移距離[通過(T)]：45 →輸入"45"數值 Enter

❷ 選取要偏移的物件或 <結束>：→點選需要偏移的(A)點線條

❸ 指定要在那一側偏移：→點選下方空白處(B)點 Enter

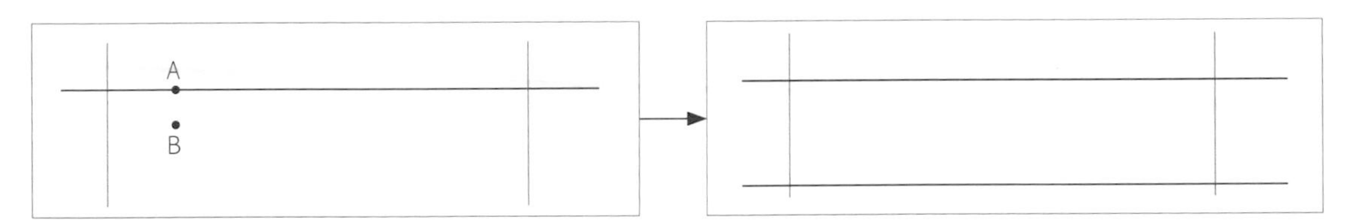

STEP 5 指令：OFFSET(偏移複製)

❶ 指定偏移距離[通過(T)]：10 →輸入"10"數值 Enter

❷ 選取要偏移的物件或 <結束>：→點選需要偏移的(A)點線條

❸ 指定要在那一側偏移：→點選上方空白處(B)點 Enter

高櫃若施作橫拉門片時，則滑軌需要深度為8-10cm

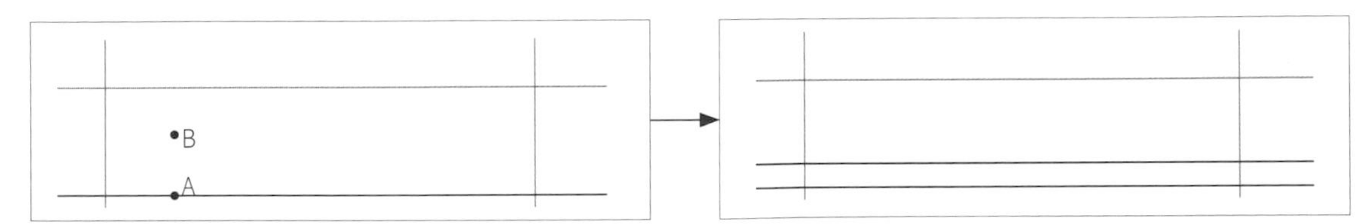

STEP 6 指令：OFFSET(偏移複製)

❶ 指定偏移距離[通過(T)]：4 →輸入"4"數值 Enter

❷ 選取要偏移的物件或 <結束>：→點選需要偏移的(A)點線條

❸ 指定要在那一側偏移：→點選右側空白處(B)點 Enter

不管RC牆、磚牆、輕隔間等等牆面很難達到垂直面無誤差值，若橫拉門片直接頂到牆面，會有縫隙的問題，也無法達到密合。通常會櫃體會再加框處理，讓橫拉門片當關起來時門片與框是無縫隙狀態

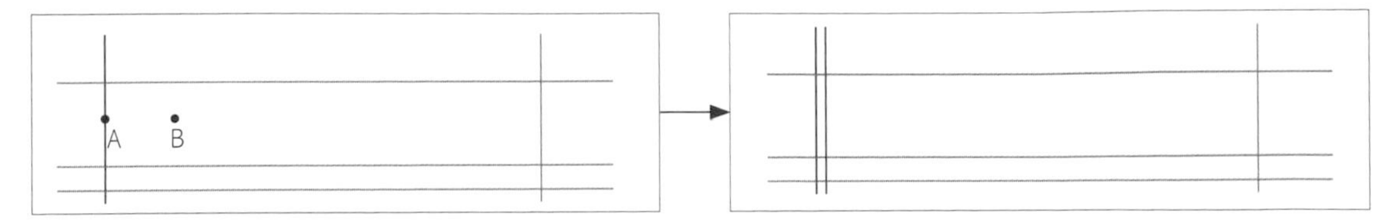

STEP 7 指令：OFFSET(偏移複製)

❶ 指定偏移距離[通過(T)]：2 →輸入"2"數值 Enter

❷ 選取要偏移的物件或 <結束>：→點選需要偏移的(A)點線條

❸ 指定要在那一側偏移：→點選右側空白處(B)點 Enter

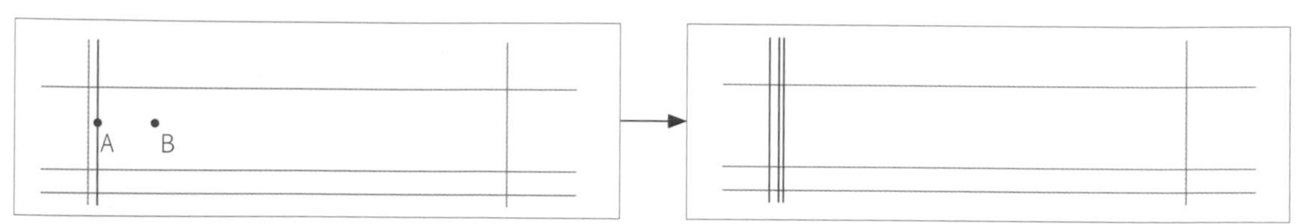

為了讓橫拉門在關起來時再增加密合度，會在櫃內的內側再封六分木心板(約1.8cm)，但在繪製時只要繪製2cm就可以

STEP 8 指令：PLINE(聚合線)

❶ 指定起點：→點選取起點

❷ 指定下一點或[弧(A)/閉合(C)/半寬(H)/長度(L)/復原(U)/寬度(W)]：→點選至結束點 Enter

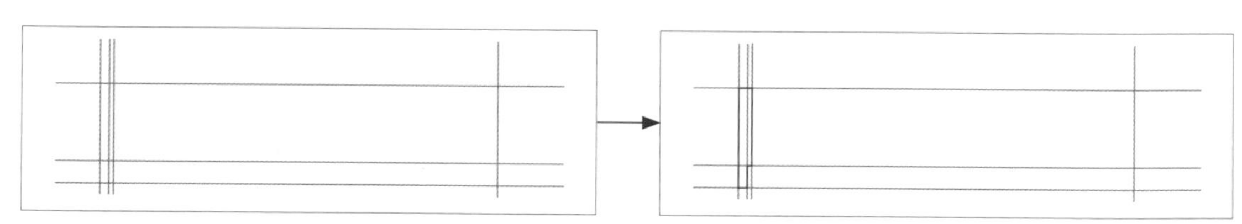

STEP 9 指令：LINE(線)

❶ 指定第一條線：→點選相交點(A)點

❷ 指定下一點或[復原(U)]：→滑鼠拖曳點選(B)點位置 Enter

STEP 10 指令：ERASE(刪除)
選取物件：Enter 選取不再使用的輔助線條物件，並予以刪除。(紅色線段為需刪除物件)

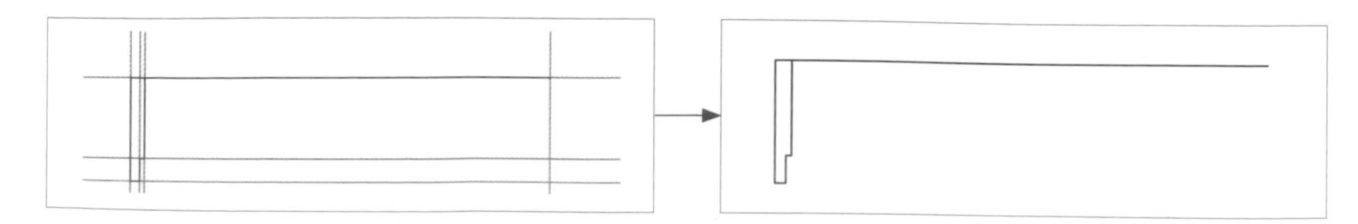

STEP 11 指令：MIRROR(鏡射)

❶ 選取物件：→選取左側櫃框物件(A)點 Enter

❷ 指定鏡射線的第一點：→點選中心點(B)點

❸ 指定鏡射線的第二點：→滑鼠往下拖曳點選至空白處(C)

❹ 刪除來源物件？[是(Y)/否(N)]<N>：N →輸入"N"保留原有來源物件 Enter

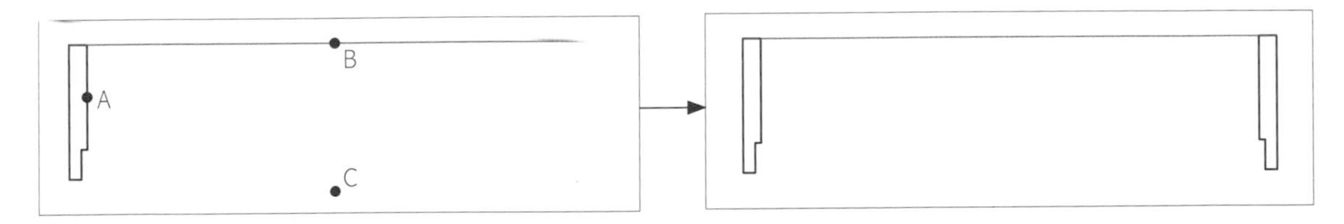

STEP 12 指令：LINE(線)

❶ 指定第一條線：→點選相交點(A)點

❷ 指定下一點或[復原(U)]：→滑鼠拖曳點選(B)點位置 Enter

STEP 13 指令：LINE(線)

❶ 指定第一條線：→點選相交點(A)點

❷ 指定下一點或[復原(U)]：→滑鼠拖曳點選(B)點位置 Enter

為了讓橫拉門在關起來時達到雙重的密合度,會在櫃內的內側再封六分木心板(約1.8cm)，但在繪製時只要繪製2cm就可以

STEP 14 指令：LINE(線)

❶ 指定第一條線：→點選相交點(A)點

❷ 指定下一點或[復原(U)]：→滑鼠拖曳點選(B)點位置 Enter

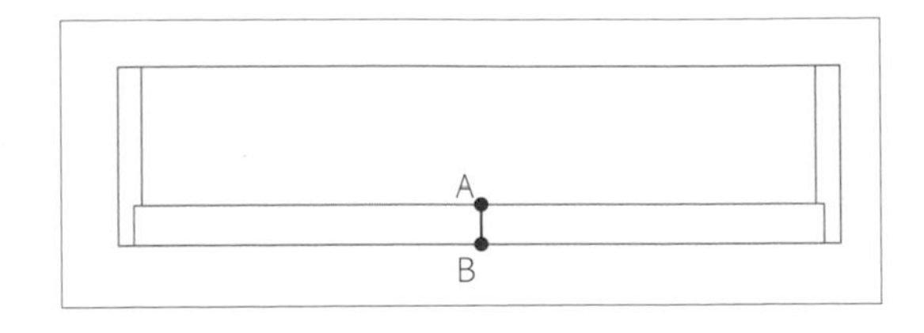

STEP 15 指令：LINE(線)

❶ 指定第一條線：→點選相交點(A)點

❷ 指定下一點或[復原(U)]：→滑鼠拖曳點選(B)點位置 Enter

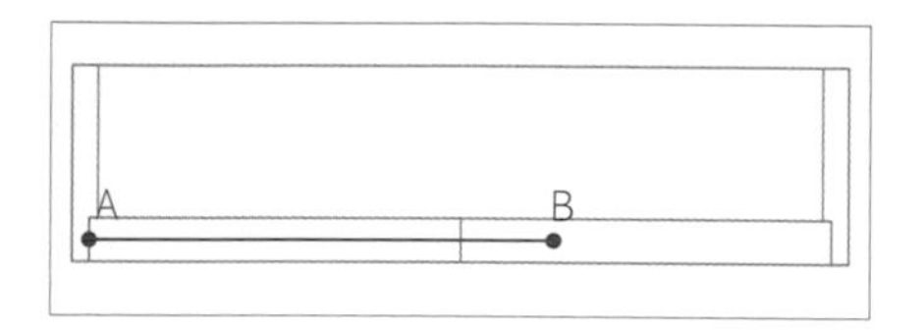

STEP 16 指令：OFFSET(偏移複製)

❶ 指定偏移距離[通過(T)]：3 →輸入"3"數值 Enter

❷ 選取要偏移的物件或 <結束>：→點選需要偏移的(A)點線條

❸ 指定要在那一側偏移：→點選下方空白處(B)點 Enter

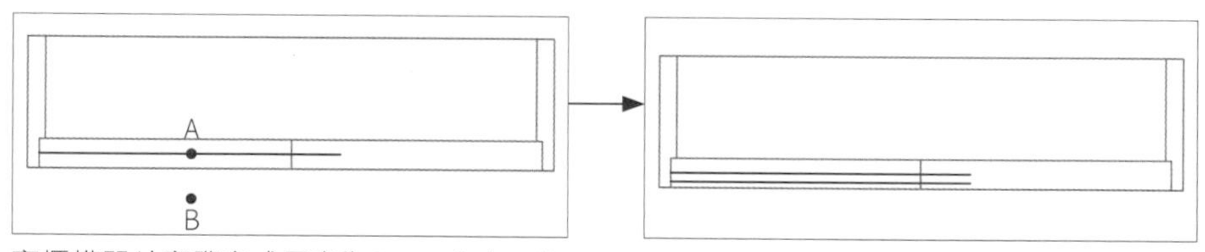

高櫃橫門片實際完成厚度為3.5cm左右，為了不讓線條黏著在一起及讓線條分明，採用3cm去繪製高櫃橫拉門框

STEP 17 指令：RECTANG(矩形)
指定第一點或[倒角(C)/高程(E)/圓角(F)/厚度(T)/線寬(W)]：→滑鼠點選(A)點拖曳至點選(B)點

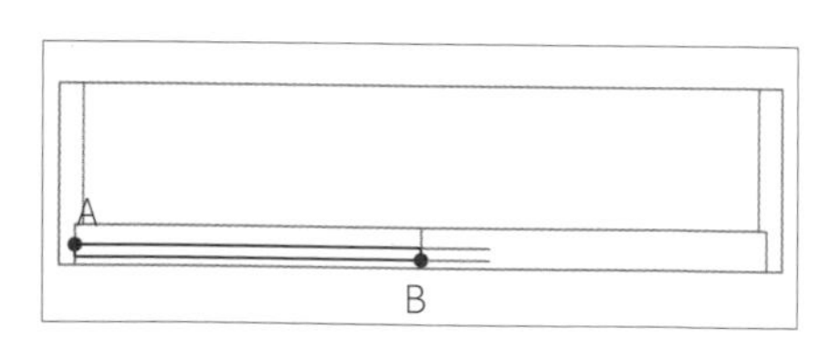

STEP 18 指令：ERASE(刪除)
選取物件：Enter 選取不再使用的輔助線條物件，並予以刪除。(紅色線段為需刪除物件)

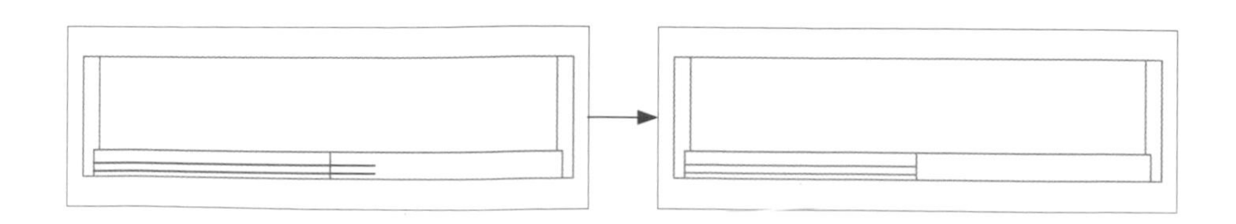

STEP 19 指令：STRETCH(拉伸)

❶ 選取物件：→滑鼠點選(A)點至(B)點框選物件 Enter

❷ 指定基準線或位移：→點選線條物件端點(C)點，滑鼠拖曳左側點選(D)點

❸ 指定位移的第二點或 <使用第一點作位移>：3 →輸入"3"數值，為偏移拉伸數值 Enter

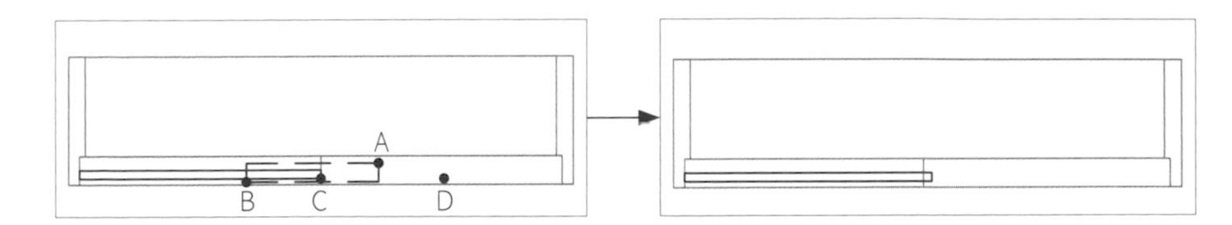

STEP 20 指令：MIRROR(鏡射)

❶ 選取物件：→選取(A)點物件 Enter

❷ 指定鏡射線的第一點：→點選(B)點

❸ 指定鏡射線的第二點：→滑鼠往右側拖曳點選(C)點

❹ 刪除來源物件？[是(Y)/否(N)]<N>：N →輸入"N"保留來源物件 Enter

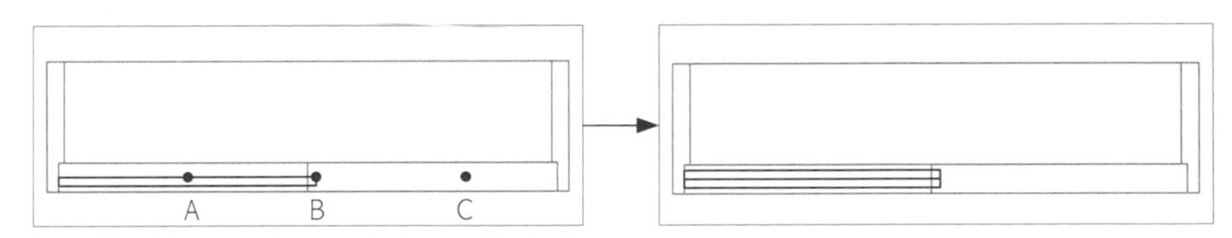

STEP 21 指令：MIRROR(鏡射)

❶ 選取物件：→選取(A)點物件 Enter

❷ 指定鏡射線的第一點：→點選(B)點

❸ 指定鏡射線的第二點：→滑鼠往上方拖曳點選(C)點

❹ 刪除來源物件？[是(Y)/否(N)]<N>：Y →輸入"Y"刪除來源物件 Enter

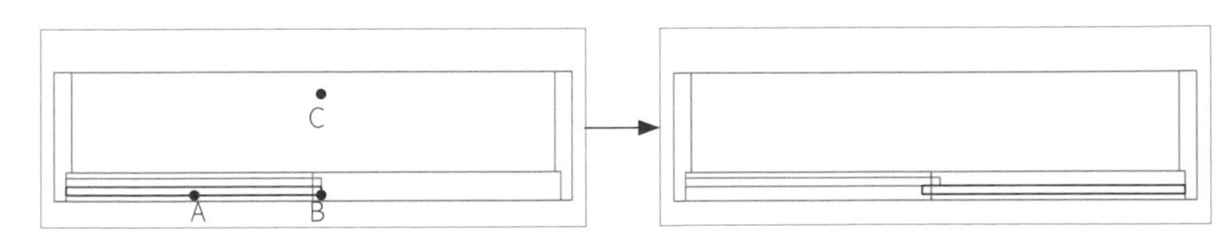

STEP 22 指令：LINE(線)

❶ 指定第一條線：→點選相交點(A)點

❷ 指定下一點或[復原(U)]：→滑鼠拖曳點選(B)點位置 Enter

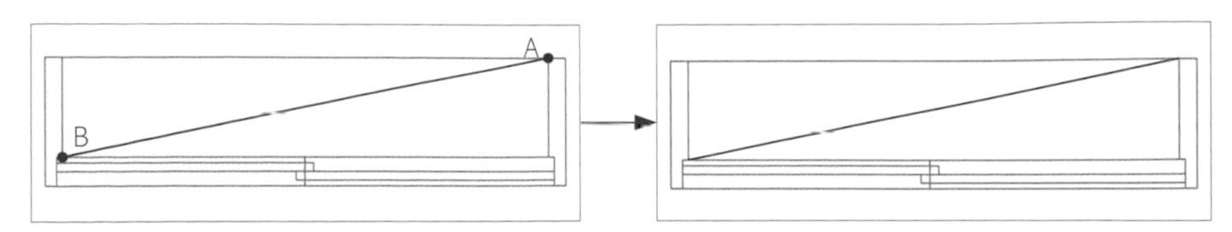

STEP 23 指令：LINE(線)

❶ 指定第一條線：→點選相交點(A)點

❷ 指定下一點或[復原(U)]：→滑鼠拖曳點選(B)點位置 Enter

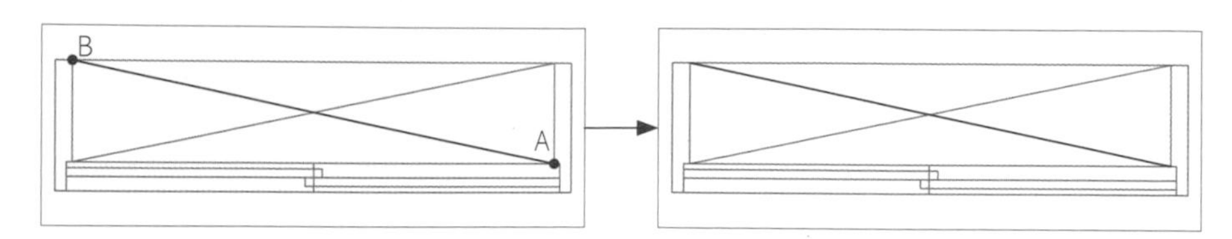

STEP 24 更改正確的圖層及顏色，木作高櫃(拉門)就繪製完成。

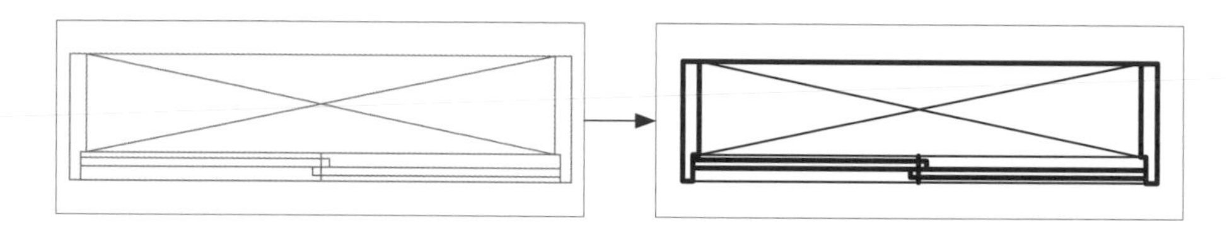

+ 平面圖的物件畫法-床

單人床

STEP 1 指令：LINE(線)

❶ 指定第一條線：→點選相交點(A)點

❷ 指定下一點或[復原(U)]：→滑鼠拖曳點選(B)點位置 Enter

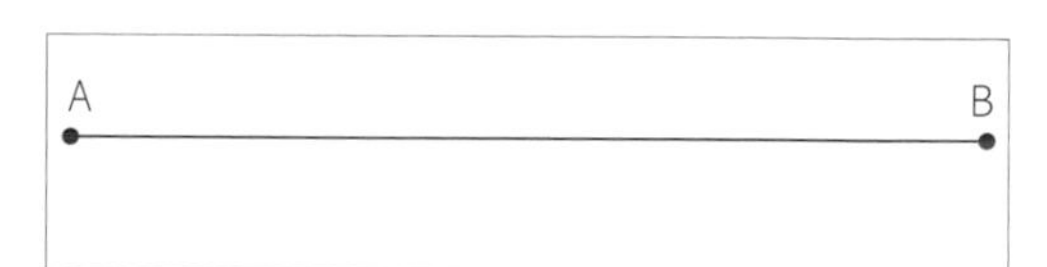

圖塊的繪製初期都是以輔助線先繪製，當輔助完成形體後再予以刪除

STEP 2 指令：LINE(線)

❶ 指定第一條線：→點選相交點(A)點

❷ 指定下一點或[復原(U)]：→滑鼠拖曳點選(B)點位置 Enter

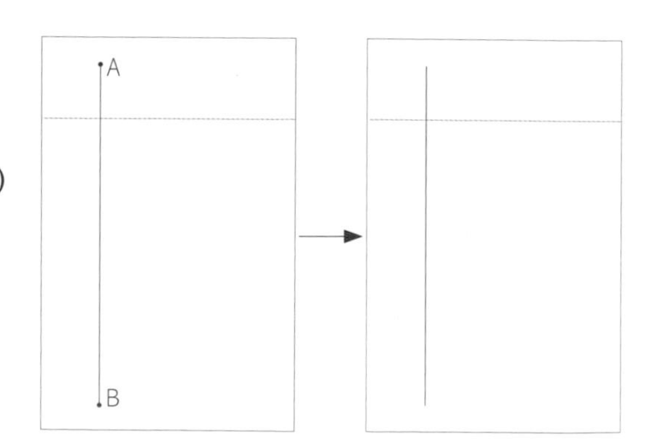

STEP 3 指令：OFFSET(偏移複製)

❶ 指定偏移距離[通過(T)]：105 →輸入"105"數值 Enter

❷ 選取要偏移的物件或 <結束>：→點選需要偏移的(A)點線條

❸ 指定要在那一側偏移：→點選右側空白處(B)點位置 Enter

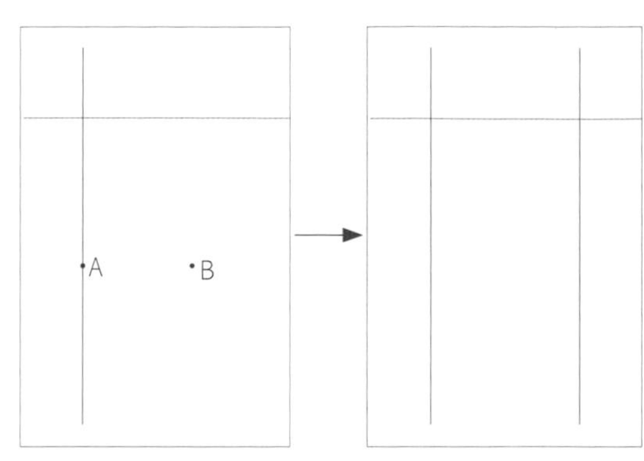

先繪製單人床（尺寸：105*186cm）

STEP 4 指令：OFFSET(偏移複製)

❶ 指定偏移距離[通過(T)]：186 →輸入"186"數值 Enter

❷ 選取要偏移的物件或 <結束>：→點選需要偏移的(A)點線條

❸ 指定要在那一側偏移：→點選下方空白處(B)點位置 Enter

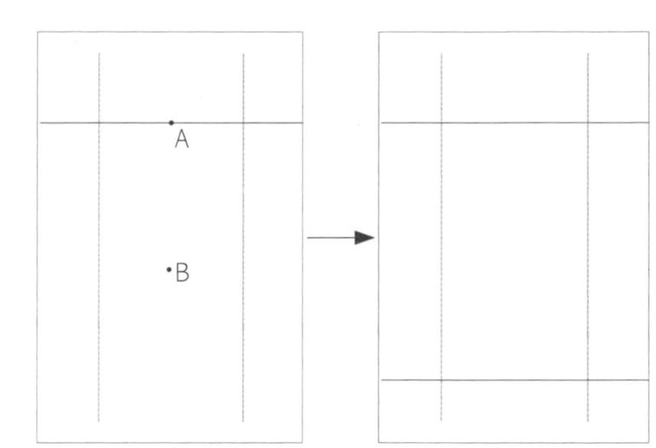

STEP 5 指令：OFFSET(偏移複製)

❶ 指定偏移距離[通過(T)]：5 →輸入"5"數值 Enter

❷ 選取要偏移的物件或 <結束>：→點選需要偏移的(A)點線條

❸ 指定要在那一側偏移：→點選下方空白處(B)點位置 Enter

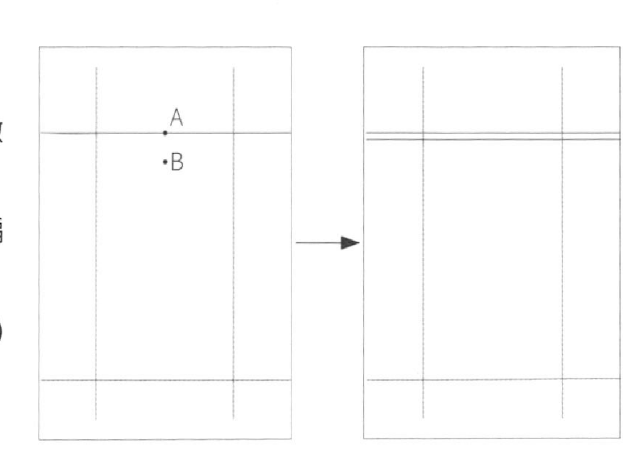

STEP 6 指令：OFFSET(偏移複製)

❶ 指定偏移距離[通過(T)]：10 →輸入"10"數值 Enter

❷ 選取要偏移的物件或 <結束>：→點選需要偏移的(A)點線條

❸ 指定要在那一側偏移：→點選下方空白處(B)點位置 Enter

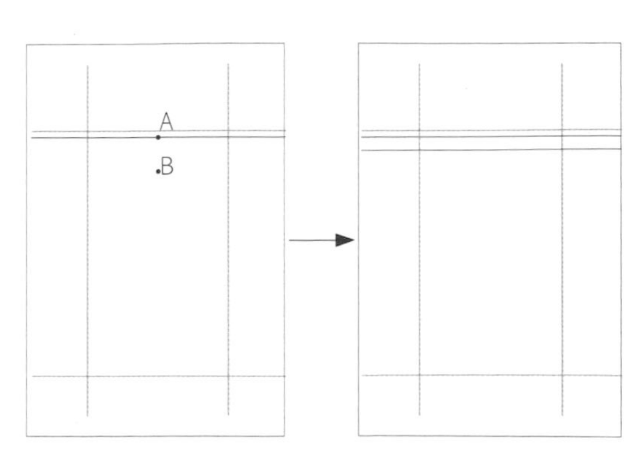

STEP 7 指令：OFFSET(偏移複製)

❶ 指定偏移距離[通過(T)]：35 →輸入"35"數值 Enter

❷ 選取要偏移的物件或 <結束>：→點選需要偏移的(A)點線條指定要在那一側偏移：→點選下方空白處(B)點位置 Enter

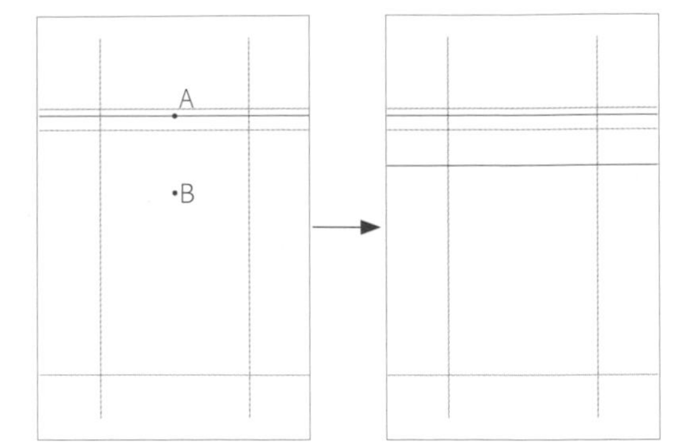

STEP 8 指令：RECTANG(矩形)
指定第一點或[倒角(C)/高程(E)/圓角(F)/厚度(T)/線寬(W)]： →滑鼠點選(A)點拖曳至點選(B)點

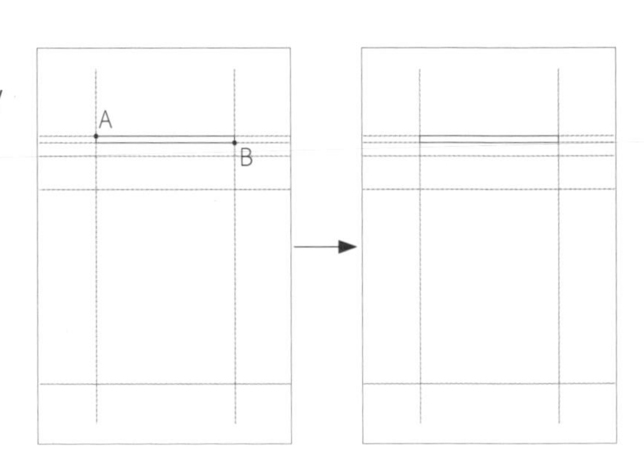

STEP 9 指令：ERASE(刪除)
選取物件： Enter 選取不再使用的輔助線條物件，並予以刪除。(紅色為需刪除的輔助線條物件)

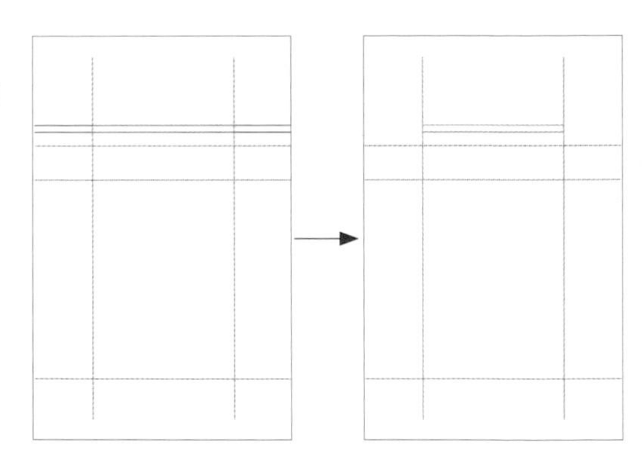

STEP 10 指令：RECTANG(矩形)
指定第一點或[倒角(C)/高程(E)/圓角(F)/厚度(T)/線寬(W)]：→滑鼠點選(A)點拖曳至點選(B)點

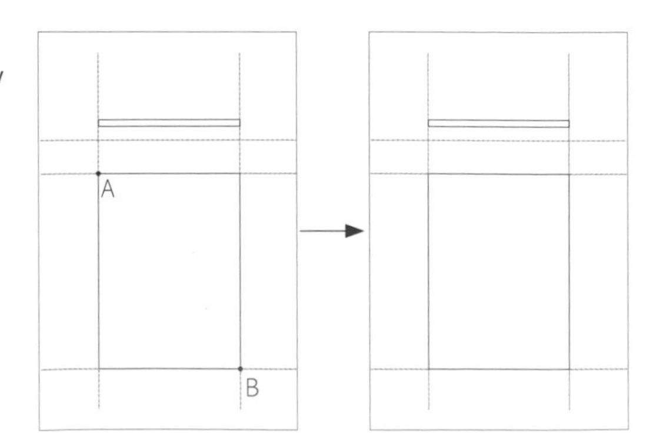

STEP 11 指令：ERASE(刪除)

選取物件：Enter 選取不再使用的輔助線條物件，並予以刪除。(紅色為需刪除的輔助線條物件)

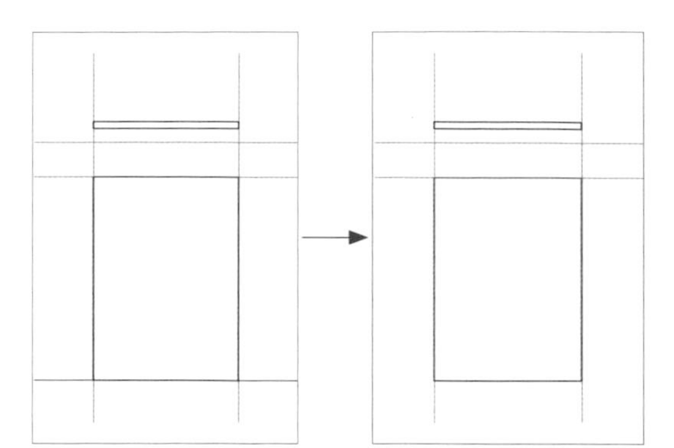

STEP 12 指令：OFFSET(偏移複製)

1. 指定偏移距離[通過(T)]：5 →輸入"5"數值 Enter
2. 選取要偏移的物件或 <結束>：→點選需要偏移的(A)點線條
3. 指定要在那一側偏移：→點選右方空白處(B)點位置 Enter

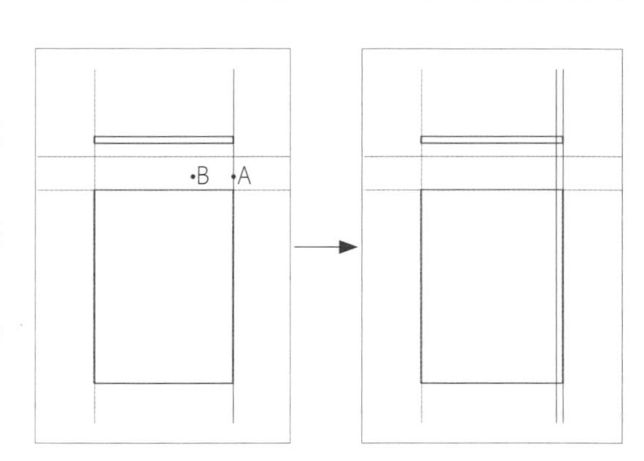

STEP 13 指令：OFFSET(偏移複製)

1. 指定偏移距離[通過(T)]：25 →輸入"25"數值 Enter
2. 選取要偏移的物件或 <結束>：→點選需要偏移的(A)點線條
3. 指定要在那一側偏移：→點選右側空白處(B)點位置 Enter

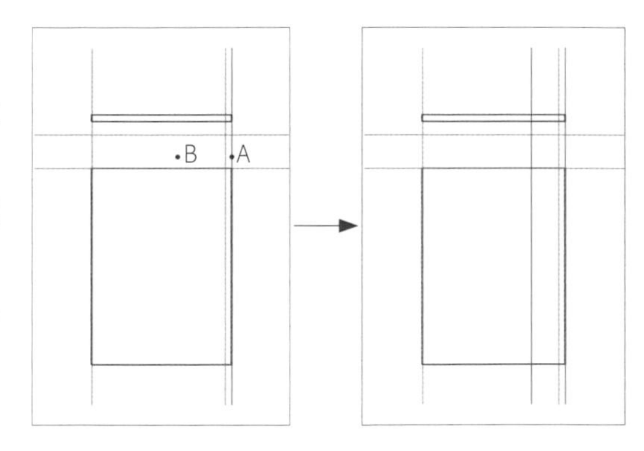

STEP 14 指令：MIRROR(鏡射)

1. 選取物件：→選取(A)(B)點線段 Enter
2. 指定鏡射線的第一點：→點選中心點(C)點
3. 指定鏡射線的第二點：→滑鼠往下拖曳，點選至(D)點
4. 刪除來源物件？[是(Y)/否(N)]<N>：N →輸入"N"保留原有來源物件 Enter

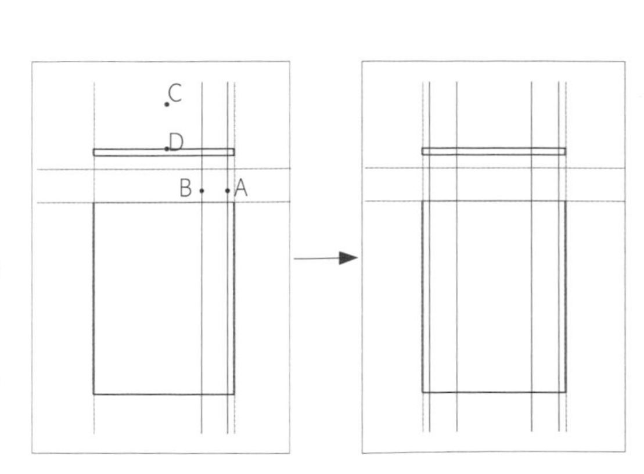

STEP 15 指令：PLINE(聚合線)

❶ 指定起點：→點選起點(A)點

❷ 指定下一點或[弧(A)/閉合(C)/半寬(H)/長度(L)/復原(U)/寬度(W)]：→至(B)(C)(D)點結束點 Enter

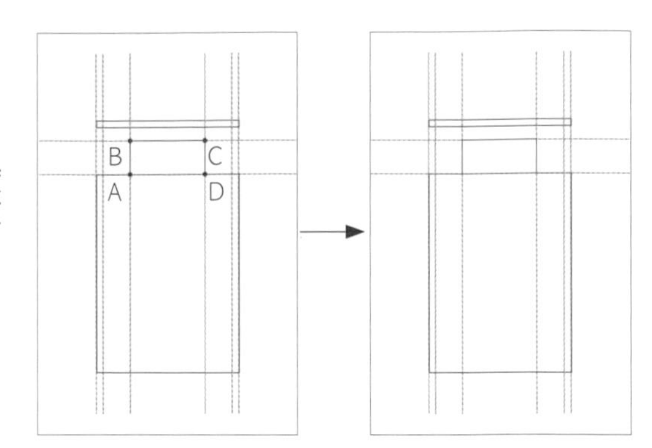

STEP 16 指令：LINE(線)

❶ 指定第一條線：→點選相交點(A)點

❷ 指定下一點或[復原(U)]：→滑鼠拖曳點選(B)點位置 Enter

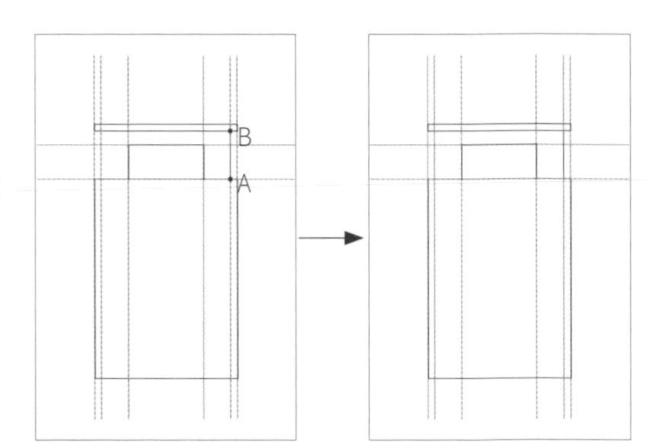

STEP 17 指令：LINE(線)

❶ 指定第一條線：→點選相交點(A)點

❷ 指定下一點或[復原(U)]：→滑鼠拖曳點選(B)點位置 Enter

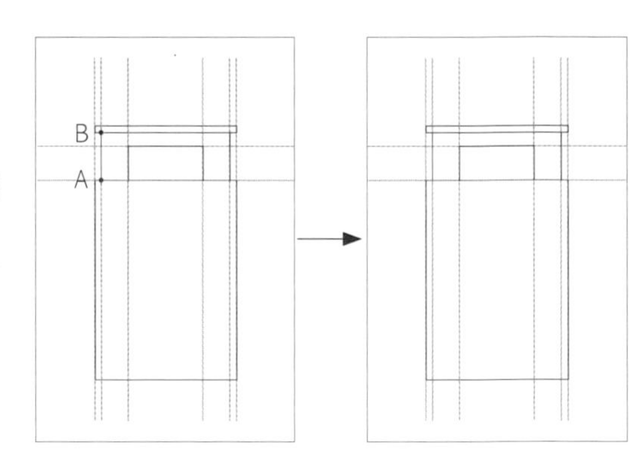

STEP 18 指令：ERASE(刪除)

選取物件： Enter 選取不再使用的輔助線條物件，並予以刪除。 (紅色為需刪除的輔助線條物件)

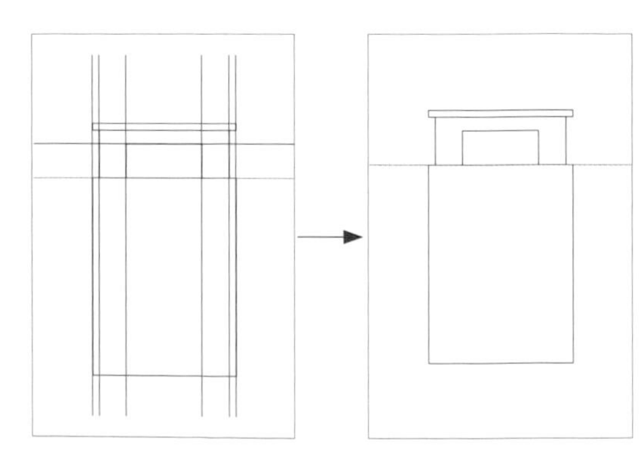

STEP 19 指令：OFFSET(偏移複製)

❶ 指定偏移距離[通過(T)]：15 →輸入"15"數值 Enter

❷ 選取要偏移的物件或 <結束>：→點選需要偏移的(A)點線條

❸ 指定要在那一側偏移：→點選下方空白處(B)點位置 Enter

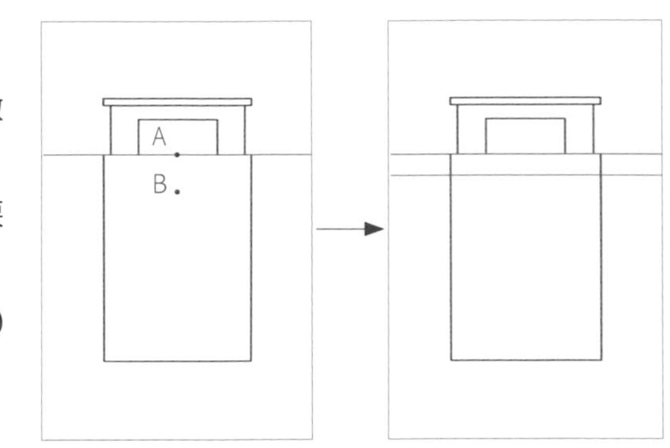

STEP 20 指令：OFFSET(偏移複製)

❶ 指定偏移距離[通過(T)]：25 →輸入"25"數值 Enter

❷ 選取要偏移的物件或 <結束>：→點選需要偏移的(A)點線條

❸ 指定要在那一側偏移：→點選下方空白處(B)點位置 Enter

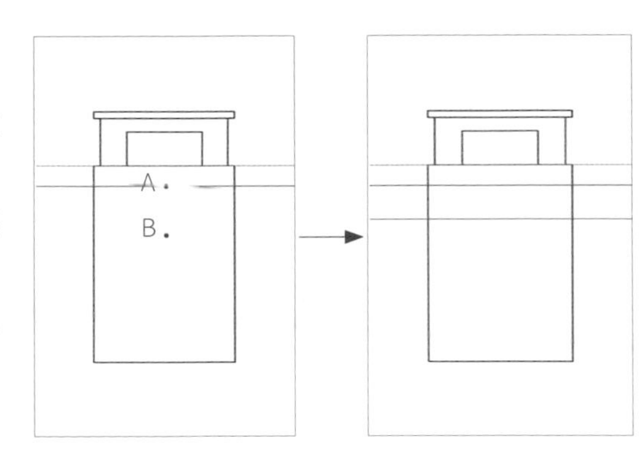

STEP 21 指令：LINE(線)

❶ 指定第一條線：→點選相交點(A)點

❷ 指定下一點或[復原(U)]：→滑鼠拖曳點選(B)點位置 Enter

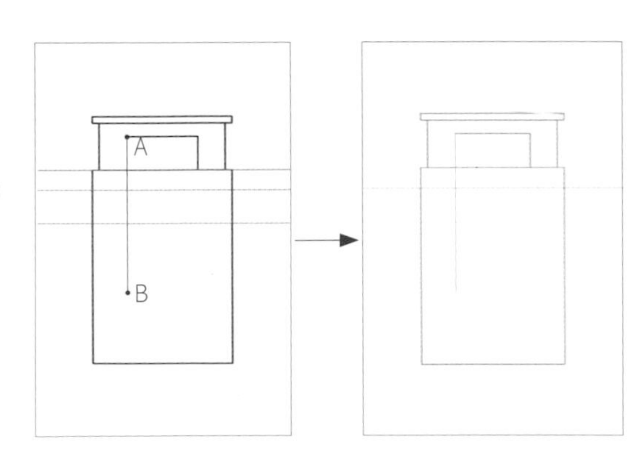

STEP 22 指令：LINE(線)

❶ 指定第一條線：→點選相交點(A)點

❷ 指定下一點或[復原(U)]：→滑鼠拖曳點選(B)點位置 Enter

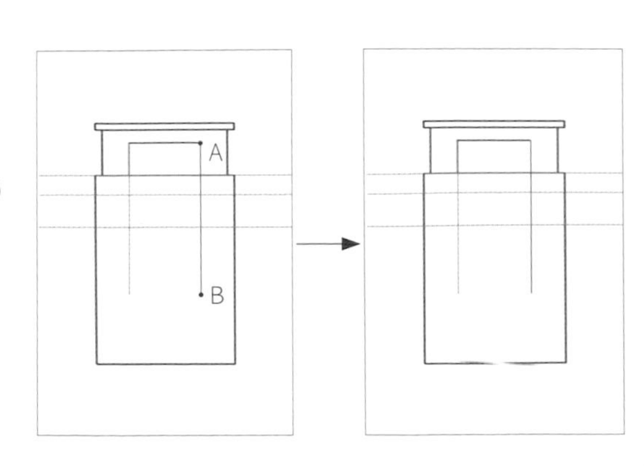

STEP 23 指令：ARC(弧)

❶ 指定弧的起點[中心點(C)]：→點選(A)點

❷ 指定弧的第二點或[中心點(C)/終點(E)]：→點選(B)點

❸ 指定要弧的終點：→點選(C)點

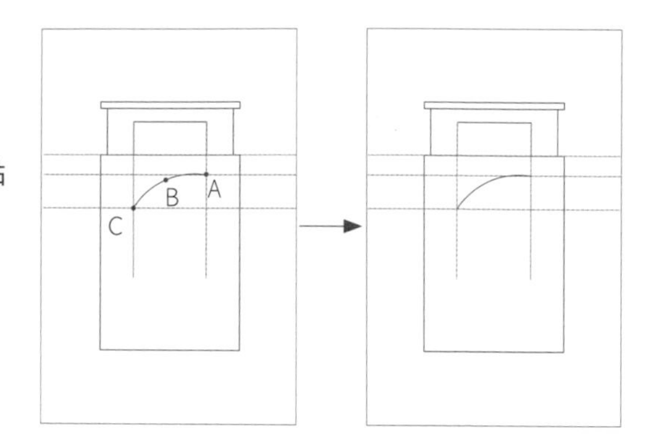

STEP 24 指令：ARC(弧)

❶ 指定弧的起點[中心點(C)]：→點選(A)點

❷ 指定弧的第二點或[中心點(C)/終點(E)]：→點選(B)點

❸ 指定要弧的終點：→點選(C)點

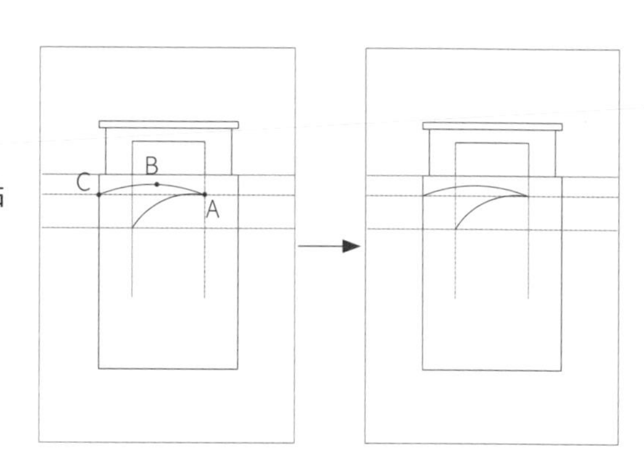

STEP 25 指令：ARC(弧)

❶ 指定弧的起點[中心點(C)]：→點選(A)點

❷ 指定弧的第二點或[中心點(C)/終點(E)]：→點選(B)點

❸ 指定要弧的終點：→點選(C)點

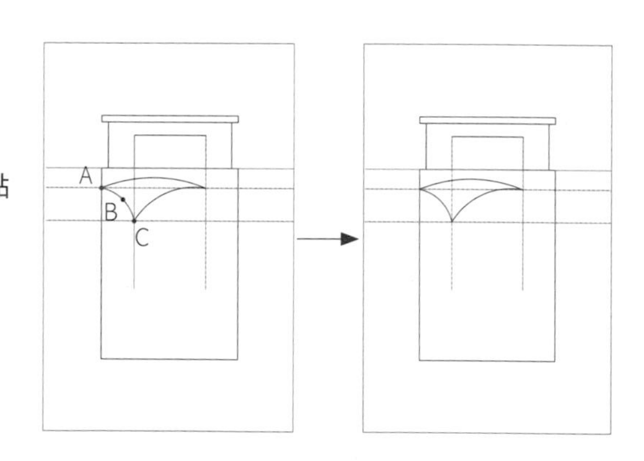

STEP 26 指令：LINE(線)

❶ 指定第一條線：→點選相交點(A)點

❷ 指定下一點或[復原(U)]：→滑鼠拖曳點選(B)點位置 Enter

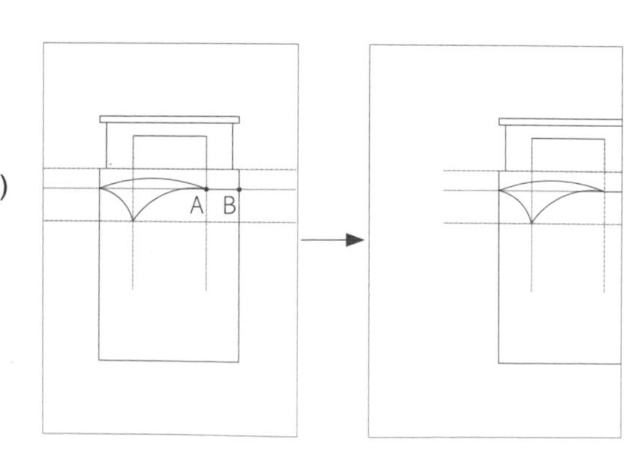

STEP 27 指令：ERASE(刪除)

選取物件：Enter 選取不再使用的輔助線條物件，並予以刪除。(紅色為需刪除的輔助線條物件)

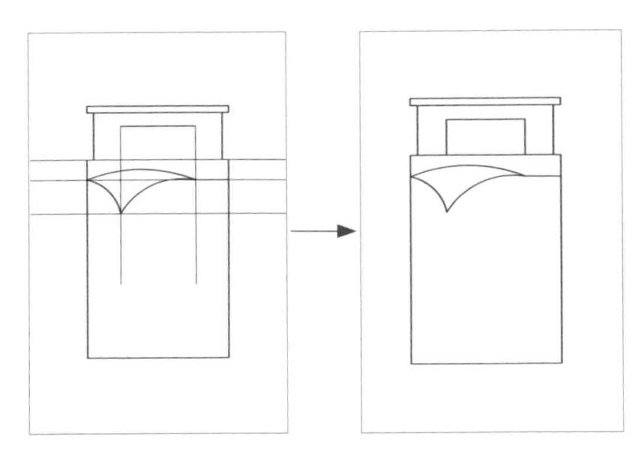

STEP 28 指令：FILLET(圓角)

❶ 目前的設定值：模式=修剪，半徑：0，0000 選取第一個物件或[聚合線(D)/半徑(R)/修剪(T)/多個(U)]：R →輸入"R" Enter

❷ 請指定圓角半徑：10 →輸入"10"數值 Enter

❸ 選取第一個物件或[聚合線(D)/半徑(R)/修剪(T)/多個(U)]：→點選(A)點物件

❹ 選取第二個物件：→點選(B)點物件

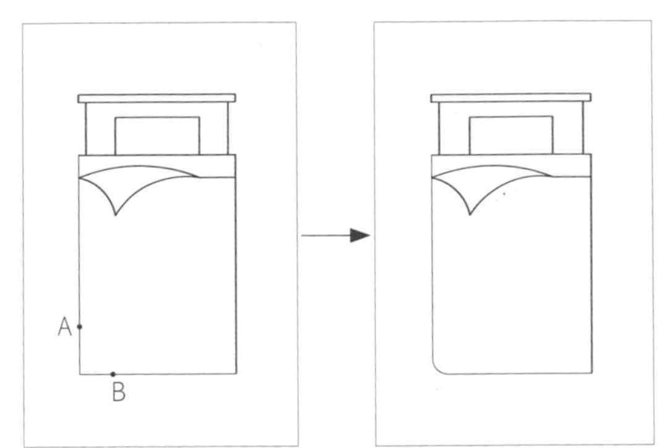

STEP 29 指令：FILLET(圓角)

❶ 目前的設定值：模式=修剪，半徑：0，0000 選取第一個物件或[聚合線(D)/半徑(R)/修剪(T)/多個(U)]：R →輸入"R" Enter

❷ 請指定圓角半徑：10 →輸入"10"數值 Enter

❸ 選取第一個物件或[聚合線(D)/半徑(R)/修剪(T)/多個(U)]：→點選(A)點物件

❹ 選取第二個物件：→點選(B)點物件

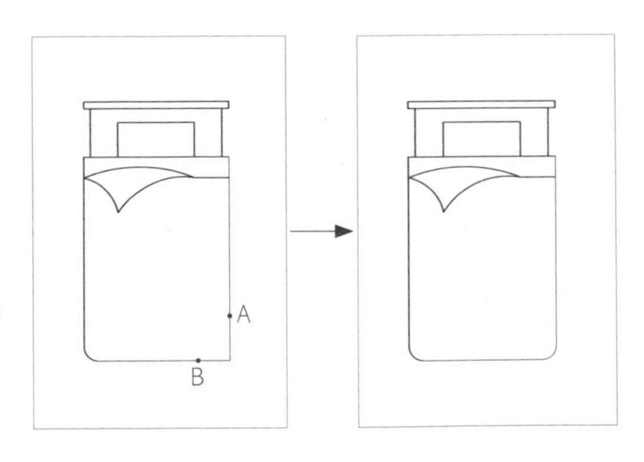

STEP 30 指令：FILLET(圓角)

❶ 目前的設定值：模式=修剪，半徑：0，0000 選取第一個物件或[聚合線(D)/半徑(R)/修剪(T)/多個(U)]：R →輸入"R" Enter

❷ 請指定圓角半徑：5 →輸入"5"數值 Enter

❸ 選取第一個物件或[聚合線(D)/半徑(R)/修剪(T)/多個(U)]：→點選(A)點物件

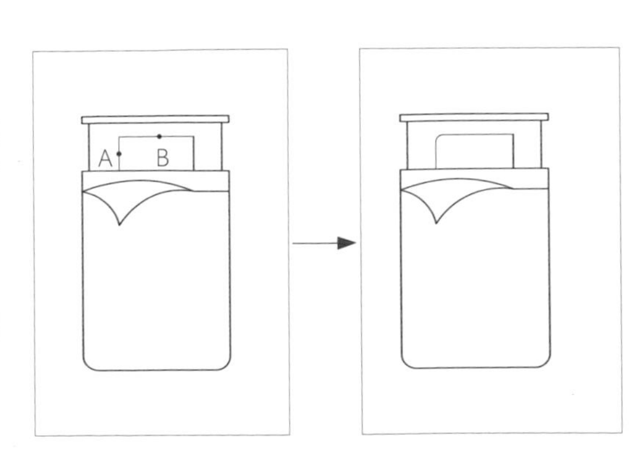

STEP 31 指令：FILLET(圓角)

❶ 目前的設定值：模式=修剪，半徑：0，0000 選取第一個物件或[聚合線(D)/半徑(R)/修剪(T)/多個(U)]：R →輸入"R" Enter

❷ 請指定圓角半徑：5 →輸入"5"數值 Enter

❸ 選取第一個物件或[聚合線(D)/半徑(R)/修剪(T)/多個(U)]：→點選(A)點物件

❹ 選取第二個物件：→點選(B)點物件

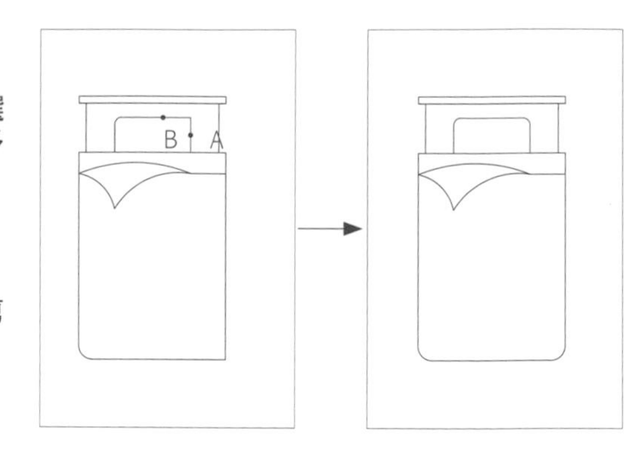

STEP 32 更改正確的圖層及顏色，單人床就繪製完成。

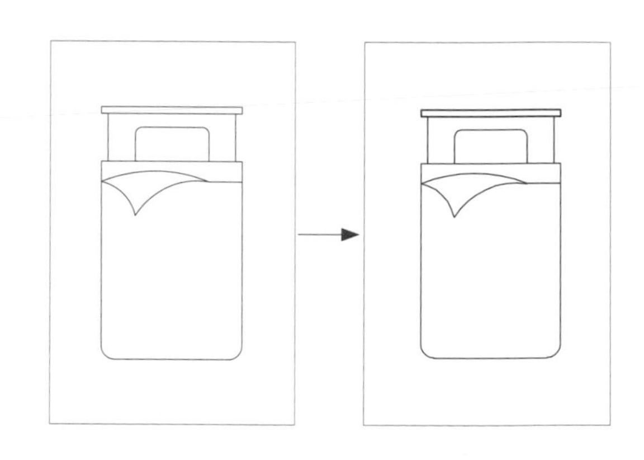

雙人、多人床

STEP 1 指令：STRETCH(拉伸)

❶ 以「框選窗」或「多邊形框選」選取要拉伸的物件......選取物件：→點選(A)點至(B)點框選物件 Enter

❷ 指定基準點或位移：→點選中心點的(C)點，滑鼠往右側平移

❸ 指定位移的第二點或 <使用第一點作位移>：45 →輸入"45"數值 Enter

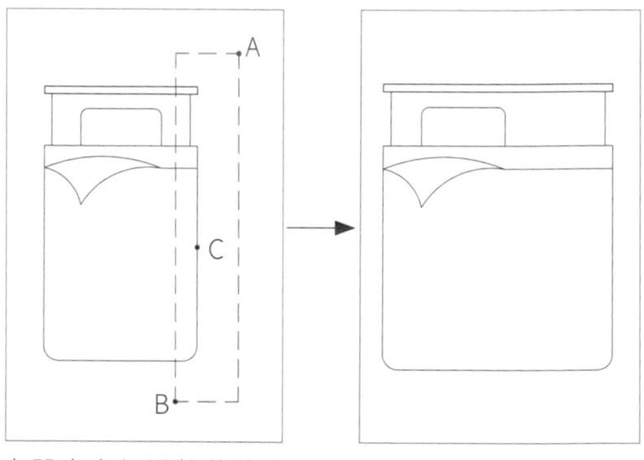

由單人床經過拉伸修改可變成雙人床，而雙人床尺寸：150×186cm

STEP 2 指令：MOVE(移動)

❶ 選取物件：→滑鼠點選(A)物件 Enter

❷ 指定基準點或位移：→點選(A)點物件，滑鼠往左側平移

❸ 指定位移的第二點或 <使用第一點作為位移>：10 →輸入"10"為位移數值 Enter

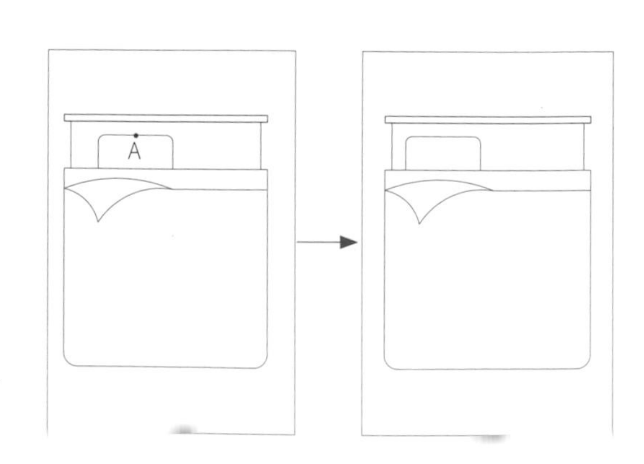

STEP 3 指令：MIRROR(鏡射)

❶ 選取物件：→選取(A)點物件 Enter

❷ 指定鏡射線的第一點：→點選中心點(B)點

❸ 指定鏡射線的第二點：→滑鼠往上拖曳，點選至(C)點

❹ 刪除來源物件？[是(Y)/否(N)]<N>：N →輸入"N"保留原有來源物件 Enter 。

再由雙人床經過拉伸修改可變成 QUEEN SIZE 雙人床或者 KING SIZE 雙人床

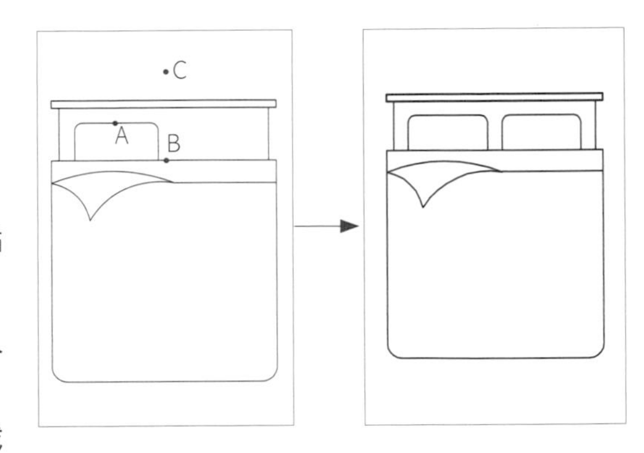

+ 平面圖的物件畫法-沙發

單人沙發

STEP 1 指令：LINE(線)

❶ 指定第一條線：→點選相交點(A)點

❷ 指定下一點或[復原(U)]：→滑鼠拖曳點選(B)點位置 Enter

A B

圖塊的繪製初期都是以輔助線先繪製，當輔助完成形體後再予以刪除

STEP 2 指令：LINE(線)

❶ 指定第一條線：→點選相交點(A)點

❷ 指定下一點或[復原(U)]：→滑鼠拖曳點選(B)點位置 Enter

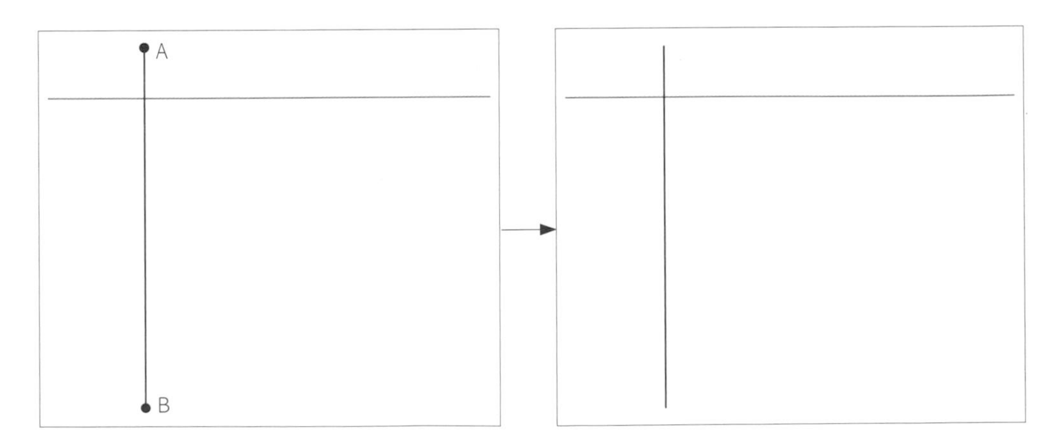

STEP 3 指令：OFFSET(偏移複製)

❶ 指定偏移距離[通過(T)]：90 →輸入"90"數值 Enter

❷ 選取要偏移的物件或 <結束>：→點選需要偏移的線條(A)

❸ 指定要在那一側偏移：→點選右側空白處(B)點位置 Enter

先繪製單人沙發的寬度(一般單人沙發寬度約為80-100cm左右)

STEP 4 指令：OFFSET(偏移複製)

1. 指定偏移距離[通過(T)]：85 →輸入"85"數值 Enter
2. 選取要偏移的物件或 <結束>：→點選需要偏移的(A)點線條
3. 指定要在那一側偏移：→點選下方空白處(B)點位置 Enter

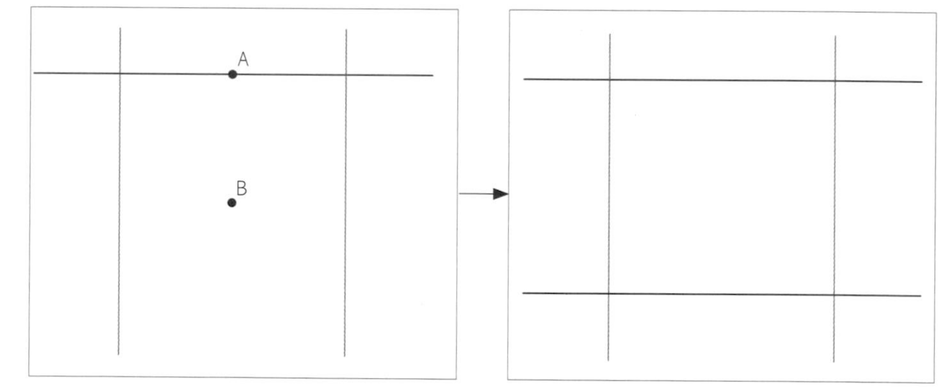

先繪製單人沙發的寬度(一般單人沙發深度度約為80-100cm左右)

STEP 5 指令：OFFSET(偏移複製)

1. 指定偏移距離[通過(T)]：10 →輸入"10"數值 Enter
2. 選取要偏移的物件或 <結束>：→點選需要偏移的(A)點線條
3. 指定要在那一側偏移：→點選下方空白處(B)點位置 Enter

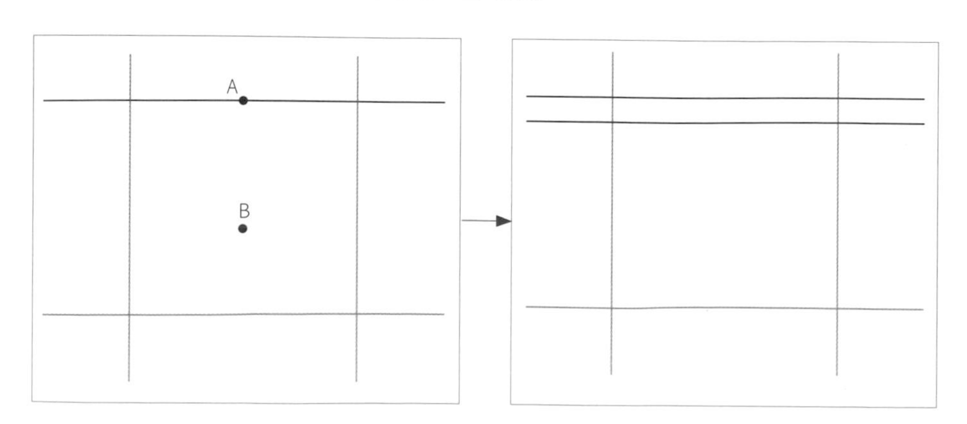

STEP 6 指令：OFFSET(偏移複製)

❶ 指定偏移距離[通過(T)]：10 →輸入"10"數值 Enter

❷ 選取要偏移的物件或 <結束>：→點選需要偏移的(A)點線條

❸ 指定要在那一側偏移：→點選右側空白處(B)點位置 Enter

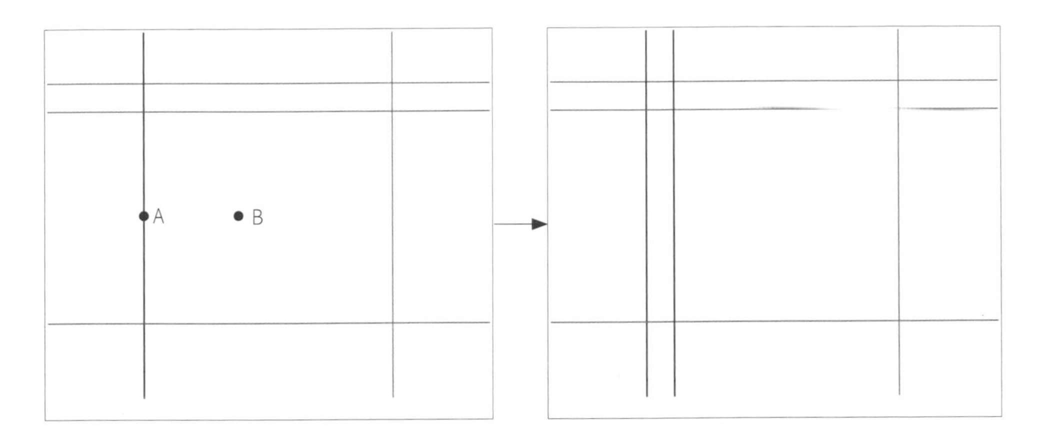

STEP 7 指令：OFFSET(偏移複製)

❶ 指定偏移距離[通過(T)]：10 →輸入"10"數值 Enter

❷ 選取要偏移的物件或 <結束>：→點選需要偏移的(A)點線條

❸ 指定要在那一側偏移：→點選左側空白處(B)點位置 Enter

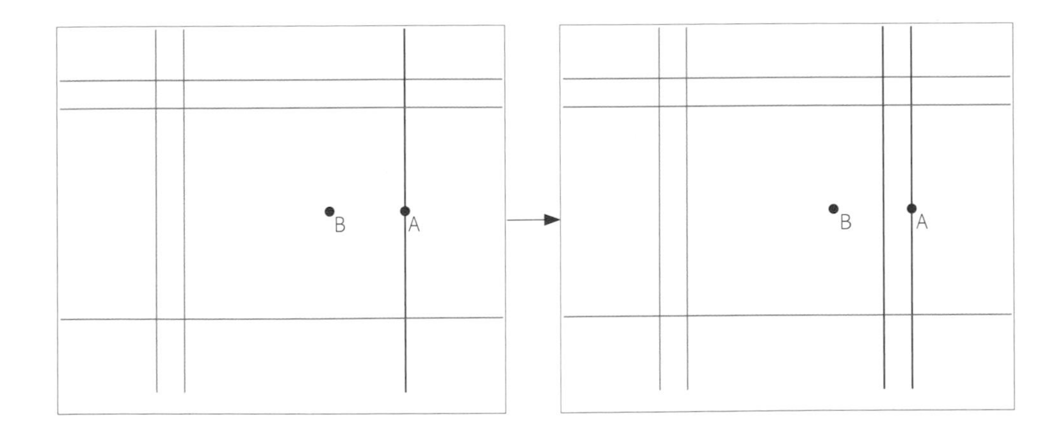

STEP 8 指令：OFFSET(偏移複製)

❶ 指定偏移距離[通過(T)]：10 →輸入"10"數值 Enter

❷ 選取要偏移的物件或 <結束>：→點選需要偏移的(A)點線條

❸ 指定要在那一側偏移：→點選上方空白處(B)點位置 Enter

STEP 9 指令：PLINE(聚合線)

❶ 指定起點：→點選取起點

❷ 指定下一點或[弧(A)/閉合(C)/半寬(H)/長度(L)/復原(U)/寬度(W)]：→點選至結束點 Enter

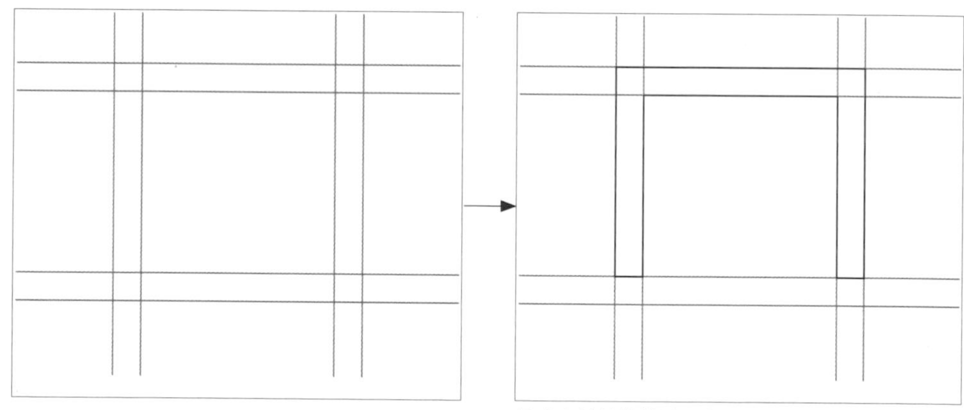

用確實的線條描繪單人沙發靠背部份

STEP 10 指令：PLINE(聚合線)

❶ 指定起點：→點選取起點

❷ 指定下一點或[弧(A)/閉合(C)/半寬(H)/長度(L)/復原(U)/寬度(W)]：→點選至結束點 Enter

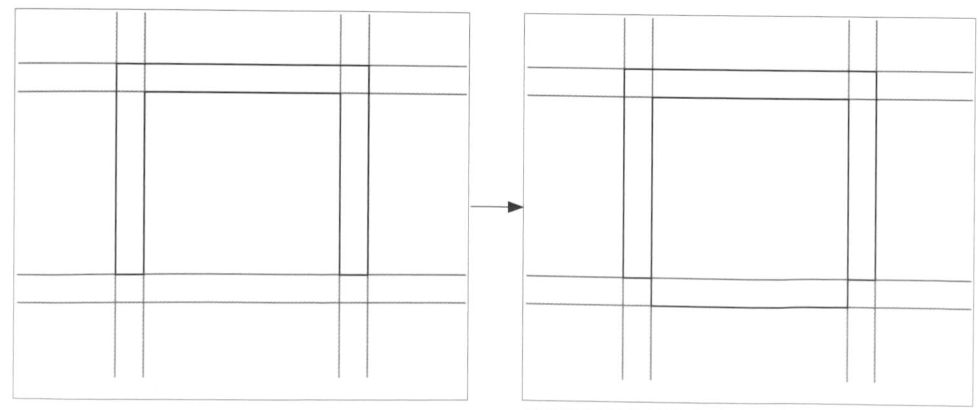

用確實的線條描繪單人沙發坐墊部份

STEP 11 指令：ERASE(刪除)
選取物件：Enter 選取不再使用的輔助線條物件，並予以刪除。(紅色為需刪除的輔助線條物件)

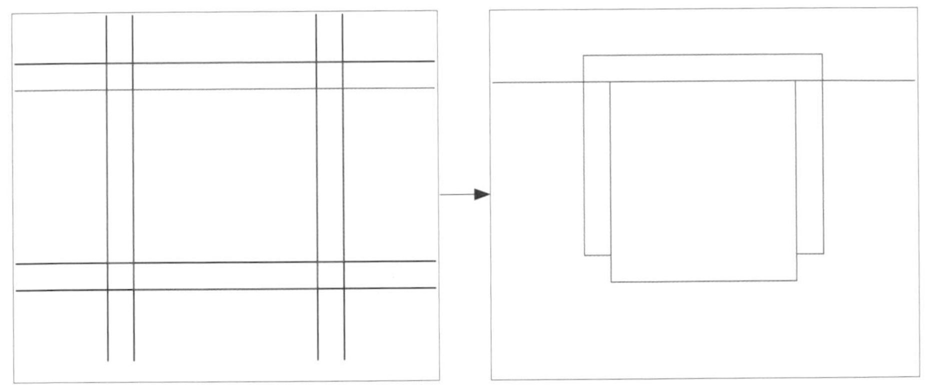

保留需繼續使用的輔助線條

STEP 12 指令：OFFSET(偏移複製)

1. 指定偏移距離[通過(T)]：12 →輸入"12"數值 Enter
2. 選取要偏移的物件或 <結束>：→點選需要偏移的(A)點線條
3. 指定要在那一側偏移：→點選下方空白處(B)點位置 Enter

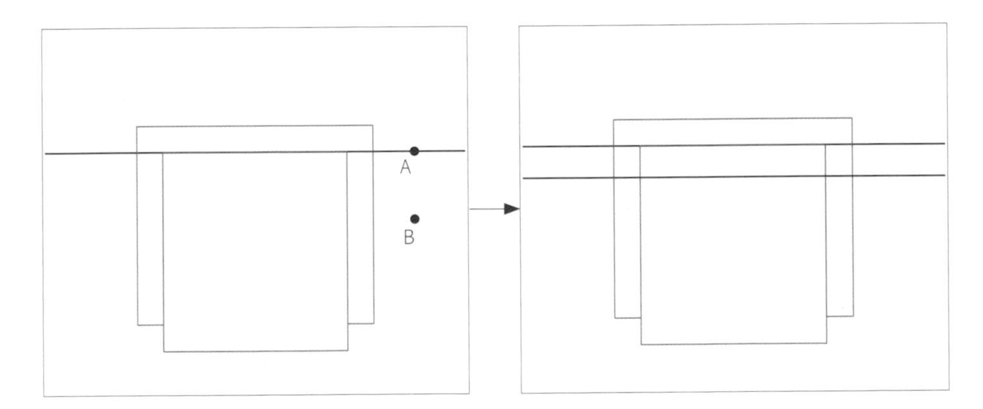

STEP 13 指令：RECTANG(矩形)
指定第一點或[倒角(C)/高程(E)/圓角(F)/厚度(T)/線寬(W)]：→點選(A)點至點選(B)點

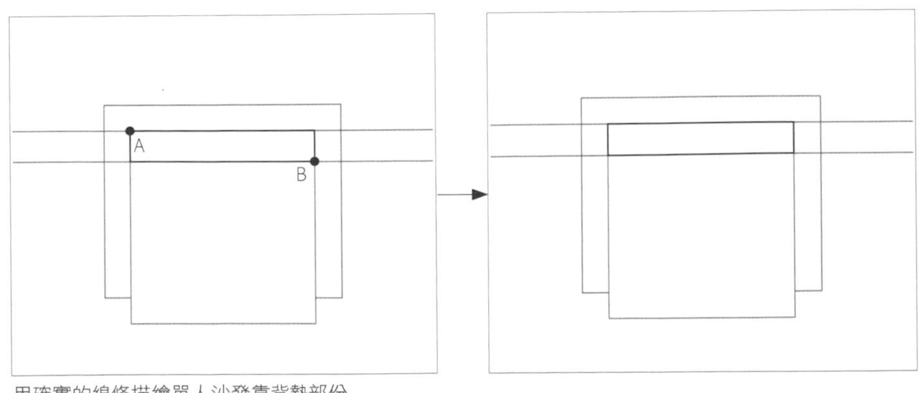

用確實的線條描繪單人沙發靠背墊部份

STEP 14 指令：ERASE(刪除)
選取物件：Enter 選取不再使用的輔助線條物件，並予以刪除。

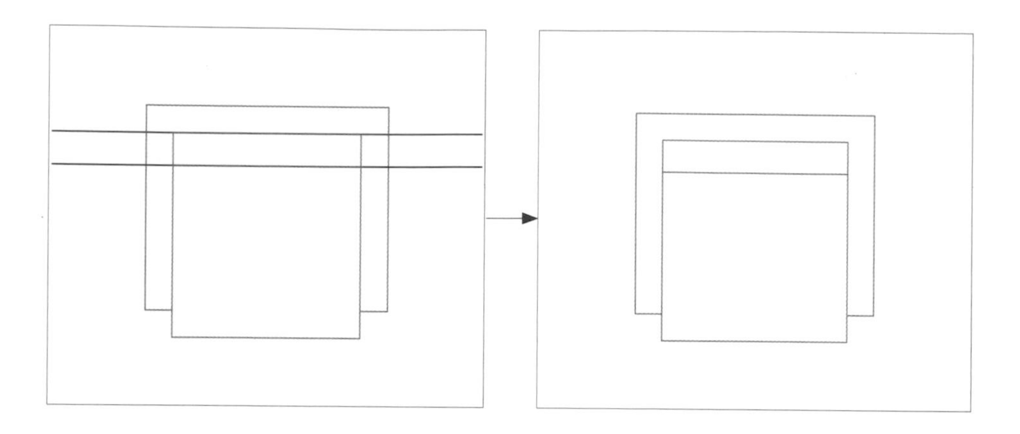

STEP 15 指令：MOVE(移動)

❶ 選取物件：→點選(A)點物件 Enter

❷ 指定基準點或位移：→點選(B)點，滑鼠往上方拖曳

❸ 指定位移的第二點或 <使用第一點作為位移>：→點選(C)點位置 Enter

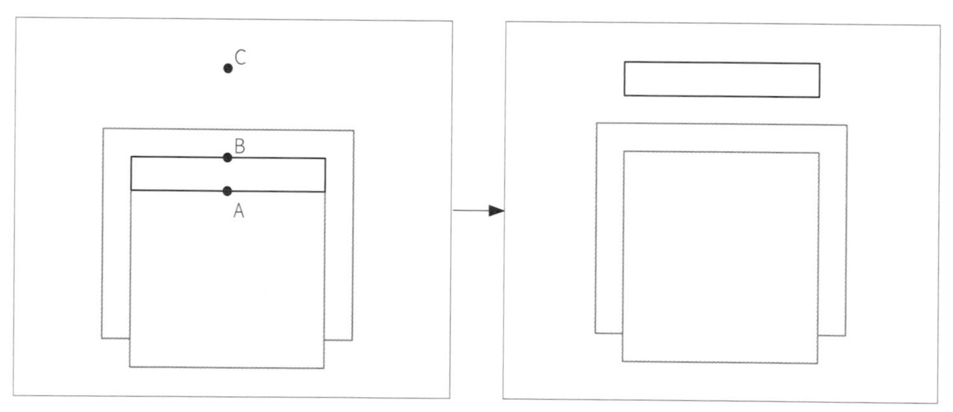

為了讓單人沙發讓整體看起來不會太呆板，可在部份的轉角處以修圓角方式處理，但此物件線條與其它物件線條是重疊，若讓執行修圓角的物件點選及執行不困難。所以，必須將此物件移至空白處才能進行修圓角方式

STEP 16 指令：FILLET(圓角)

❶ 目前的設定值：模式=修剪，半徑：0，0000 選取第一個物件或[聚合線(D)/半徑(R)/修剪(T)/多個(U)]：R →輸入"R" Enter

❷ 請指定圓角半徑：2 →輸入"2"數值 Enter

❸ 選取第一個物件或[聚合線(D)/半徑(R)/修剪(T)/多個(U)]：→點選(A)點物件

❹ 選取第二個物件：→點選(B)點物件

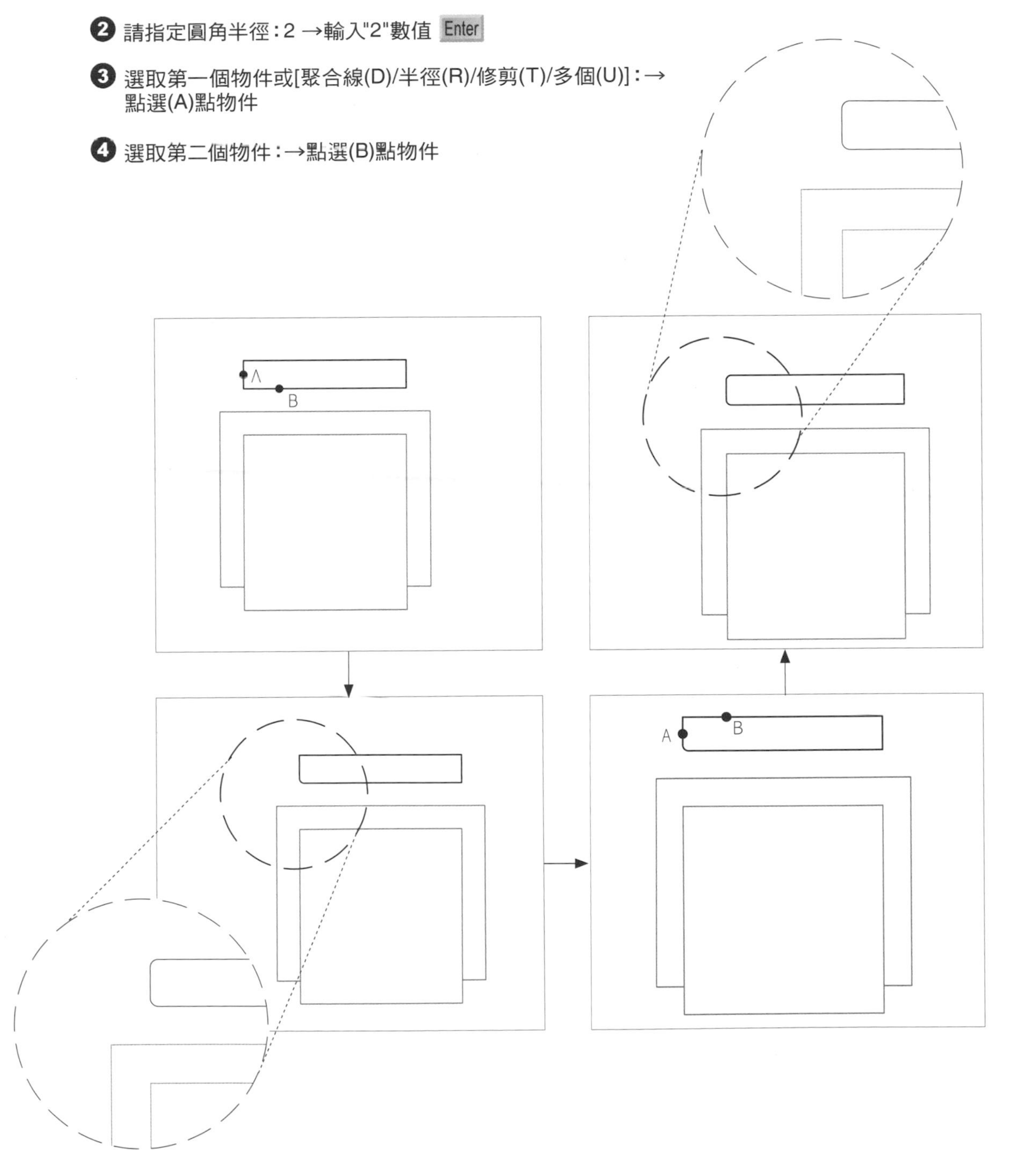

STEP 17 指令：FILLET(圓角)

1. 目前的設定值：模式=修剪，半徑：0，0000 選取第一個物件或[聚合線(D)/半徑(R)/修剪(T)/多個(U)]：R →輸入"R" Enter
2. 請指定圓角半徑：2 →輸入"2"數值 Enter
3. 選取第一個物件或[聚合線(D)/半徑(R)/修剪(T)/多個(U)]：→點選(A)點物件
4. 選取第二個物件：→點選(B)點物件

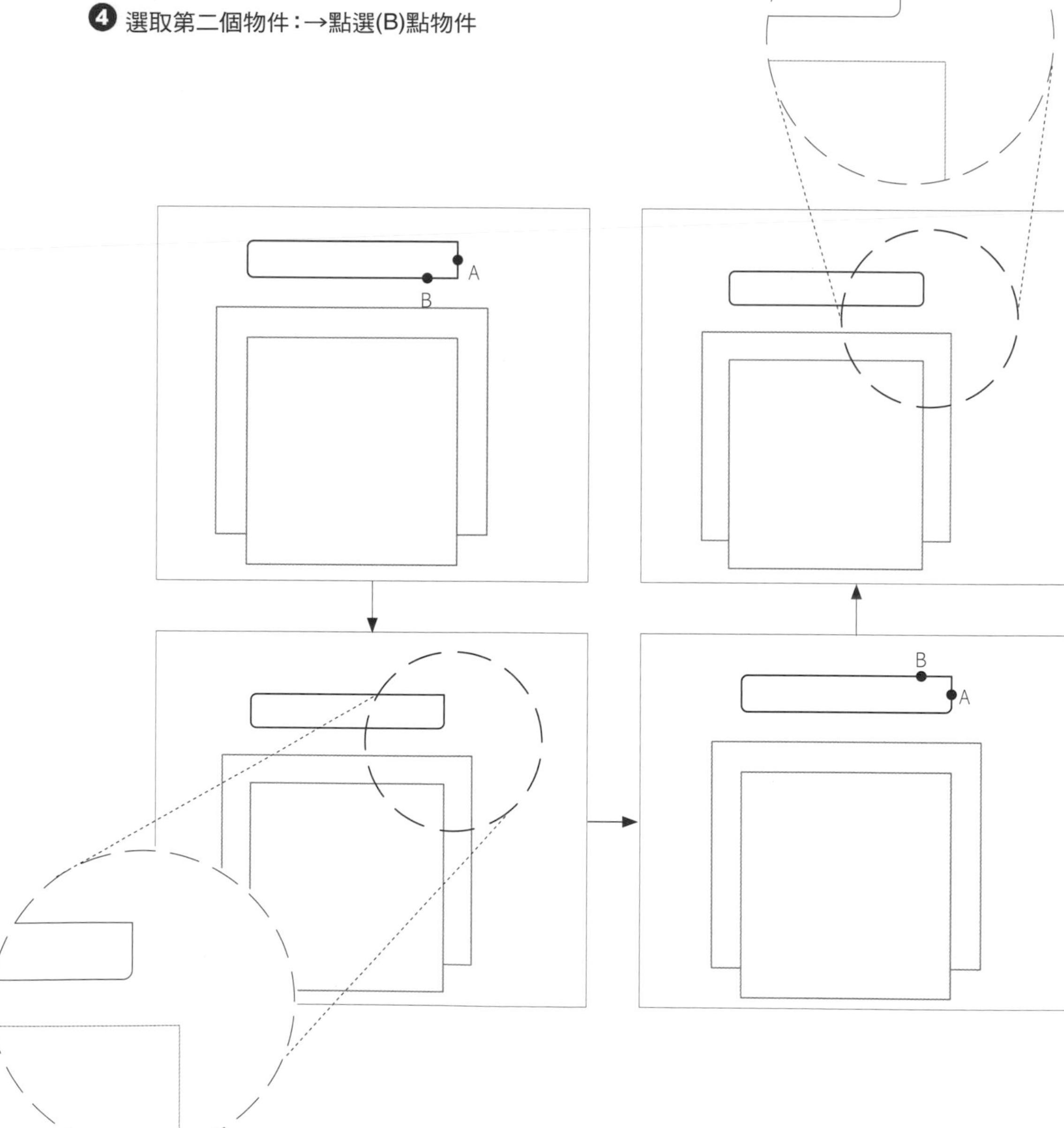

STEP 18 指令：MOVE(移動)

❶ 選取物件：→點選(A)點物件 Enter

❷ 指定基準點或位移：→點選(B)點(鍵盤上方的"F8"正交打開)

❸ 指定位移的第二點或 <使用第一點作為位移>：→滑鼠往下方拖曳點選垂直於(C)點位置 Enter

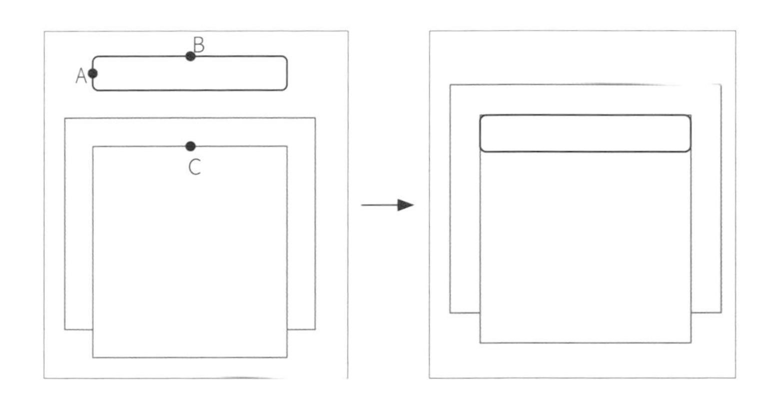

STEP 19 指令：FILLET(圓角)

❶ 目前的設定值：模式=修剪，半徑：0，0000 選取第一個物件或[聚合線(D)/半徑(R)/修剪(T)/多個(U)]：R →輸入"R" Enter

❷ 請指定圓角半徑：5 → 輸入"5"數值 Enter

❸ 選取第一個物件或[聚合線(D)/半徑(R)/修剪(T)/多個(U)]：→點選(A)點物件

❹ 選取第二個物件：

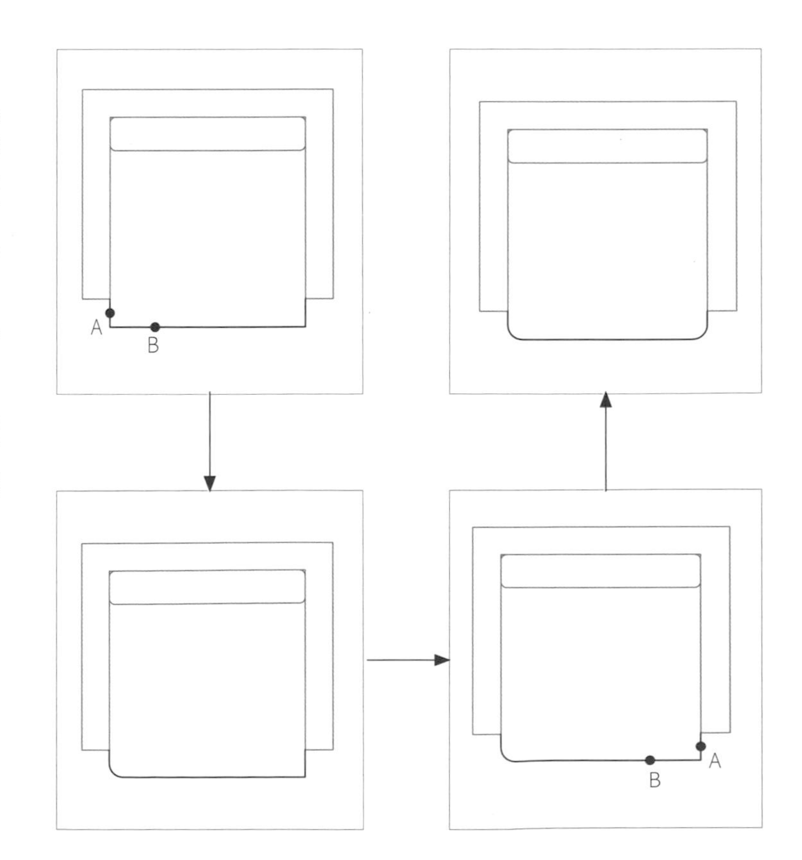

STEP 20 指令：ELLIPSE(橢圓)

❶ 指定橢圓的軸端點或[弧(A)/中心點(C)]：→點選(A)點

❷ 指定軸的另一端點：40 →輸入"40"數值 Enter

❸ 指定到另一軸的距離或[旋轉(R)]：5 →輸入"5"數值 Enter

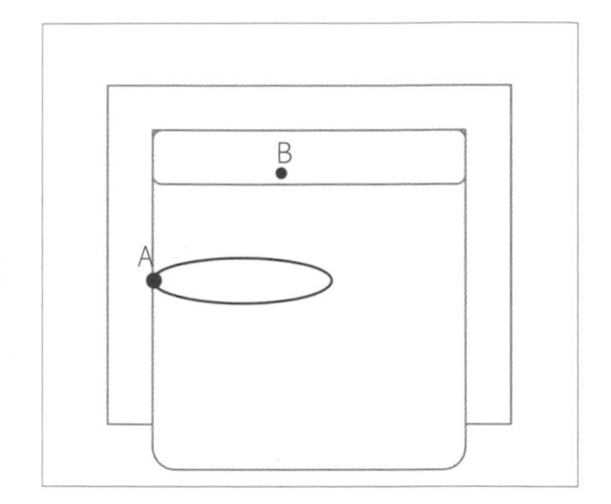

STEP 21 指令：ROTATE(旋轉)

❶ 目前使用者座標系統中的正向角： ANGDIR=逆時鐘方向 ANGBASE=0
選取物件：→點選(A)點物件 Enter

❷ 指定基準點：→點選(B)點物件

❸ 指定旋轉角度或[參考(R)]：30 →輸入"30"數值 Enter

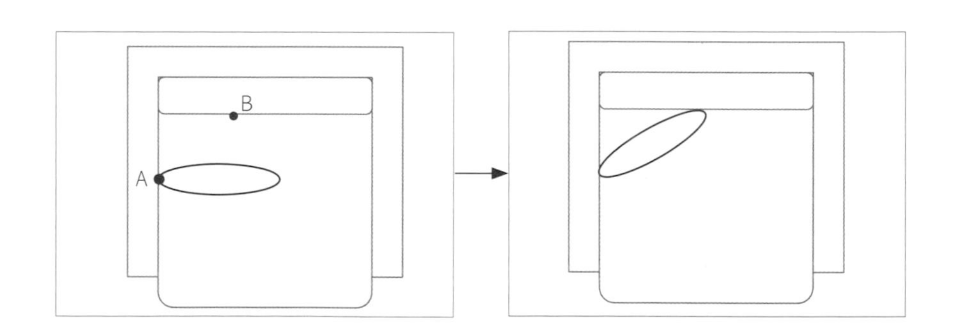

STEP 22 沙發的抱枕使用MOVE(移動)的指令，讓抱枕兩端都能垂直水平及垂直線上。指令：MOVE(移動)

❶ 選取物件：

❷ 指定基準點或位移：

❸ 指定位移的第二點或 <使用第一點作為位移>：

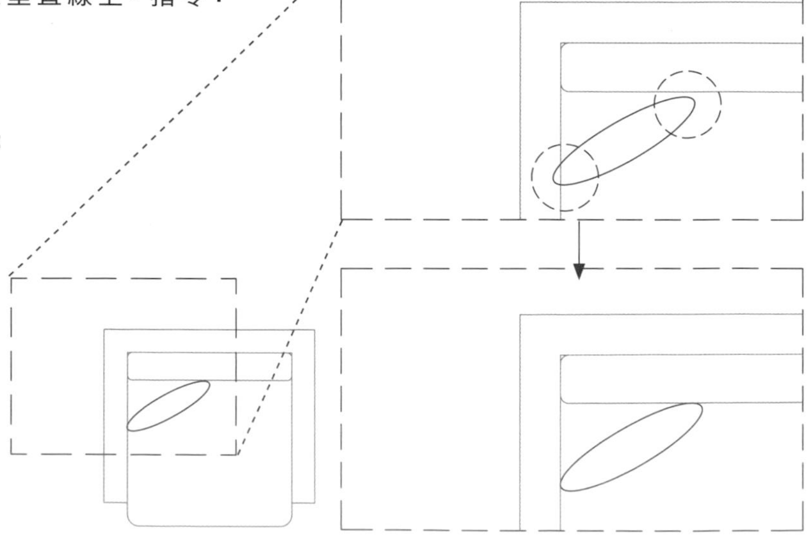

STEP 23 更改正確的圖層及顏色，單人沙發就繪製完成。

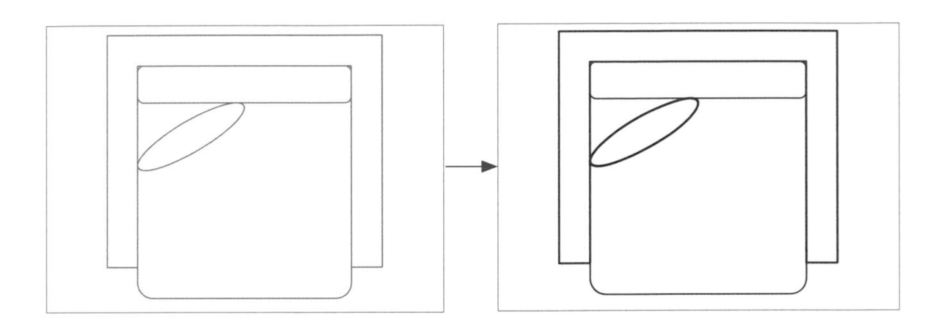

雙人沙發

STEP 1 指令：STRETCH(拉伸)

❶ 以「框選窗」或「多邊形框選」選取要拉伸的物件......選取物件：→點選(A)點至(B)點框選物件

❷ 選取物件：R →輸入"R"移除不需拉伸物件 Enter

❸ 移除物件：→點選(C)點線段 2.指定基準點或位移：→點選端點(D)點

❹ 指定位移的第二點或 <使用第一點作位移>：90 →輸入"90"數值，滑鼠往上方空白處點選(E)點 Enter

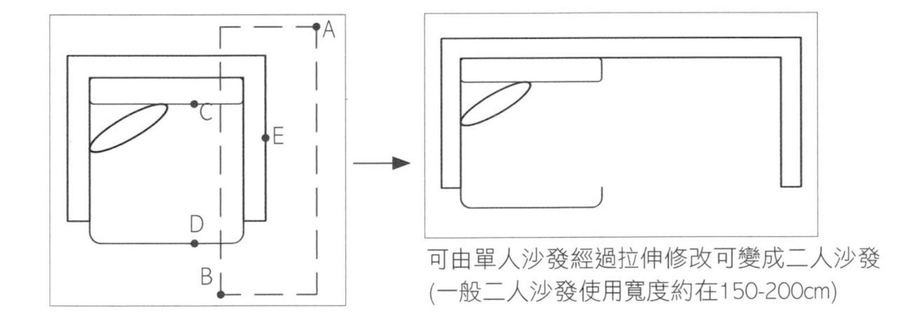

可由單人沙發經過拉伸修改可變成二人沙發
(一般二人沙發使用寬度約在150-200cm)

STEP 2 指令：LINE(線)

❶ 指定第一條線：→點選相交點(A)點

❷ 指定下一點或[復原(U)]：→滑鼠拖曳點選(B)點位置 Enter

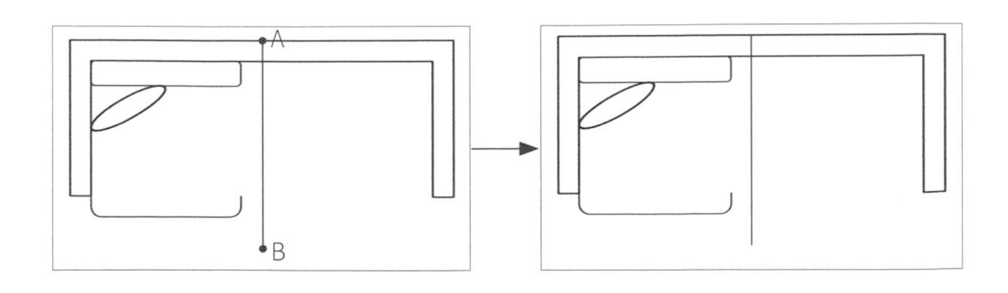

STEP 3 指令：STRETCH(拉伸)

❶ 以「框選窗」或「多邊形框選」選取要拉伸的物件……選取物件：→點選(A)點至(B)點框選物件 Enter

❷ 指定基準點或位移：→點選中心點的(C)點

❸ 指定位移的第二點或 <使用第一點作位移>：→滑鼠拖曳垂直於(D)點線段 Enter

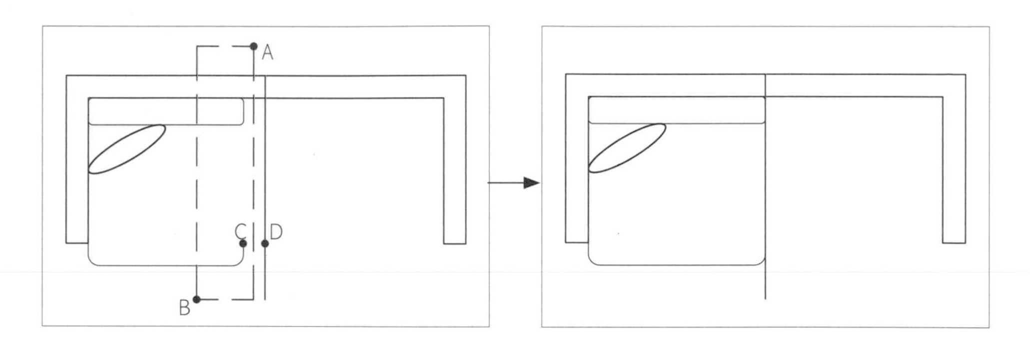

STEP 4 指令：ERASE(刪除)
選取物件：Enter 選取不再使用的輔助線條物件，並予以刪除。 (紅色為需刪除的輔助線條物件)

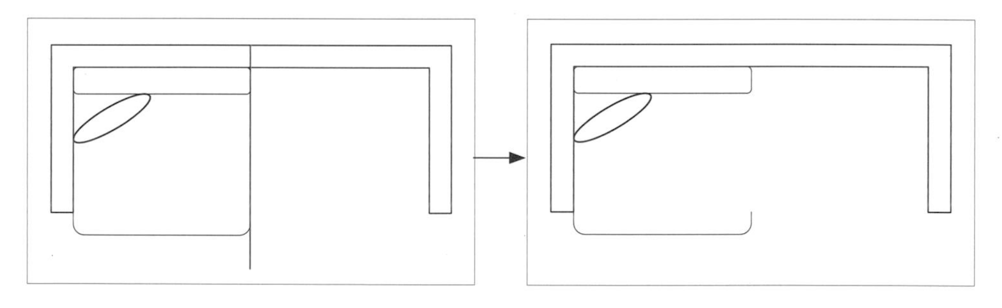

STEP 5 指令：COPY(複製物件)

❶ 選取物件：→滑鼠點選(A)點物件 Enter

❷ 指定基準點或位移[多重(M)]：→點選(B)點並且滑鼠水平拖曳右側

❸ 指定位移的第二點或 <使用第一點作為位移>：19 →輸入"19"數值 Enter

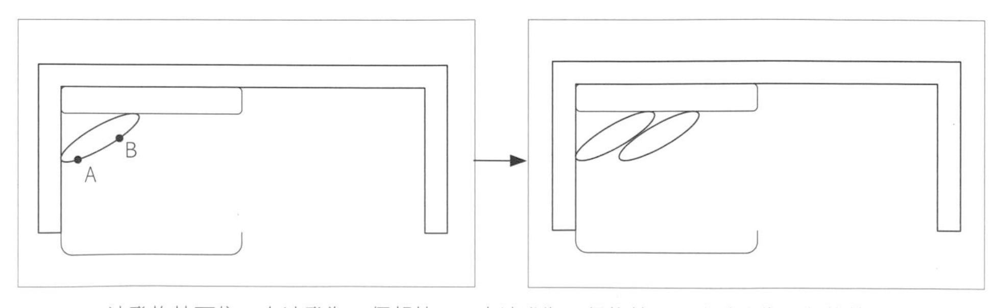

沙發抱枕可依一人沙發為一個報枕，二人沙發為二個抱枕，三人沙發為三個抱枕

STEP 6 指令：MIRROR(鏡射)

❶ 選取物件：→點選(A)至(B)點框選物件 Enter

❷ 指定鏡射線的第一點：→點選中心點(C)點

❸ 指定鏡射線的第二點：→滑鼠拖曳點選(D)點

❹ 刪除來源物件？[是(Y)/否(N)]<N>：N →輸入"N"保留原有來源物件 Enter

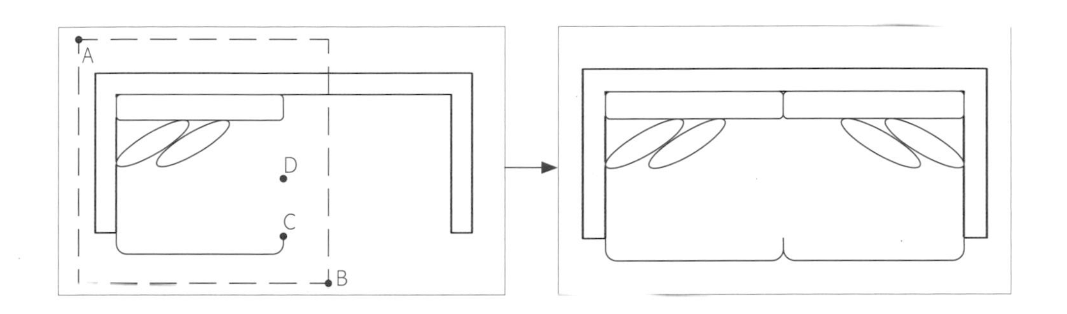

STEP 7 指令：LINE(線)

❶ 指定第一條線：→點選相交點(A)點

❷ 指定下一點或[復原(U)]：→滑鼠拖曳點選(B)點位置 Enter

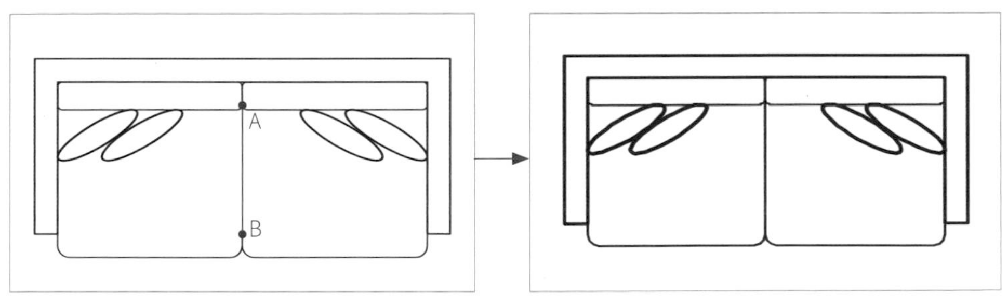

更改正確的圖層及顏色，二人沙發就繪製完成

3-4 樓梯的概述及繪製

+ 室內裝修所遇到的樓梯概述

一般會用在室內新做樓梯大略分為三種，一是木作結構的樓梯，二是鐵作結構的樓梯，三是鋼筋混凝土 (RC) 結構的樓梯。樓梯的範圍都需一至四面的RC樑位來承載樓梯。

1. 木作為結構的樓梯：通常木作樓梯下方會做木作櫃增加樓梯的支撐力。
2. 鐵作為結構的樓梯：鐵作樓梯變化性比較大，但還是以結構支撐強度為主要考量。主要考量不只在鐵作樓梯需靠RC樑來做支點，因鐵作造型結構考慮在踏板部份加H型鋼樑來增加支撐強度。之後再用木作包覆修飾施作。(如右圖)
3. 鋼筋混凝土 (RC) 為結構的樓梯：RC樓梯需靠 RC 樑來支撐及延接鋼筋。(如下圖)

鐵作為結構的樓梯

鋼筋混凝土(RC)為結構的樓梯

+ 設計樓梯階數步驟

1. 檢視一至四面樑位可以當樓梯適合的支撐點面，再設計樓梯的方位。
2. 計算出所需階數：室內淨高+樓版厚度÷級高=所需階數

例如：310+25=335cm (室內淨高+樓版厚=樓梯所需總高度)

335/16(級高尺寸)=20.9375=21 (樓梯總階數，總階數要為單數)

除以級高尺寸數值約在16-18cm左右 (千萬別除以20cm，這樣階梯級高會太高, 對使用者膝蓋很傷, 走起來也很吃力)

3. 樓梯級深：是指腳踏階梯面尺寸為24-25cm ，轉折平台80-120cm左右。

4. 樓梯行走面寬度：80-120cm左右。

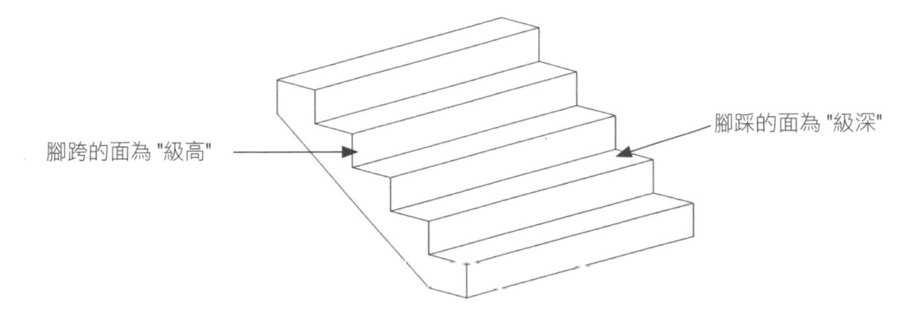

5. 若樓梯階梯階數在樑位範圍，需檢討踏板與樑下淨高是否過低，否則會有行走樓梯時頭撞到樑，以及樑造成壓迫感之疑慮。

下圖為一至二樓樓梯示意圖，主要目的是更能了解一樓至二樓的樓梯在高度 120-150cm 平剖時之間的關係，而在進行繪製樓梯平面時會更清楚如何去繪製。

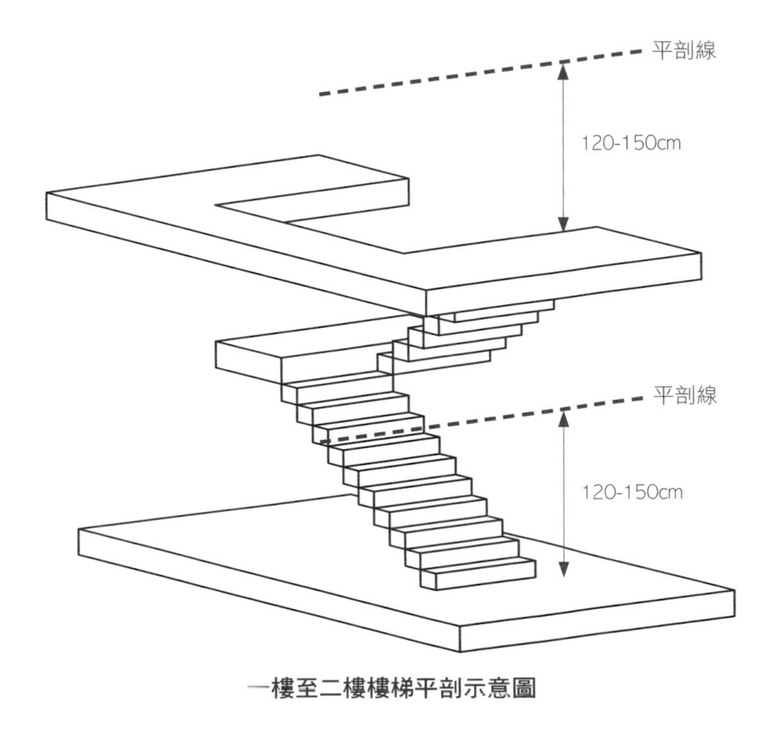

一樓至二樓樓梯平剖示意圖

右圖為一至三樓樓梯示意圖，主要目的是更能了解一樓至三樓的樓梯在高度 120－150cm 平剖時之間的關係，而在進行繪製樓梯平面時會更清楚如何去繪製。

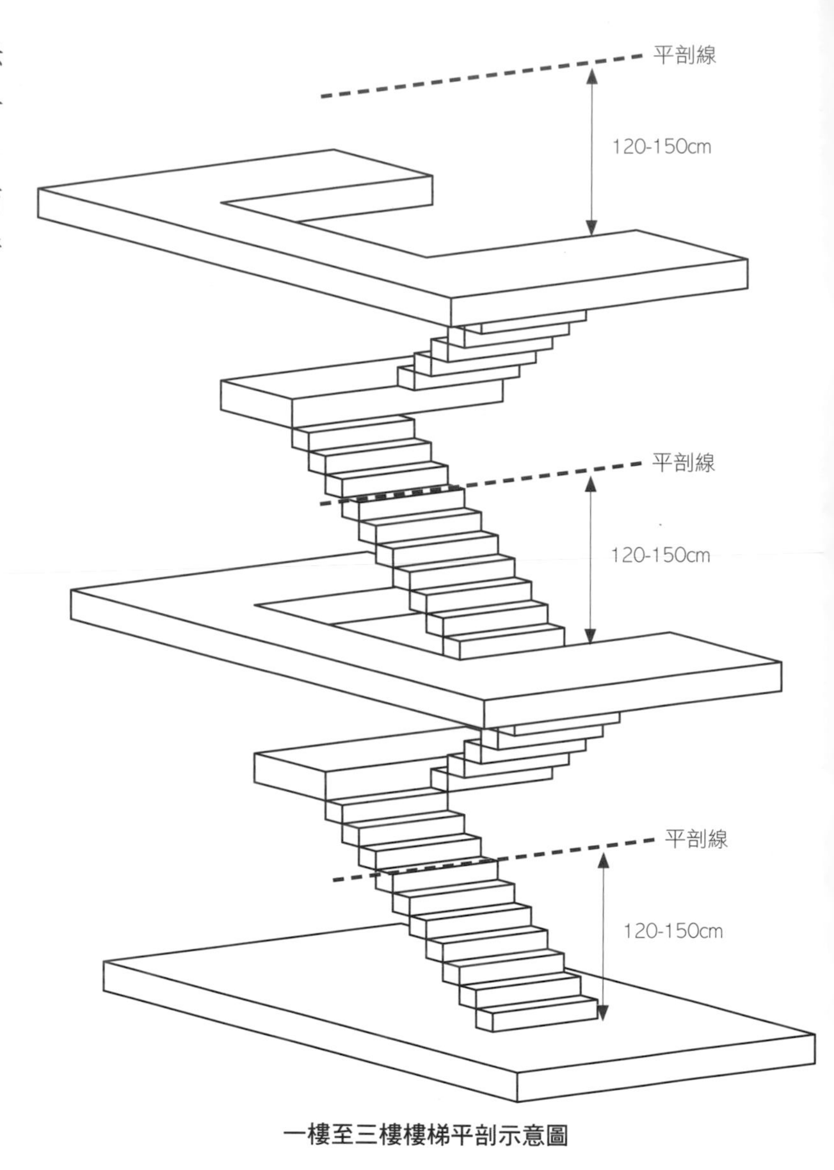

一樓至三樓樓梯平剖示意圖

+ 一至二樓的樓梯在平面繪法

一樓的繪製

STEP 1

❶ 定一個適合放置樓梯的位置(如右圖，藍色虛線為樑線)

❷ 計算需多少階梯： 室內淨高+樓版厚度尺寸總合÷16=總階數(總階數要為單數)

❸ 構想樓梯的方向及設計型式

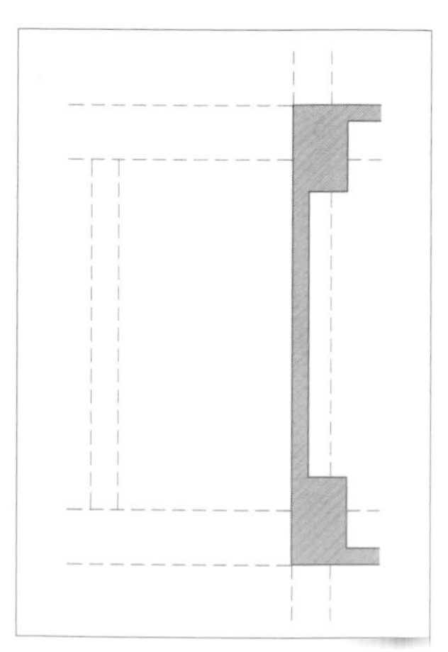

STEP 2 指令：LINE(線)

1. 指定第一條線： →點選相交點(A)點
2. 指定下一點或[復原(U)]：→滑鼠拖曳點選(B)點位置 Enter

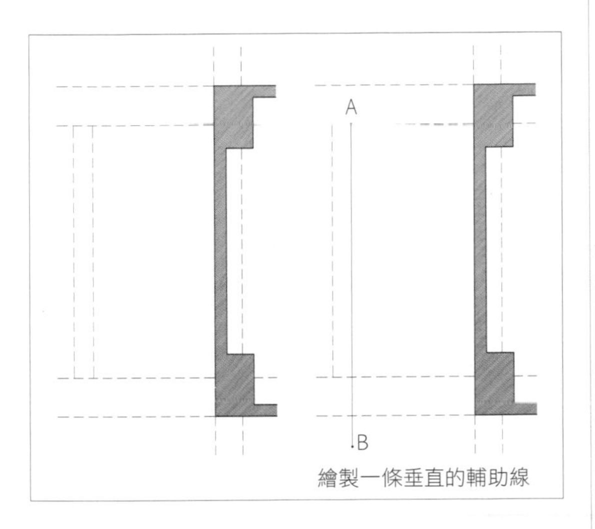

繪製一條垂直的輔助線

STEP 3 指令：LINE(線)

1. 指定第一條線： →點選相交點(A)點
2. 指定下一點或[復原(U)]： →滑鼠拖曳點選(B)點位置 Enter

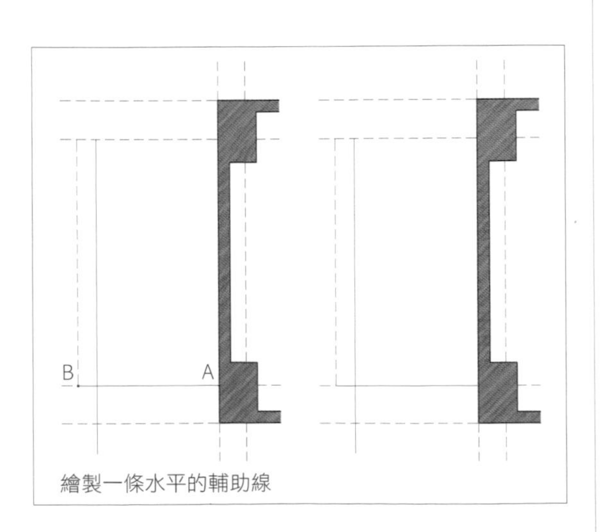

繪製一條水平的輔助線

STEP 4 把"樑"層進行鎖住或關閉，繪製時需養成關閉層或鎖住層動作，可以加速繪製及修改圖面的速度。在開始繪圖同時，也要開啟AutoCAD物件鎖點。

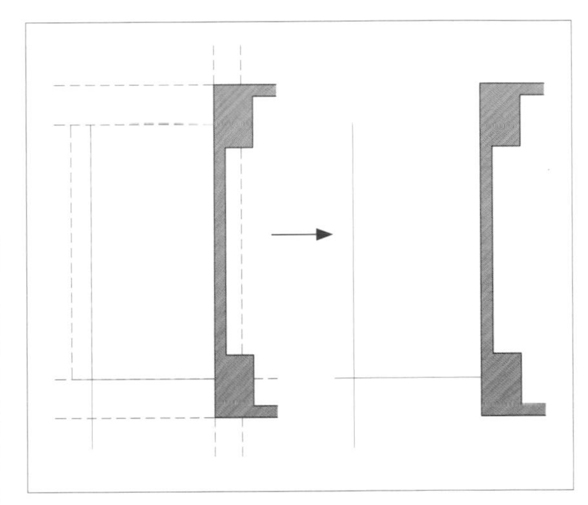

STEP 5 指令：OFFSET(偏移複製)

1. 指定偏移距離[通過(T)]： 25 →輸入"25"數值為樓梯級深數值 Enter
2. 選取要偏移的物件或 <結束>： →點選需要偏移的線條(A)點線條
3. 指定要在那一側偏移： →點選上方空白處(B)點 Enter

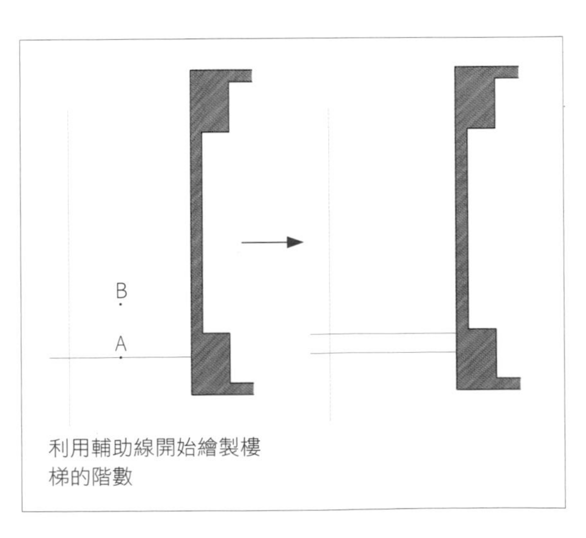

利用輔助線開始繪製樓梯的階數

STEP 6 重複OFFSET(偏移複製)的指令，偏移複製到第七階即可。在一樓樓梯因為120cm、150cm高度的平剖關係，通常會剖到約第七階左右，所以在一樓樓梯在平面圖的繪製的表現，只要繪製第七階就可以。

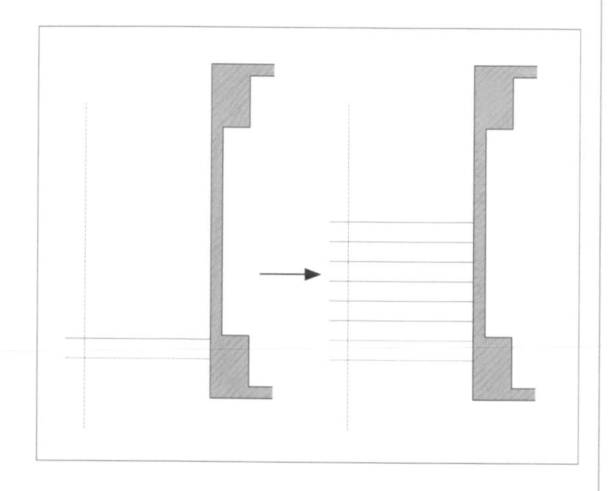

STEP 7 指令：TRIM(修剪)

❶ 選取物件：→選取(A)點線段 Enter

❷ 選取要修剪的物件，或 Shift 鍵並選取物件以延伸或[投影(P)/邊緣(E)/復原(U)]：F →輸入"F"選擇連續修剪動作

❸ 第一籬選點：→點選(B)點

❹ 指定直線端點或[復原(U)]：→滑鼠拖曳點選(C)點位置 Enter

❺ 選取要修剪的物件，或 Shift 鍵並選取物件以延伸或[投影(P)/邊緣(E)/復原(U)]：Enter

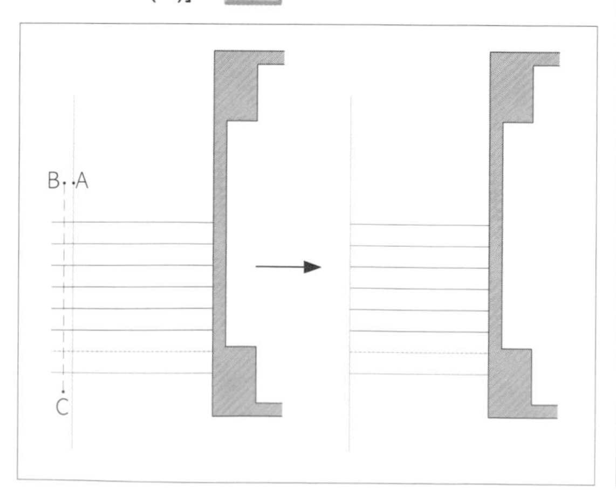

STEP 8 指令：LINE(線)

❶ 指定第一條線：→點選中心點(A)點

❷ 指定下一點或[復原(U)]：→滑鼠拖曳點選(B)點位置 Enter

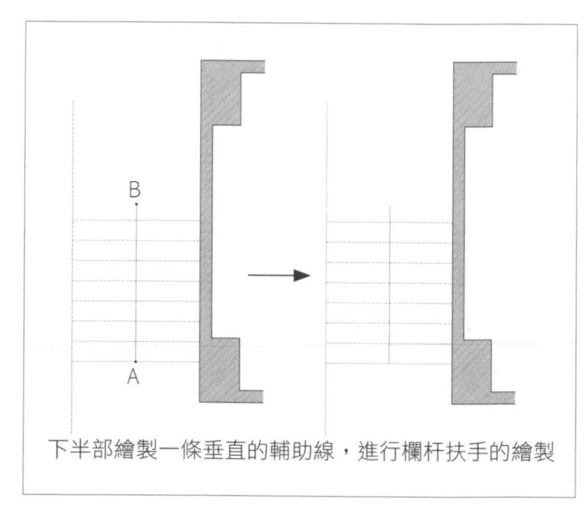

下半部繪製一條垂直的輔助線，進行欄杆扶手的繪製

STEP 9 指令：OFFSET(偏移複製)

❶ 指定偏移距離[通過(T)]：5 →輸入"5"數值 Enter

❷ 選取要偏移的物件或 <結束>：→點選需要偏移的(A)點線條

❸ 指定要在那一側偏移：→點選右側(B)點空白處 Enter

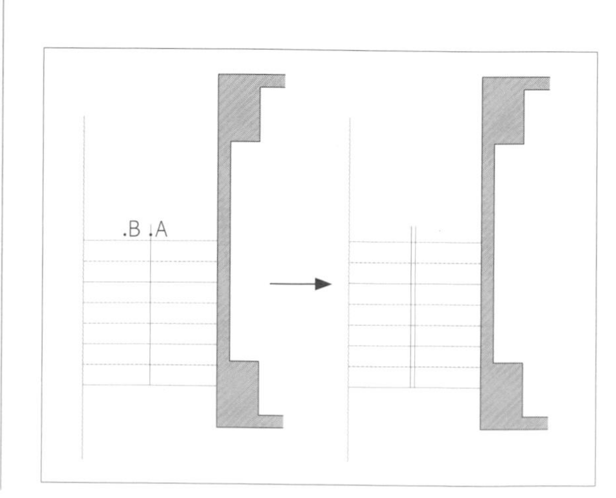

STEP 10 指令：OFFSET(偏移複製)

❶ 指定偏移距離[通過(T)]： 5 →輸入"5"數值 Enter

❷ 選取要偏移的物件或 <結束>： →點選需要偏移的(A)點線條

❸ 指定要在那一側偏移： →點選右側(B)點空白處 Enter

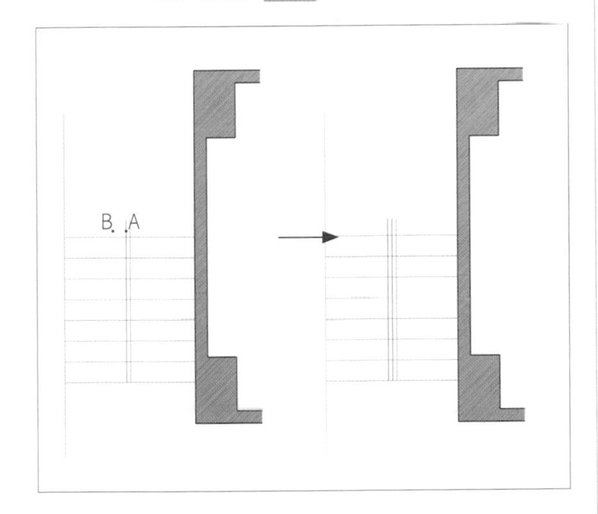

STEP 11 指令：MOVE(移動)

❶ 選取物件： →點選(A)(B)點線段 Enter

❷ 指定基準點或位移： →點選端點(C)點，滑鼠往下方拖曳

❸ 指定位移的第二點或 <使用第一點作為位移>：5 →輸入偏移"5"數值 Enter

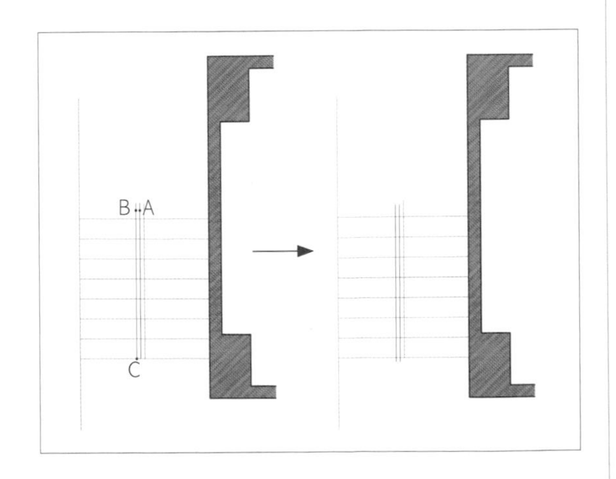

STEP 12 指令：TRIM(修剪)

❶ 選取物件： →點選(A)點線段 Enter

❷ 選取要修剪的物件，或 Shift 鍵並選取物件以延伸或[投影(P)/邊緣(E)/復原(U)]： F →輸入"F"做連續修剪動作 Enter

❸ 第一籬選點： →點選(B)點

❹ 指定直線端點或[復原(U)]： →滑鼠拖曳至(C)點 Enter

❺ 選取要修剪的物件，或 Shift 鍵並選取物件以延伸或[投影(P)/邊緣(E)/復原(U)]： Enter

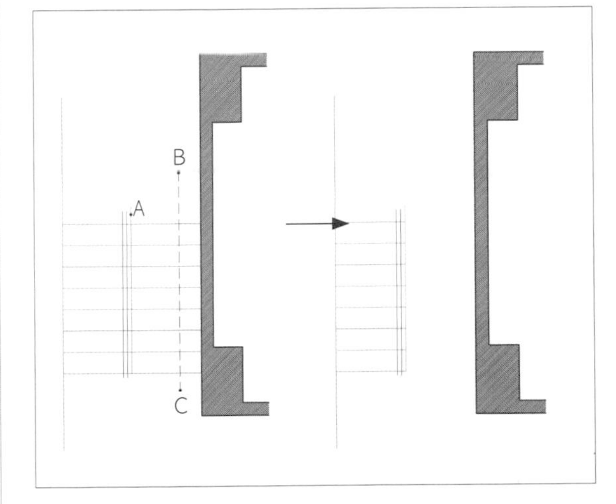

STEP 13 指令：PLINE(聚合線)

❶ 指定起點： →點選起點(A)點

❷ 指定下一點或[弧(A)/閉合(C)/半寬(H)/長度(L)/復原(U)/寬度(W)]： →至(B)(C)(D)點結束 Enter

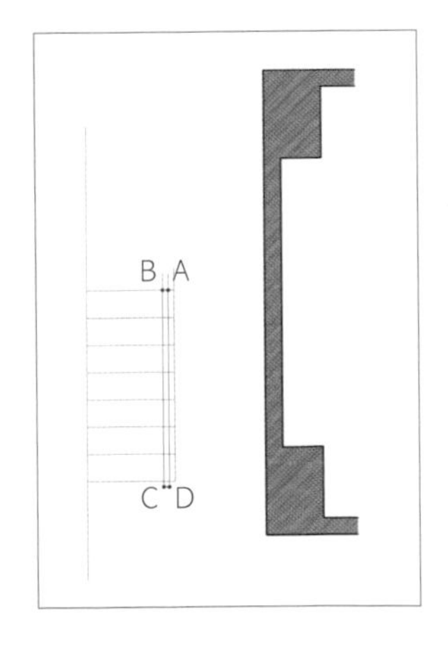

STEP 14 指令：ERASE(刪除)
選取物件： 選取不再使用的輔助線條物件，並予以刪除。(紅色線段為需刪除物件)

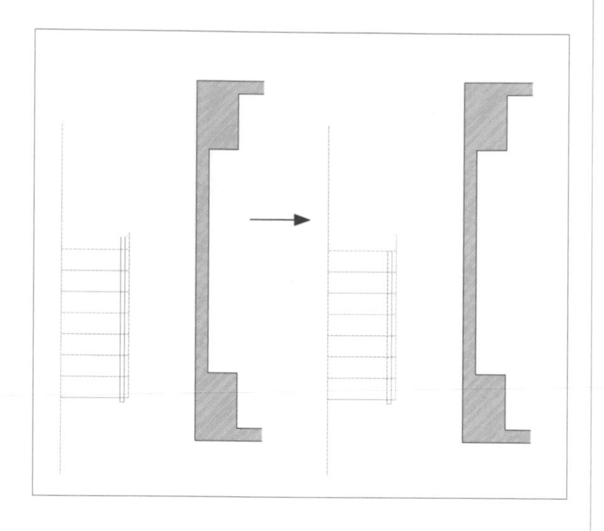

STEP 15 指令：MIRROR(鏡射)

1. 選取物件： →點選(A)點線段 Enter
2. 指定鏡射線的第一點： →點選中心點(B)點
3. 指定鏡射線的第二點： →滑鼠往下拖曳，點選至空白處(C)
4. 刪除來源物件？[是(Y)/否(N)]<N>：N →輸入"N"保留原有來源物件 Enter

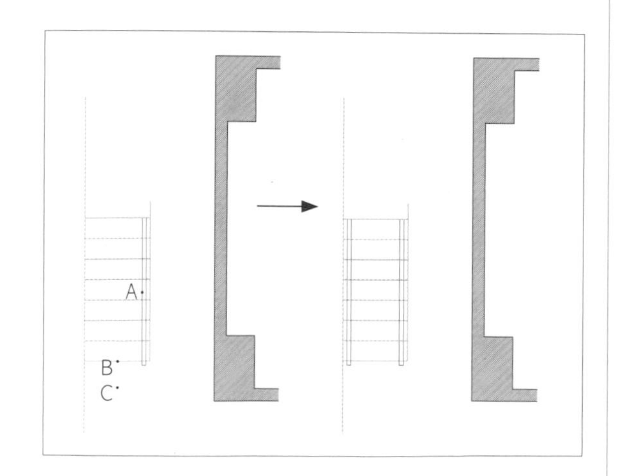

STEP 16 指令：LINE(線)

1. 指定第一條線： →點選相交點(A)點
2. 指定下一點或[復原(U)]： →滑鼠拖曳點選(B)點位置 Enter

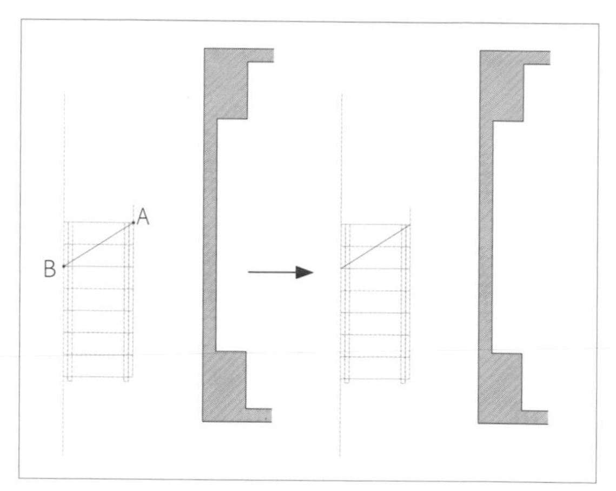

STEP 17 指令：LINE(線)

1. 指定第一條線： →點選中心點(A)點
2. 指定下一點或[復原(U)]： →滑鼠拖曳點選(B)點位置 Enter

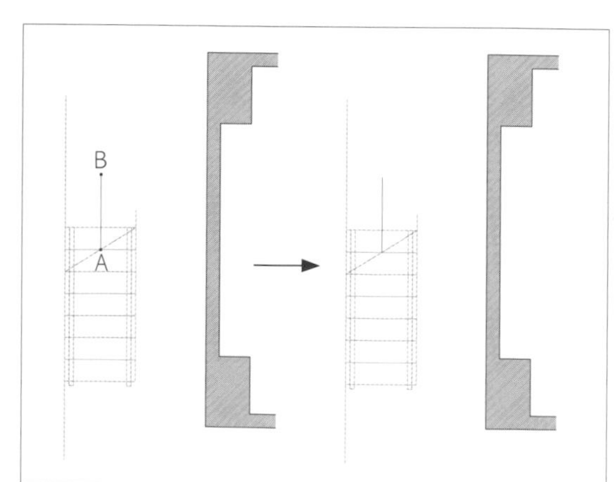

STEP 18 指令：OFFSET(偏移複製)

1. 指定偏移距離[通過(T)]：10 →輸入偏移"10"數值 Enter
2. 選取要偏移的物件或 <結束>： →點選需要偏移的(A)點線條
3. 指定要在那一側偏移： →點選左側空白處(B)點 Enter

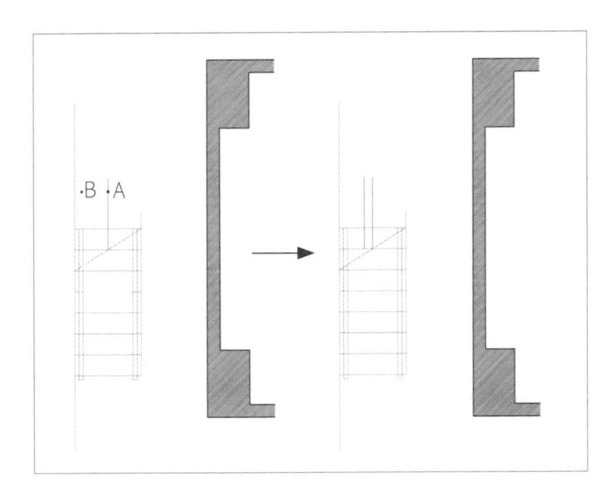

STEP 19 指令：OFFSET(偏移複製)

1. 指定偏移距離[通過(T)]：10 →輸入偏移"10"數值 Enter
2. 選取要偏移的物件或 <結束>： →點選需要偏移的(A)點線條
3. 指定要在那一側偏移： →點選右側空白處(B)點 Enter

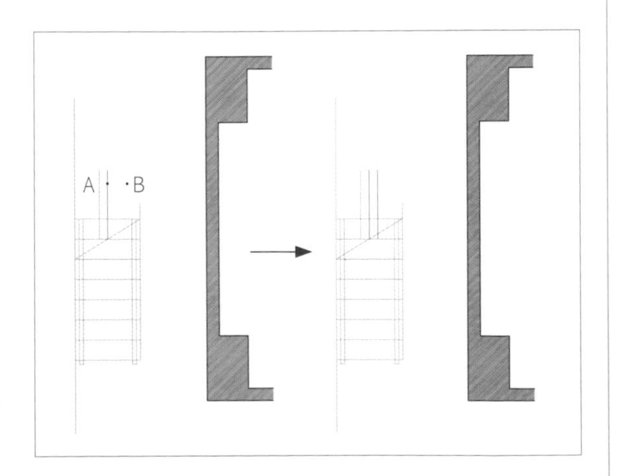

STEP 20 指令：OFFSET(偏移複製)

1. 指定偏移距離[通過(T)]：10 →輸入偏移"10"數值 Enter
2. 選取要偏移的物件或 <結束>： →點選需要偏移的(A)點線條
3. 指定要在那一側偏移： →點選下方空白處(B)點 Enter

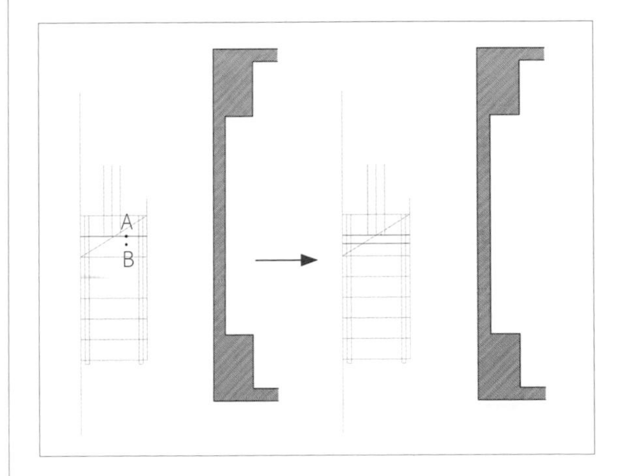

STEP 21 指令：OFFSET(偏移複製)

1. 指定偏移距離[通過(T)]：10 →輸入偏移"10"數值 Enter
2. 選取要偏移的物件或 <結束>： →點選需要偏移的(A)點線條
3. 指定要在那一側偏移： →點選上方空白處(B)點 Enter

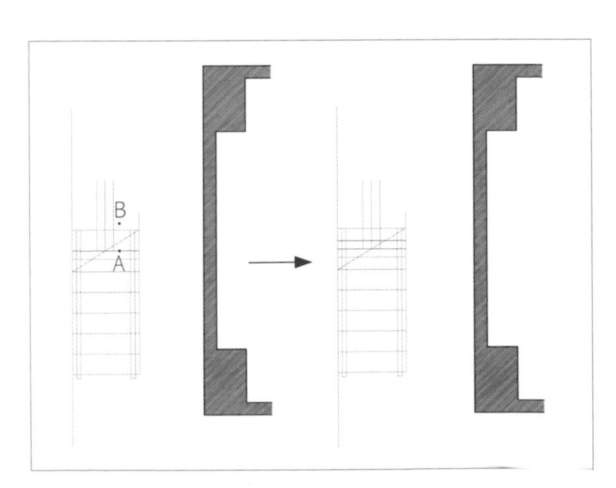

STEP 22 指令：MOVE(移動)

❶ 選取物件： →點選(A)(B)點線段 Enter

❷ 指定基準點或位移： →點選端點(C)點

❸ 指定位移的第二點或 <使用第一點作為位移>： →滑鼠拖曳點選垂直點的(D)點 Enter

STEP 23 指令：PLINE(聚合線)

❶ 指定起點： →點選起點(A)點

❷ 指定下一點或[弧(A)/閉合(C)/半寬(H)/長度(L)/復原(U)/寬度(W)]： →至(B)(C)(D)點結束 Enter

STEP 24 指令：ERASE(刪除)

選取物件： Enter 選取不再使用的輔助線條物件，並予以刪除。（紅色線段為需刪除物件）

STEP 25 指令：FILLET(圓角)

❶ 目前的設定值：模式=修剪，半徑：0，0000 選取第一個物件或[聚合線(D)/半徑(R)/ 修剪(T)/多個(U)]： →點選(A)點線段

❷ 選取第二個物件： →點選(B)點線段

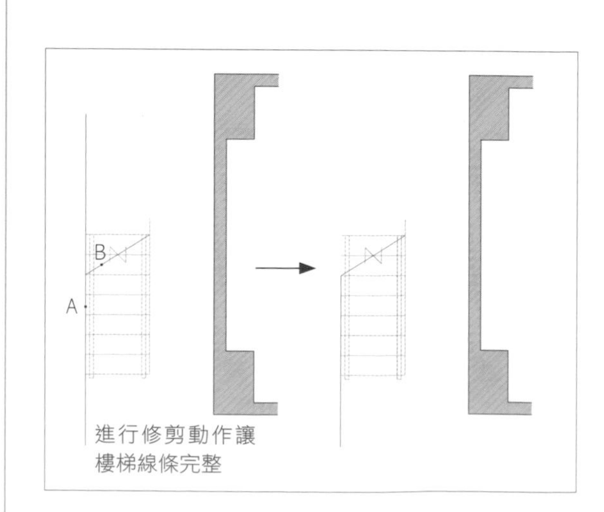

進行修剪動作讓
樓梯線條完整

STEP 26 指令：FILLET(圓角)

❶ 目前的設定值：模式=修剪，半徑：0，0000 選取第一個物件或[聚合線(D)/半徑(R)/ 修剪(T)/多個(U)]： →點選(A)點線段

❷ 選取第二個物件： →點選(B)點線段

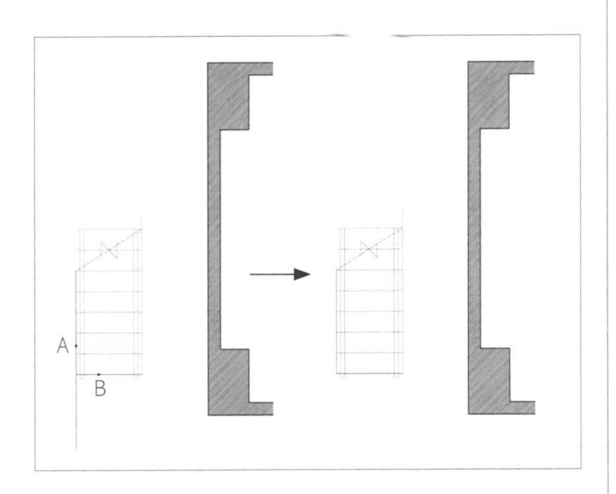

STEP 27 指令：FILLET(圓角)

❶ 目前的設定值：模式=修剪，半徑：0，0000 選取第一個物件或[聚合線(D)/半徑(R)/ 修剪(T)/多個(U)]： →點選(A)點線段

❷ 選取第二個物件： →點選(B)點線段

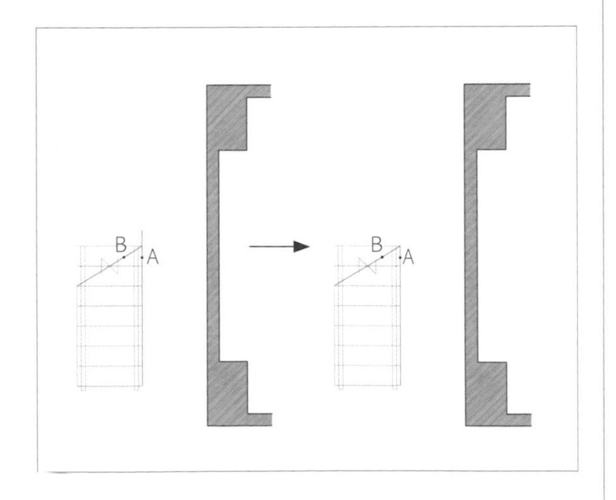

STEP 28 重復TRIM(修剪)的指令，修剪不需要的線段。

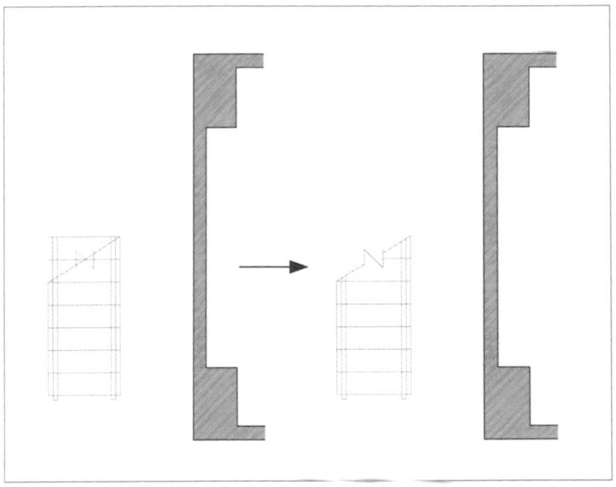

STEP 29 指令：TRIM(修剪)

❶ 選取物件： →選取(A)物件 Enter

❷ 選取要修剪的物件，或shift鍵並選取物件以延伸或[投影(P)/邊緣(E)/復原(U)]： →點選需修剪線段，逐一進行修剪動作 Enter

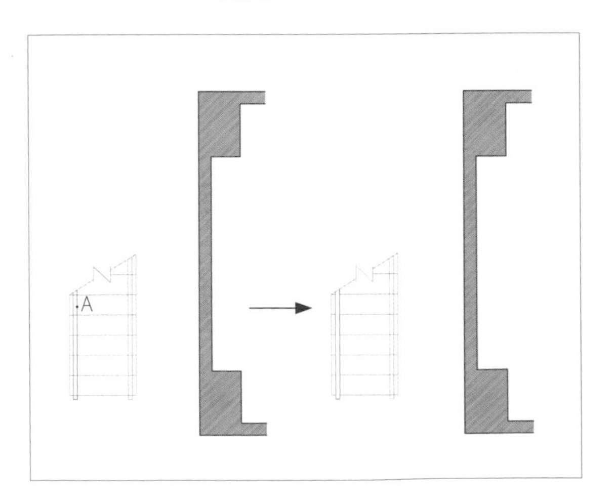

STEP 30 指令：TRIM(修剪)

❶ 選取物件： →選取(A)物件 Enter

❷ 選取要修剪的物件，或 Shift 鍵並選取物件以延伸或[投影(P)/邊緣(E)/復原(U)]： →點選需修剪線段，逐一進行修剪動作 Enter

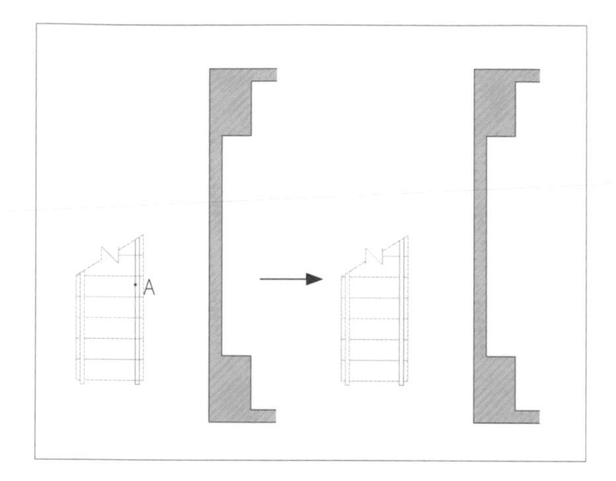

STEP 31 指令：LINE(線)

❶ 指定第一條線： →點選中心點(A)點 Enter

❷ 指定下一點或[復原(U)]： →滑鼠拖曳垂直點(B)點 Enter

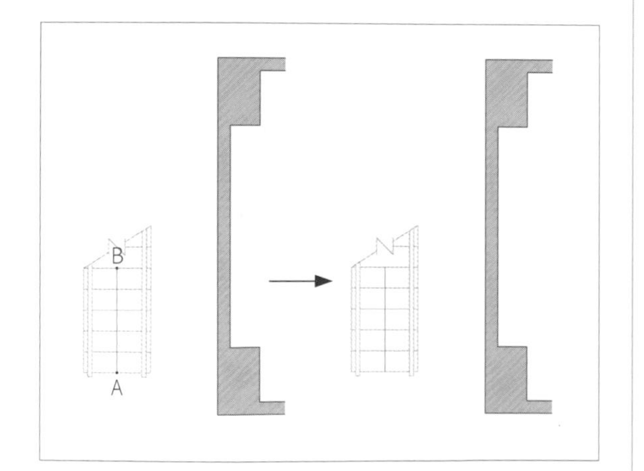

STEP 32 指令：CIRCLE(圓)

❶ 指定圓的中心點或[三點(3P)/兩點(2P)/相切、相切、半徑(T)]： →點選(A)點中心點

❷ 指定圓的半徑或[直徑(D)]：D →輸入"D" Enter

❸ 指定圓的直徑：12 →輸入"12"直徑圓數值 Enter

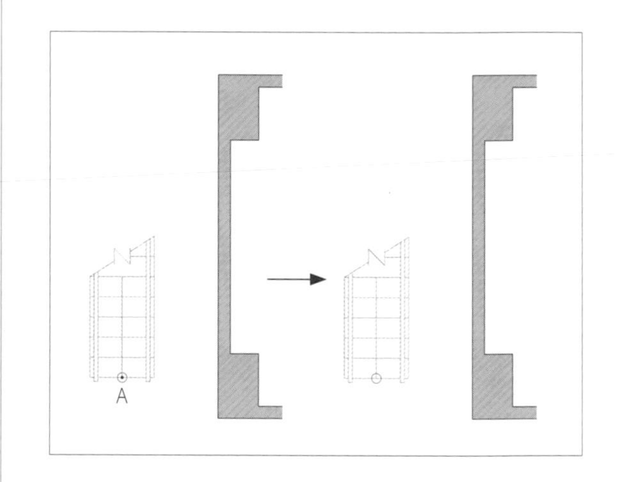

STEP 33 指令：LINE

❶ 指定第一條線： →點選相交點(A)點

❷ 指定下一點或[復原(U)]： @15<-70 →輸入"@15<-70"線段長度及角度 Enter

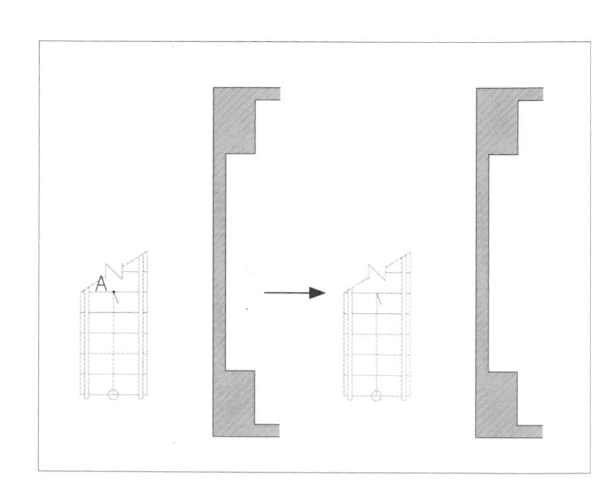

STEP 34 指令：MIRROR(鏡射)

❶ 選取物件： →點選(A)點線段

❷ 指定鏡射線的第一點： 點選相交點(B)點 Enter

❸ 指定鏡射線的第二點： →滑鼠垂直往上拖曳，點選(C)點

❹ 刪除來源物件?[是(Y)/否(N)]<N>：N 輸入"N"保留原有來源物件 Enter

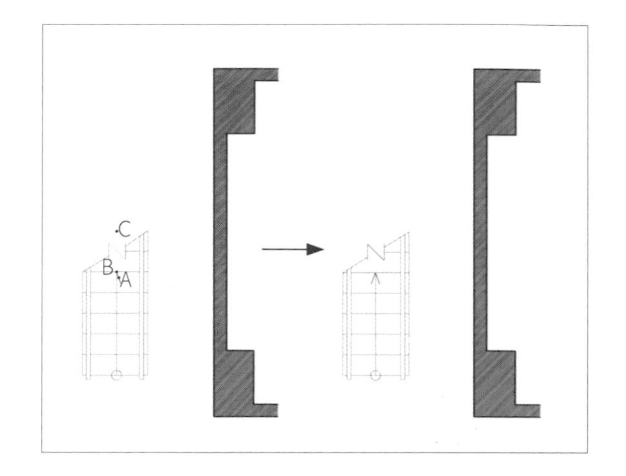

STEP 35 更改正確的層及顏色

❶ 樓梯物件可以建於一個"牆"層或者建於樓梯"層

❷ 階梯及剖折線顏色為"白色07"，而扶手顏色為"青藍色04"或"深藍色05"

❸ 階數號碼輸入上去，會讓階梯階數更清楚

❹ 註記"UP"為上樓梯

❺ 用細的虛線表示其餘樓梯的階數

❻ "樑"層打開，檢視樓梯階數及位置是否有問題

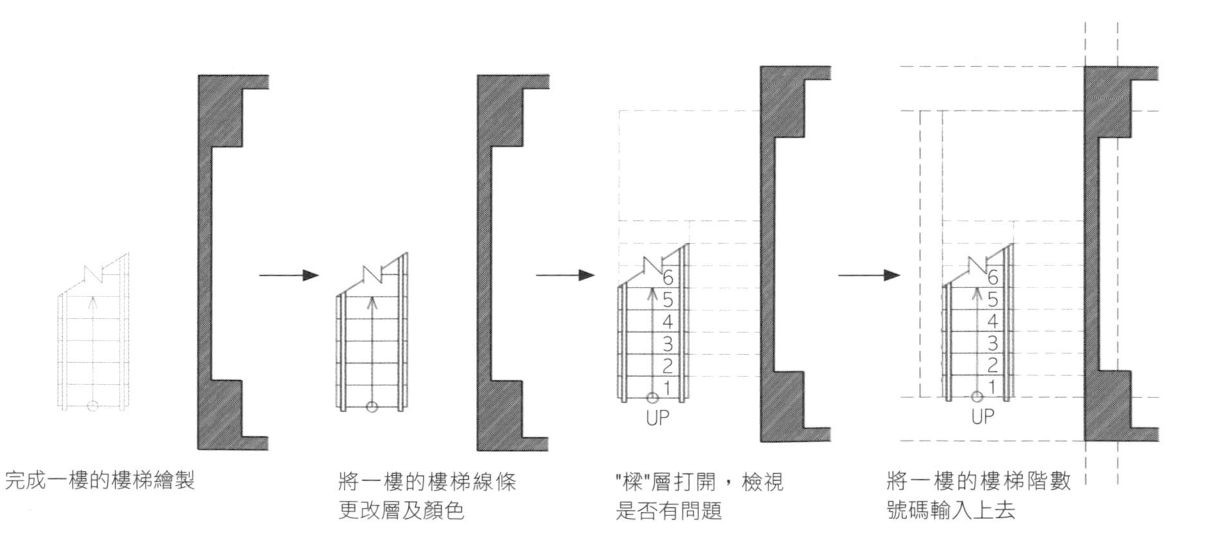

完成一樓的樓梯繪製

將一樓的樓梯線條更改層及顏色

"樑"層打開，檢視是否有問題

將一樓的樓梯階數號碼輸入上去

二樓的繪製

STEP 1

❶ COPY(複製)一樓梯至二樓樓梯位置，開始繪製二樓的樓梯。

❷ 把"樑"層、"文字"層鎖住或關閉

6
5
4
3
2
1
UP

二樓的樓梯位置　　複製一樓梯至二樓相同位置

STEP 2

指令：ERASE(刪除)
選取物件： Enter 刪除不需要的線條 (紅色為需刪除的條)

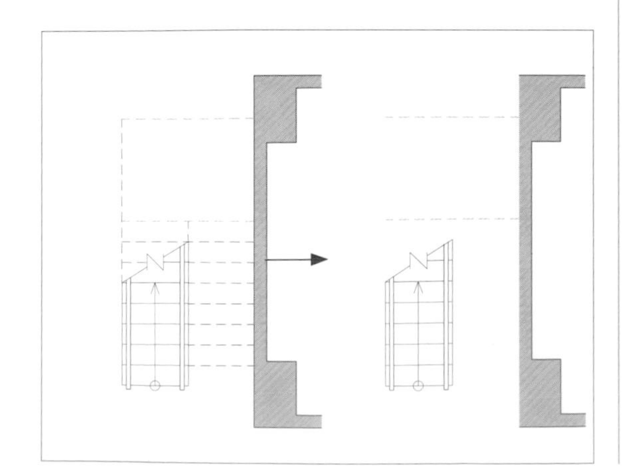

STEP 3

指令：EXTEND(延伸)

❶ 目前的設定：投影：UCS 邊緣：延伸選擇邊界邊緣...... 選取物件： →點選(A)點線段 Enter

❷ 選取要修剪的物件，或 Shift 鍵並選取物件以延伸或[投影(P)/邊緣(E)/復原(U)]： →點選(B)點線段 Enter

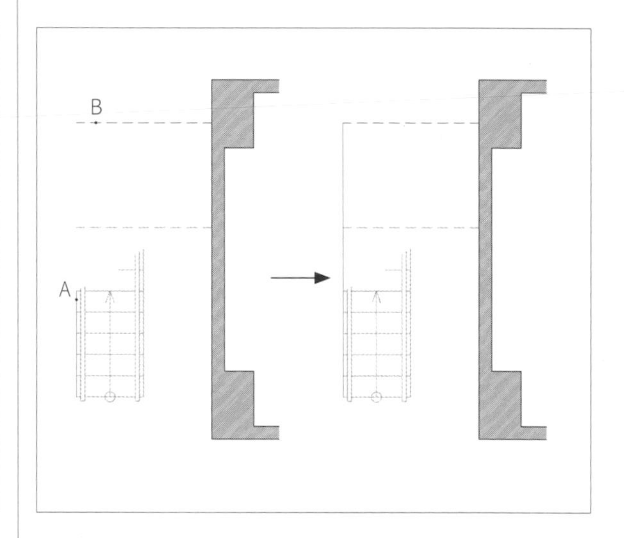

STEP 4

指令：EXTEND(延伸)

❶ 目前的設定：投影：UCS 邊緣：延伸選擇邊界邊緣...... 選取物件：→點選(A)點線段 Enter

❷ 選取要修剪的物件，或 Shift 鍵並選取物件以延伸或[投影(P)/邊緣(E)/復原(U)]： →點選(B)點線段 Enter

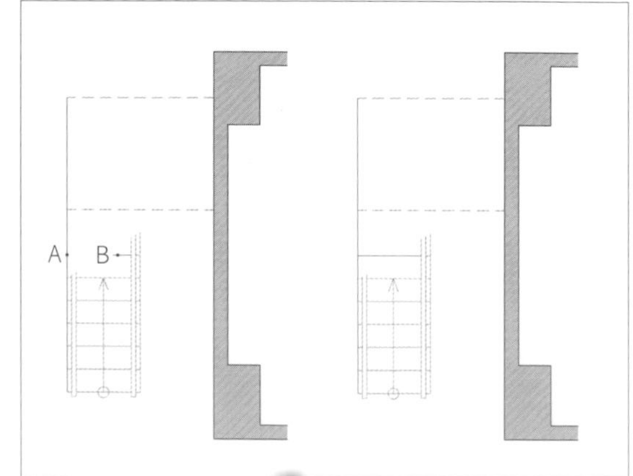

STEP 5 指令：EXTEND(延伸)

❶ 選取物件： →點選(A)點線段 Enter

❷ 選取要修剪的物件，或 Shift 鍵並選取物件以延伸或[投影(P)/邊緣(E)/復原(U)]： →點選 (B)(C)(D)(E)(F)點線段 Enter

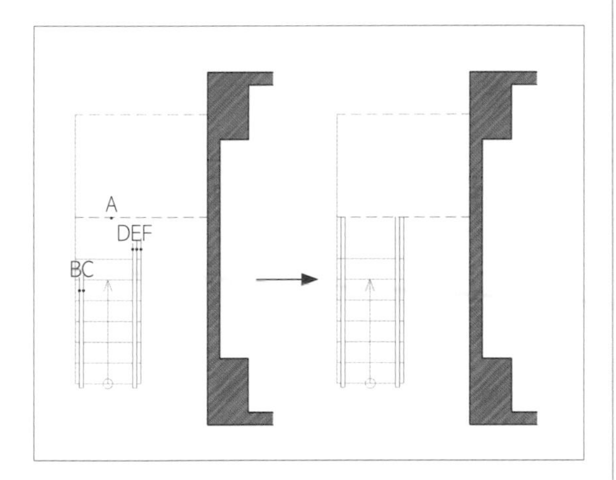

STEP 6 指令：MATCHPROP(複製性質)

❶ 選取來源物件： →點選(A)點線段 Enter

❷ 目前作用中的設定值： 顏色 圖層 線型 線型比例 線寬 厚度 出圖型式 文字 標註 剖面線 聚合線 視埠。選取目的物件或[設定值(S)]： →點選(B)、(C)點線段 Enter

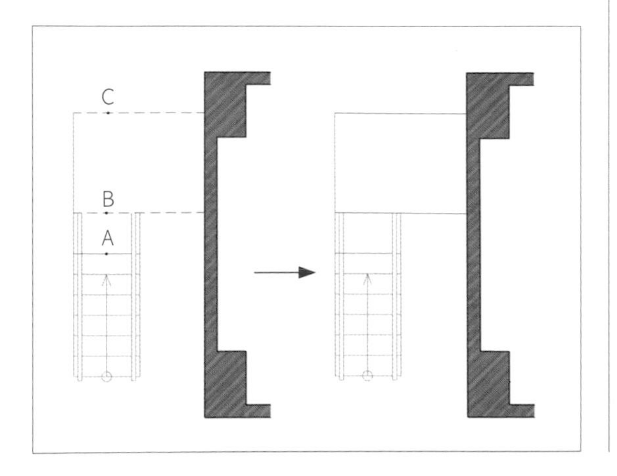

STEP 7 指令：MIRROR(鏡射)

❶ 選取物件： →選取鏡射線段 Enter (紅色線段為需鏡射物件)

❷ 指定鏡射線的第一點： →點選相交點(A)點 Enter

❸ 指定鏡射線的第二點： →滑鼠拖曳點選空白處(B)點

❹ 刪除來源物件？[是(Y)/否(N)]<N>：N →輸入"N"保留原有來源物件 Enter

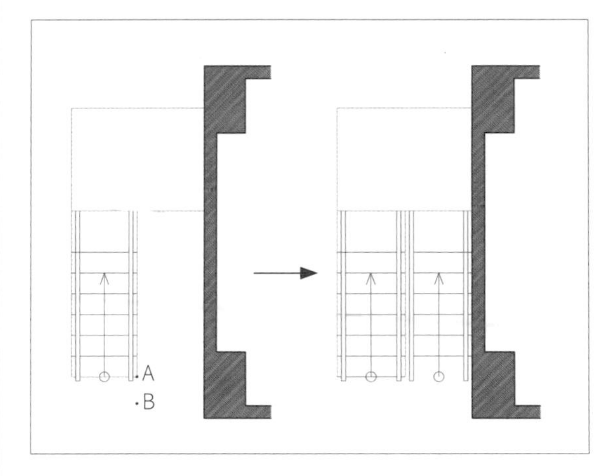

STEP 8 指令：EXTEND(延伸)

❶ 選取物件： →點選(A)點線段 Enter

❷ 選取要修剪的物件，或 Shift 鍵並選取物件以延伸或[投影(P)/邊緣(E)/復原(U)]：F →輸入"F"做連續延伸動作 Enter

❸ 第一籬選點： →點選(B)點

❹ 指定直線端點或[復原(U)]： →滑鼠拖曳至(C)點 Enter

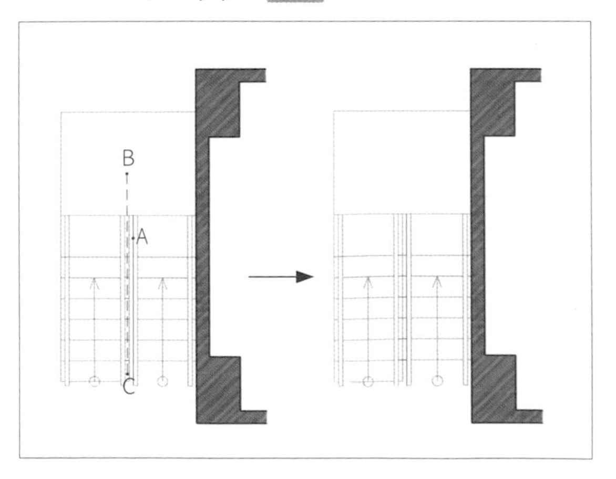

STEP 9 指令：LINE(線)

❶ 指定第一條線： →點選端點(A)點

❷ 指定下一點或[復原(U)]： →滑鼠拖曳至垂直點(B)點 Enter

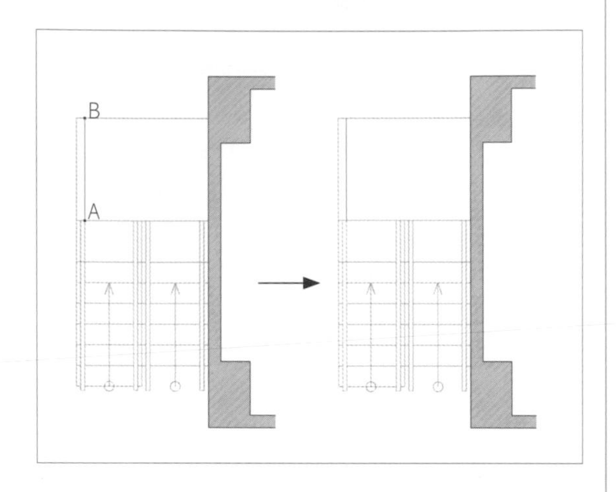

STEP 10 指令：LINE(線)

❶ 指定第一條線： →點選端點(A)點

❷ 指定下一點或[復原(U)]： →滑鼠拖曳至垂直點(B)點 Enter

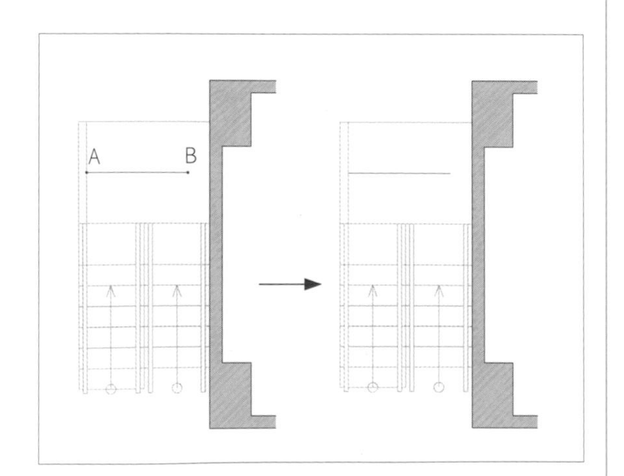

STEP 11 指令：ERASE(刪除)

選取物件： Enter 選取不再使用的輔助線條物件，並予以刪除。(紅色為需刪除的輔助線條物件)

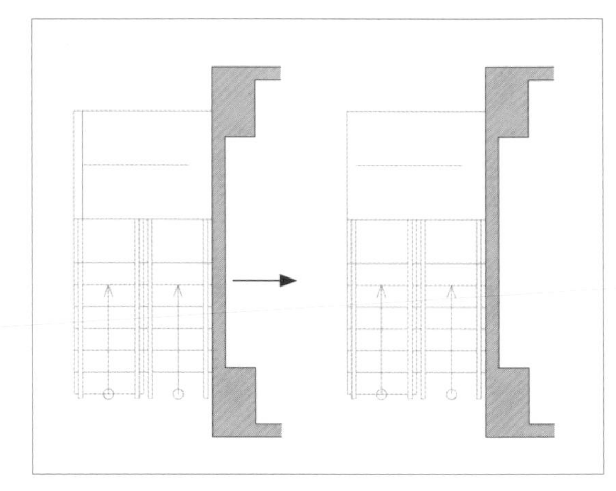

STEP 12 指令：FILLET(圓角)

❶ 目前的設定值：模式=修剪，半徑：0，0000 選取第一個物件或[聚合線(D)/半徑(R)/修剪(T)/多個(U)]： →點選(A)點線段

❷ 選取第二個物件： →點選(B)點線段

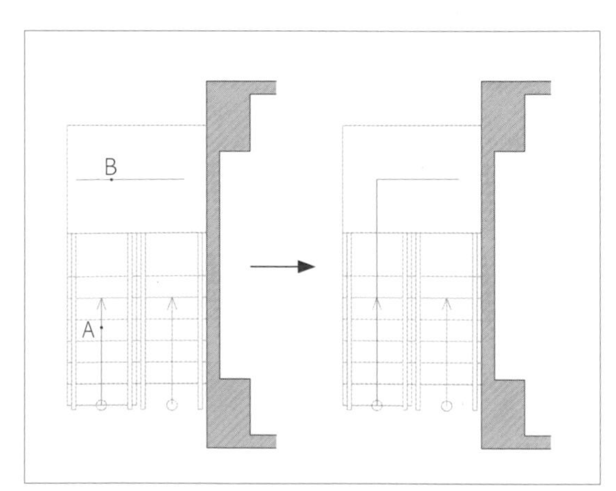

STEP 13 指令：FILLET(圓角)

❶ 目前的設定值：模式=修剪，半徑：0，0000 選取第一個物件或[聚合線(D)/半徑(R)/修剪(T)/多個(U)]： →點選(A)點線段

❷ 選取第二個物件： →點選(B)點線段

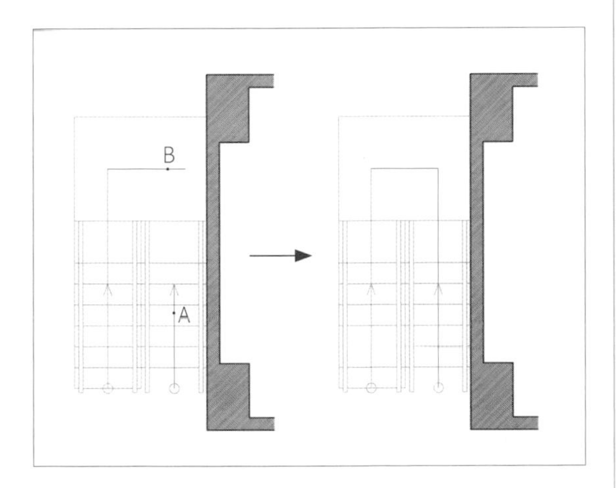

STEP 14 指令：ERASE(刪除)
選取物件： Enter 刪除不需使用到物件(紅色線段為需刪除的物件)

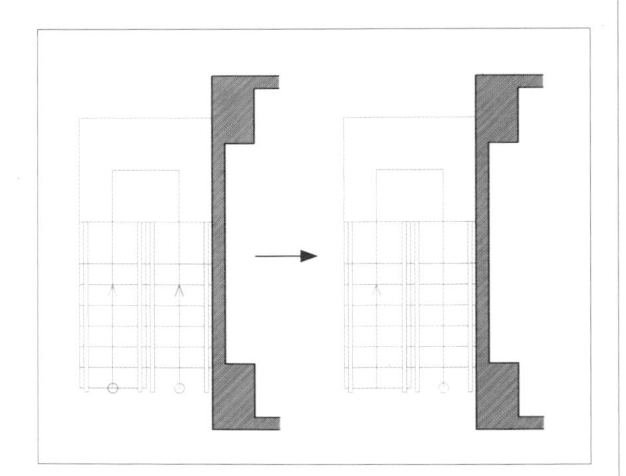

STEP 15 指令：MOVE(移動)

❶ 選取物件： →點選(A)(B)點線段 Enter

❷ 指定基準點或位移： →點選(C)點

❸ 指定位移的第二點或 <使用第一點作為位移>： →滑鼠拖曳下方，並點選(D)點

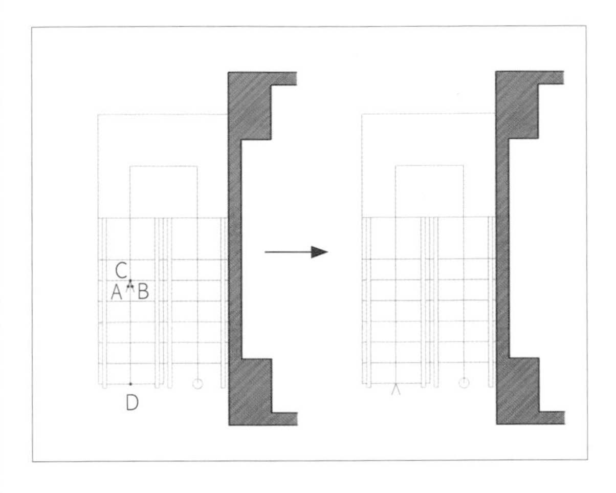

STEP 16 指令：MIRROR(鏡射)

❶ 選取物件： →選取(A)(B)點線段 Enter

❷ 指定鏡射線的第一點： →點選中心點(C)點

❸ 指定鏡射線的第二點： →滑鼠往左拖曳，點選空白處(D)點

❹ 刪除來源物件？[是(Y)/否(N)]<N>：Y →輸入"Y"刪除來源物件 Enter

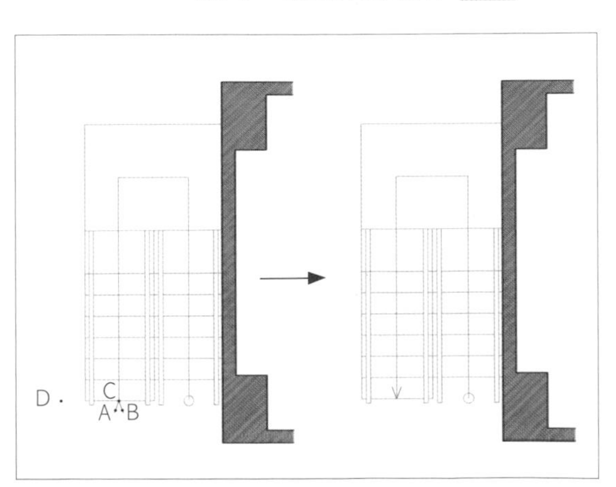

STEP 17 指令：COPY(複製物件)

❶ 選取物件：→滑鼠點選(A)點拖曳至(B)點框選 Enter

❷ 指定基準點或位移[多重(M)]：→點選相交點(C)點

❸ 指定位移的第二點或 <使用第一點作為位移>：→滑鼠拖曳至上方空白處(D)點

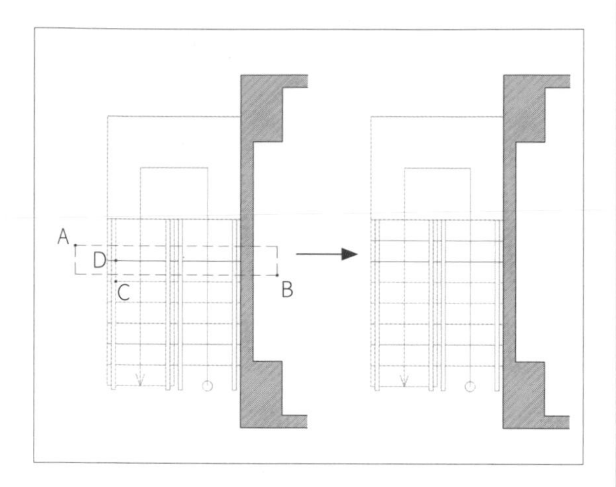

STEP 18 指令：TRIM(修剪)

❶ 選取物件：→點選(A)至(D)點線段 Enter

❷ 選取要修剪的物件，或 Shift 鍵並選取物件以延伸或[投影(P)/邊緣(E)/復原(U)]： →點選不需使用的線段，予以修剪 Enter

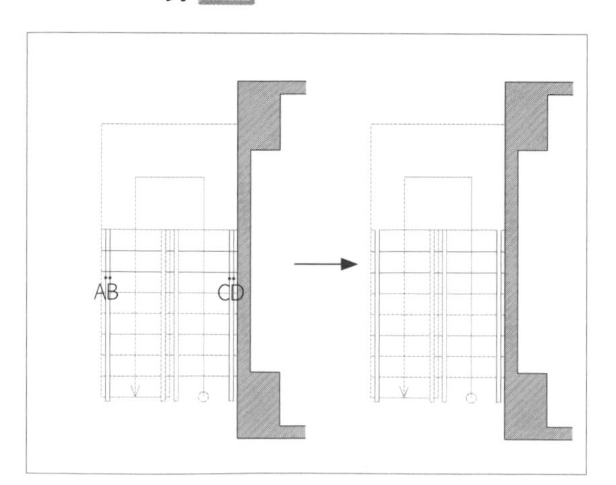

STEP 19 指令：STRETCH(拉伸)

❶ 以「框選窗」或「多邊形框選」選取要拉伸的物件......選取物件：→點選(A)點至(B)點框選物件

❷ 指定基準點或位移：→點選端點(C)點

❸ 指定位移的第二點或 <使用第一點作位移>： →點選相交點(D)點

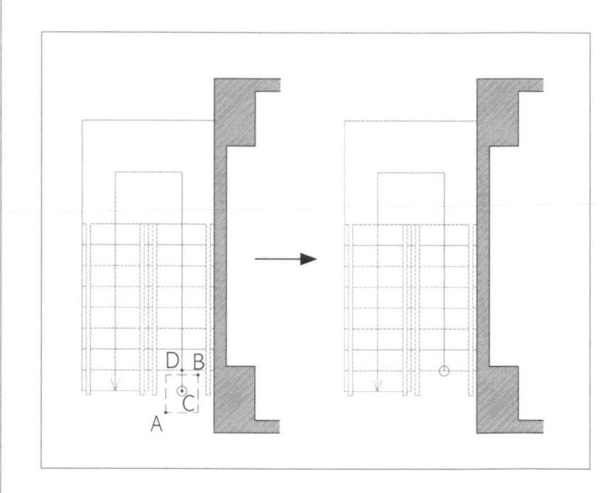

STEP 20 指令：ERASE(刪除)

選取物件： Enter 刪除不需使用的線段 (紅色線段為需刪除的物件)

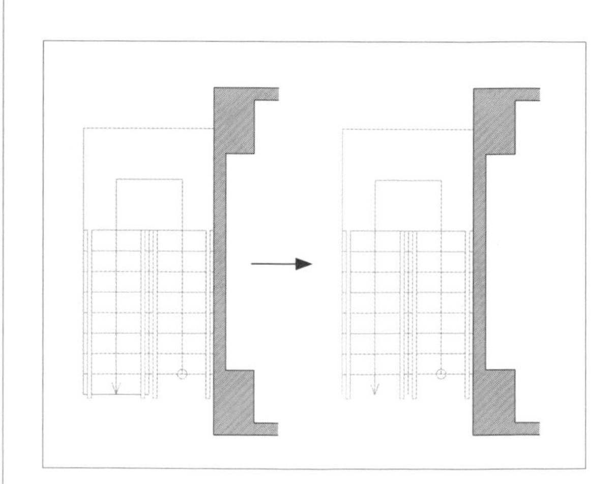

STEP 21 指令：LINE(線)

❶ 指定第一條線：→點選端點(A)點

❷ 指定下一點或[復原(U)]：→點選(B)點 Enter

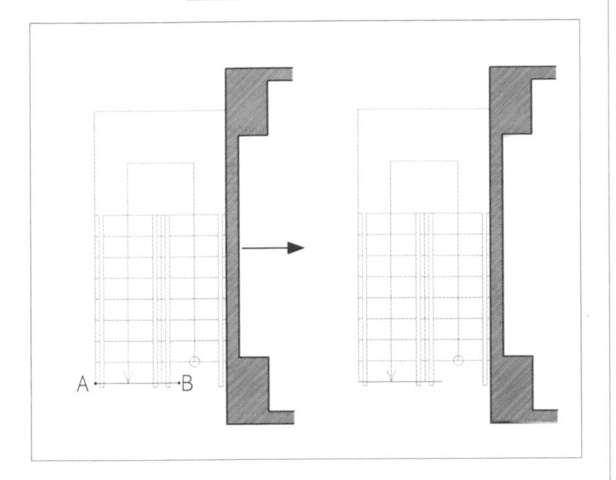

STEP 22 指令：TRIM(修剪)

❶ 選取物件：→點選(A)點線段 Enter

❷ 選取要修剪的物件，或 Shift 鍵並選取物件以延伸或[投影(P)/邊緣(E)/復原(U)]：F →輸入 "F" 做連續修剪動作 Enter

❸ 第一籬選點：→點選(B)點

❹ 指定直線端點或[復原(U)]：→滑鼠拖曳至(C)點 Enter

❺ 選取要修剪的物件，或shift鍵並選取物件以延伸或[投影(P)/邊緣(E)/復原(U)]：Enter

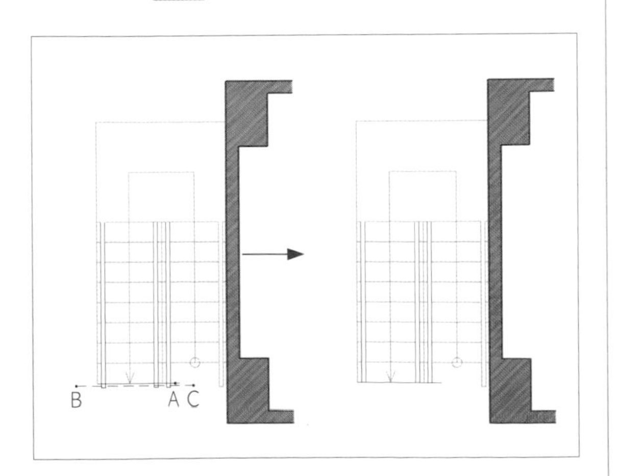

STEP 23 指令：OFFSET(偏移複製)

❶ 指定偏移距離[通過(T)]：5 →輸入偏移"5"數值 Enter

❷ 選取要偏移的物件或 <結束>：→點選需要偏移的(A)點線條

❸ 指定要在那一側偏移：→點選下方空白處(B)點 Enter

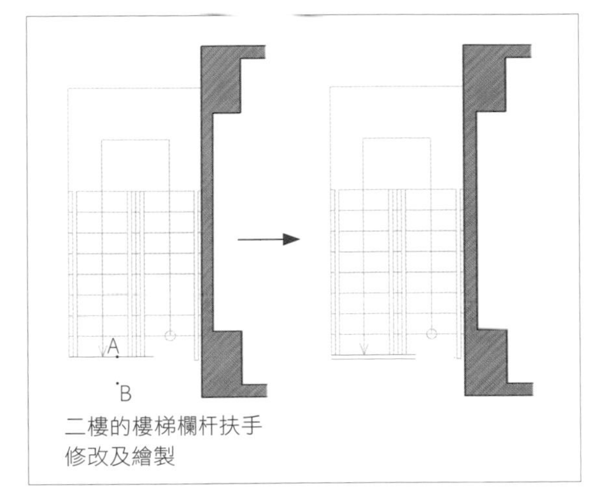

二樓的樓梯欄杆扶手
修改及繪製

STEP 24 指令：OFFSET(偏移複製)

❶ 指定偏移距離[通過(T)]：5 →輸入偏移"5"數值 Enter

❷ 選取要偏移的物件或 <結束>：→點選需要偏移的(A)點線條

❸ 指定要在那一側偏移：→點選下方空白處(B)點 Enter

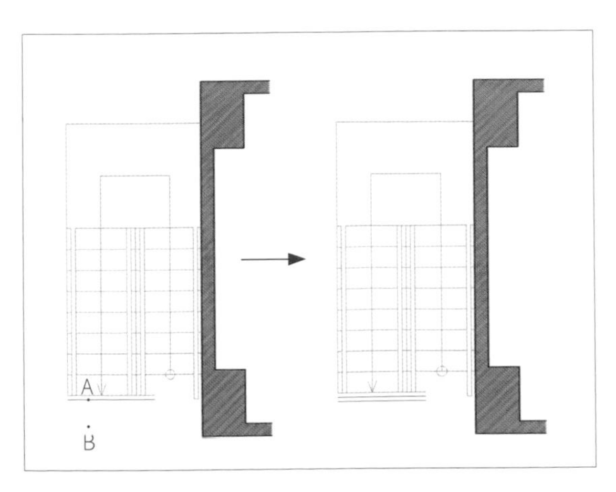

STEP 25 指令：OFFSET(偏移複製)

1. 指定偏移距離[通過(T)]：5 →輸入偏移"5"數值 Enter
2. 選取要偏移的物件或 <結束>： →點選需要偏移的(A)點線條
3. 指定要在那一側偏移：→點選左側空白處(B)點 Enter

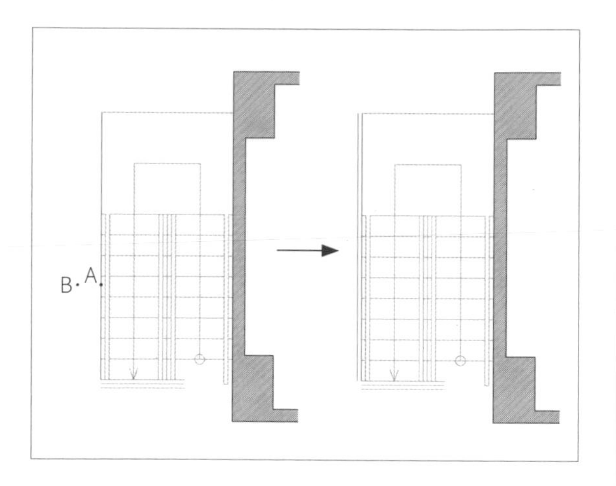

STEP 26 指令：OFFSET(偏移複製)

1. 指定偏移距離[通過(T)]：5 →輸入偏移"5"數值 Enter
2. 選取要偏移的物件或 <結束>： →點選需要偏移的(A)點線條
3. 指定要在那一側偏移： →點選左側空白處(B)點 Enter

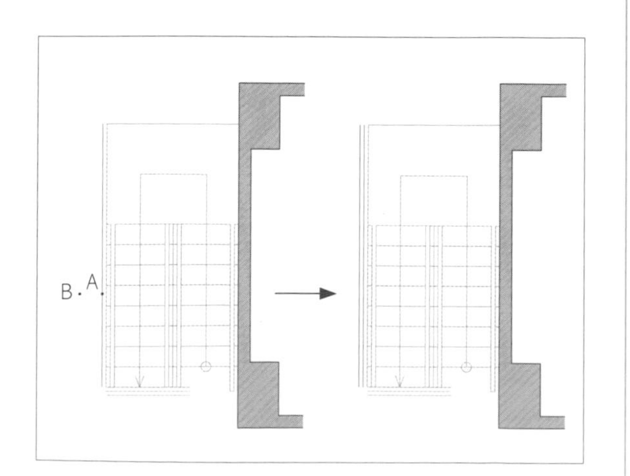

STEP 27 指令：OFFSET(偏移複製)

1. 指定偏移距離[通過(T)]：5 →輸入偏移"5"數值 Enter
2. 選取要偏移的物件或 <結束>： →點選需要偏移的(A)點線條
3. 指定要在那一側偏移： →點選下方空白處(B)點 Enter

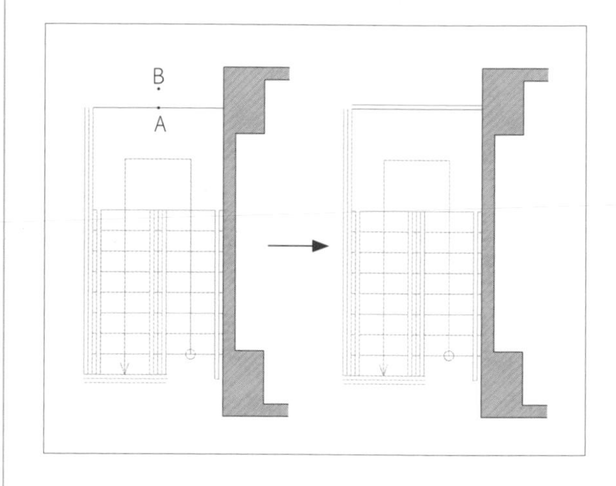

STEP 28 指令：OFFSET(偏移複製)

1. 指定偏移距離[通過(T)]：5 →輸入偏移"5"數值 Enter
2. 選取要偏移的物件或 <結束>： →點選需要偏移的(A)點線條
3. 指定要在那一側偏移： →點選下方空白處(B)點 Enter

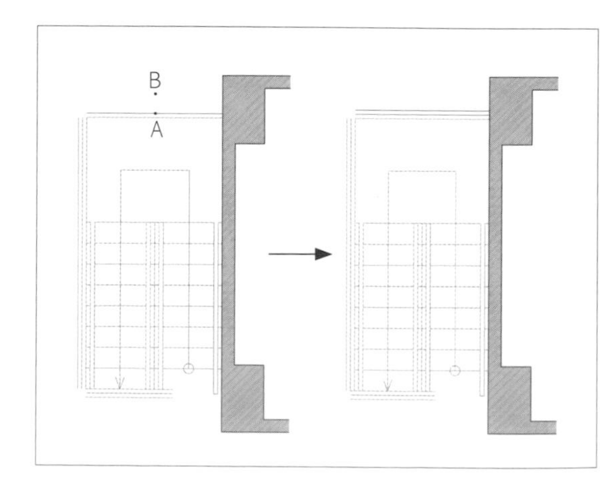

STEP 29 指令：FILLET(圓角)

❶ 目前的設定值：模式=修剪，半徑：0，0000 選取第一個物件或[聚合線(D)/半徑(R)/修剪(T)/多個(U)]： →點選(A)點線段

❷ 選取第二個物件： →點選(B)點線段

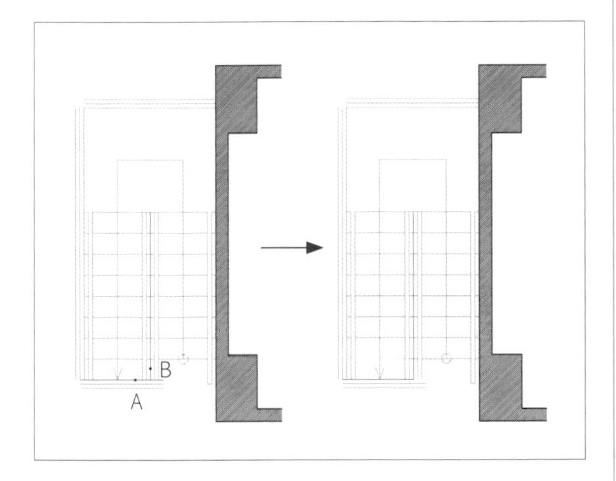

STEP 30 指令：FILLET(圓角)

❶ 目前的設定值：模式=修剪，半徑：0，0000 選取第一個物件或[聚合線(D)/半徑(R)/修剪(T)/多個(U)]： →點選(A)點線段

❷ 選取第二個物件： →點選(B)點線段

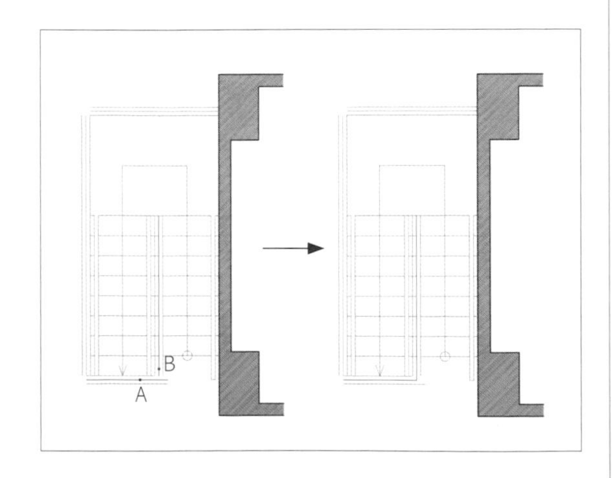

STEP 31 指令：FILLET(圓角)

❶ 目前的設定值：模式=修剪，半徑：0，0000 選取第一個物件或[聚合線(D)/半徑(R)/修剪(T)/多個(U)]： →點選(A)點線段

❷ 選取第二個物件： →點選(B)點線段

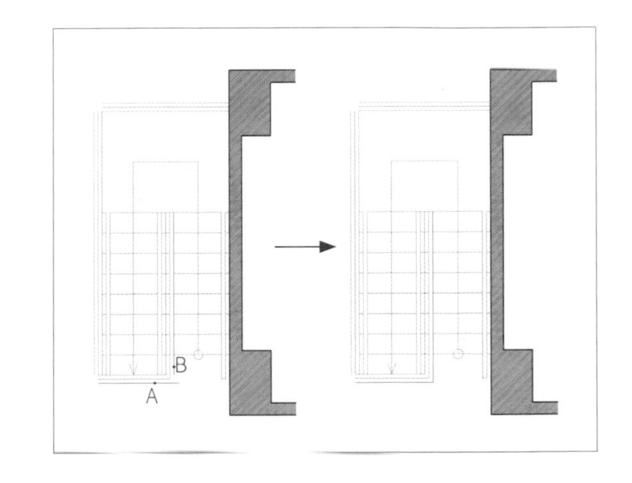

STEP 32 指令：FILLET(圓角)

❶ 目前的設定值：模式=修剪，半徑：0，0000 選取第一個物件或[聚合線(D)/半徑(R)/修剪(T)/多個(U)]： →點選(A)點線段

❷ 選取第二個物件： →點選(B)點線段

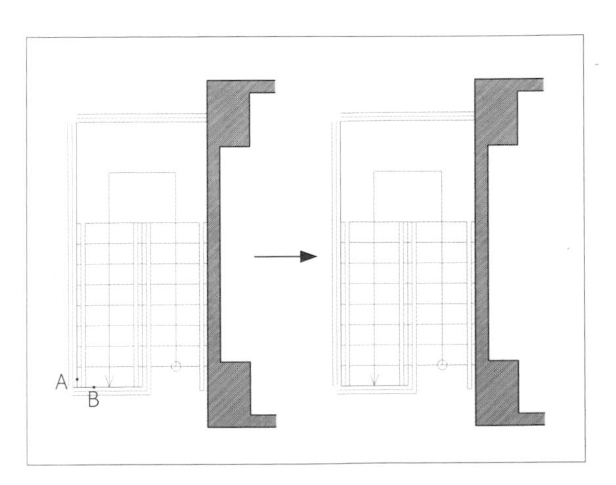

STEP 33 指令：FILLET(圓角)

❶ 目前的設定值：模式=修剪，半徑：0，0000 選取第一個物件或[聚合線(D)/半徑(R)/修剪(T)/多個(U)]：→點選(A)點線段

❷ 選取第二個物件： →點選(B)點線段

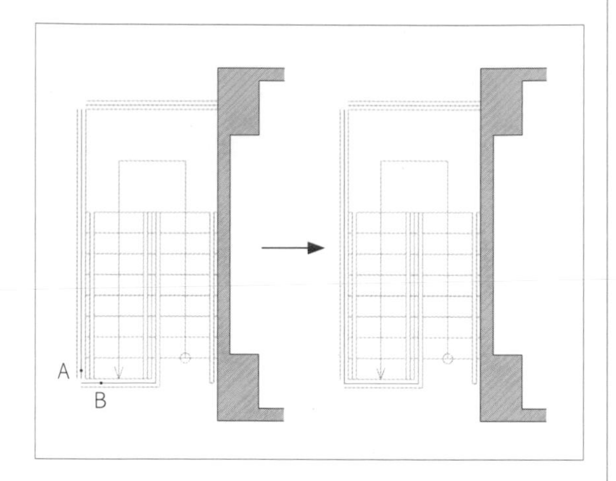

STEP 34 指令：FILLET(圓角)

❶ 目前的設定值：模式=修剪，半徑：0，0000 選取第一個物件或[聚合線(D)/半徑(R)/修剪(T)/多個(U)]： →點選(A)點線段

❷ 選取第二個物件： →點選(B)點線段

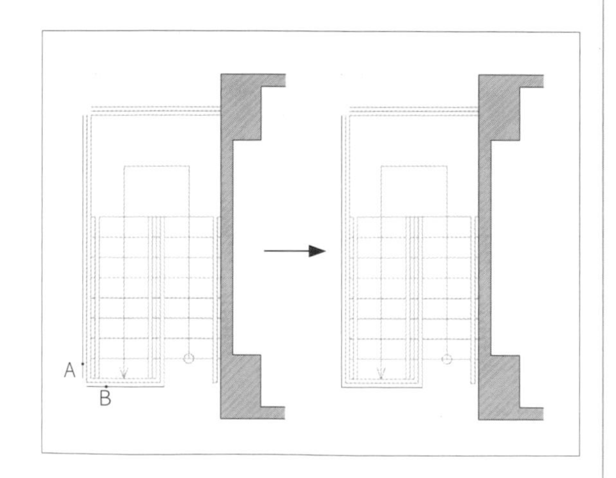

STEP 35 指令：FILLET(圓角)

❶ 目前的設定值：模式=修剪，半徑：0，0000 選取第一個物件或[聚合線(D)/半徑(R)/修剪(T)/多個(U)]： →點選(A)點線段

❷ 選取第二個物件： →點選(B)點線段

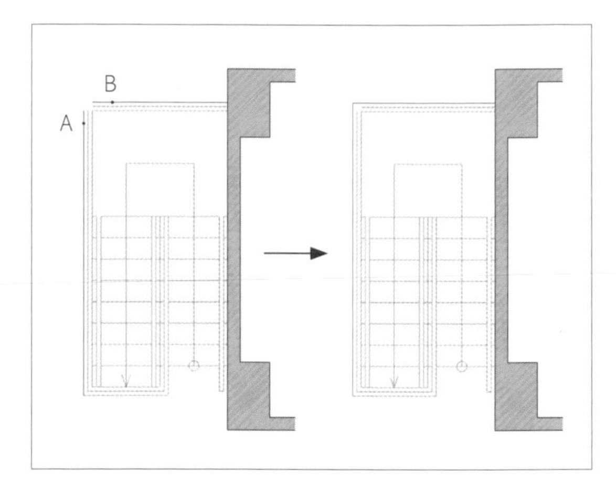

STEP 36 指令：FILLET(圓角)

❶ 目前的設定值：模式=修剪，半徑：0，0000 選取第一個物件或[聚合線(D)/半徑(R)/修剪(T)/多個(U)]： →點選(A)點線段

❷ 選取第二個物件： →點選(B)點線段

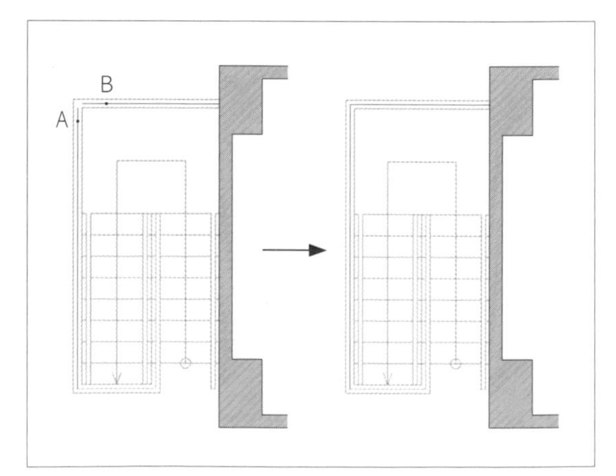

STEP 37 指令：OFFSET(偏移複製)

1. 指定偏移距離[通過(T)]：5 →輸入偏移"5"數值 Enter
2. 選取要偏移的物件或 <結束>： →點選需要偏移的(A)點線條
3. 指定要在那一側偏移： →點選下方空白處(B)點 Enter

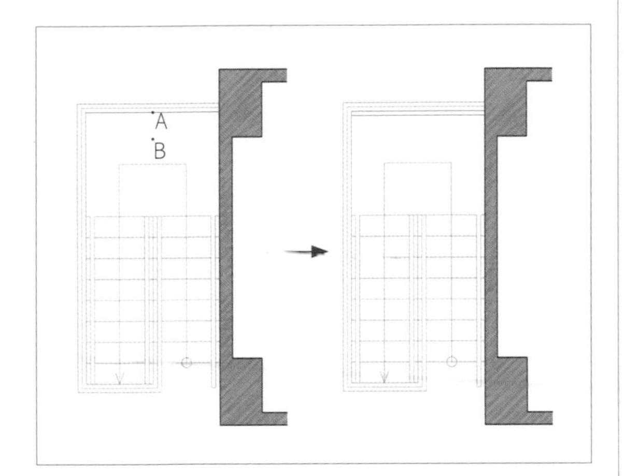

STEP 38 指令：OFFSET(偏移複製)

1. 指定偏移距離[通過(T)]：5 →輸入偏移"5"數值 Enter
2. 選取要偏移的物件或 <結束>： →點選需要偏移的(A)點線條
3. 指定要在那一側偏移： →點選下方空白處(B)點 Enter

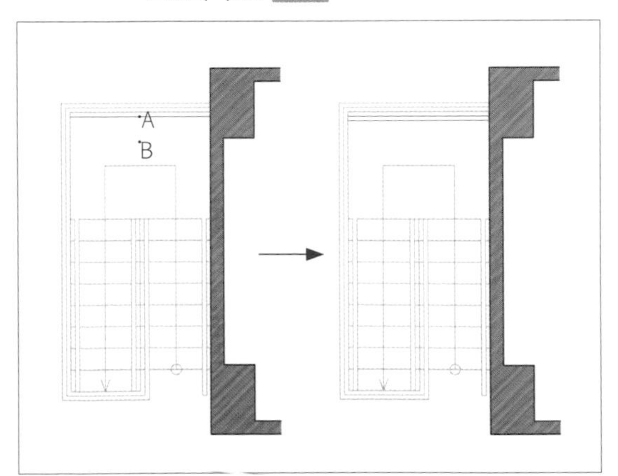

STEP 39 指令：FILLET(圓角)

1. 目前的設定值：模式=修剪，半徑：0，0000 選取第一個物件或[聚合線(D)/半徑(R)/修剪(T)/多個(U)]： →點選(A)點線段
2. 選取第二個物件： →點選(B)點線段

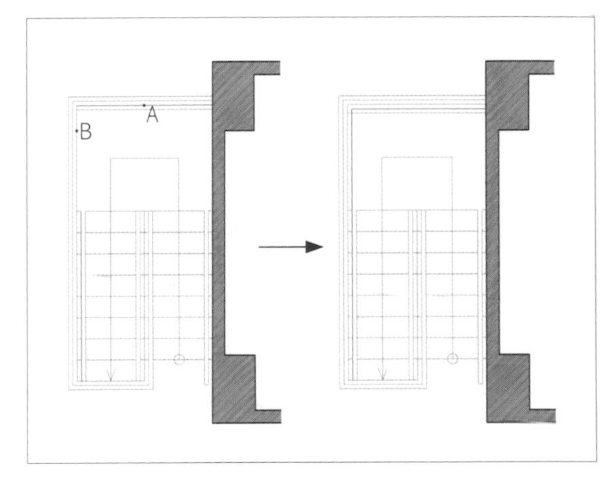

STEP 40 指令：FILLET(圓角)

1. 目前的設定值：模式=修剪，半徑：0，0000 選取第一個物件或[聚合線(D)/半徑(R)/修剪(T)/多個(U)]： →點選(A)點線段
2. 選取第二個物件： →點選(B)點線段

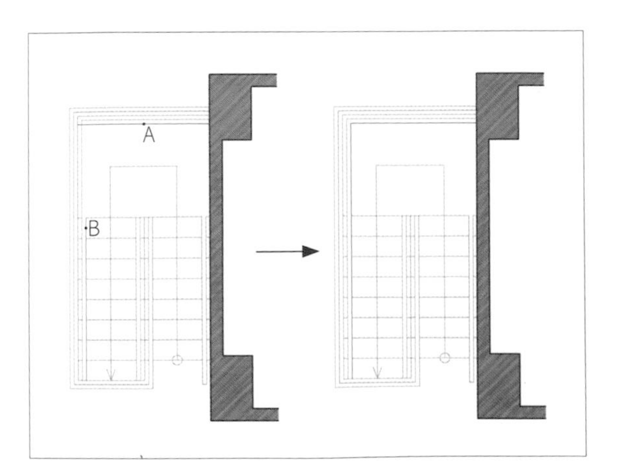

STEP 41 指令：FILLET(圓角)

❶ 目前的設定值：模式=修剪，半徑：0，0000 選取第一個物件或[聚合線(D)/半徑(R)/修剪(T)/多個(U)]：→點選(A)點線段

❷ 選取第二個物件：→點選(B)點線段

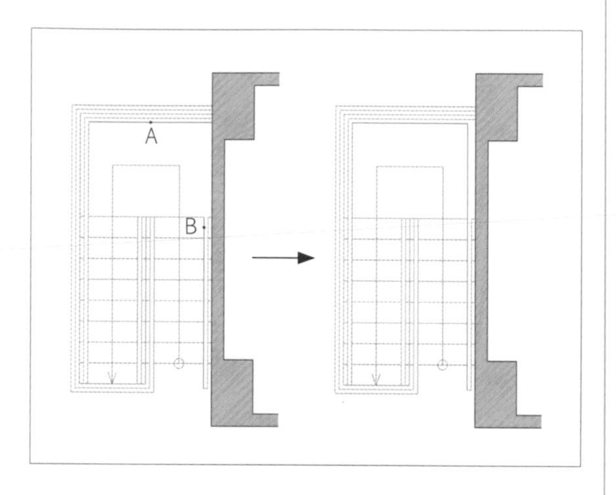

STEP 42 指令：FILLET(圓角)

❶ 目前的設定值：模式=修剪，半徑：0，0000 選取第一個物件或[聚合線(D)/半徑(R)/修剪(T)/多個(U)]：→點選(A)點線段

❷ 選取第二個物件：→點選(B)點線段

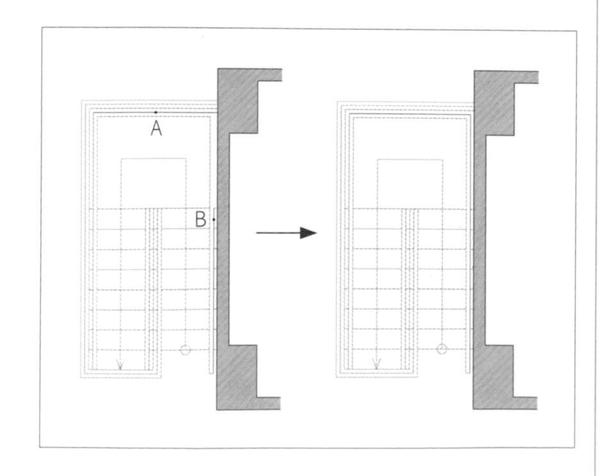

STEP 43 指令：STRETCH(拉伸)

❶ 以「框選窗」或「多邊形框選」選取要拉伸的物件......選取物件：→點選(A)點至(B)點框選

❷ 選取物件：R →輸入"R"移除不需拉伸物件 Enter

❸ 移除物件：→點選(C)點線段 2.指定基準點或位移：→點選端點(D)點

❹ 指定位移的第二點或<使用第一點作位移>：5 →輸入"5數值，滑鼠往上方空白處點選 Enter

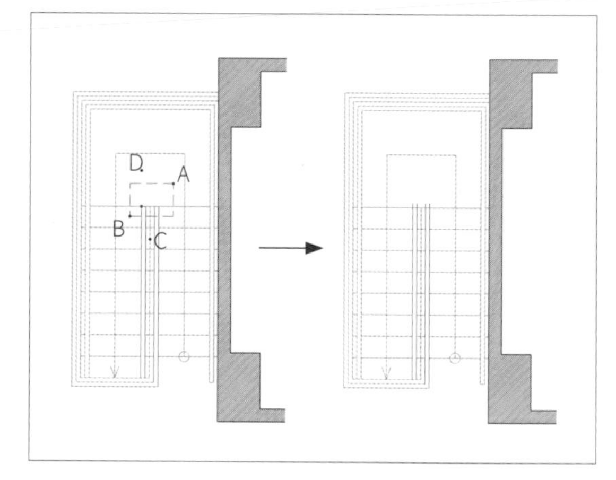

STEP 44 指令：LINE(線)

❶ 指定第一條線：→點選端點(A)點

❷ 指定下一點或[復原(U)]：→點選端點(B)點 Enter

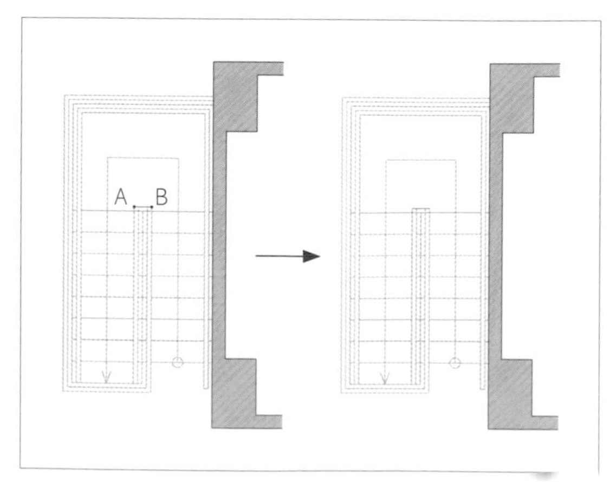

STEP 45 指令：OFFSET(偏移複製)

❶ 指定偏移距離[通過(T)]：5 →輸入偏移"5"數值 Enter

❷ 選取要偏移的物件或 <結束>： →點選需要偏移的(A)點線段

❸ 指定要在那一側偏移： →點選上方空白處(B)點 Enter

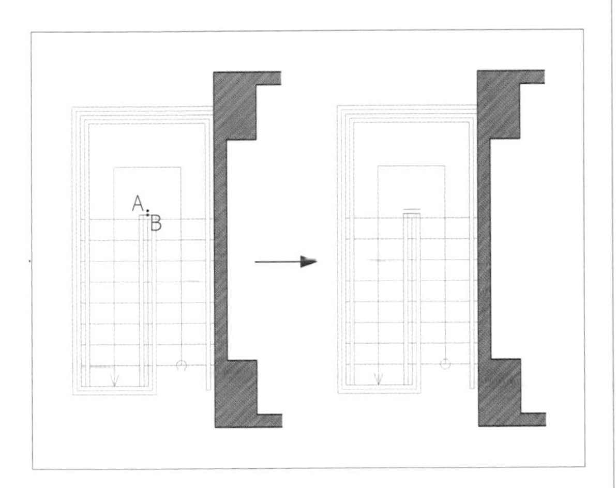

STEP 46 指令：TRIM(修剪)

❶ 選取物件：→點選(A)至(D)點線段 Enter

❷ 選取要修剪的物件，或 Shift 鍵並選取物件以延伸或[投影(P)/邊緣(E)/復原(U)]： →點選不需使用的線段，予以修剪 Enter

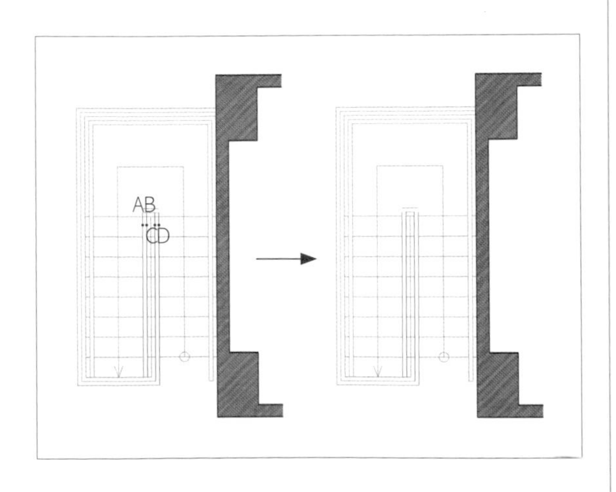

STEP 47 指令：EXTEND(延伸)

❶ 目前的設定：投影：UCS 邊緣：延伸
選擇邊界邊緣......選取物件：→點選(A)點線段 Enter

❷ 選取要修剪的物件，或 Shift 鍵並選取物件以延伸或[投影(P)/邊緣(E)/復原(U)]：→點選(B)(C)點線段 Enter

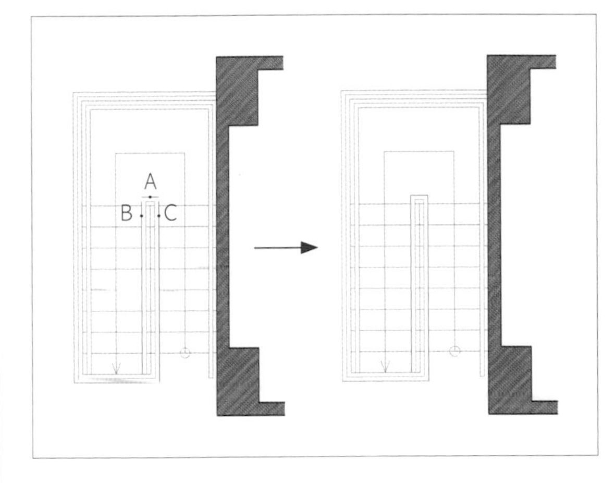

STEP 48 此階段已完成二樓的繪製，再更改正確的層及顏色

❶ 直接用滑鼠按左鍵框選物體進行更改顏色

❷ 樓梯物件可以另建一個"樓梯"層或者隸屬於"牆"層

❸ 階梯為"白色07"，而扶手顏色為"青藍色04"或"深藍色05"

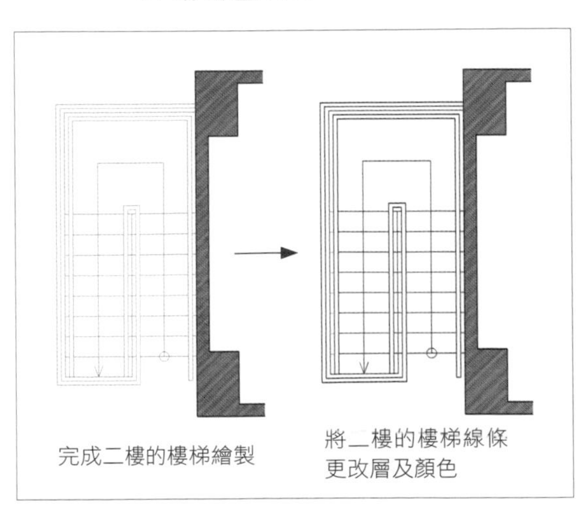

STEP 49

❶ 階數號碼輸入上去，會讓階梯階數更清楚

❷ "DN"為下樓梯

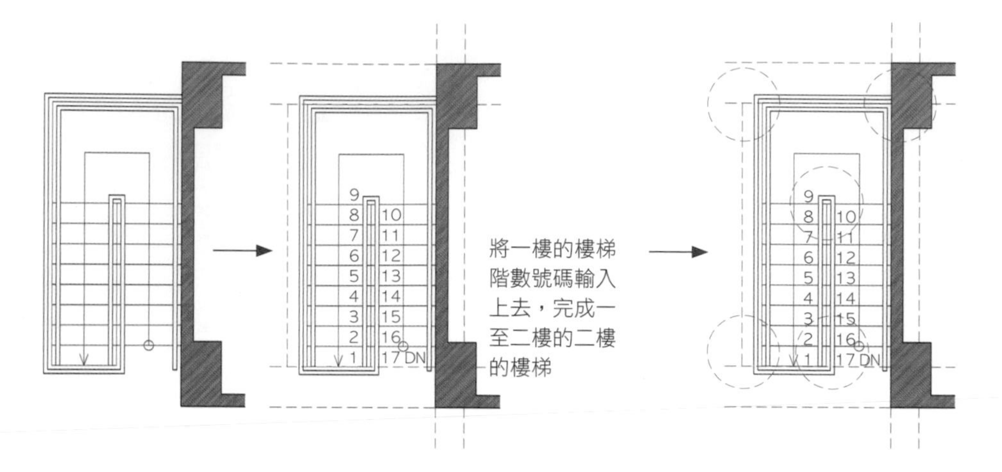

在二樓樓梯樓欄杆扶手部份，是比較容易畫錯的地方，在右上圖把比較容易畫錯地方以紅色虛線圓圈框起來，繪製時需多加注意。

+ 一至三樓的樓梯在平面繪法

一至三樓的樓梯之一樓的樓梯繪製步驟

延用一至二樓的樓梯繪製1-35步驟方法，就可以繪製出下圖的一樓樓梯。

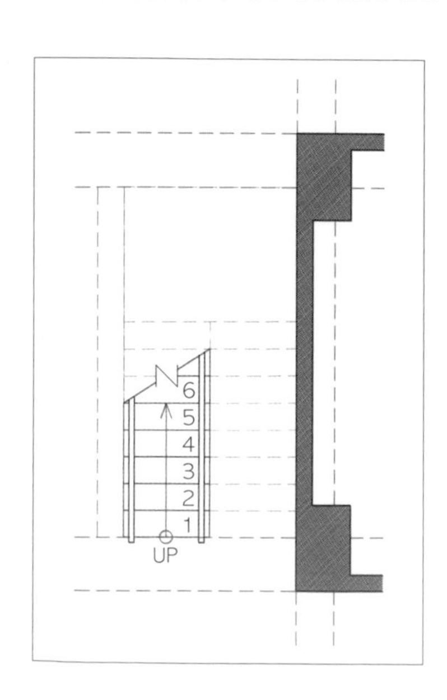

一至三樓的樓梯之二樓的樓梯繪製步驟

步驟如下：

1. 延用一至二樓的二樓梯繪製1-49步驟方法，就可以繪製出下圖的二樓樓梯。唯一不同繪製之處是由二樓往三樓樓梯，因為是往上樓梯，在120cm-150cm平剖關係會剖到第七階左右。所以，在第七階左右繪製雙斜線的剖折線。
2. 再繪製二樓往一樓樓梯階數全部繪製出來。
3. 樓梯階數標示是由一樓的第一階踏算起，至二樓的樓地板才算是完整總階數。而二樓往三樓的樓梯階數標示，是由二樓往三樓的第一階踏開始算起。

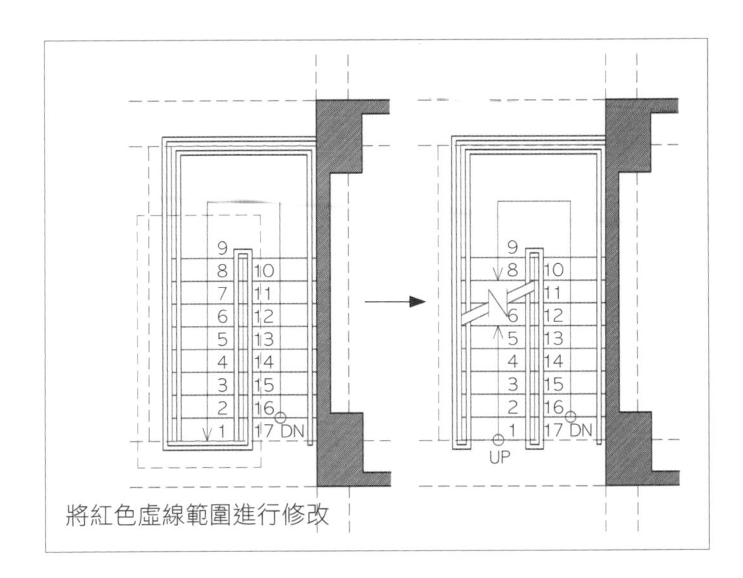

一至三樓的樓梯之三樓的樓梯繪製步驟

步驟如下：

1. 繪製三樓樓梯時先繪製樓版挑空範圍。
2. 複製二樓的樓梯至三樓的樓梯位置，再進行局部修改。
3. 因為沒有再往上走的樓梯，依挑空範圍內把樓梯階數全部繪製出來。
4. 欄杆扶手線條修改調整。
5. 雙線剖折線刪除。
6. 將階數號碼輸入上去。

將紅色虛線範圍進行修改

注意

繪製樓梯需要空間上的觀念，尤其在一至三樓的樓梯繪製上，會比較有問題是在二樓的樓梯繪製上，但只要把每一層樓梯上與下的關係明確去了解，加上平面圖平剖概念，繪製上就不會出問題了。

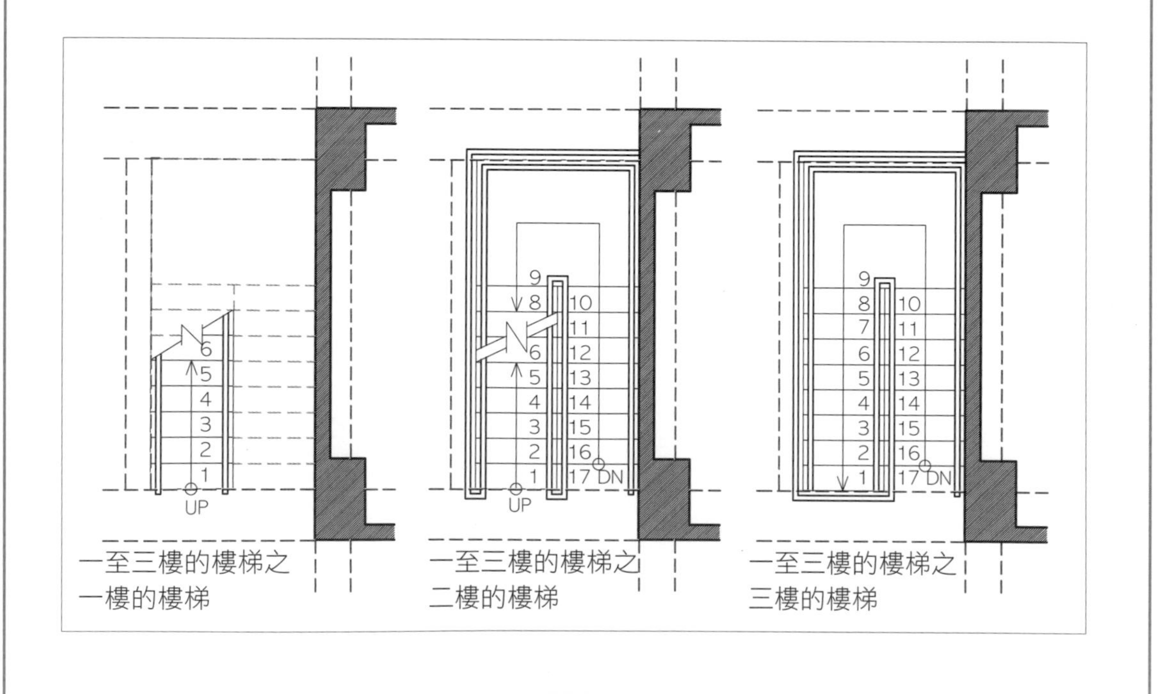

一至三樓的樓梯之一樓的樓梯

一至三樓的樓梯之二樓的樓梯

一至三樓的樓梯之三樓的樓梯

+ 樓梯的型式

樓梯的型式有很多種，如一字型、L型、螺旋型、圓型、1/2圓型樓梯，需依空間及動線上的考量設計適合的樓梯型式。有時樓梯在空間上會被設計為空間的主軸，有時樓梯只當做空間與另一個空通道作用而已，全依設計者去詮釋。

底下列出常見的樓梯型式範例，供您參考：

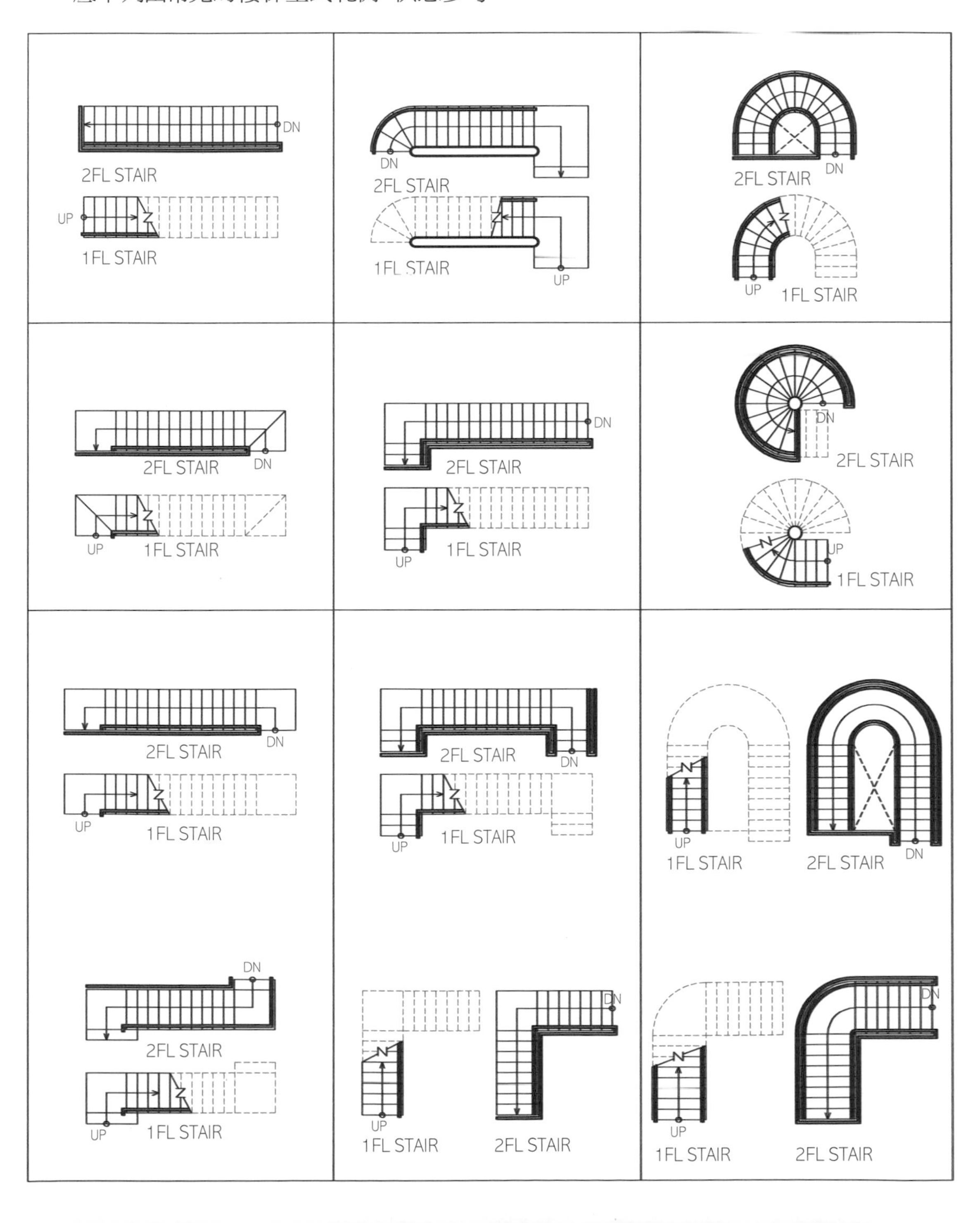

3-5 各空間平面配置範例

前面為您介紹的是一般繪製上比較容易發生問題的物件，本節則將為您介紹室內設計物件在平面配置上的注意事項。

+ 客廳的配置

客廳的配置是全戶的設計重點，也是使用最頻繁的公共空間，而配置上主要考量點在於客廳的使用面積及動線。而在客廳配置物件有一人沙發、二人沙發、三人沙發、L型沙發組、貴妃椅、腳凳、背几、茶几等等，這些物件讓客廳的空間極富變化性。若客廳的配置與其它空間結合，更會讓空間開闊感。

客廳的配置需注意以下幾點：

（一）　行走動線寬度在45-60cm左右，沙發與沙發轉角間距20cm。

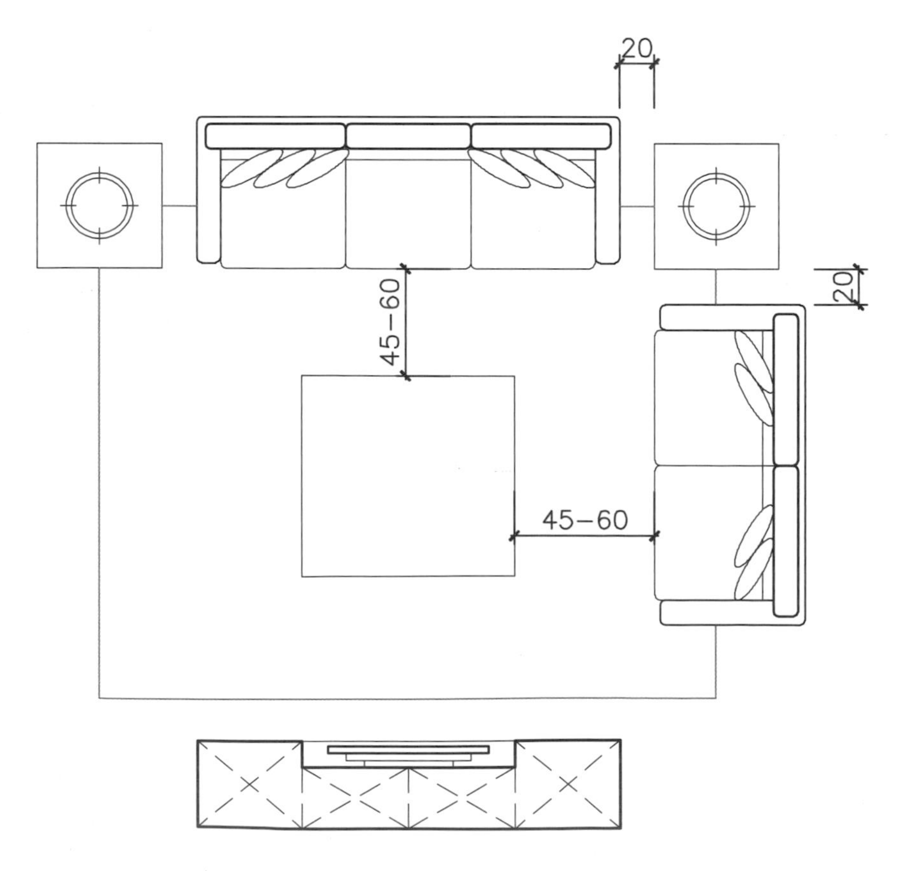

客廳需注意配置尺寸

（二） 沙發的中心點盡量與電視櫃中心點齊。

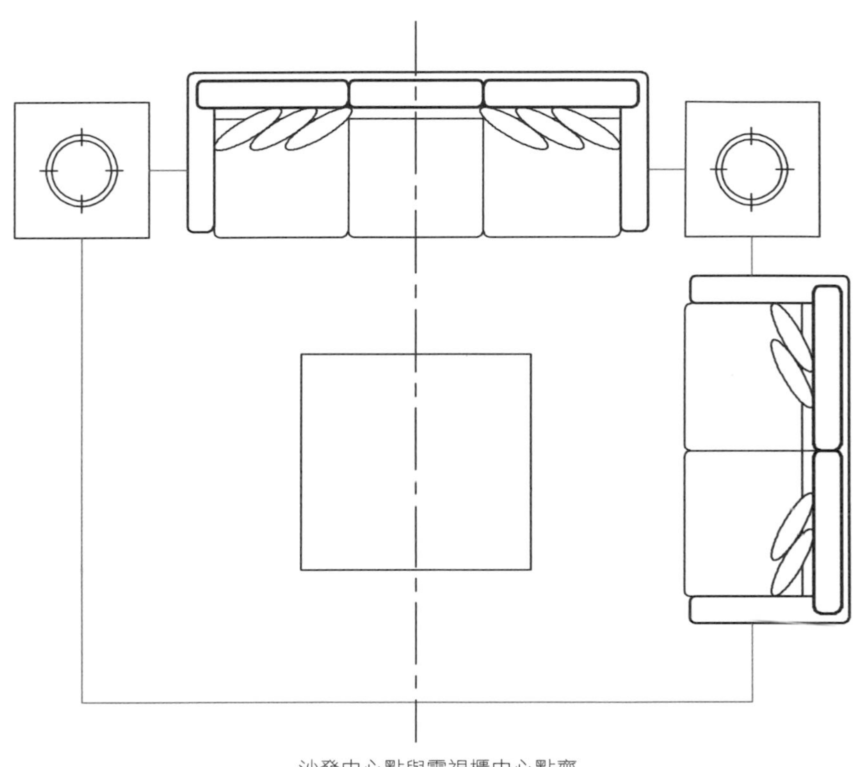

沙發中心點與電視櫃中心點齊

（三） 配置沙發組的圖塊物件，不一定將圖塊物件擺放水平及垂直面，有時會讓客廳的配置上顯得單板。

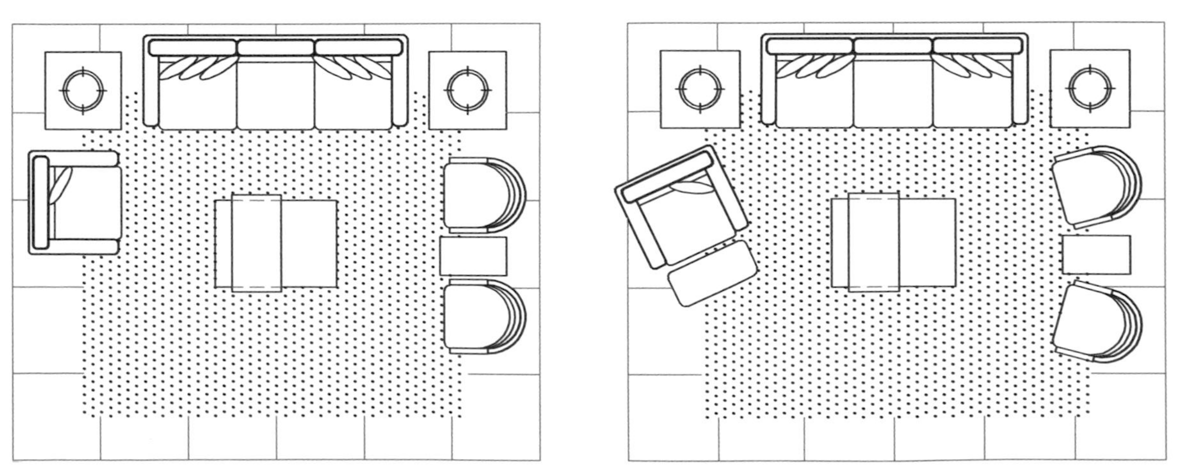

沙發組配置

因此可將單人沙發組圖塊物件轉為15°、25°、35° 的角度，使得客廳的整體配置上會比較活潑。(如下圖1、2)，或者整組客廳配置轉為 45° 角度。(如圖3)

圖1 沙發組配置

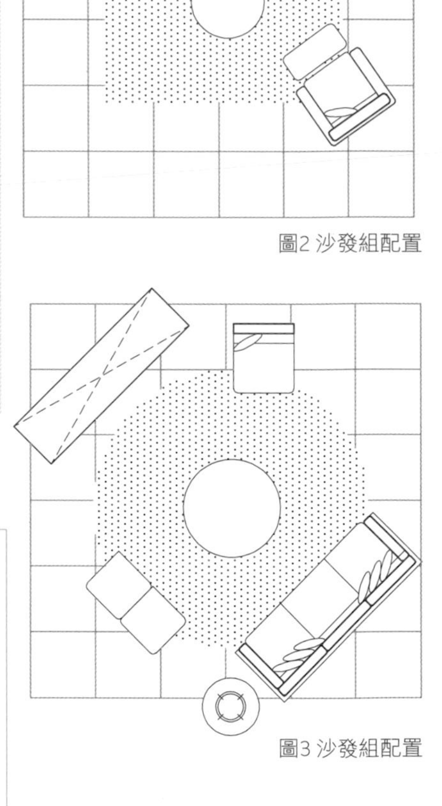

圖2 沙發組配置

圖3 沙發組配置

（四） 客廳的配置可以使用不同樣式的圖塊物件，會讓配置圖面呈現不同感覺。況且，變更不同圖塊物件應用在客廳的配置，最能感受到圖面上不同的風格。想要讓客廳的配置比較新古典感覺，就可以用新古典的圖塊物件。(如下兩圖)

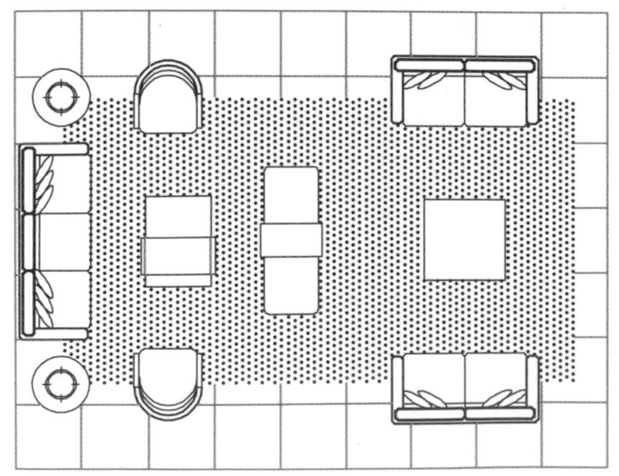

應用在此客廳坪數比較大且長型的空間配置，配置的組合雖是單一空間配置，卻可以區分兩個區域使用，呈現大器的風格

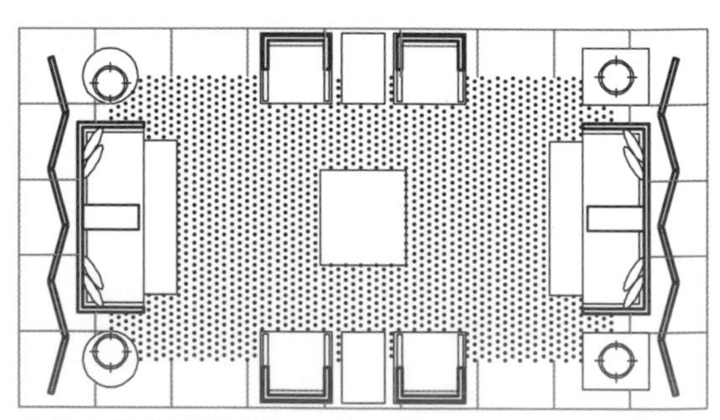

採用中國式的羅漢椅、明朝椅等圖塊物件，應用客廳配置上在讓配置圖呈現是另一種風格

（五） 客廳的配置可與另一個單位的空間結合，可分為開放性、半開放性、穿透性的處理手法，這些方式可讓客廳的開闊及延展性更大。客廳與其他空間組合的配置如下：

1. 客廳加入了開放的閱讀空間，讓空間更有機能性。(如圖1)
2. 客廳配置加入了開放的書房，讓空間有多變互動的作用。(如圖2)
3. 客廳與開放的餐廳結合，讓動線上更為順暢。(如圖3)
4. 客廳與起居室配置圖塊物件做區隔，可獨立及合併使用的空間。(如圖4)
5. 吧檯區與客廳的結合，是比較適用喜歡好客的居住者使用。(如圖5)
6. 餐廳與客廳配置，略有不同是在客廳沙發組部份，看似單一組的空間有兩種使用的配置。(如圖6)

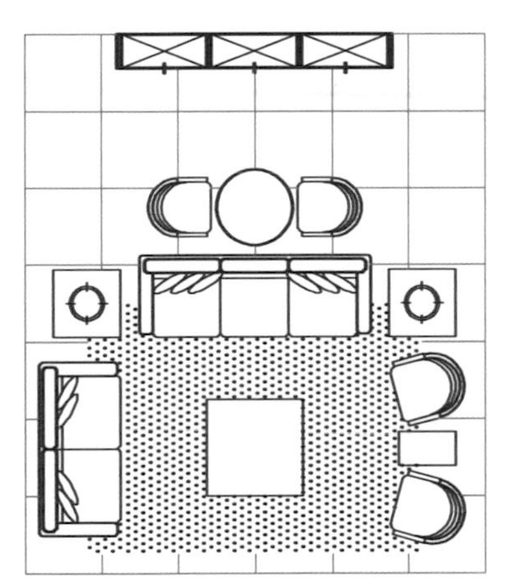
圖1：客廳與閱讀區結合

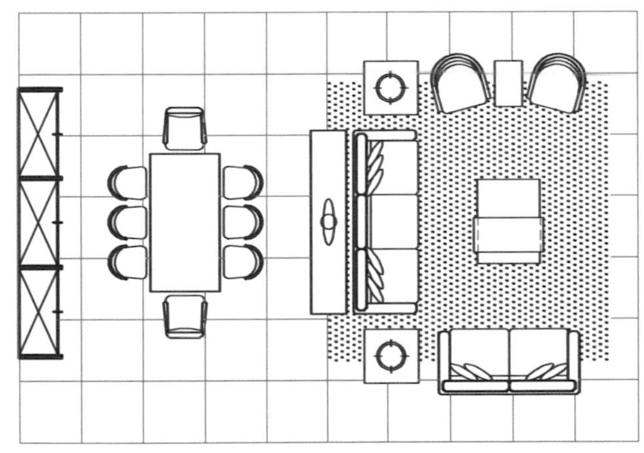
圖3：餐廳與客廳結合

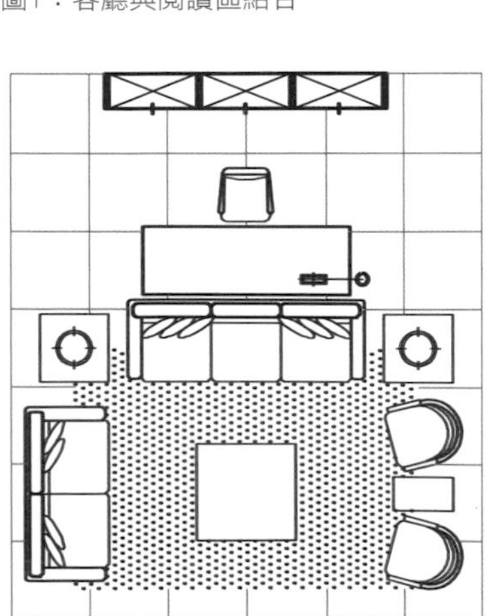
圖2：客廳配置與開放的書房結合

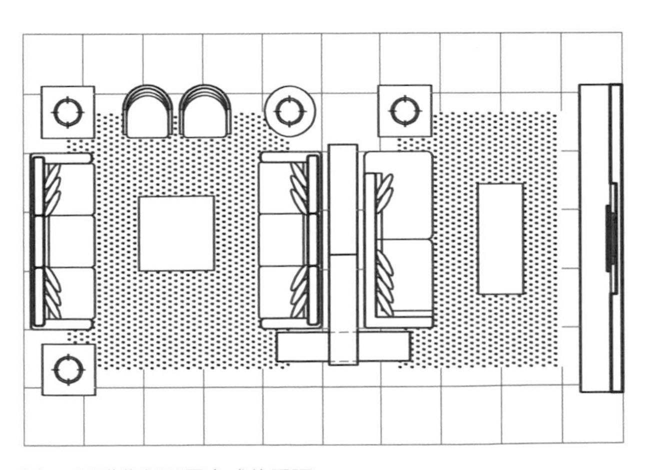
圖4：活動傢俱配置方式的區隔

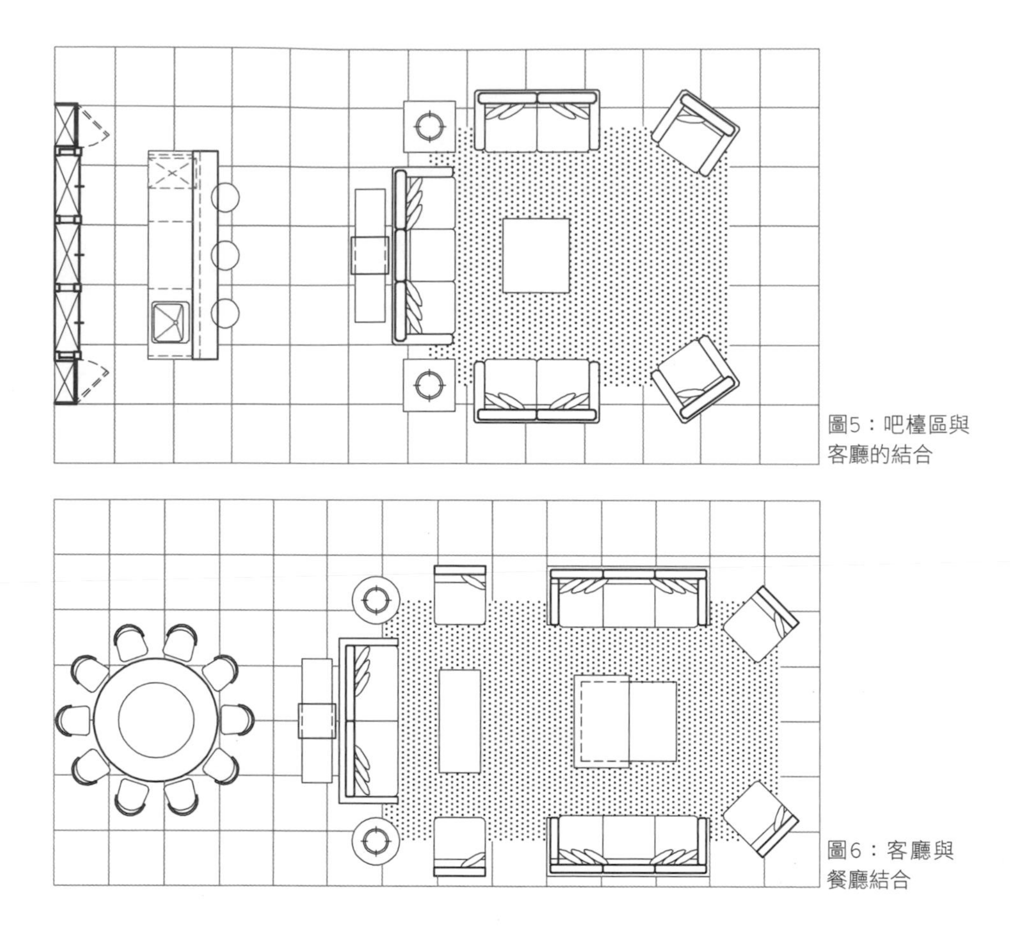

圖5：吧檯區與客廳的結合

圖6：客廳與餐廳結合

+ 廚房的空間配置範例

廚房上的配置上需注意廚具上使用的流程，此流程為洗、切、煮，這三段流程影響廚房上的設計主因。下圖的的廚房配置是最常見的一字型廚具配置。

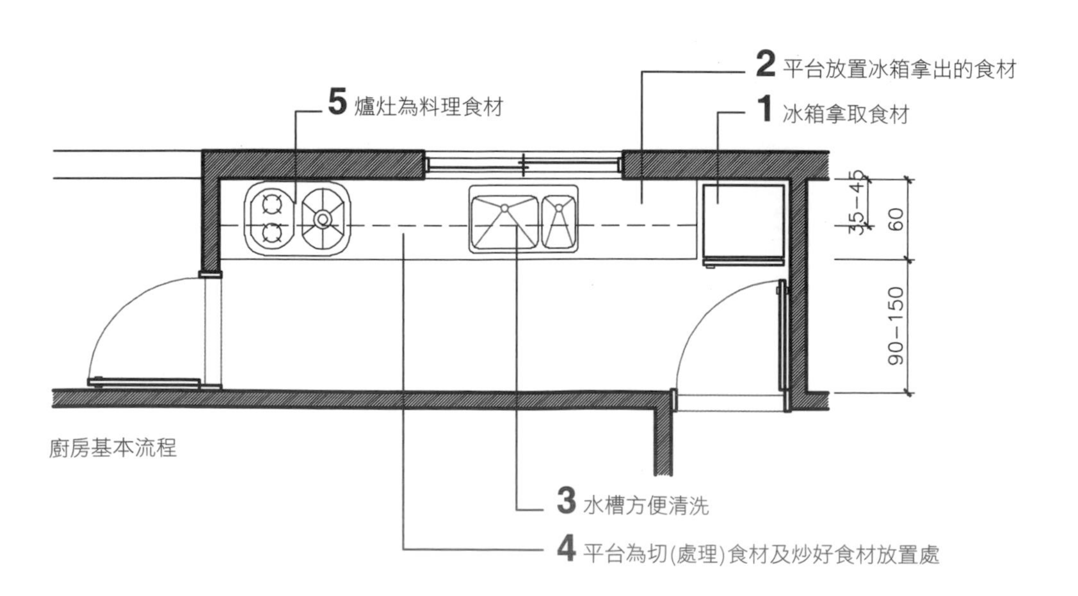

廚房基本流程

廚房的廚具組加置島型檯或者稱為中島(英文稱為ISLAND)，而島型檯是指獨立的檯面兼具吧檯、簡餐檯面使用、處理洗、切、備料的工作檯。當島型檯配置在廚房的空間時，此廚房空間以採用開放式廚房型式居多，同時與餐廳空間結合，讓廚房有更大的發揮空間及互動的關係。島型檯在設計上需注意：

1. 島型檯與牆櫃的距離不得少於 90cm，也不宜大於 120cm。
2. 島型檯長度尺寸至少 150cm 以上才夠大方，但不宜大於 250cm。
3. 島型檯深度尺寸應在 80-120cm 之間。
4. 當島型檯用來當吧檯或者餐桌時，擺放椅子的位置，需能伸出腳時有容納之處。

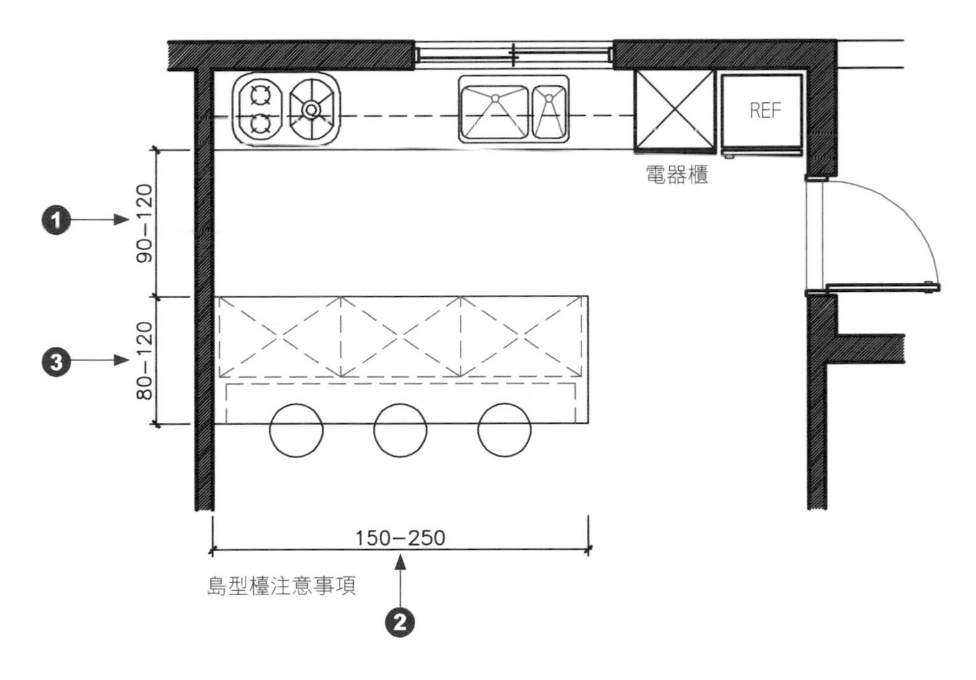

島型檯注意事項

島型檯型式的變化

因廚房的寬度及縱深而影響島型檯的設計配置，當然也要考慮個人使用需求及習慣，往往因為這些因素而延展出不同的島型檯的型式。如下：

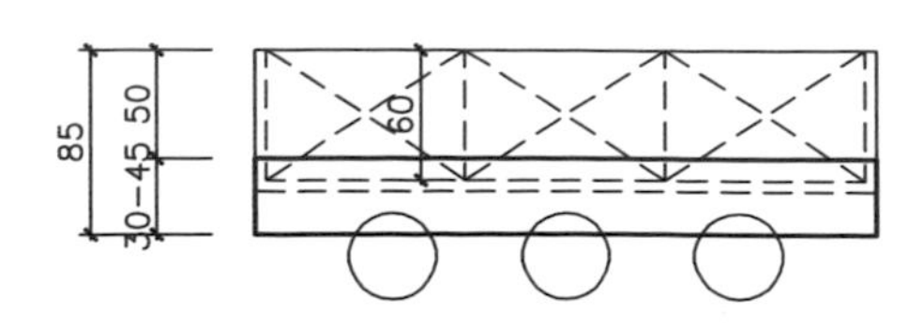

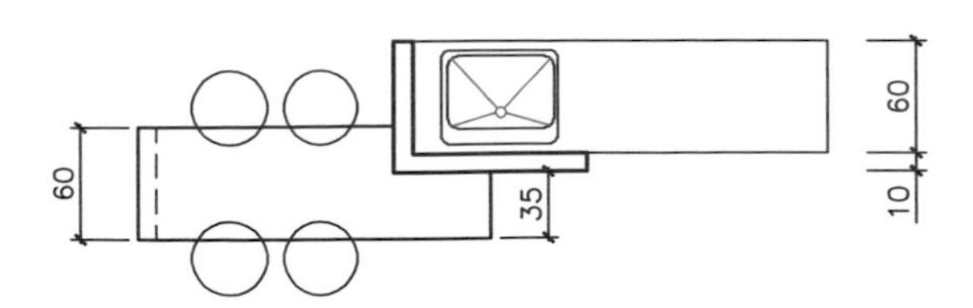

島型檯型式變化-1

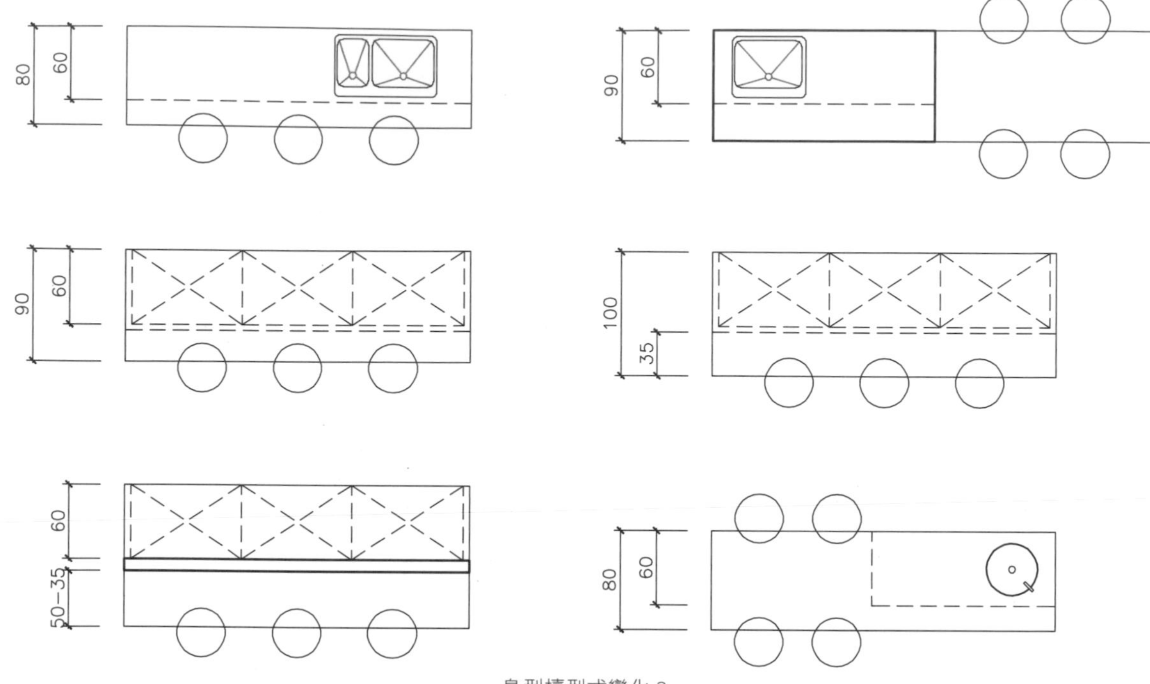

島型檯型式變化-2

廚房的規劃

廚房的整理規劃有一字型、二字型、L型、M型 (如下圖1~5)，而島型檯成為豪宅的新寵，近來為了因應飲食習慣及文化上的差異，同時兼具整體的美感而有了"雙廚房"的設計概念。所謂"雙廚房"是指輕食與熟食分開調理，而輕食是指冷食、水果調理、微波等簡單無煙的食物及飲料，通常採用開放式的設計。熟食是指熱炒食物且設置於靠陽台、通風良好的空間，與輕食空間以透明玻璃門片做空間上的區隔。(如圖6)

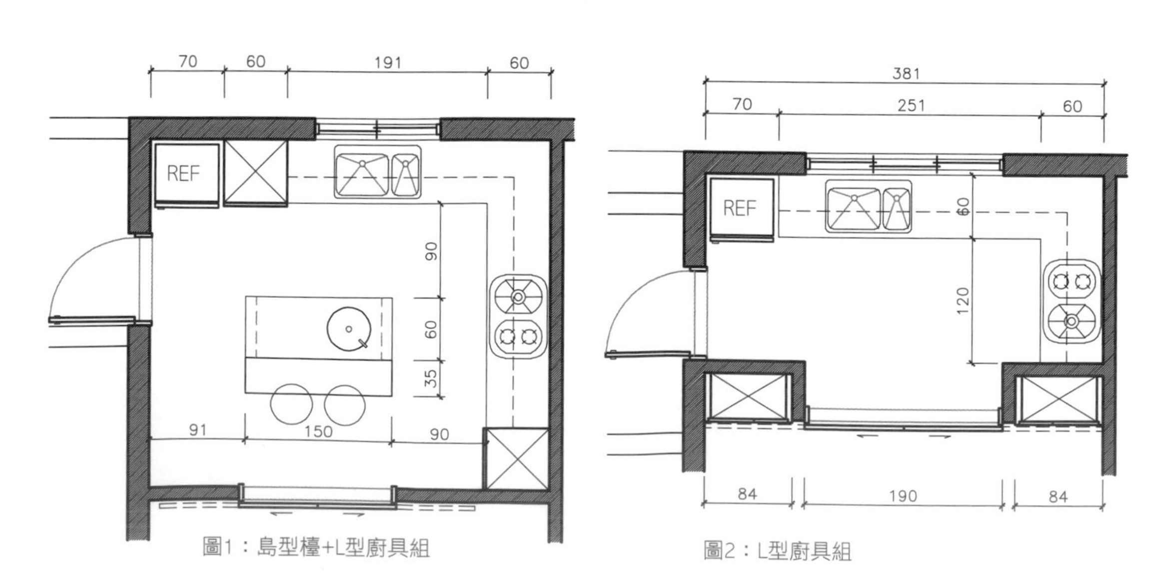

圖1：島型檯+L型廚具組

圖2：L型廚具組

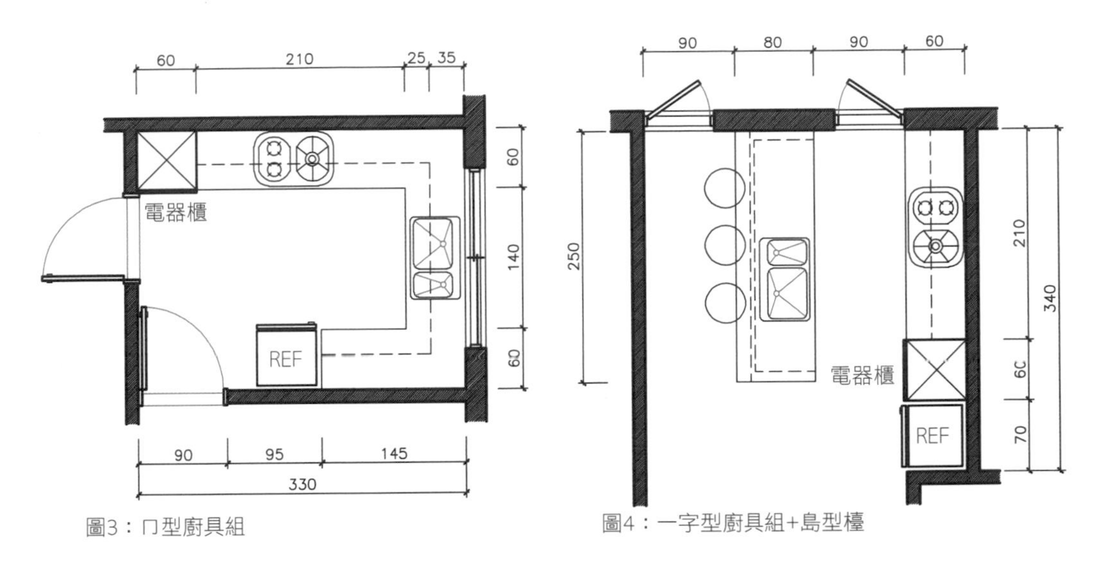

圖3：ㄇ型廚具組

圖4：一字型廚具組+島型檯

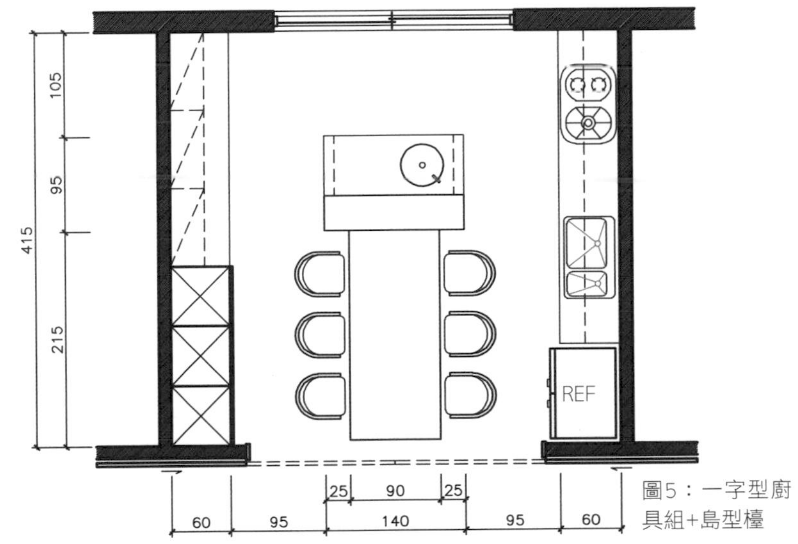

圖5：一字型廚具組+島型檯

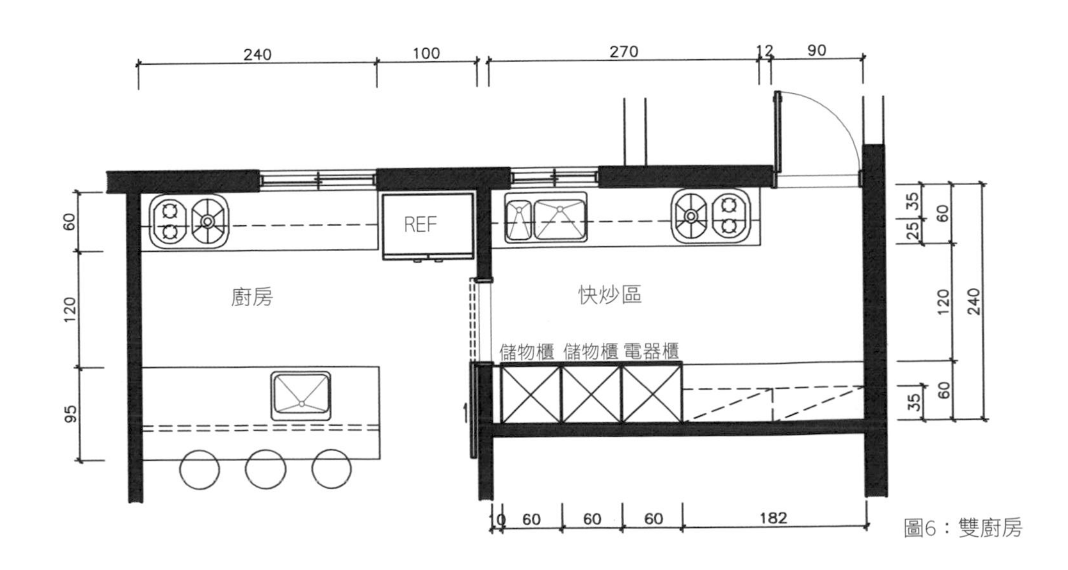

圖6：雙廚房

✚ 浴廁的空間配置範例

浴廁的配置圖可分為廁所、浴廁兩種.但因使用空間不同，名稱上也有所不同。如廁所又可稱為公共廁所；而浴廁又可稱為客用浴廁、主臥室.而廁所及浴廁的配置也並不太相同，在浴廁的配置分為「半套」及「全套」。在實務上的配置仍需要考量管道間及現場施作上問題。依廁所及浴廁配置上的差異性，底下列舉不同配置加以說明：

廁所的配置

需要設備為馬桶、洗臉盆(檯)。(如下圖)

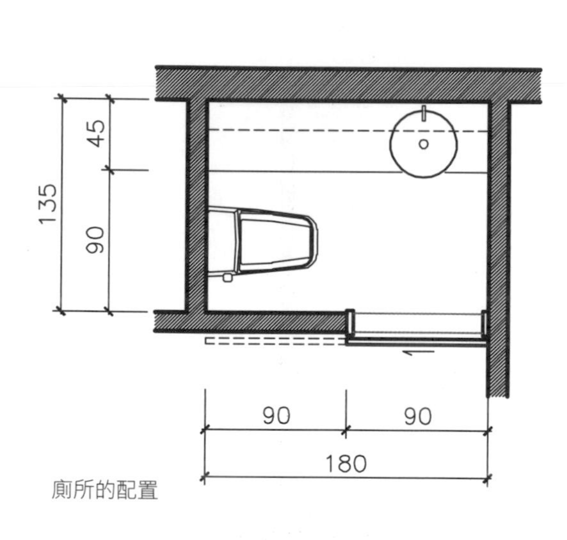

廁所的配置

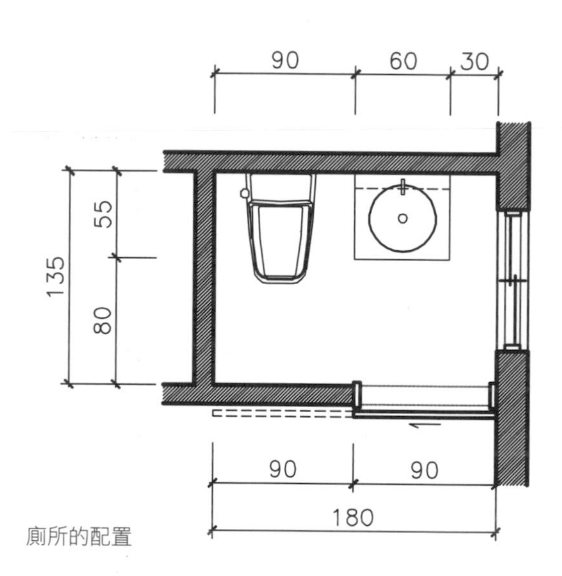

廁所的配置

浴廁的配置(半套設備)

半套設備為馬桶、洗臉盆(檯)、淋浴間或者馬桶、洗臉盆(檯)、浴缸(如下圖1~9)

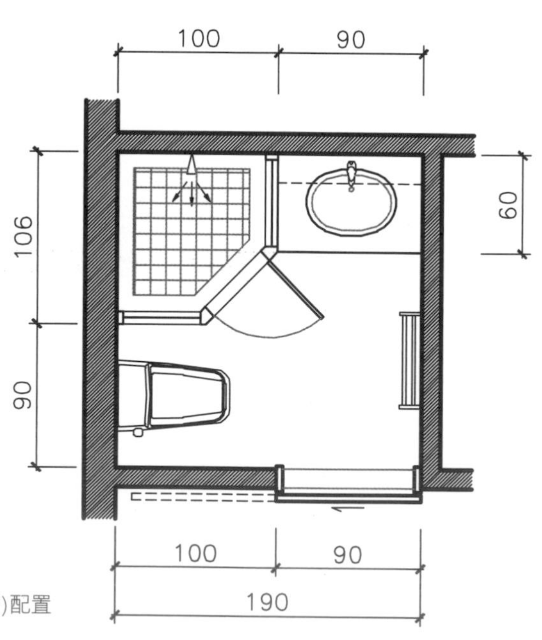

圖1：浴廁的(半套)配置

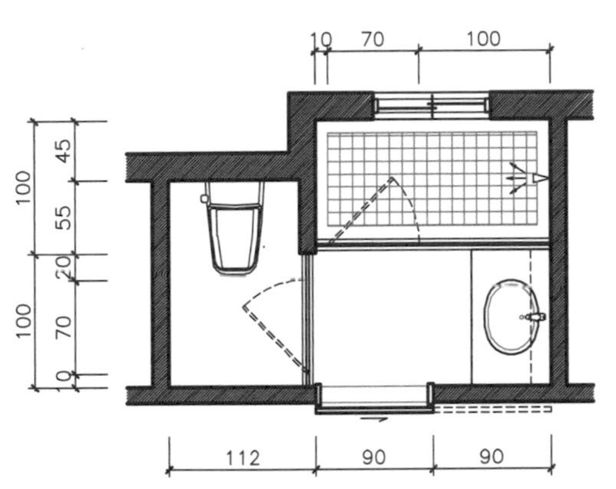

圖2：浴廁的(半套)配置

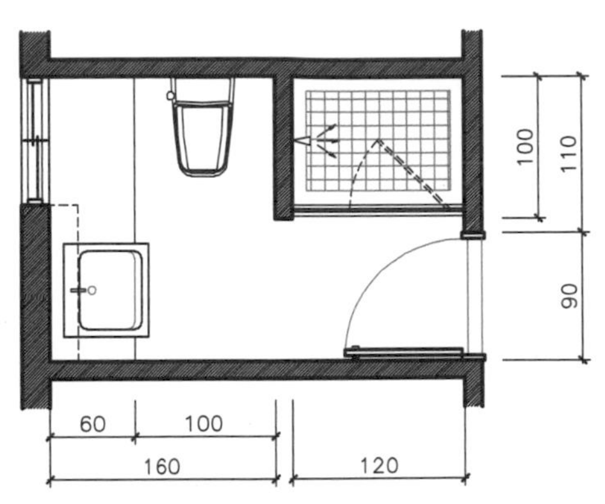

圖3：浴廁的(半套)配置

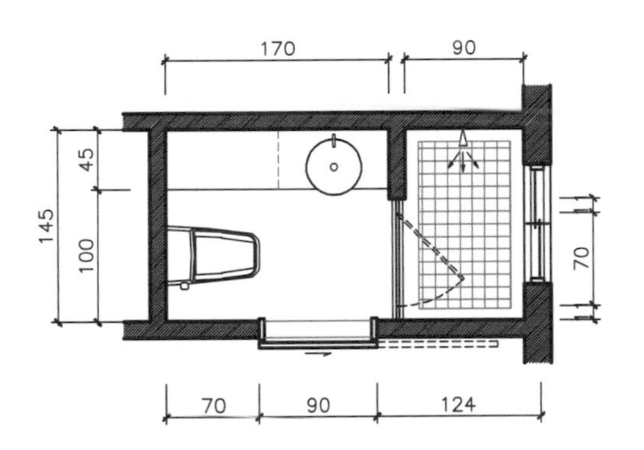

圖4：浴廁的(半套)配置

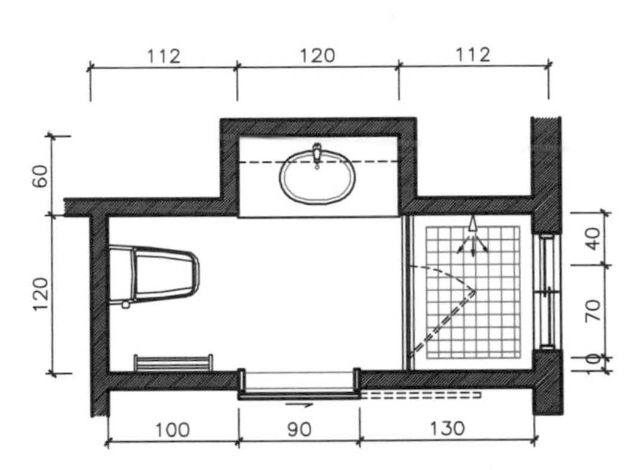

圖5：浴廁的(半套)配置

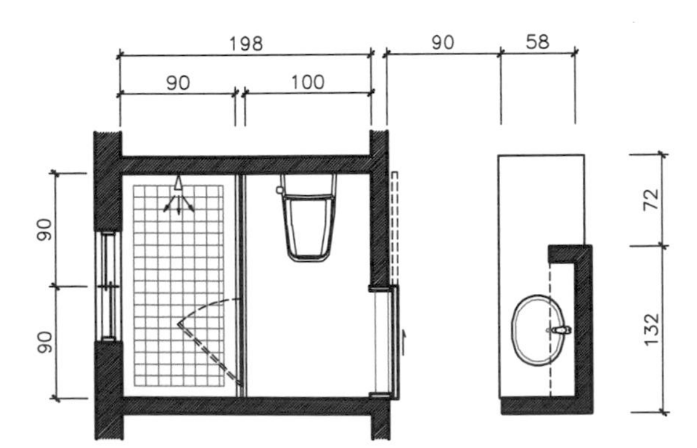

圖6：浴廁的(半套)配置

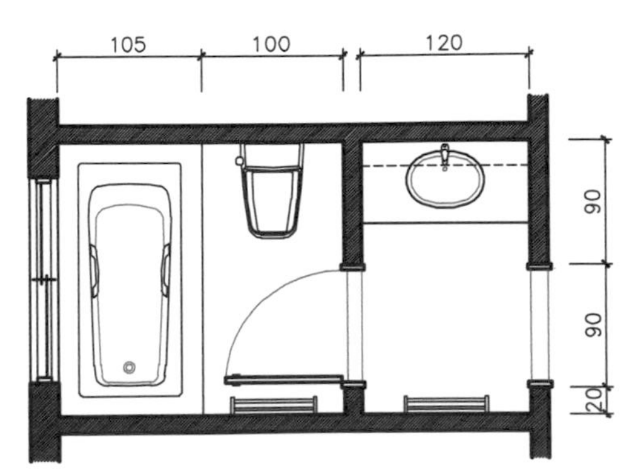

圖7：浴廁的(半套)配置

圖8：浴廁的(全套)配置

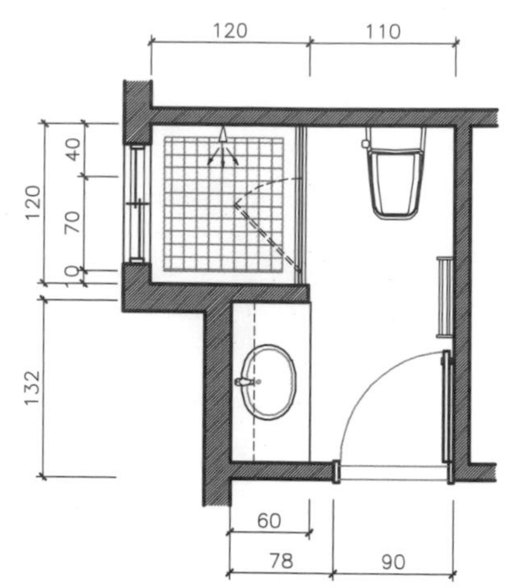

圖9：浴廁的(全套)配置

浴廁的配置(全套設備)

全套設備為馬桶、洗臉盆(檯)、淋浴間、浴缸。(如下圖1~9)

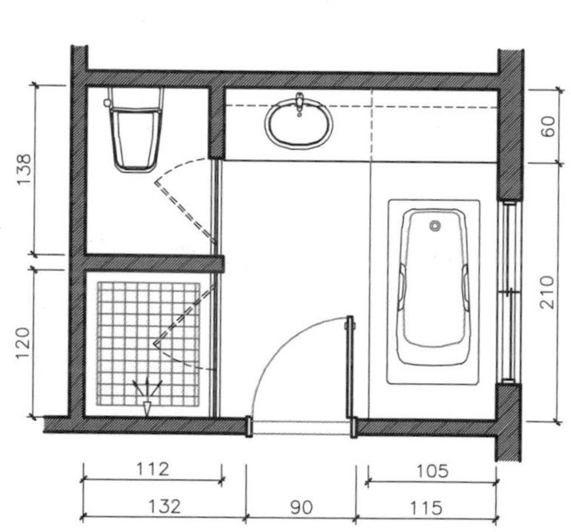

圖1：浴廁的(全套)配置

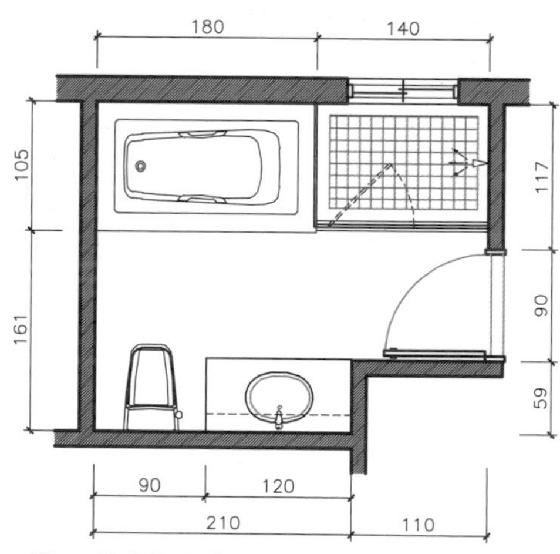

圖2：浴廁的(全套)配置

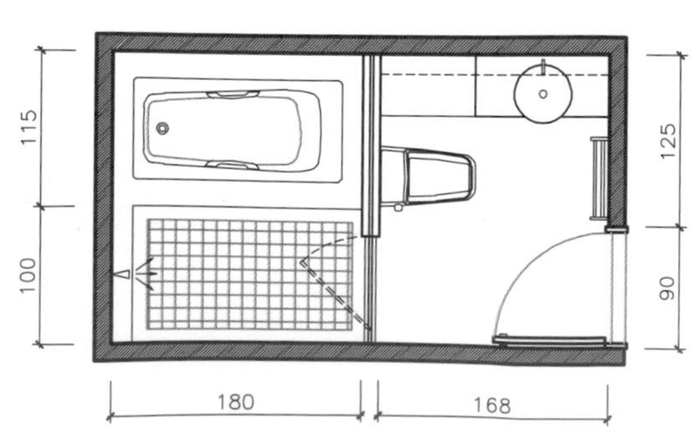

圖3：浴廁的(全套)配置

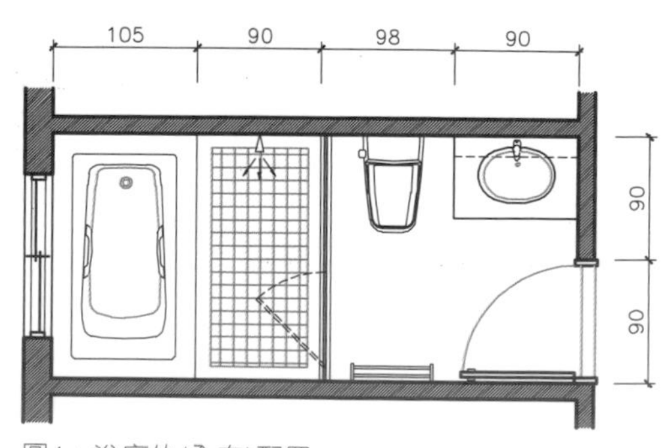

圖4：浴廁的(全套)配置

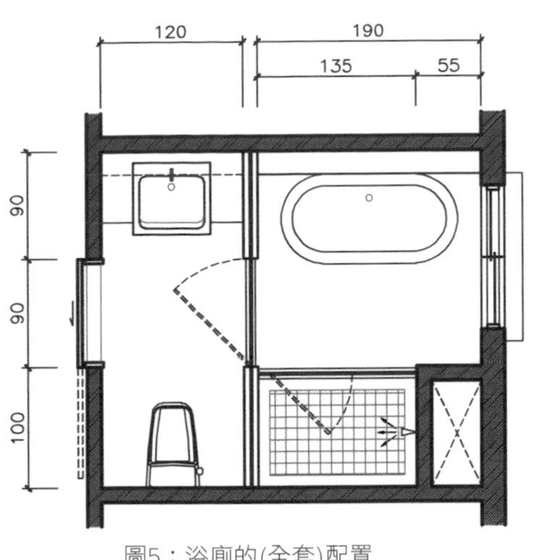

圖5：浴廁的(全套)配置

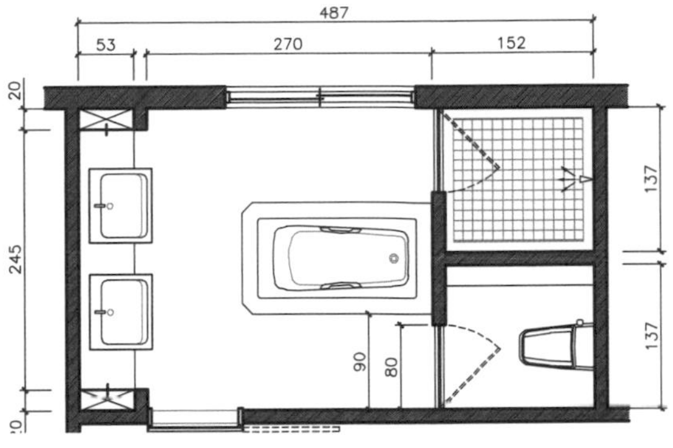

圖7：浴廁的(全套)配置

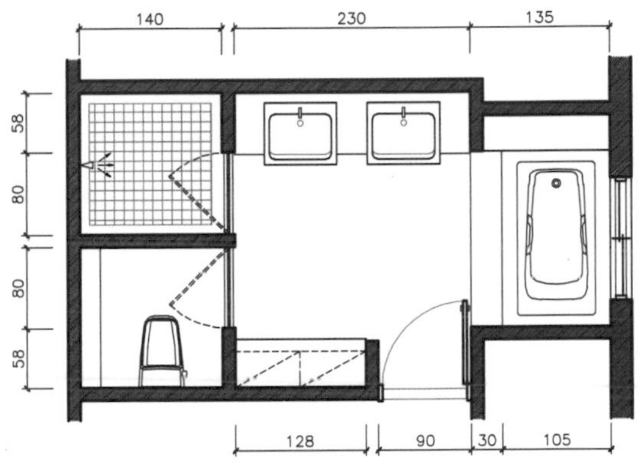

圖8：浴廁的(全套)配置

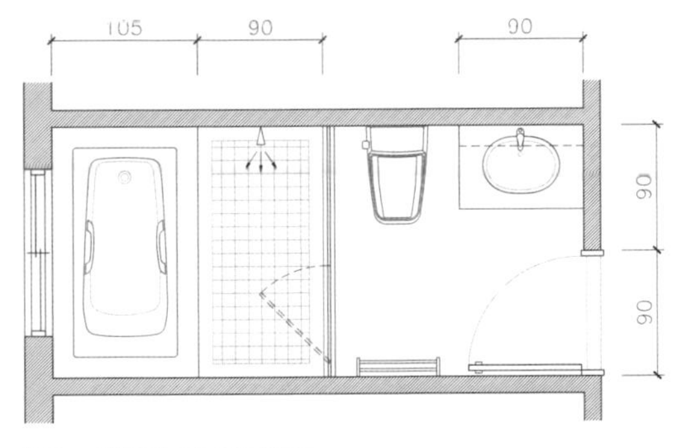

圖6：浴廁的(全套)配置

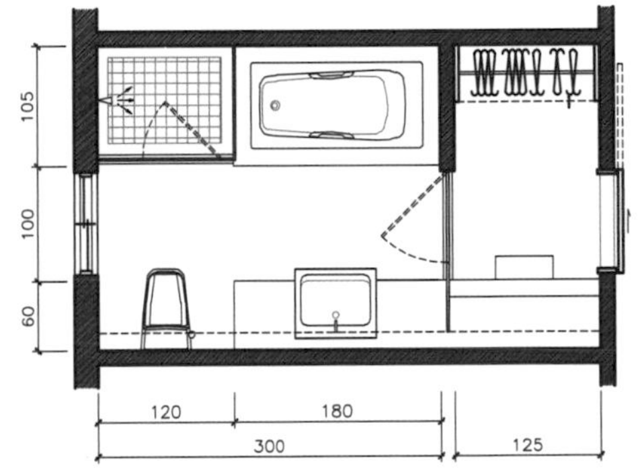

圖9：浴廁的(全套)配置

+ 臥室的平面空間配置

臥室的配置分為臥室、客用臥室 (客房) 及主臥室，其中變化性比較大的是主臥室，是因為加入其它空間而讓主臥室的機能及配置具有變化性。而在配置臥室時往往會因既定隔局受限無法突破不同的配置，建議可以以床為主軸試著放置四面牆，演變出來的配置會具有多變性及可能性。

一般臥室的配置

依空間的許可及個人的習慣，可配置床、床頭矮、檯燈、衣櫃、電視櫃、化妝檯、單人沙發、小茶几、書桌等圖塊物件 (如下圖1~6)

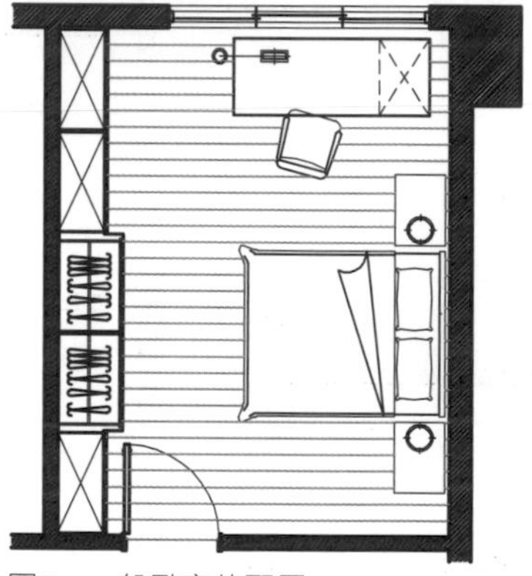
圖1：一般臥室的配置

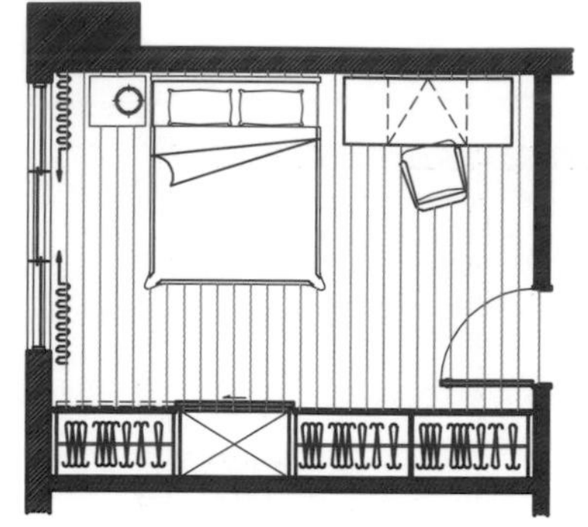
圖2：一般臥室的配置

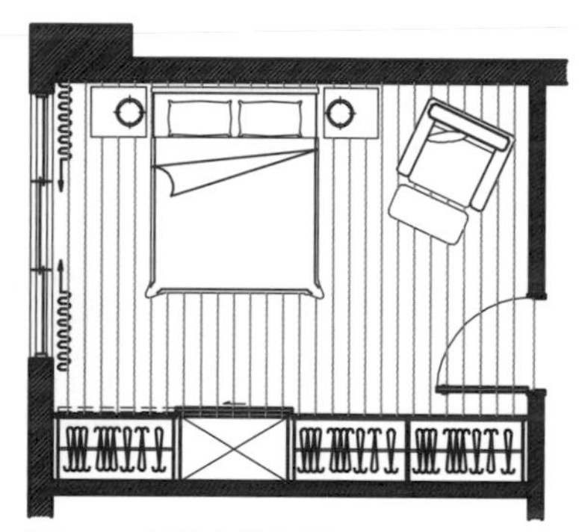
圖3：一般臥室的配置

圖4：一般臥室的配置

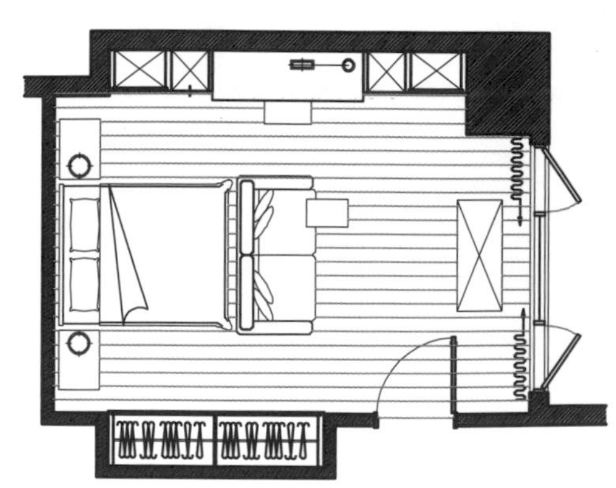
圖5：一般臥室的配置

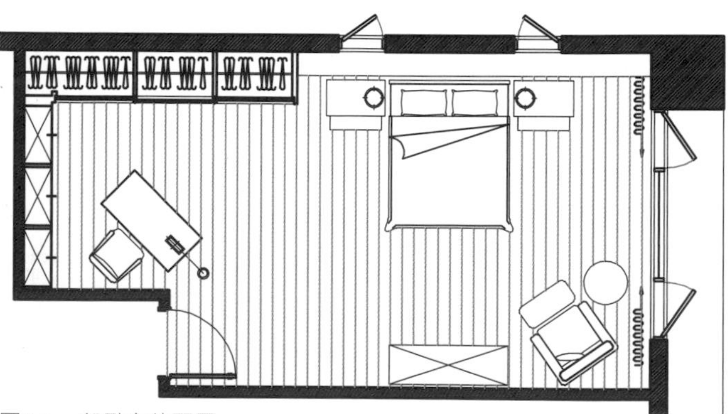
圖6：一般臥室的配置

主臥室的配置

主臥室的規劃必須比其他房間的坪數還要大，但要比客廳坪數小，主臥室的配置依空間上許可及個人的習慣，可加入書房、更衣室、起居室等。(如下圖1~6)

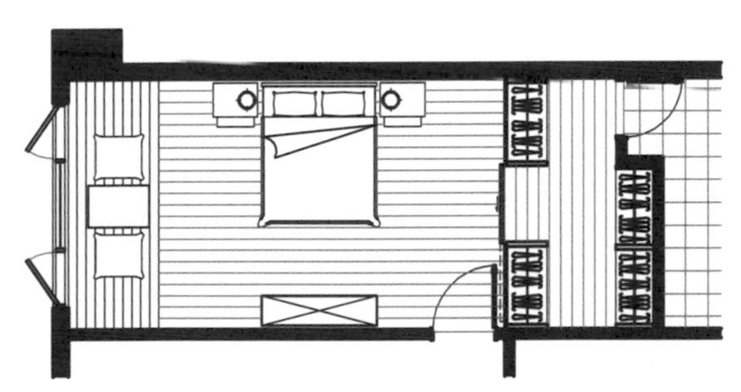

圖1：主臥室 + 休閒區 + 更衣室的配置

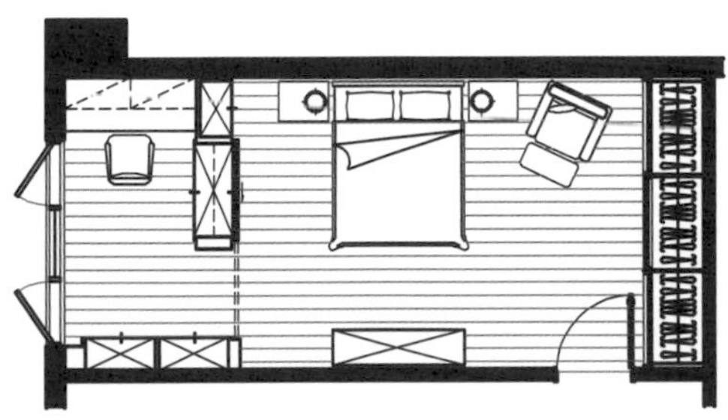

圖2：主臥室 + 書房的配置

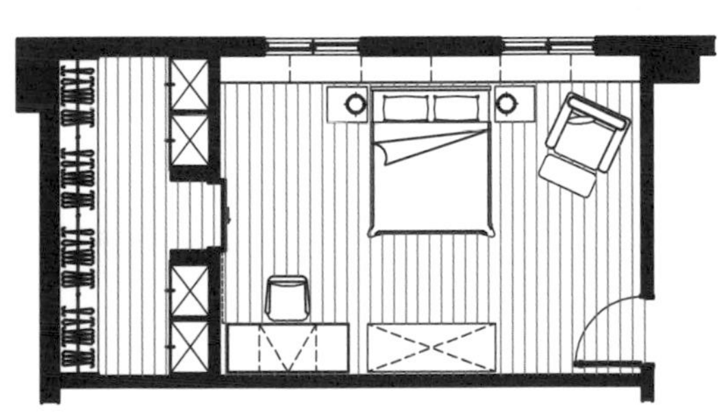

圖3：主臥室 + 更衣室的配置

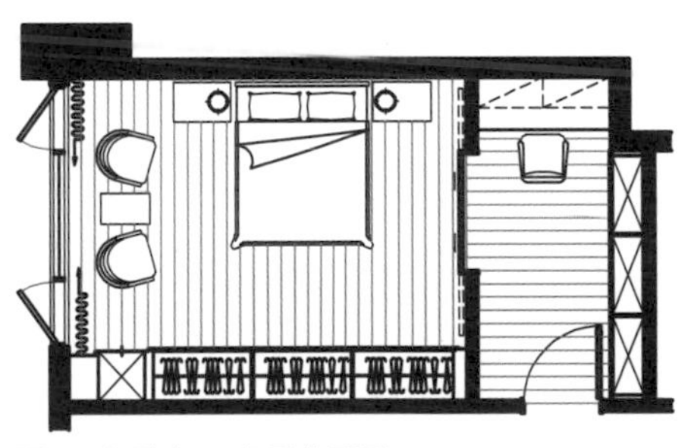

圖4：主臥室 + 書房的配置

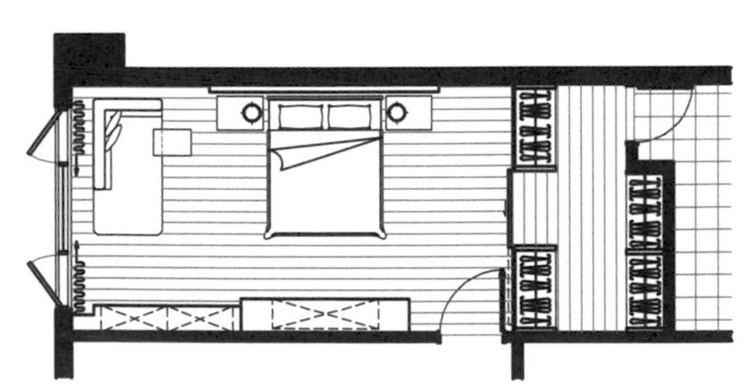

圖5：主臥室 + 更衣室的配置

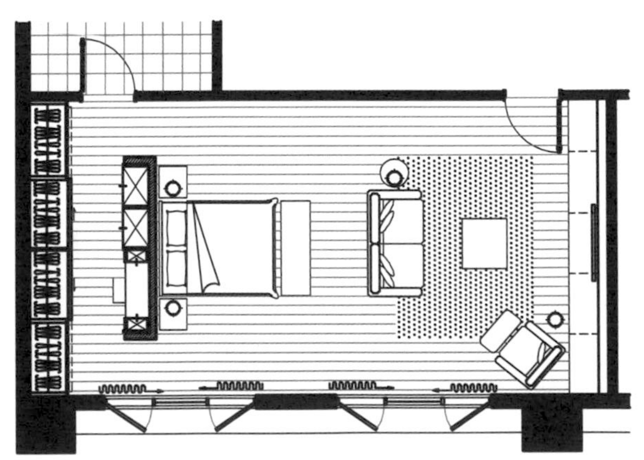

圖6：主臥室 + 更衣室 + 起居室的配置

3-6 其他平面配置注意事項

在配置上要能對現況確實了解，力求平面圖能夠達到正確及完整，這樣才不致於影響後續圖面繪製及施作上的問題。本節為您介紹幾點配置上一定要了解的觀念，經由審慎思考及經驗上的累積，才能讓配置圖每一個線條及物件都能正確無誤。

+ 檢視平面配置圖的習慣

看似簡單的平面配置圖，卻是檢討設計是否有無問題的最初基本階段。而在繪製平面配置圖時，應同時去思考立面造型、面的延展、以及天花板的配置。若在平面配置圖階段沒有審慎注意細節，後續繪製立面圖時必會產生問題，麻煩的話甚至還得重回平面配置圖重新修改，這樣就浪費不必要的時間了。

筆者的習慣是：將配置好的平面配置圖列印出來檢視，用手旋轉圖紙張每一個角度，想像自己在此空間行走 360 度的視點面，以檢視空間的流暢性及配置上的問題。

在此整理平面配置圖上常發生的問題，並參考圖面作歸納說明：

1. 沒有做剖面線(Hatch)，無法一目瞭解看出整個圖面隔間及隔局。
2. 靠窗的高櫃、衣櫃、活動傢俱並沒有預留窗簾範圍。
3. 靠牆面的活動高櫃及活動傢俱需留間距，而木作高櫃需緊貼牆面。
4. 木作高矮櫃不能牆角同齊，不是退縮就是凸出。
5. 空間名稱文字及內文壓在傢俱範圍內、沒有統一在同一水平上。
6. 高櫃及衣櫃的厚度、門片並沒有在平面配置圖上明確繪製出來。
7. 浴廁門、廚房門有無門檻並沒有在平面配置圖上明確繪製出來。
8. 拉門門片方向並沒有在平面配置圖上明確繪製出來。
9. 窗戶型式沒有明確繪製出來。
10. 活動傢俱及空間比例不協調。
11. 平面圖圖塊建構太複雜或者無線條上的層次變化。

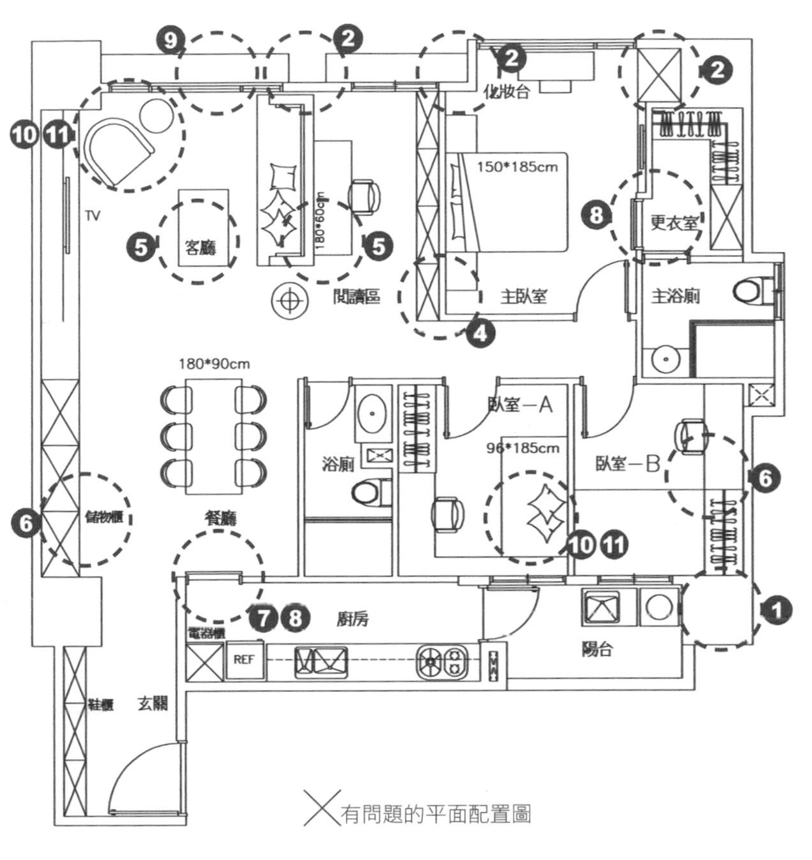

╳有問題的平面配置圖

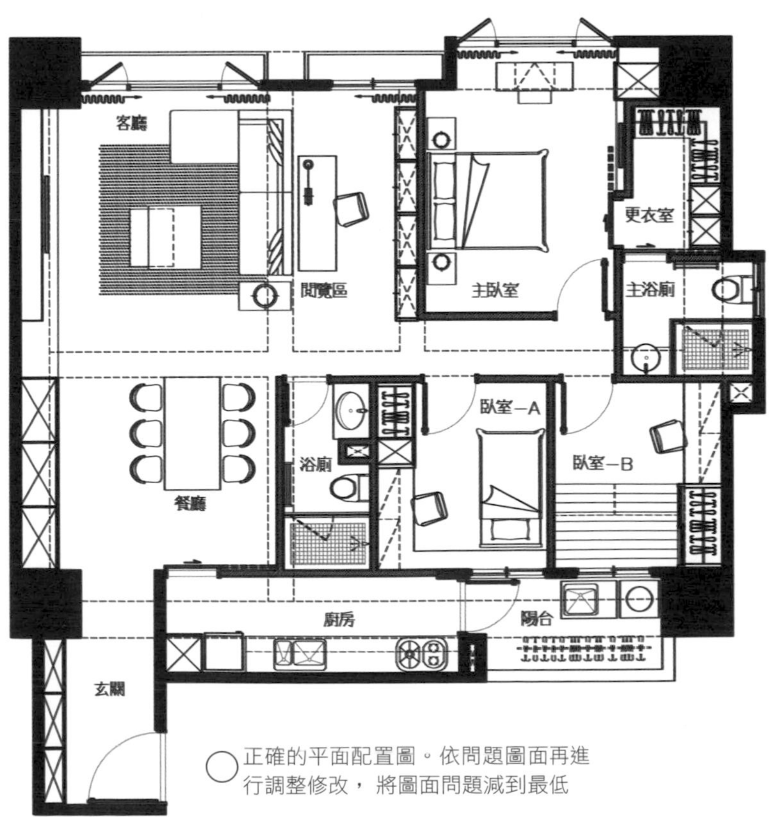

○正確的平面配置圖。依問題圖面再進行調整修改，將圖面問題減到最低

✚ 變更廚房及浴廁位置需考量現況條件

在配置平面圖時，為了讓空間更順暢、更有變化性，會去變更原有既定的格局。廚房及浴廁部份管路（如地面排水、壁面排水、糞管）都是由樓下的頂板貫穿當層樓地版的管路走法，在面臨廚房變更位置時，要考慮現況條件是否允許、管路配置是否造成日後問題等等。

而浴廁部份有浴缸的給排水、淋浴間的地面排水及給水、洗臉盆的給水及壁面排水、馬桶的給水及糞管等等管路都會配至管道間（如下圖）。所以，一般住宅的浴廁的樓頂版都在此空間看到一些管路。

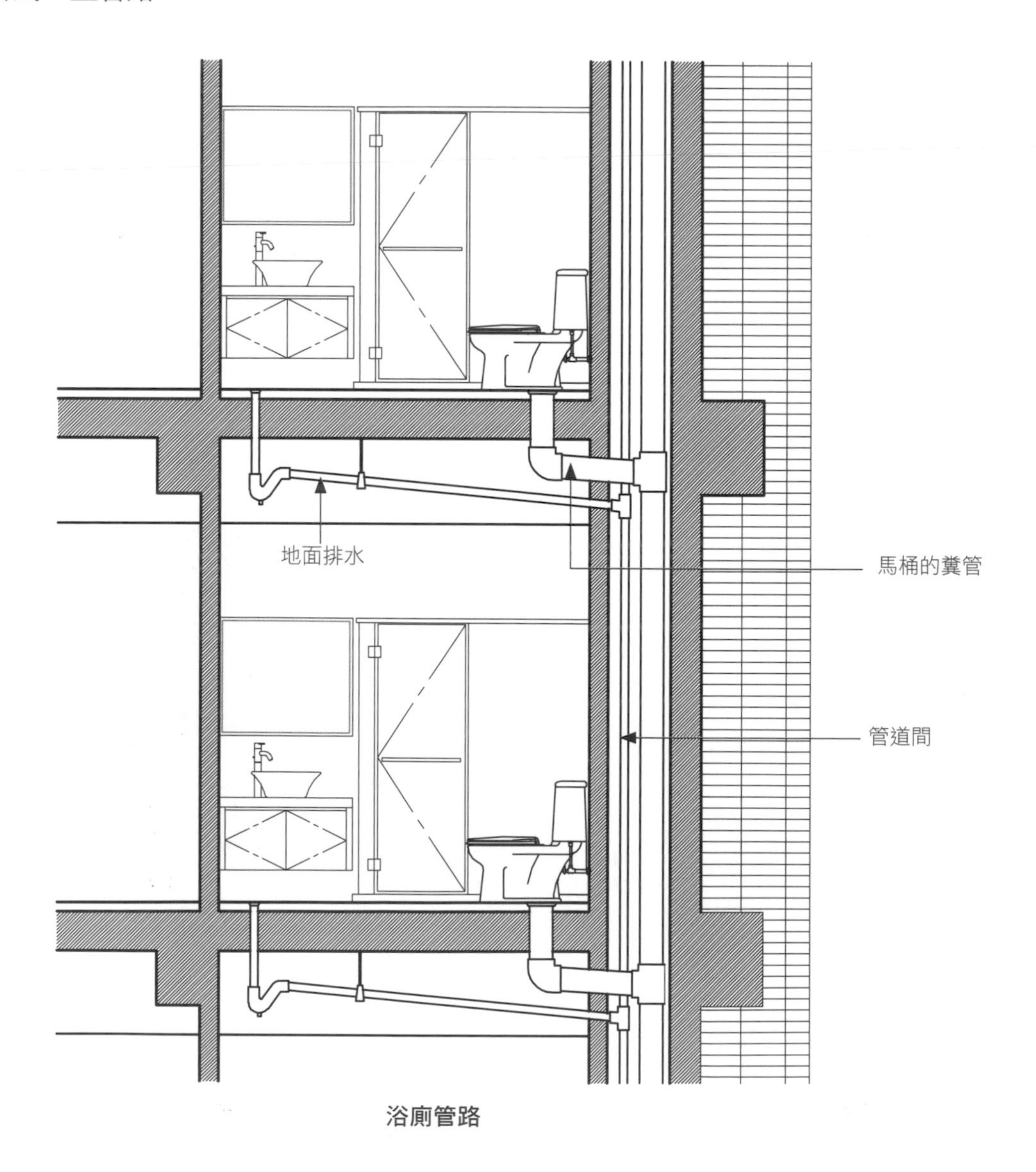

浴廁管路

在變更浴廁位置所要考慮問題比較複雜，歸類下列問題為您說明：

12. 變更糞管位置主要是考量是因為糞管的管徑要比較大，還有糞管走向需要坡度落差，浴廁則需再墊高約 20cm 地坪（是指地坪完成面），對使用者可能造成日後使用上的問題。

13. 浴廁空間附近都會有管道間，主要考量是管路的連通性及污水管理。

14. 別把當層的浴廁位置配置在樓下臥室的正上方及其他空間，因為使用中的排水管路聲響及味道並不是樓下住戶所願意見到。

15. 變更浴廁管路時，若可以貫穿樓地板去施作，需考慮因樑位是否影響到管路上的施作。同時需考慮日後滲水及漏水等問題。（如下兩圖）

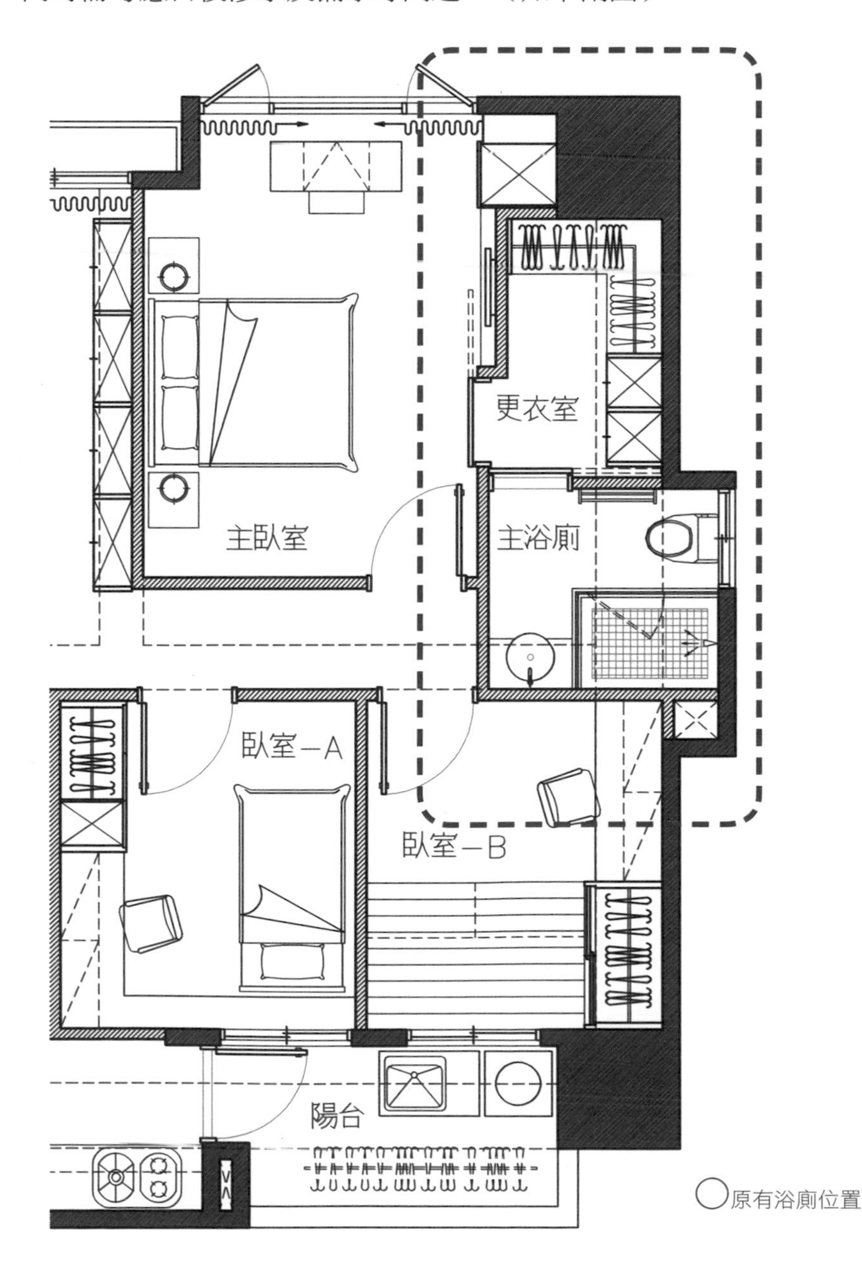

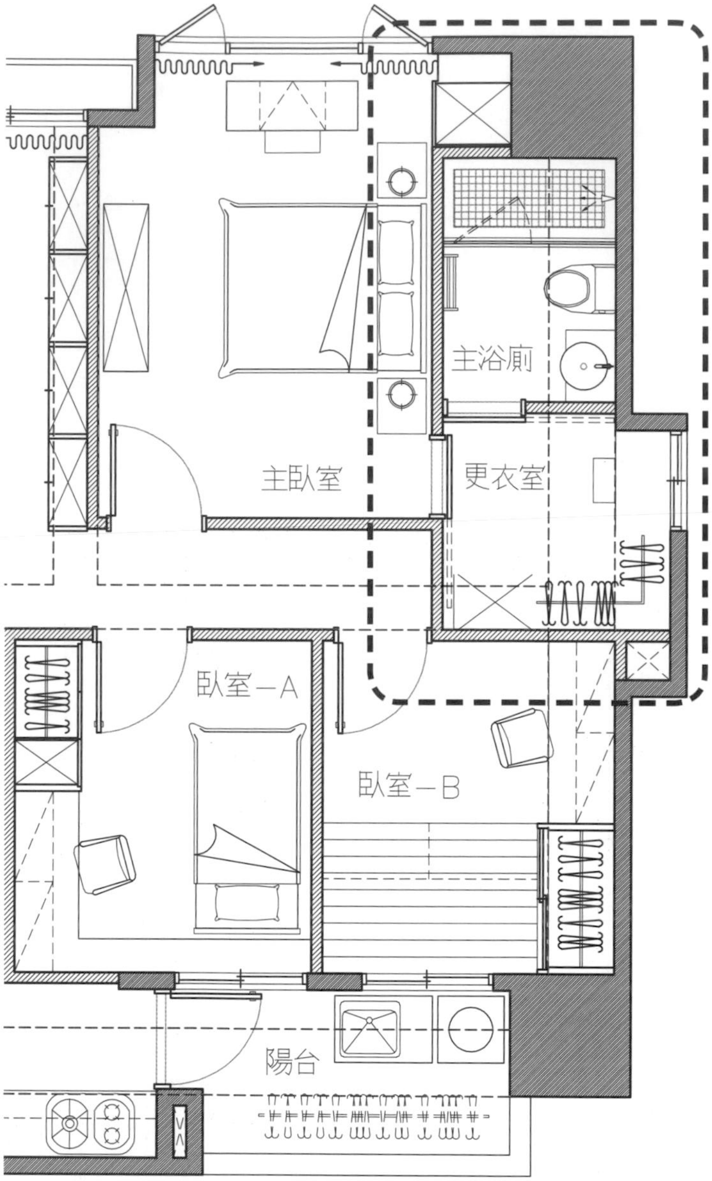

主臥室
主浴廁
更衣室
臥室－A
臥室－B
陽台

╳ 變更浴廁在樑位範圍位置。因無法破壞樑的鋼筋結構，導致馬桶糞管無法施作

3-7 平面配置圖練習

本節兩張練習範例圖您可連結到 "http://www.flag.com.tw/news/3-7Sample.zip" 網址下載取得。

本節提供兩張尚未配置的平面圖，並且標示尺寸及空間上的資料，您可動手試著練習從平面配置圖繪製到出圖的過程。

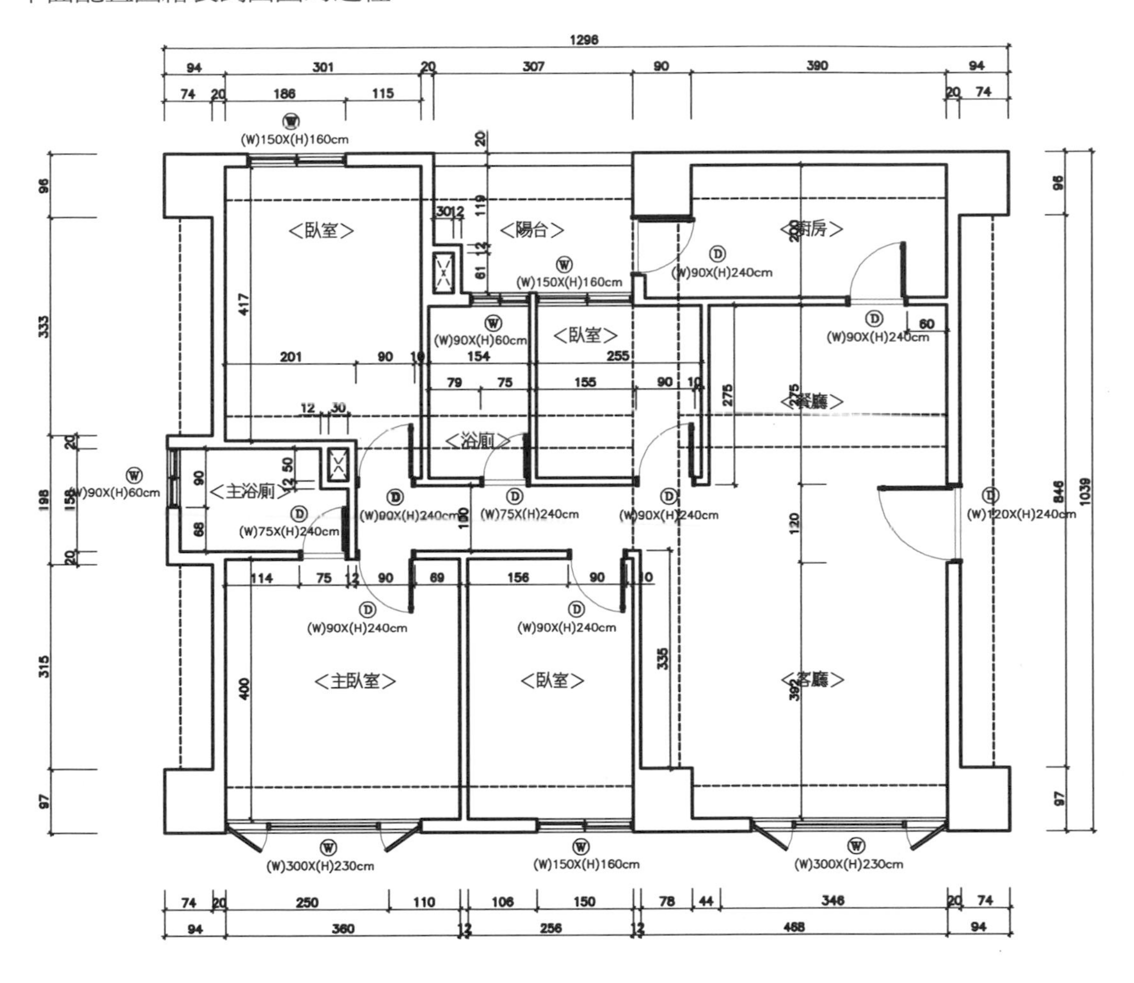

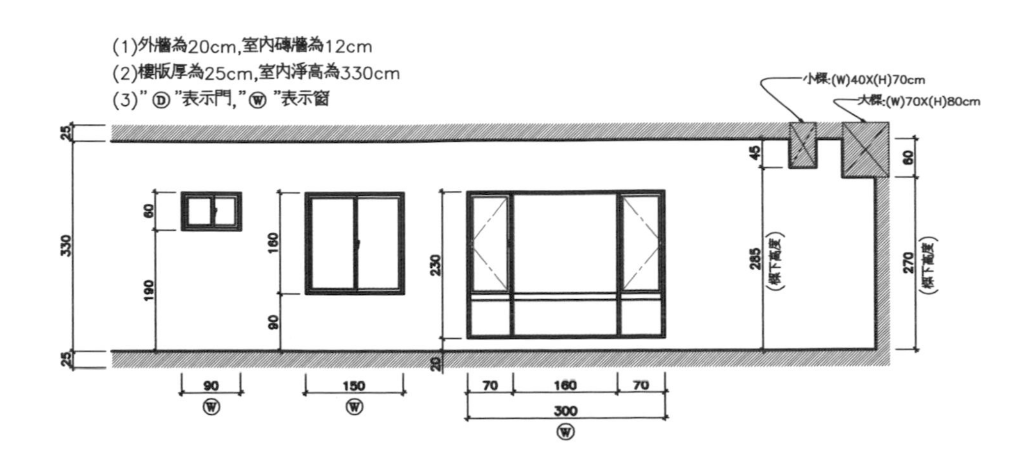

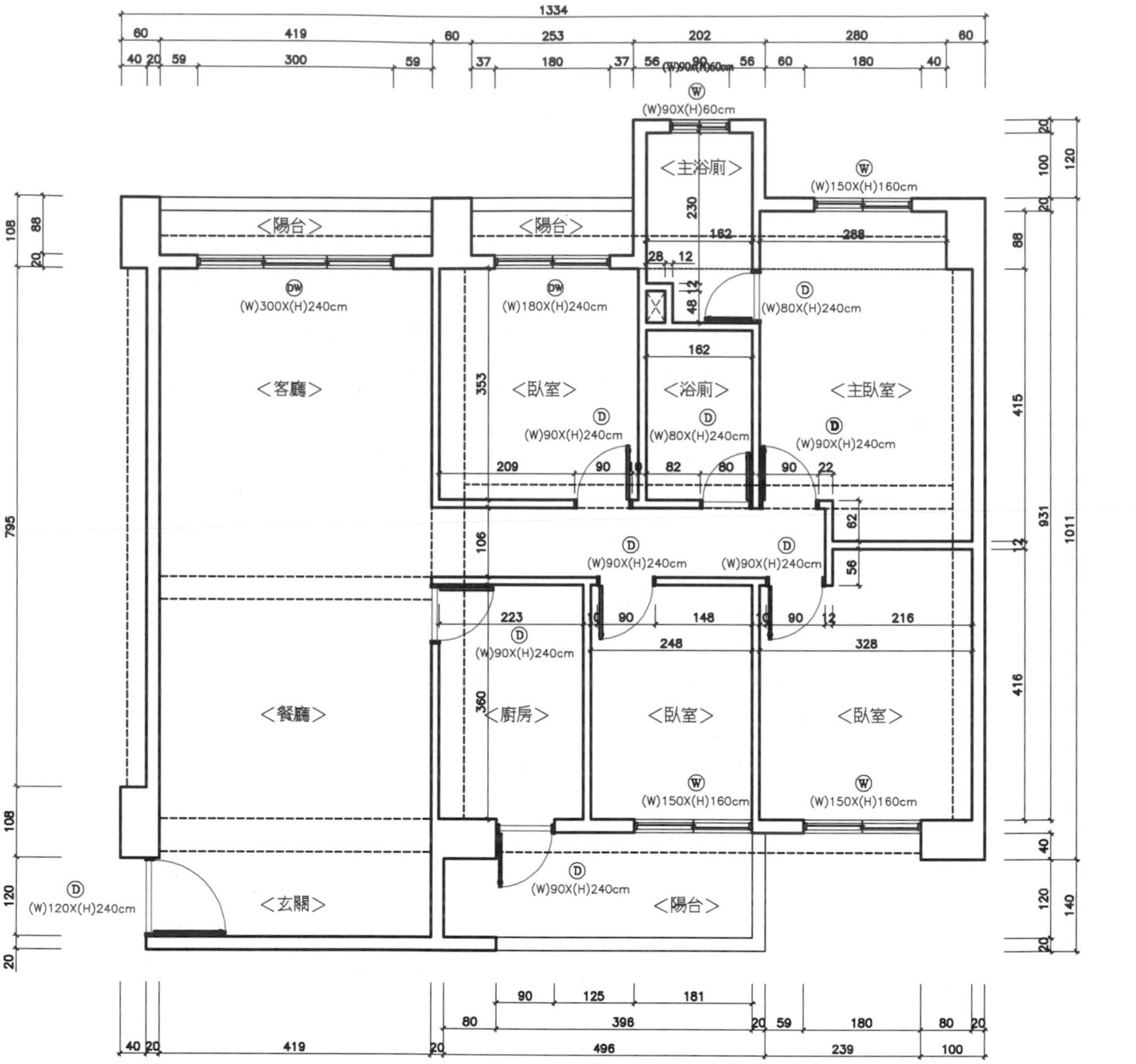

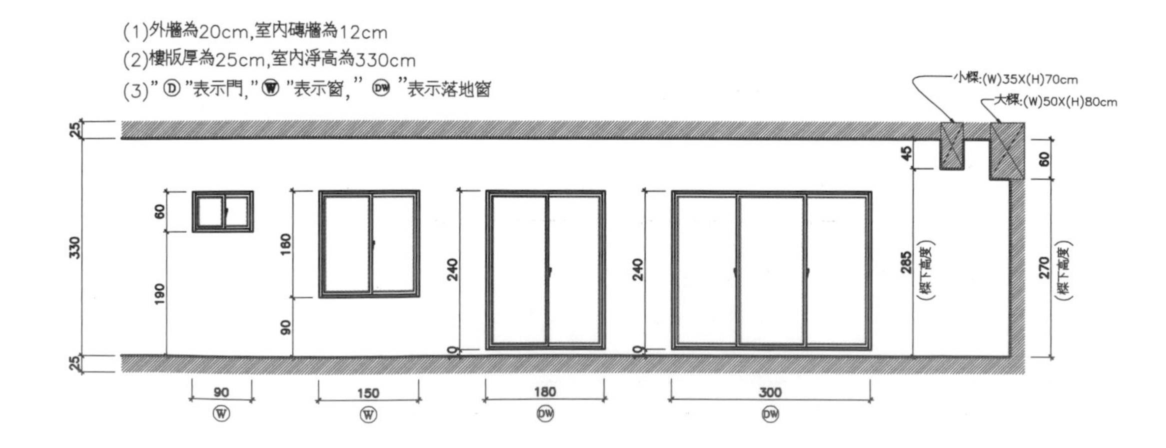

(1)外牆為20cm,室內磚牆為12cm
(2)樓版厚為25cm,室內淨高為330cm
(3)" Ⓓ "表示門," Ⓦ "表示窗," DW "表示落地窗
小樑:(W)35X(H)70cm
大樑:(W)50X(H)80cm
25
330
60
190
180
90
240
240
45
285
(樑下高度)
60
270
(樑下高度)
25
90
W
150
W
180
DW
300
DW

Chapter 4 系統圖面繪製

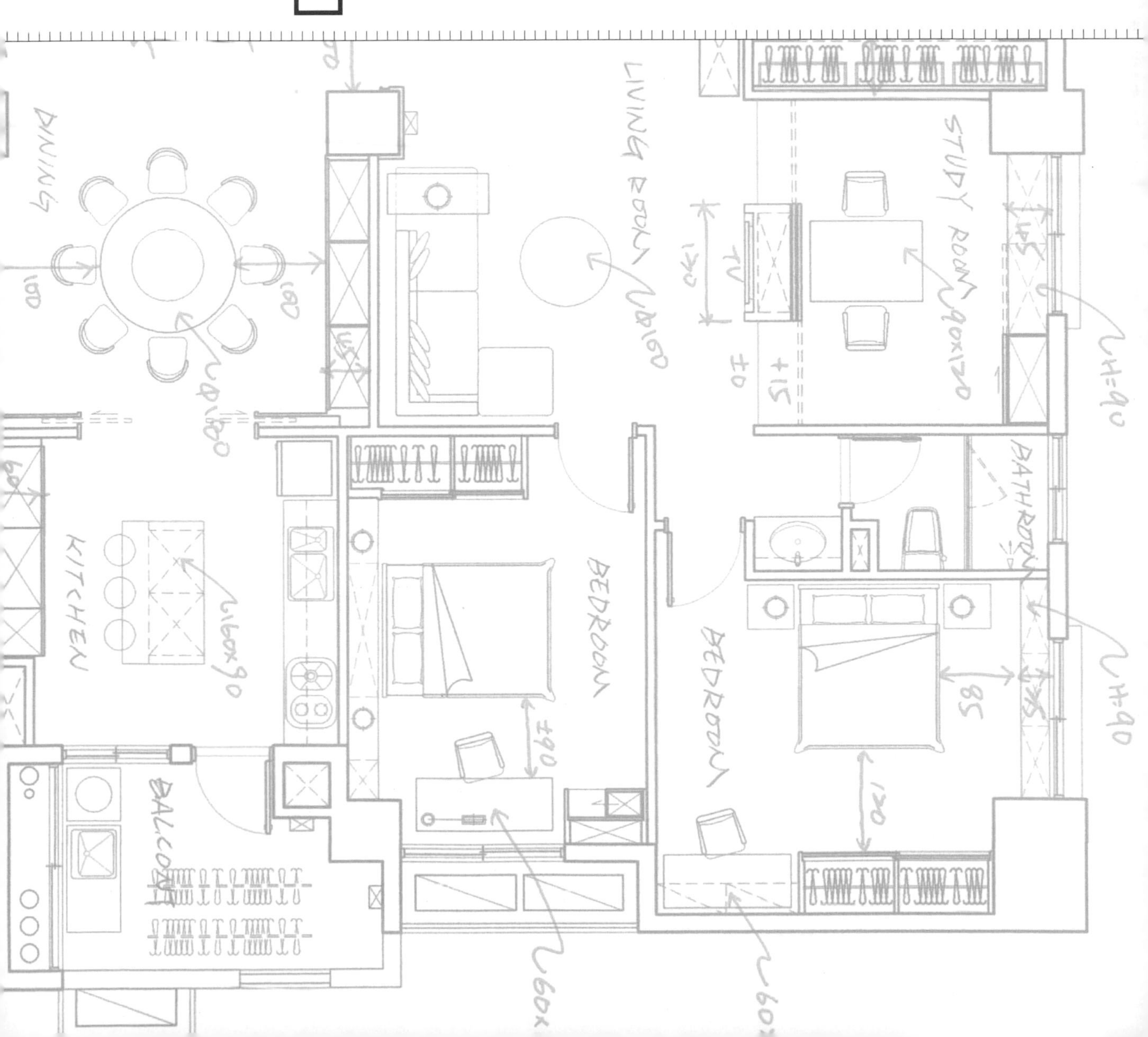

4-1 系統圖基本概念

系統圖是在木作尚未進場前所使用的圖面。因現況環境及施作內容不同，相對系統圖面也略有所不同。而系統圖面是跟工程進行中是相對呼應的，只要用到哪些施作範圍及項目，就必須去繪製該系統圖面，因為在一般的施工流程中，若用文字去解說敘述很難完整了解清楚。

底下整理一般工程進行中至完工的流程圖片，讓您概略知道工程上的施工流程，在繪製一戶個案的工程系統圖時，會比較清楚需繪製哪些系統圖面。

+ 施工流程所需系統圖面

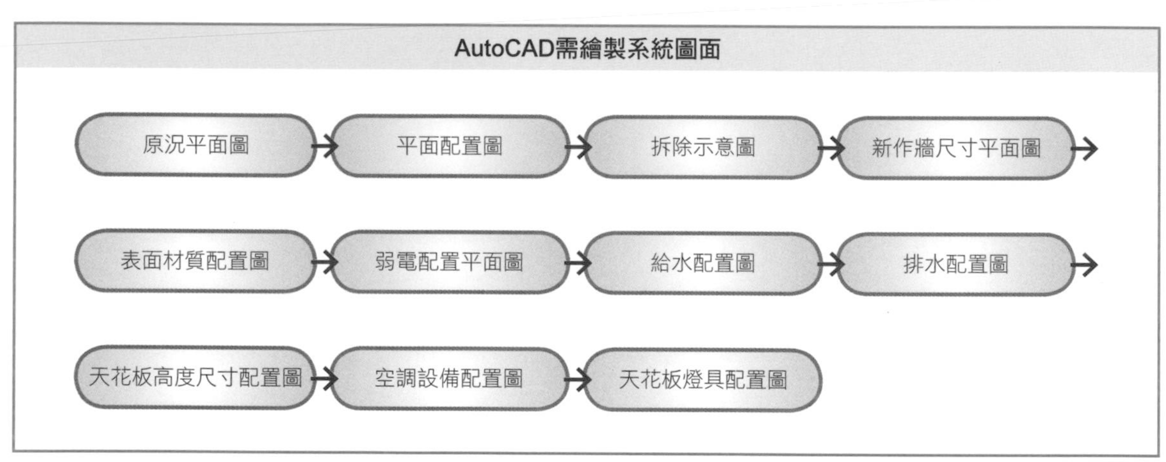

註：本書特別附贈全套 11 張室內設計系統圖的大幅拉頁，供您施作時參考。

+ 施工流程

1 現場原況

2 進場施作前,現況部份做保護

3 現況部份拆除

4 新砌磚牆、新作輕隔間單面封板

5 隔間內弱電施作

6 給排水施作

7 空調設備安裝

8 輕隔間內填充泡棉再封板

9 磚牆粉平,浴廁地壁面防水處理

10 浴廁地壁面表面材質舖貼

11 部份區域地面表面材質舖貼

12 木作進場,天花板釘角料

13 天花板封板

14 木作櫃體, 貼木皮及木作門片施作

15 木作退場後，油漆進場批土(刷)噴漆處理

16 燈具按裝、開關插座面板按裝、設備按裝、木地板施作、窗簾及玻璃明鏡按裝至細清

4-2 系統圖使用的符號及圖面解說

因生活品質提升及科技進步，早期建築公會及技術士考試所使用系統符號已不適用。而在建設公司所應用到的符號，雖然略有出入，但其作用功能是一樣的。此處收集整理室內設計及營建會使用的系統圖符號及比較常看到的系統符號，逐一歸納列示表格，依工程類別把每個符號名稱及所使用的高度概略敘述，提供參考。

而需要注意的是每一個系統圖所標示符號高度 (如圖4-2-A)，分為兩種:

1. 面板 (出線口) 的中心點 (A)。

2. 面板 (出線口) 的下緣 (B)。

一般會使用面板 (出線口) 的下緣定為系統圖的符號高度，而高度是指地坪完成面至面板 (出線口) 的下緣。

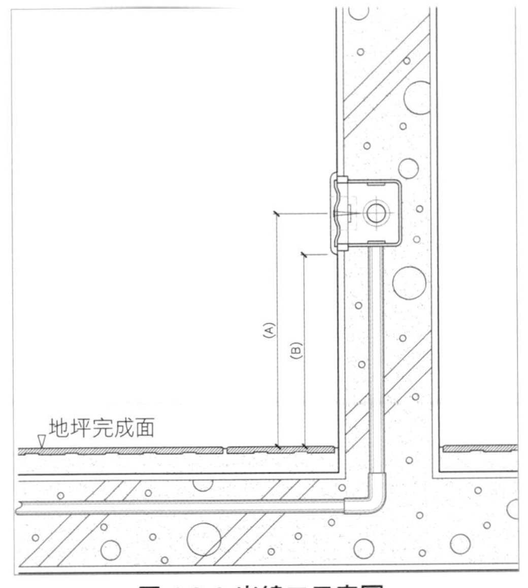

圖 4-2-A 出線口示意圖

+ 系統圖使用的符號解說

以下就為您說明系統圖所使用到的各種符號：

符號	名稱	高度	備註
G	接地接線箱	依現場施作	為營建單位會使用的符號
	設備控制盤	依現場施作	為營建單位會使用的符號
	電力分電箱(一般)	依現場施作	為營建單位會使用的符號
	電力分電箱(緊急)	依現場施作	為營建單位會使用的符號
	雙聯暗插座 / 雙聯接地型插座	H:30cm	一般室內最常用的插座高度
	雙聯暗插座 / 雙聯接地型插座	H:65-70cm	臥室床頭櫃所使用的插座高度
	雙聯暗插座 / 雙聯接地型插座	H:100-120cm	洗衣機及烘衣機所使用的插座高度
	開關箱 / 電力配電盤	H:150-180cm	為營建單位會使用的符號
	地板雙聯暗插座	H: ±0cm	不是由牆面出線口，而是由地板(坪)出線口的地插

接下表

符號	名稱	高度	備註
⦶E	雙聯暗插座(接緊急電源) / 雙聯接地型插座(接發電機)	H:30cm	獨立電源出線口，當斷電時此插座仍繼續供電.最常使用在冰箱或者魚缸等等插座
⦶H	雙聯暗插座(浴廁使用) / 雙聯接地型插座(浴廁使用)	H:100 -120cm	
⦶	單聯暗插座 / 單聯接地型插座	H:30cm	單孔的插座
⦶T	單聯暗插座(免治馬桶使用) / 單聯接地型插座(免治馬桶使用)	H:30cm	最常用在免治馬桶插座電源
Ⓜ	按摩浴缸出線口 (1 ψ 220V)	H:30cm	
[F]	抽風機電源出線口	H:天花板	使用在浴廁的抽風機有分為一般抽風機及暖房乾燥機
⦶G	雙聯暗插座(熱水器使用) / 雙聯接地型插座(熱水器使用)	H:120cm	
⬤▲	廚房專用插座 (110V)	H:110-120cm	
◯△	廚房專用插座(烤箱專用電源220V)	H:依設備	
⦶M	微波爐接地型插座	H:60-120cm	微波爐設位置不同，相對插座高度也會不同
⦶O	逆滲透單聯接地型插座	H:30-40cm	
⦶D	烘碗機單聯接地型插座	H:170-200cm	烘碗機一般架設設在廚具的水槽上方位置
⦶W	洗碗機單聯接地型插座	H:30cm	
⦶F	抽油煙機單聯接地型插座	H:180cm-	天花板抽油煙機的型式不同，相對也會影響插座的位置
[H]	熱水器	依設備	
[WH]	電能熱水器	依設備	
◉	緊急求救按鈕 / 緊急求救壓扣	H:100-120cm	發生緊急狀況所使用的求救按鈕，一般會連接到警衛室(管理員室)
	電信配置圖所使用到的符號		
----T----	電信配管線	H:樓板/牆面暗管	為營建單位會使用的符號 未註明者均為20CD管，內穿0.5-4P-PE-PVC數位電話電纜
——C——	電信配管線	H:樓板/牆面暗管	為營建單位會使用的符號 未註明者均為20CD管，內穿CAD 6-4P UTP電纜

接下表

電信配置圖所使用到的符號			
MDF	電信總配線架	依現場施作	為營建單位會使用的符號 600/1200單側配線架、五縱架，設置內線測端子板112.5cm(L)x28
24D 6	數位資訊機	依現場施作	為營建單位會使用的符號
T	電信主配電箱	依現場施作	為營建單位會使用的符號 鋼板靜電粉體塗裝烤漆，內部用6分厚木板固定接線端子(箱體附鎖)
DT	宅內配線箱(智能接線箱)	依現場施作	為營建單位會使用的符號 2.0mm鋼板靜電粉體塗裝烤漆，內部用6分厚木板固定接線端子，內置電話內外線端子板、數據明插座盒
Ⓣ	電話出線口	H:30cm	一般室內最常用的電話出線口高度
	電話出線口	H:65cm	臥室床頭櫃所使用的電話出線口高度
TV	電視插座出線口	H:30-60cm	電視放在電視矮櫃檯面上所設定的出線口高度
	電視插座出線口	H:75-110cm	壁掛在牆壁的電視出線口高度
◎	六分PVC塑膠空管(預埋)	依設計施作	壁掛電視與機櫃相通的管路，或者是機櫃至天花板及喇叭相通管路出口
Ⓒ	資訊網路出線口	H:30cm	
給水配置圖所使用到的符號			
	冷水出口	H:115-120cm	用在洗衣機給水的高度
	冷水出口	H:±30cm	用在廚房洗碗機給水的高度
	冷熱水出口	H:30-45cm	冷熱給水會因設備不同相對高度也會不同
	浴缸檯面冷熱水出口	配合現場施作	
	浴缸蓮蓬頭冷熱給水	H: ±70cm	冷熱給水會因設備不同相對高度也會不同
	淋浴間蓮蓬頭冷熱給水	H: ±100cm	冷熱給水會因設備不同相對高度也會不同
排水配置圖所使用到的符號			
	溝式排水 / 地板集水槽	底板	用於浴廁的淋浴間地排及浴廁地排
	地面(板)排水 (包括:廚房、浴廁、陽台)	底板	遇到廚房洗碗機、洗衣機排水等地排管路需凸完成地面10-15cm

接下表

排水配置圖所使用到的符號			
○	馬桶糞管	底板	管距依馬桶設備而定
⊕	壁面排水	H:30-45cm	排水會因設備不同相對高度也會不同
空調配置圖所使用到的符號			
壁掛式空調所需要符號			
	壁掛式空調	配合設計及現場施作	
	空調主機	配合設計及現場施作	因廠牌不同空調主機尺寸及噸數也會不同，通常放置戶外通風處
	排水	配合設計及現場施作	
△AC	空調主機電源 (220V)	配合設計及現場施作	
吊隱式空調所需要符號			
	室內機:吊隱直膨式送風機/冷暖式	配合設計及現場施作	
	空調主機	配合設計及現場施作	因廠牌不同空調主機尺寸及噸數也會不同，通常放置戶外通風處
	排水	配合設計及現場施作	
	軟管	配合設計及現場施作	
	集風箱	配合設計及現場施作	
	(下吹/側吹) 出風口	配合設計及現場施作	
	(下回/側回) 回風口	配合設計及現場施作	
	檢修孔30*60cm	配合設計及現場施作	檢修孔板改為回風網板可兼具檢修及回風的功能
C	空調控制面板	H:120cm	如同無線遙控器功能的控制空調面板固定於牆面上
△AC	空調主機電源 (220V)	配合設計及現場施作	
天花板燈具配置圖所使用的符號			
S	單切開關	H:120cm	一般燈具開關的高度
	單切開關	H:65-70cm	臥室床頭櫃所使用的燈具開關高度
S3	雙切開關	H:120cm	一般燈具雙切開關的高度(是指可以在個別兩處控制同一區迴路或者一盞主燈)
	雙切開關	H:65-70cm	臥室床頭櫃所使用的燈具開關高度
S4	四路開關	H:120cm	一般燈具四路開關的高度(是指可以在個別三處控制同一區迴路或者一盞主燈)

接下表

天花板燈具配置圖所使用的符號			
Ⓕ	抽風機開關	H:120cm	抽風機的開關可連同天花板燈具設為同一迴路開關也可以將抽風機設為個別一個單獨開關迴路
	暖房乾燥機控制面板	H:120cm	暖房乾燥機都會設置在浴廁空間的天花板，此設備都需由控制面板去控制
F	暖房乾燥機	H:天花板	
	熱感應器	H:天花板	應用在燈具上不需要使用燈具開關，而是用熱感應式開啟燈具電源
B	BB燈	H:天花板	
	嵌燈	H:天花板 / 木作櫃	
	燈管	H:天花板	最常用在天花板間接燈盒，而燈管一般採用T8或T5 (20W/30W/40W)
	燈管	H:木作櫃	燈管一般採用T8或T5 (20W/30W/40W)
	主燈	H:天花板	
	吸頂燈	H:天花板	
	壁燈	依設計施作	
	軌道燈	依設計施作	
	T-BAR燈	H:天花板	
Ⓔ	壁式緊急照明燈	依現場施作	
○	燈具出口	樓板	為營建單位會使用的符號
Ⓖ	瓦斯偵測器	H:天花板 / 樓板	
監控配置圖所使用的符號			
SIM	防盜對講主機	依現場施作	為營建單位會使用的符號，置於管理中心
BAS	中央監控系統主機	依現場施作	為營建單位會使用的符號，置於管理中心
MRS	二線式系統主機	依現場施作	為營建單位會使用的符號，置於管理中心
CCTV	監視系統	依現場施作	為營建單位會使用的符號，置於管理中心
D	免持聽筒彩色門口子機	H:130	為營建單位會使用的符號，專用預埋盒

接下表

監控配置圖所使用的符號			
K	感應讀卡設定鎖	H:130	為營建單位會使用的符號，單聯BOX直置
CR	感應讀卡機	H:130	為營建單位會使用的符號，單聯BOX直置
EK	陽極鎖	H:門框上緣	為營建單位會使用的符號
NS	門窗禁磁簧	H:門窗框上緣+5cm	為營建單位會使用的符號，單聯BOX橫置
CO	一氧化碳偵測器	H:天花板 / 樓板	為營建單位會使用的符號
IC	緊急對講機	H:150	為營建單位會使用的符號，單聯BOX直置
	彩色攝影機	依現場施作	為營建單位會使用的符號，單聯BOX直置
	彩色攝影機(含防護罩)	依現場施作	為營建單位會使用的符號，單聯BOX直置
	吸頂式彩色攝影機	依現場施作	為營建單位會使用的符號
SD	全功能彩色攝影機	依現場施作	為營建單位會使用的符號
全能交換機配置圖所使用到的符號			
EA OA RS SA	全熱交換機	H:天花板	
	出風口	H:天花板	
	檢修孔 30*60cm	配合設計及現場施作	
中央集塵配置圖所使用到的符號			
M	中央集塵主機	依現場施作	一般設置於陽台(工作陽台)
	室內集塵口	H: ±30	管路預埋在室內隔間牆內
消防配置圖所使用到的符號			
C	ABC乾粉滅火器	依設計施作	通常由隸屬於消防設備的廠商去做規劃及檢討
	差動式局限型探測器	依設計施作	通常由隸屬於消防設備的廠商去做規劃及檢討
S	出口標示燈	依設計施作	通常由隸屬於消防設備的廠商去做規劃及檢討
	緩降機	依設計施作	通常由隸屬於消防設備的廠商去做規劃及檢討
避▲	避難器具指燈	依設計施作	通常由隸屬於消防設備的廠商去做規劃及檢討
S	偵煙式局限型探測器	依設計施作	通常由隸屬於消防設備的廠商去做規劃及檢討

+ 拆除示意圖

下述系統圖面除可參考內文說明外，亦可參見本節後附的大幅拉頁，獲得更清楚的了解。

當一戶因平面配置圖影響到原有現況隔間時，就需增減修改隔間，所繪製的圖面要明確標示拆除的位置及尺寸，這樣才能減少拆除時所產生的誤差及問題。通常實際工地現場拆除時，也會依拆除示意圖，使用噴漆或者粉筆等工具標示在現場需更改及拆除的牆面上。拆除示意圖注意事項如下：

拆除示意圖注意事項如下，如圖4-2-B：

1. 在拆除示意圖的表現上，需拆除的隔間牆的實線更改為虛線，填入剖面線(HATCH)，主要目的讓需拆除的牆面範圍更明顯。

2. 若一段牆面只需拆除一小段落的隔間牆面時，需標示距離尺寸。

3. 隔間牆遇到開門洞、窗洞或者拆除設備、地坪及牆面表面材質時，需加註文字說明。

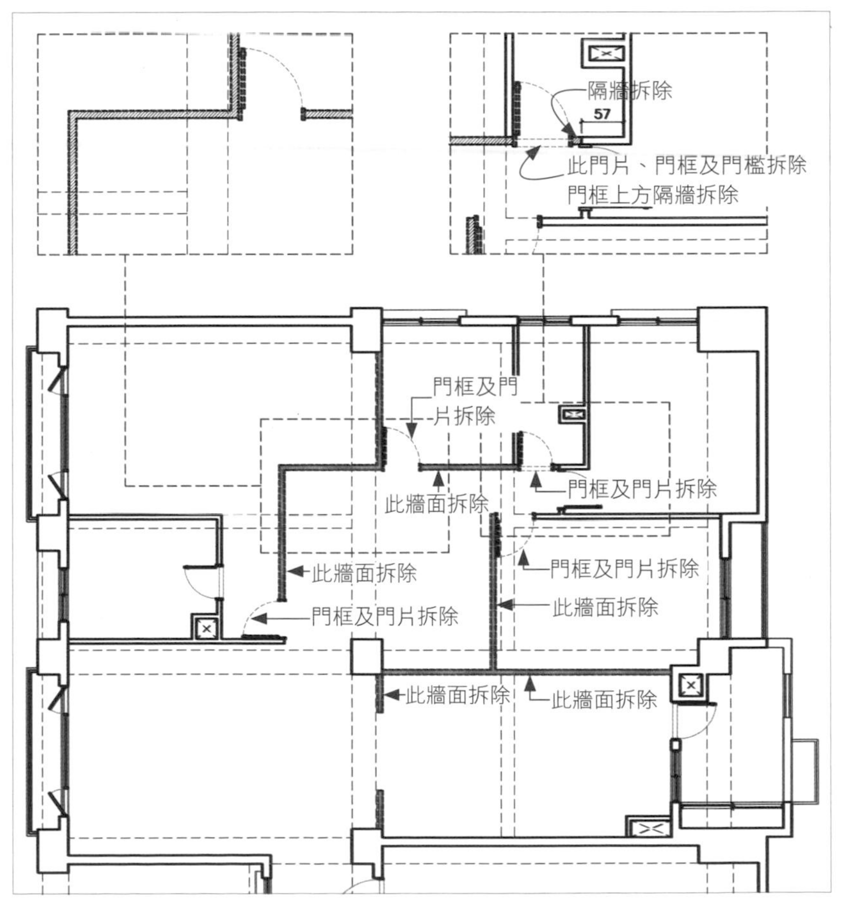

圖4-2-B 拆除示意圖面

+ 新作牆尺寸圖

此圖面不需顯示傢俱配置物件，否則會讓此圖面在標示尺寸時更混亂。在室內隔間採用材質有1/2B磚牆、輕隔間、輕質混凝牆、木隔間等等。而在新作牆尺寸圖標示方式如下：

1. 實際隔間去標示新作隔間尺寸。如圖 4-2-C

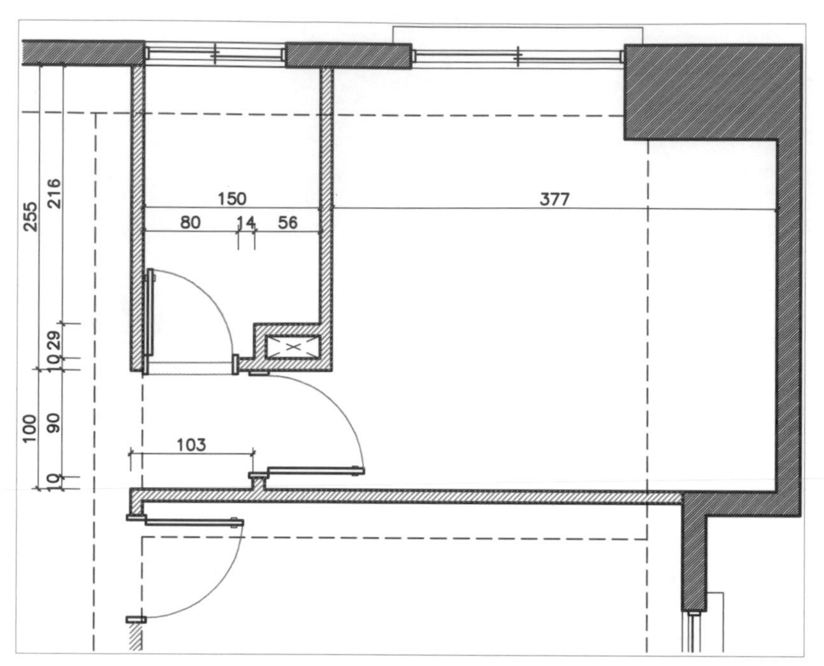

圖 4-2-C 實際隔間去標示新作隔間尺寸

2. 以樑位為基準去標示新作隔間尺寸，如圖 4-2-D。

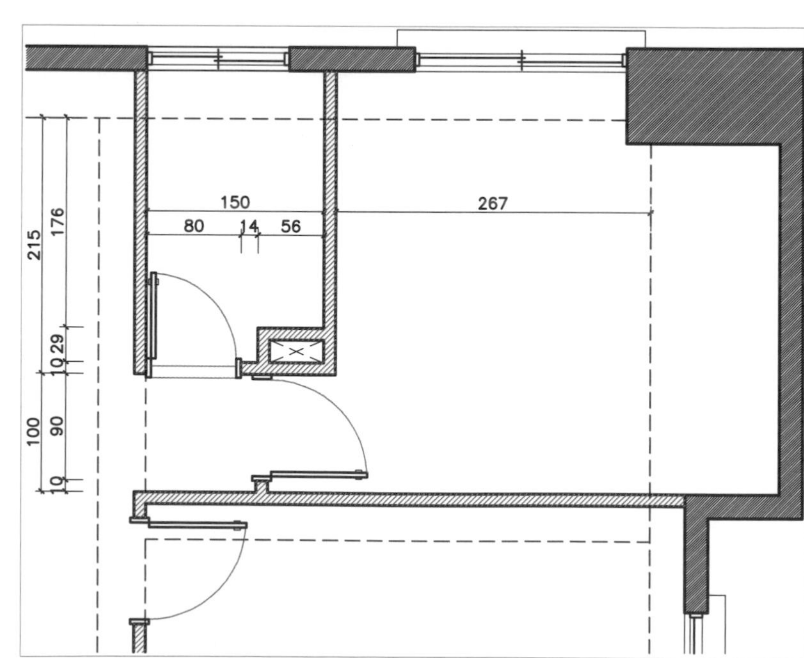

圖 4-2-D 樑位為基準去標示新作隔間尺寸

而在一戶空間裡有多種新作牆的材質，則需用圖例方式去標示。

3. 定水平及垂直點去標示新作隔間尺寸。如圖 4-2-E

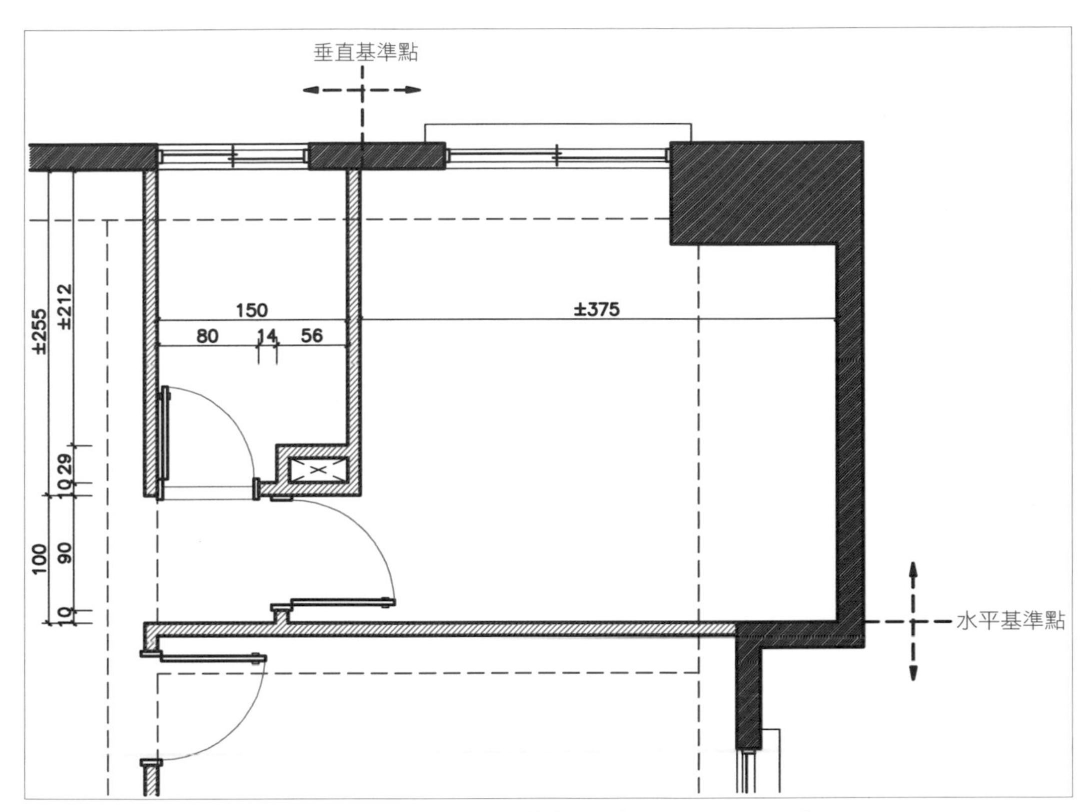

圖 4-2-E 定水平及垂直基準點去標示新作隔間尺寸

當四邊外牆無法達到垂直及水平，造成牆面、地坪落差的情況下，會定水平及垂直點讓誤差值減至最低。尤其是地坪採用石材搭配石材滾邊時，此區域空間四邊隔間若沒有校正水平及垂直，落差極為明確時，則會造成石材大小邊緣不夠準確的情況。

+ 表面材質配置圖

又稱為「地坪配置圖」，是針對新作地面材質所需繪製的圖面。地坪材質一般會採用石材，拋光石英磚、磁磚、木地板 (實木及海島型木地板)、塑膠地磚及特殊材質地坪等等。在繪製表面材質配置圖時，需注意施作地坪材質的先後順序，相對表面材質配置圖畫法略有不同。

舉例說明如下：

圖 4-2-F 木作櫃部份先施作，
木地板之後在再施作

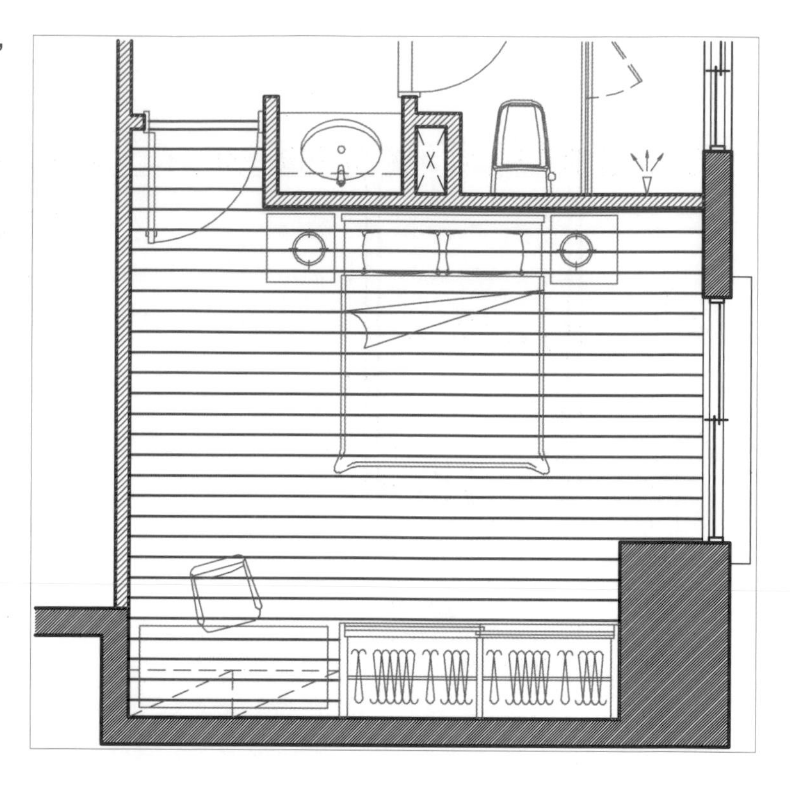

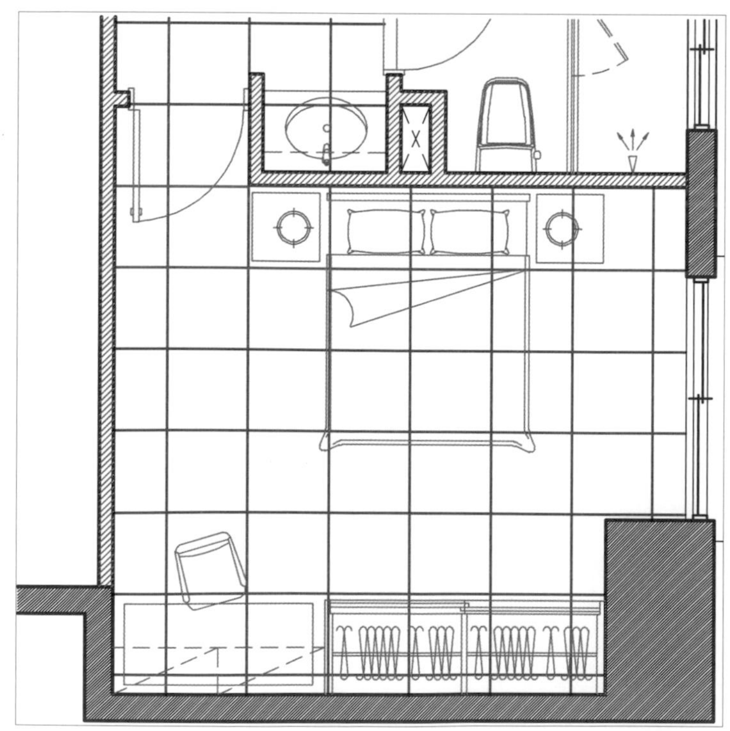

圖 4-2-G 拋光石英磚先行施作，木作再進行施作

例如：如圖4-2-F，木作櫃先施作，之後木地板再施作。而遇到衣櫃範圍，木地板線條不需延伸至衣櫃範圍內；但遇到活動傢俱是擺設在木地板之上，所以木地板的線條需延伸至傢俱範圍。另外如圖4-2-G，拋光石英磚先施作，之後再施作木作櫃。而遇到衣櫃及活動傢俱範圍，地坪線條都需延伸至此範圍內。

如上所述，在木地板部份一般木作工程及油漆工程施作完畢退場後，木地板才會進場進行施作；拋光石英磚是在木作工程進場施作前進行地坪的施作。由此得知地坪施作的先後順序，會影響繪製圖面現條的區域，在繪製地坪每一線條段均以實際施作面積去繪製，圖面每一條線段都有它的依據的。而在廚房、浴廁此類的空間，因為牆面都會面貼石材或者磁磚，在表面材質配置圖上並無法表現出來牆面材質及貼法，再者地坪與牆面都需對齊縫、對齊分割線。遇到此類的空間，可以選擇不用繪製表面材質，而個別再繪製廚房平立面圖、浴廁平立面圖。

一般地坪會使用到材質尺寸如下：

材質	尺寸
木地板	面寬尺寸:8cm、10 cm、12 cm、15 cm
地磚	25x25 cm、30x30 cm、30x60 cm、進口特殊尺寸
拋光石英磚	60x60 cm、80x80 cm、進口特殊尺寸
石材	總長或者總寬除以70-80 cm (石材是以等分去分割石材的長寬)

+ 弱電配置圖

在廚房的部份，最後由廚具廠商繪製正確的立面圖及弱電圖。在廚具的型體及組合上，設計者要依業主及空間上的需要去設計規劃，而弱電部份設計者也需要具備一些基本概念，因為廚房設備本身因使用的設備不同，也會影響弱電的配置及高度。

例如：家用烤箱只需110V就夠，但專業及多功能的烤箱會用到220V；烘碗機一般會放置在水槽上方，但增加了洗碗功能，則需放至在流理檯下。諸如此類皆會影響廚房弱電的配置上的調整 (如圖4-2-H)。

圖4-2-H 廚房的弱電配置立面示意圖

圖4-2-I 電視櫃的弱電配置立面示意圖

在電視櫃的部份，會因為設計者所設計的電視櫃面造型影響到弱電的位置及高度，再者若把影音視聽設備納入在電視櫃的設計上，其弱電上的配置就需詳盡考量。一般遇到線路需連結相通會採用兩種方式：

1. 預埋六分PVC塑膠空管於牆裡。
2. 施作木作壁板(厚度5-10cm)，木料內部預留通路孔，與影音設備相通 (如圖4-2-I)。

✚ 給水配置圖

給水高度會因使用設備型式的不同而有所影響。一般需配置給水的空間有浴廁、廚房、陽台、露台、洗衣間 (工作間) 等，依配置圖上的需要給予冷熱水出口。配置給水的位置要盡量居中，在標示尺寸也要標示中心位置尺寸，比較特別的是坐式馬桶的冷水出口需設置在馬桶側邊 (而標示尺寸仍以中心點去標示)，那是因為坐式馬桶會因廠牌不同型體，尺寸也有所不同 (如圖 4-2-J)。

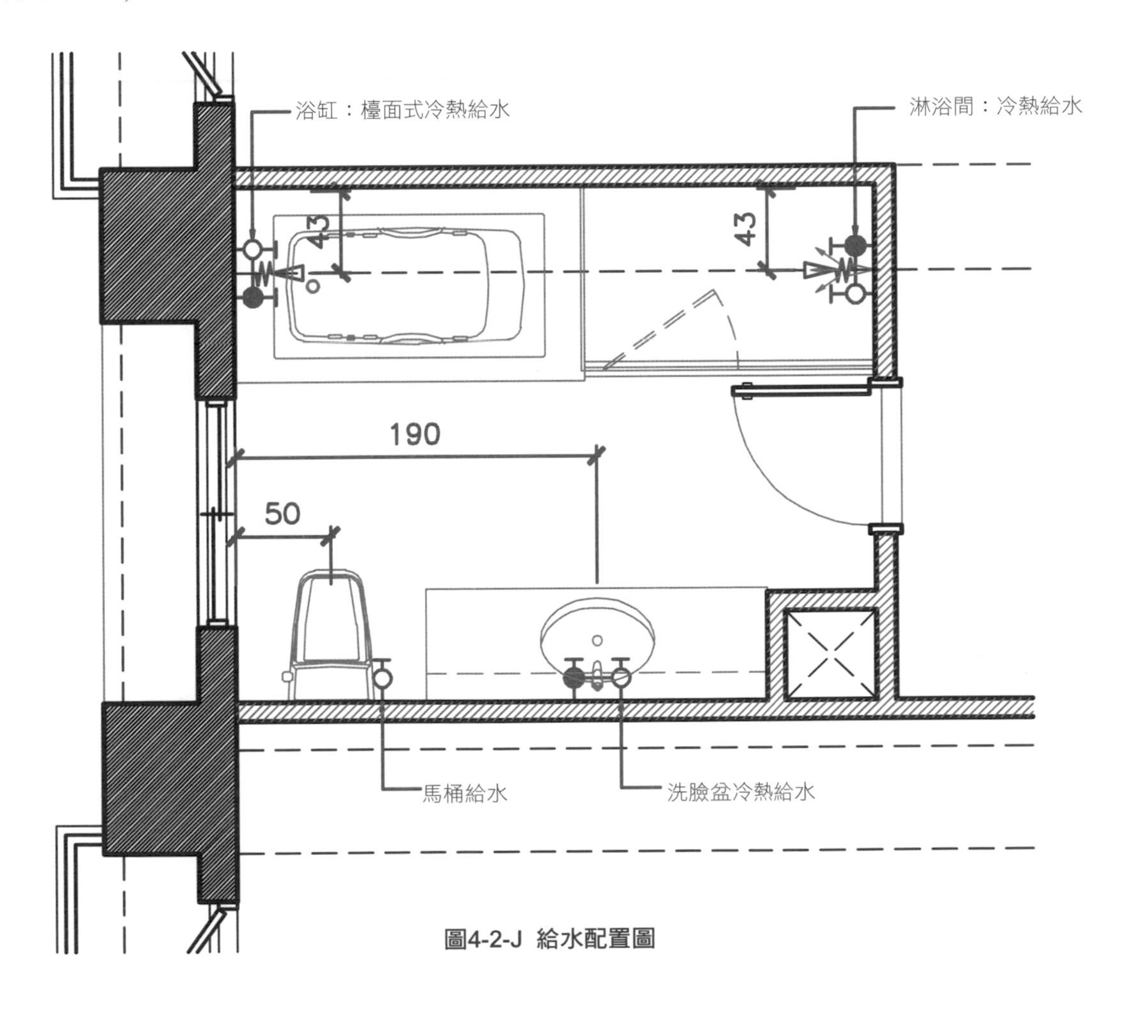

圖4-2-J 給水配置圖

+ 排水配置圖

有配置給水就一定要有配置排水，排水大致上分為地面排水及壁面排水兩種。而地面排水藉由洩水坡度引導至地面排水孔裡；壁面排水是離地約30-45cm設置在預埋牆面的排水孔(如圖 4-2-K)。配置排水有幾點需注意：

1. 在配置地面排水部份

A. 浴廁空間：會設置在洗臉盆櫃下方位置，但若此區域剛好遇到樑位，則設置在不會使用頻繁的行走動線上就可以。

B. 浴廁淋浴間：通常會設置在淋浴龍頭的同一水平面上。

C. 浴廁浴缸：預防使用過久的浴缸會有破裂現象，需在浴缸範圍內的地板多增設地面排水孔。

D. 陽台的洗衣機：地面排水需讓管路凸地面10-15cm，方便套洗衣機的軟管。

2. 在配置壁面排水部份

一般浴廁的洗臉盆排水及廚房的水槽排水都是設置在壁面。

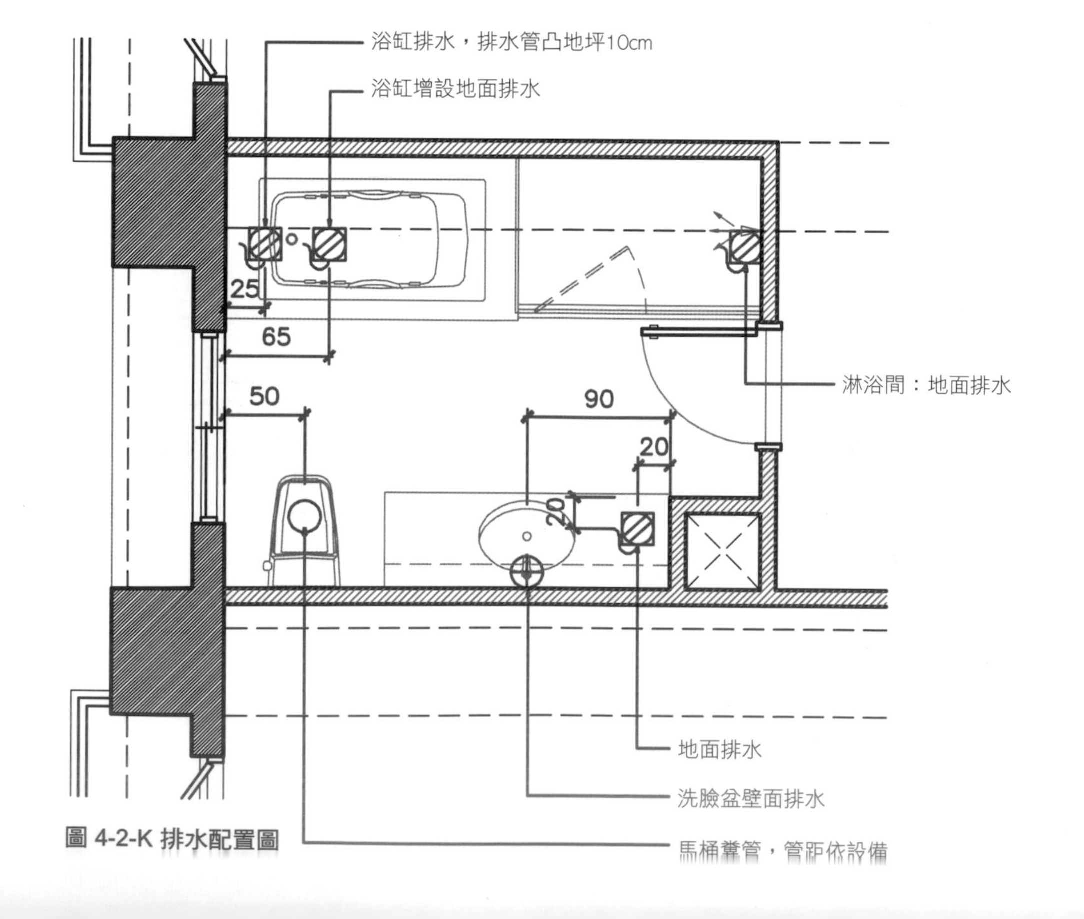

圖 4-2-K 排水配置圖

✚ 天花板高度尺寸圖

站在地面抬頭往天花板看去，若看不到落差邊緣則以虛線表示。如圖 4-2-L 看到的天花板有明確落差邊緣則為實線表示；如圖 4-2-M 為了讓圖面區域天花板範圍及造型更明確，可繪製剖面線 (HATCH) 加深區域的輪廓面。當一戶室內天花板超過兩種高度時，可用不同線性的剖面線 (HATCH) 去做區隔。

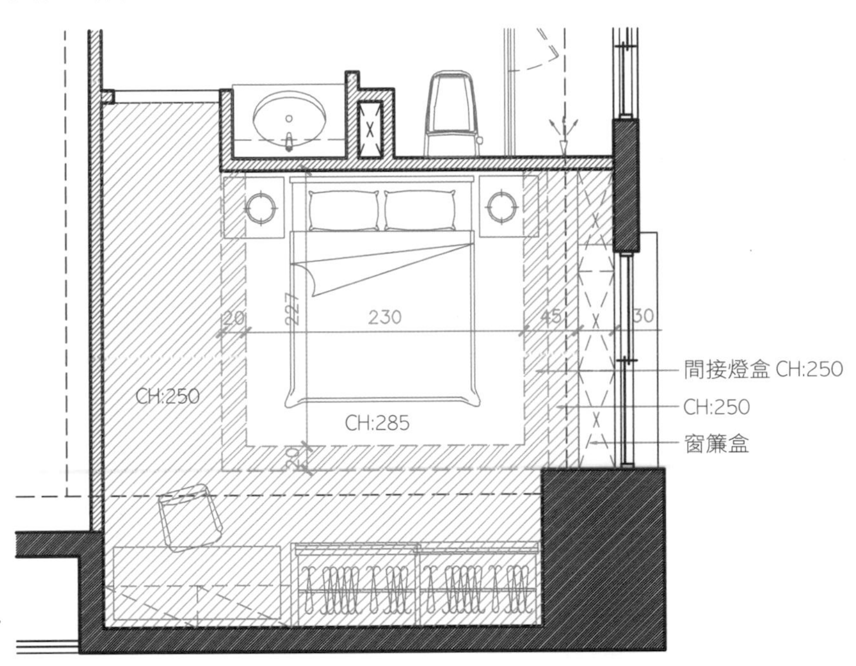

圖 4-2-L 平頂天花板+間接燈盒

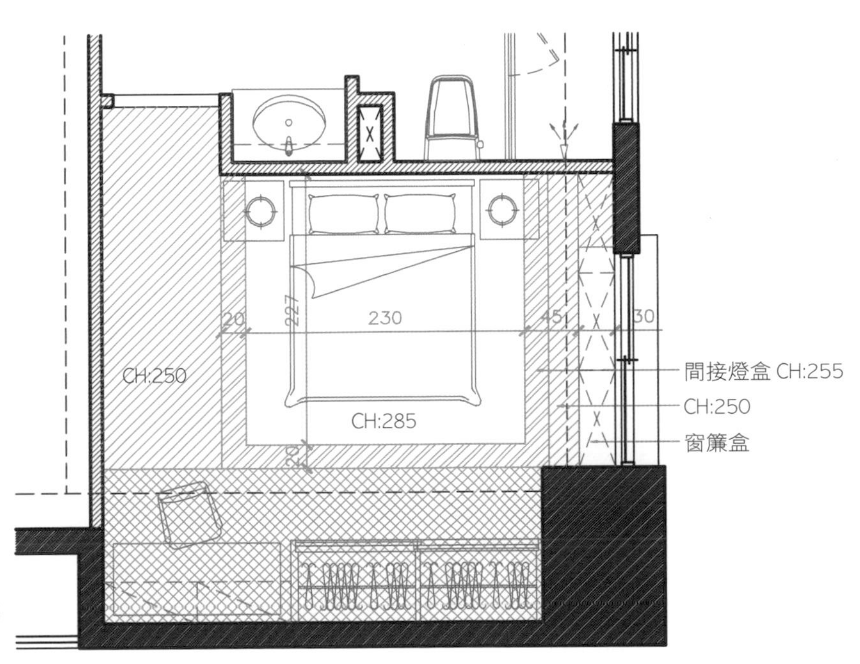

圖 4-2-M 高度落差天花板+間接燈

在窗簾盒部份，因使用窗簾型式不同也會影響到窗簾盒的深度。一般會使用到窗簾型式及窗簾盒尺寸如下：

窗簾型式	窗簾深度尺寸
雙層布簾	20-30cm
捲簾、直立簾、百葉簾	10-15cm
風琴簾	10-15cm

✚ 空調配置圖

一般住宅所使用空調分為兩種：

1. 吊隱式空調：在天花板裡的空調 (如圖4-2-N-1、4-2-N-2)。
2. 壁掛式空調：壁掛在牆面的空調 (如圖4-2-O-1、4-2-O-2)。

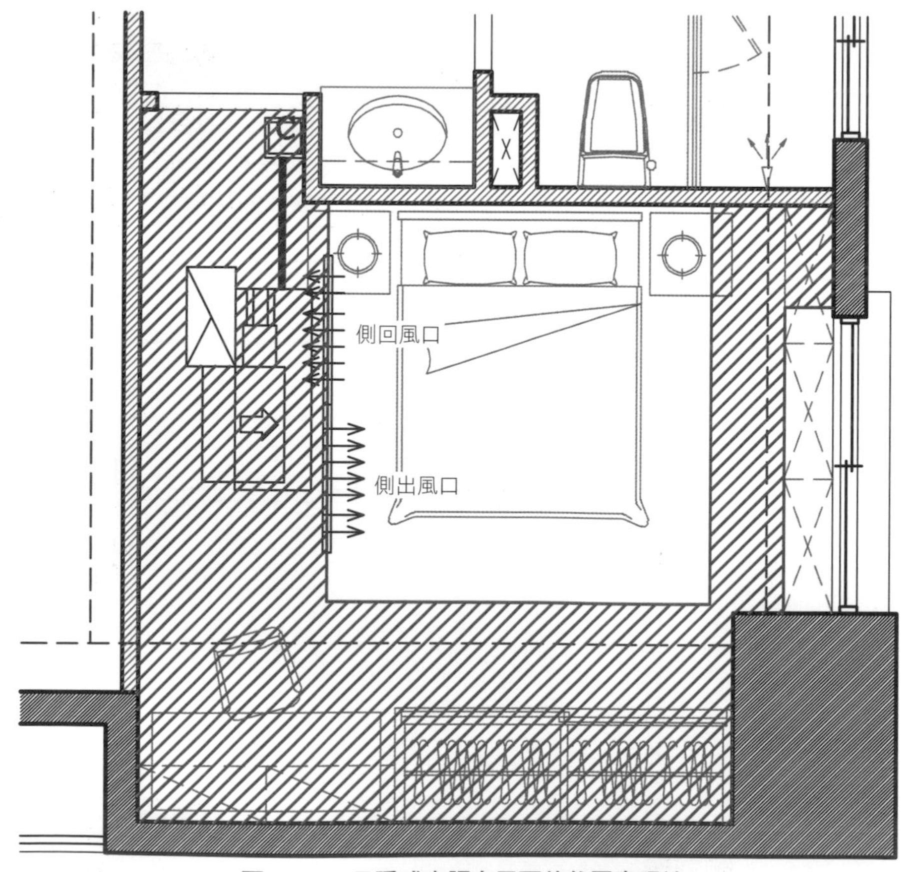

圖4-2-N-1 吊隱式空調在平面的位置表現法

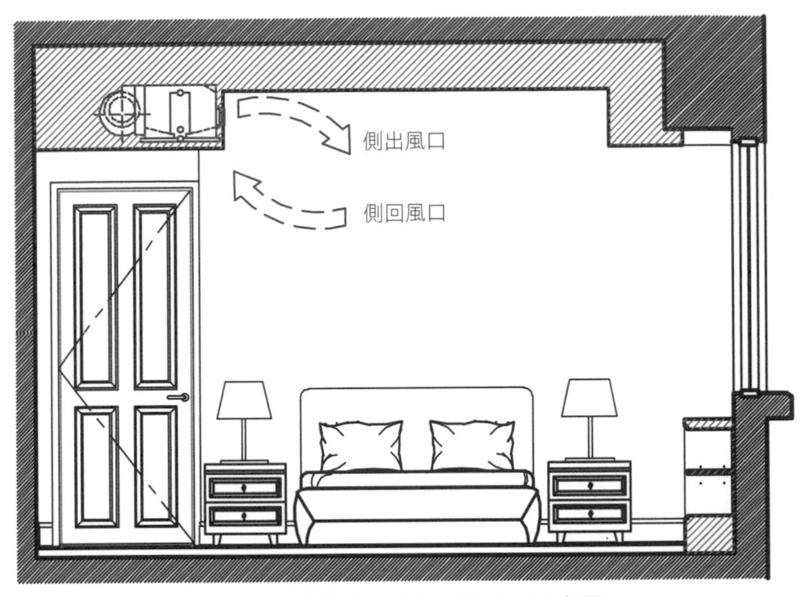

圖4-2-N-2 吊隱式空調在立面圖的示意圖

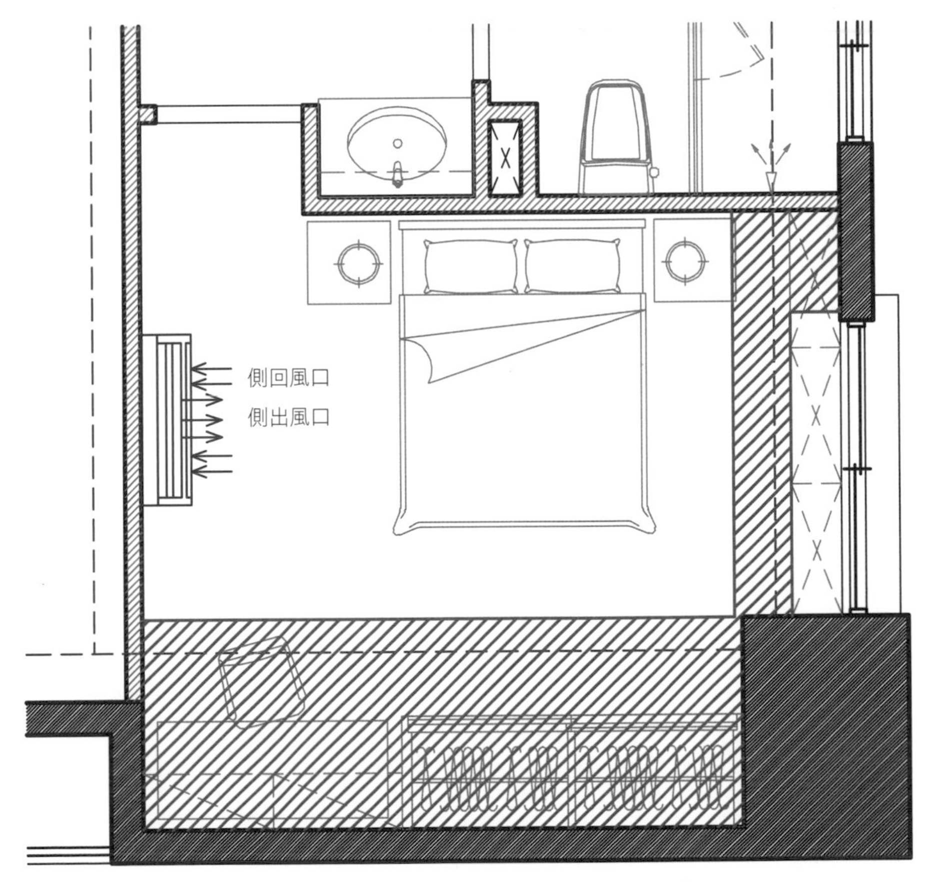

圖4-2-O-1 壁掛式空調在平面的位置表現法

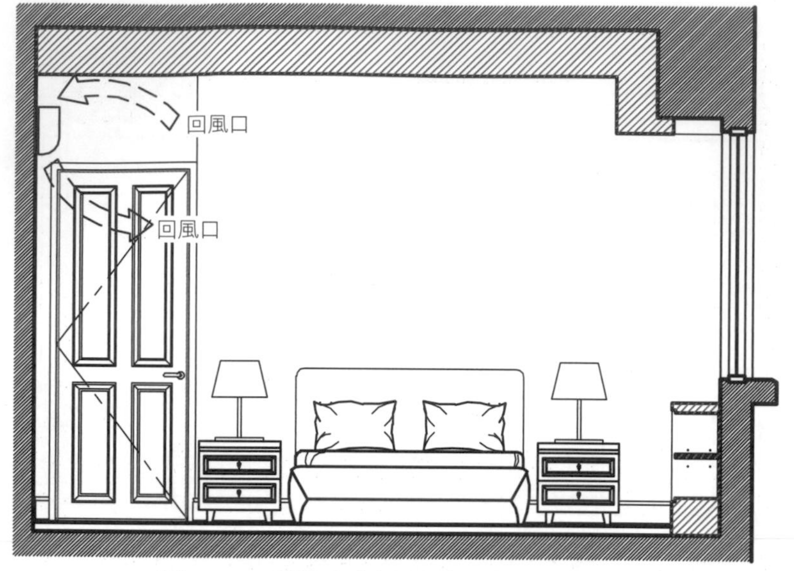

圖4-2-O-2 壁掛式式空調在立面圖的示意圖

兩種不同的空調都影響天花板造型的設計，通常會先由設計者規劃設計空調的位置，再請空調廠商至現場依空調配置圖面再確認是否有施作上的問題，空調的配置需注意如下：

1. 因空調有出風及回風功能，設計位置上不要讓空調直對人吹，會造成頭痛不舒服等問題 (如圖4-2-P)。

2. 若廚房需設空調，需採用吊隱式空調分支集風箱至廚房的天花板，但廚房不需回風口，只需要出風口，因為回風口會吸廚房的油煙，而影響到室內機的運作。

3. 空調的配置的出回風口位置不要有阻擋物件，會影響空調功能。

4. 當有兩個開放的空間 (如客廳+餐廳) 時，若只使用一組空調時需考慮空調是否有達到全面式的空調流通。

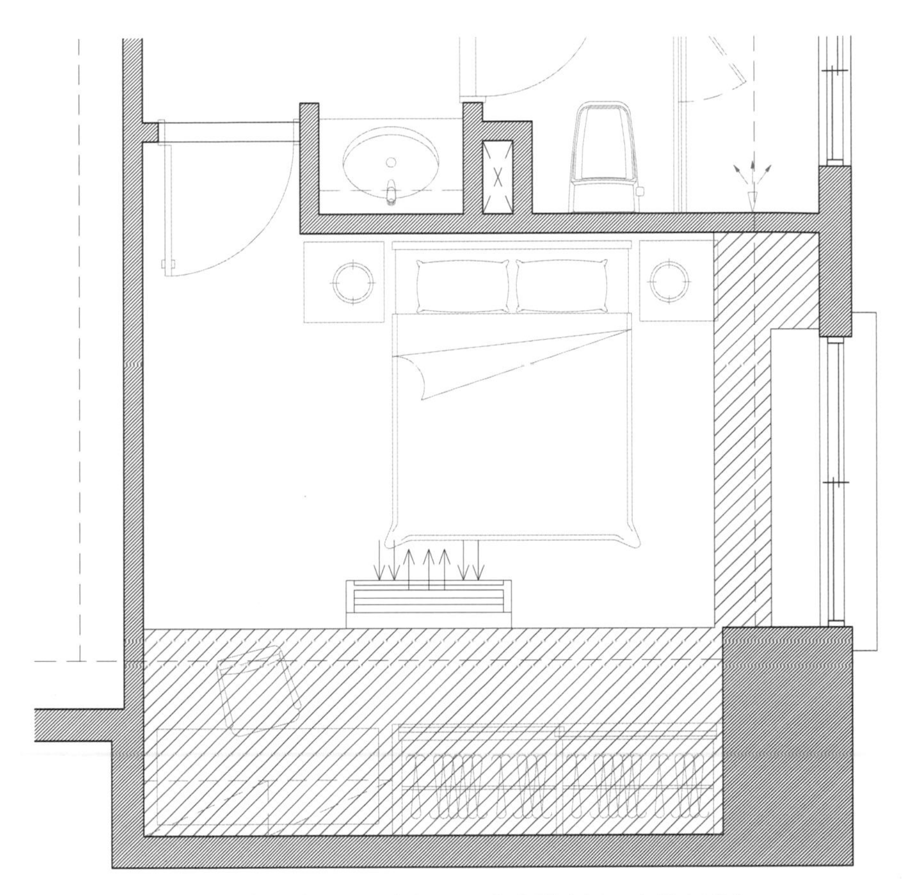

圖4-2-P 錯誤空調配置位置，因為空調出風口直接吹到人

+ 天花板燈具配置圖

要以平面配置圖及天花板高度尺寸圖為依據，再著手去配置天花板燈具配置圖。燈具配置需考量有：

1. 以使用者由外面進入室內所使用的燈具及開關。
2. 以使用者由臥室至室內的公共區域所使用的燈具及開關。
3. 以使用者由室內的公共區域至臥室所使用的燈具及開關。
4. 全戶光源營造之氛圍。
5. 動線、隔局考量及使用者的習慣。

上述的考量皆會影響燈具上的配置和單切 (如圖4-2-Q) 及雙切迴路開關 (如圖4-2-R) 上的配置。

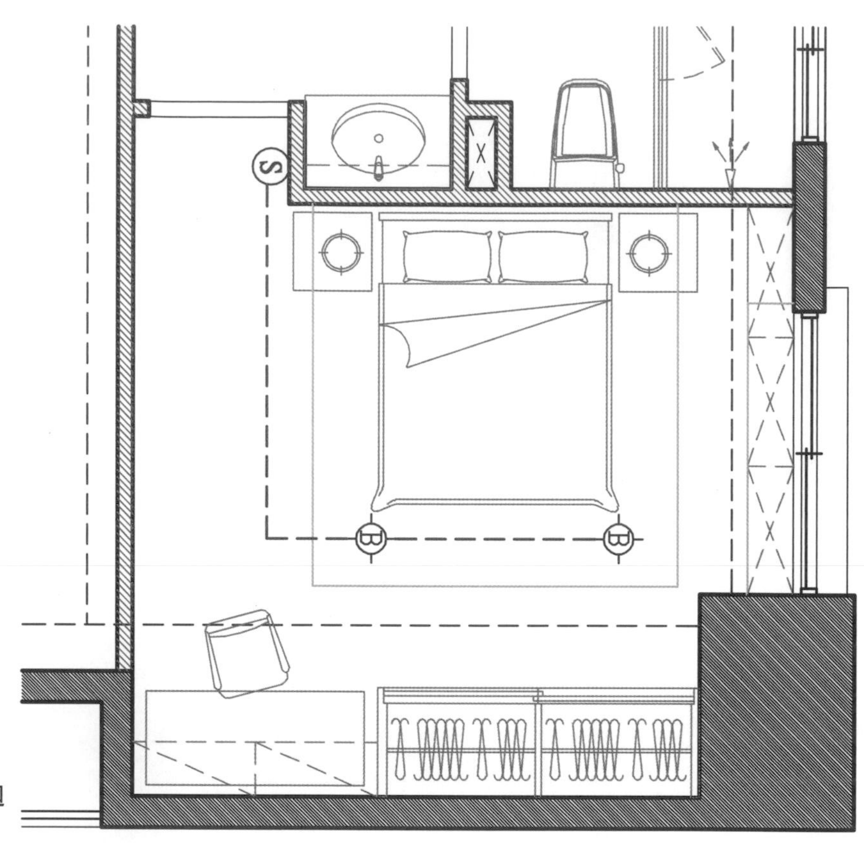

圖4-2-Q 單一空間的單切迴路燈具開關配置

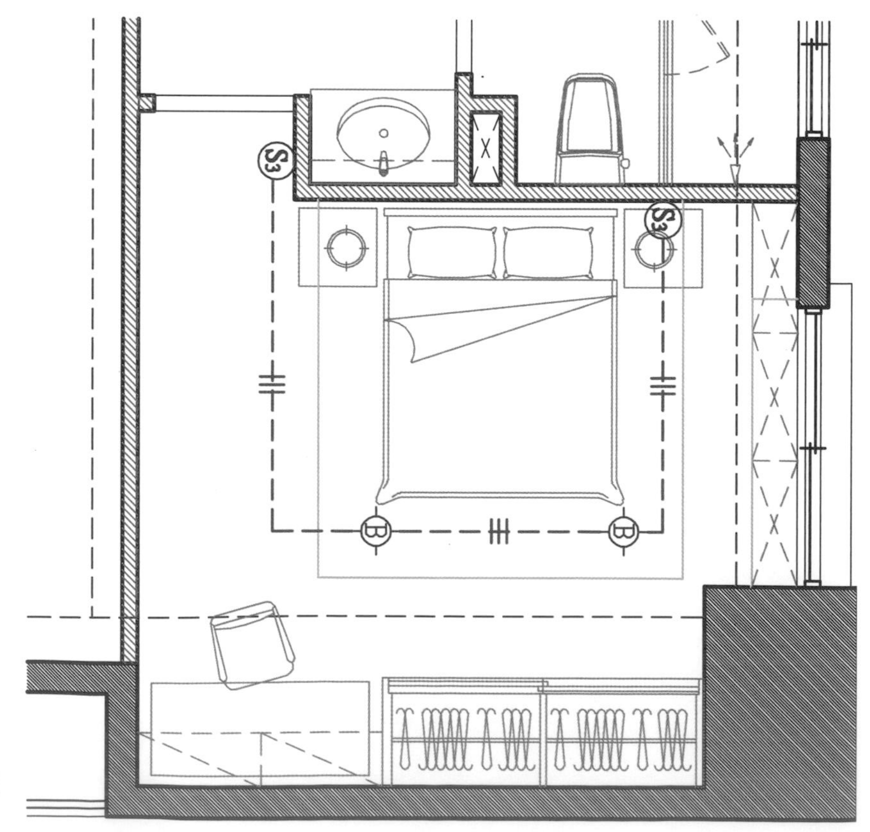

圖4-2-R 單一空間的雙切迴路燈具開關配置

天花板燈具配置圖燈具迴路畫法，早期是如下 (如圖4-2-S)，但此畫法若當遇到單一空間迴路過多，弧型的迴路畫法會讓圖面非常亂，在迴路串連時的路徑形成打結的狀態。因此可把燈具的迴路線以垂直或者水平畫法 (如圖4-2-T)，就可讓燈具迴路至開關的路徑非常清楚。

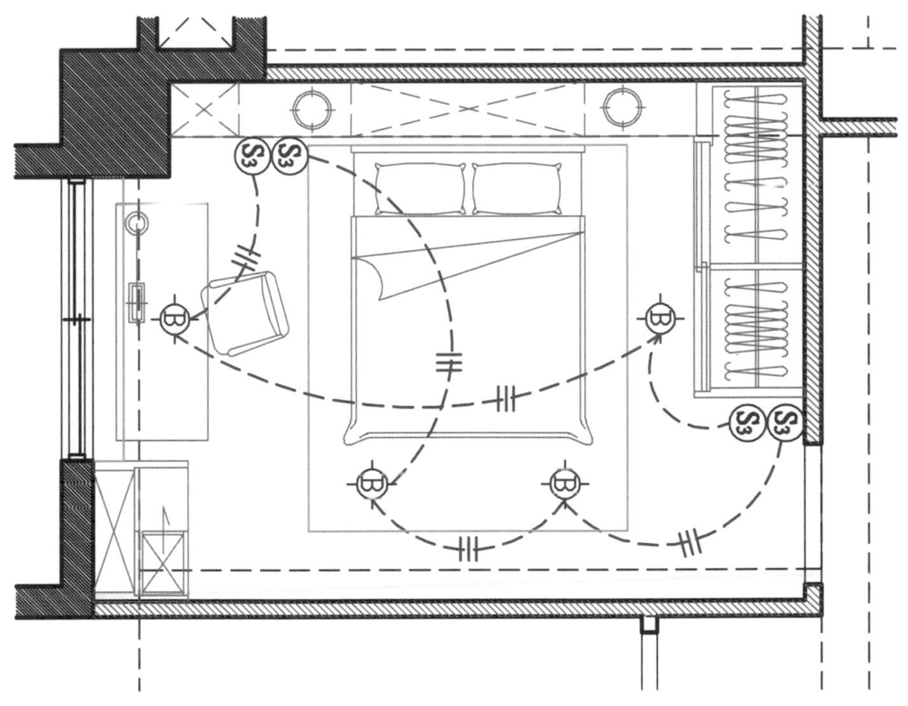

圖4-2-S 燈具迴路弧線的畫法

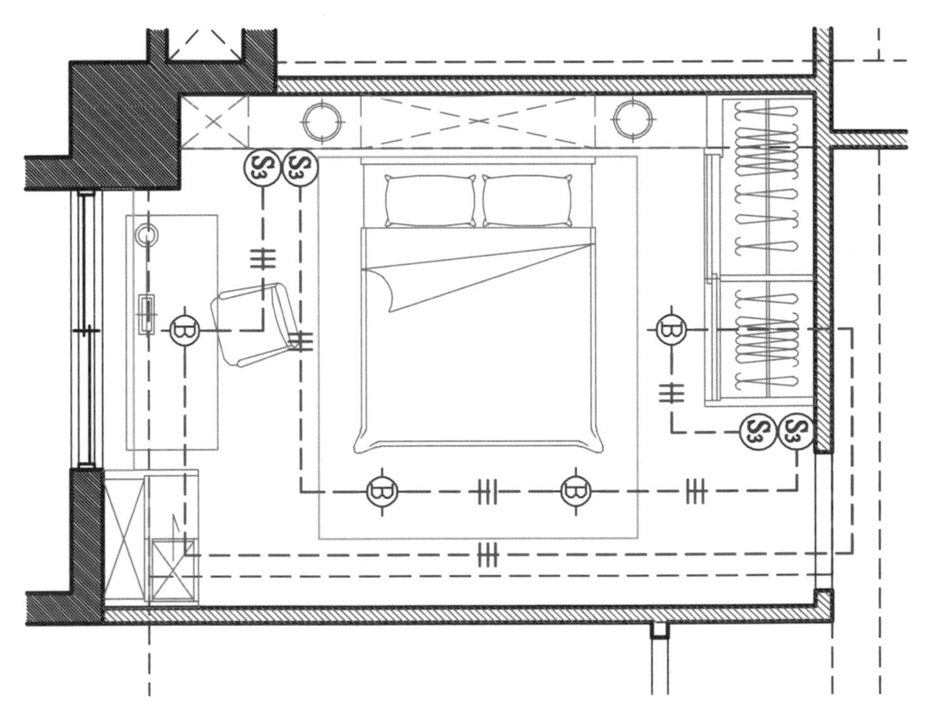

圖4-2-T 燈具迴路垂直或水平的畫法

另外，當單一空間比較大，燈具及迴路的數量上比較多時，畫法可以改用編號方式來繪製。(如圖4-2-U)

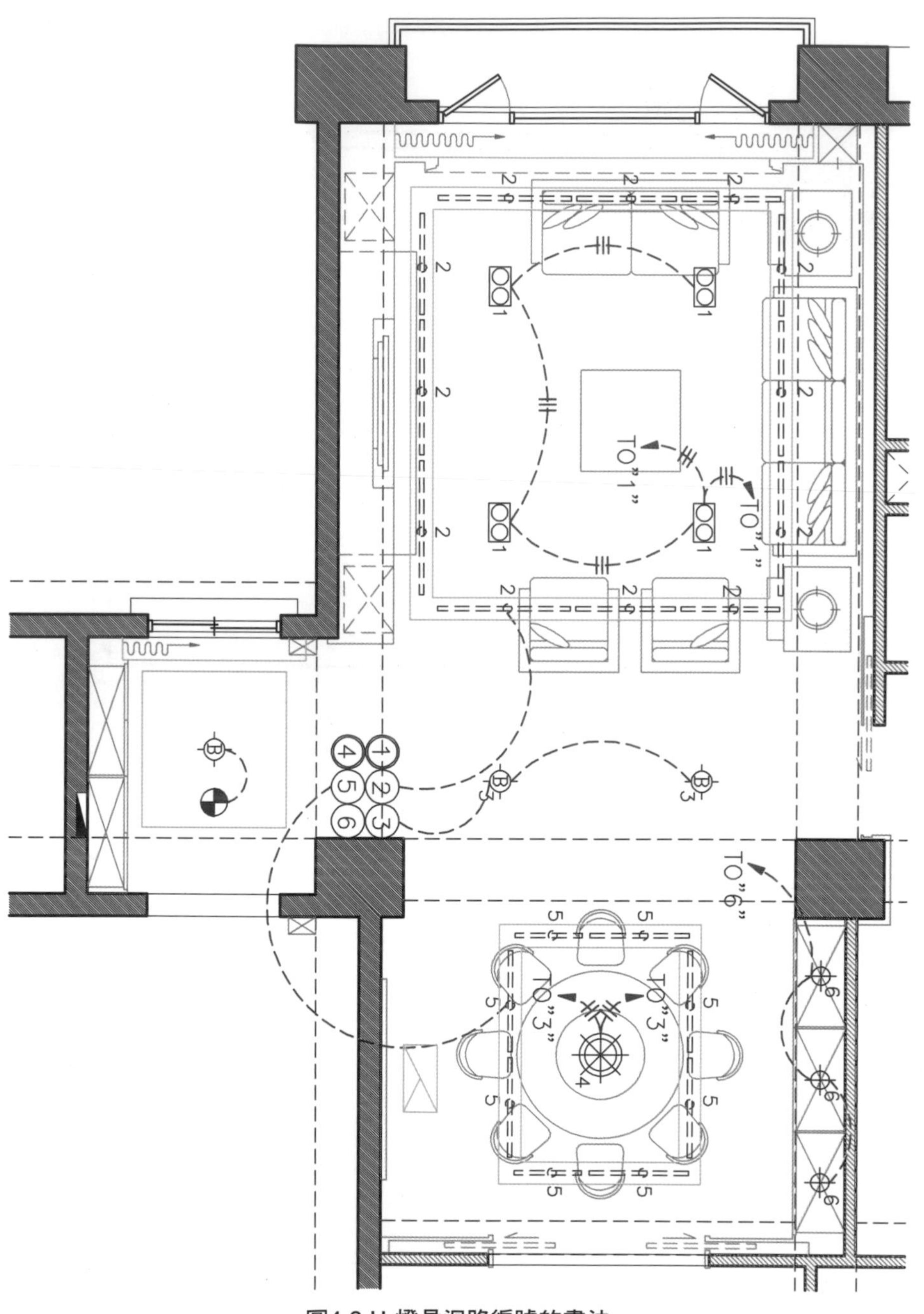

圖4-2-U 燈具迴路編號的畫法

天花板燈具配置圖燈具迴路畫法不一定只有一種，而會因空間的面積、空間的動線及燈具迴路上的變化而有所不同。在繪製上需考量施工單位能否明確了解配置圖的迴路路徑，不能只有設計者或繪圖者明瞭而已，尤其是天花板燈具配置圖是線條上最為複雜的圖面，所以，在繪製此圖面時需多加思考燈具迴路的線路處理方式。

系統圖面之二

(繪製要點請見第2、3章)

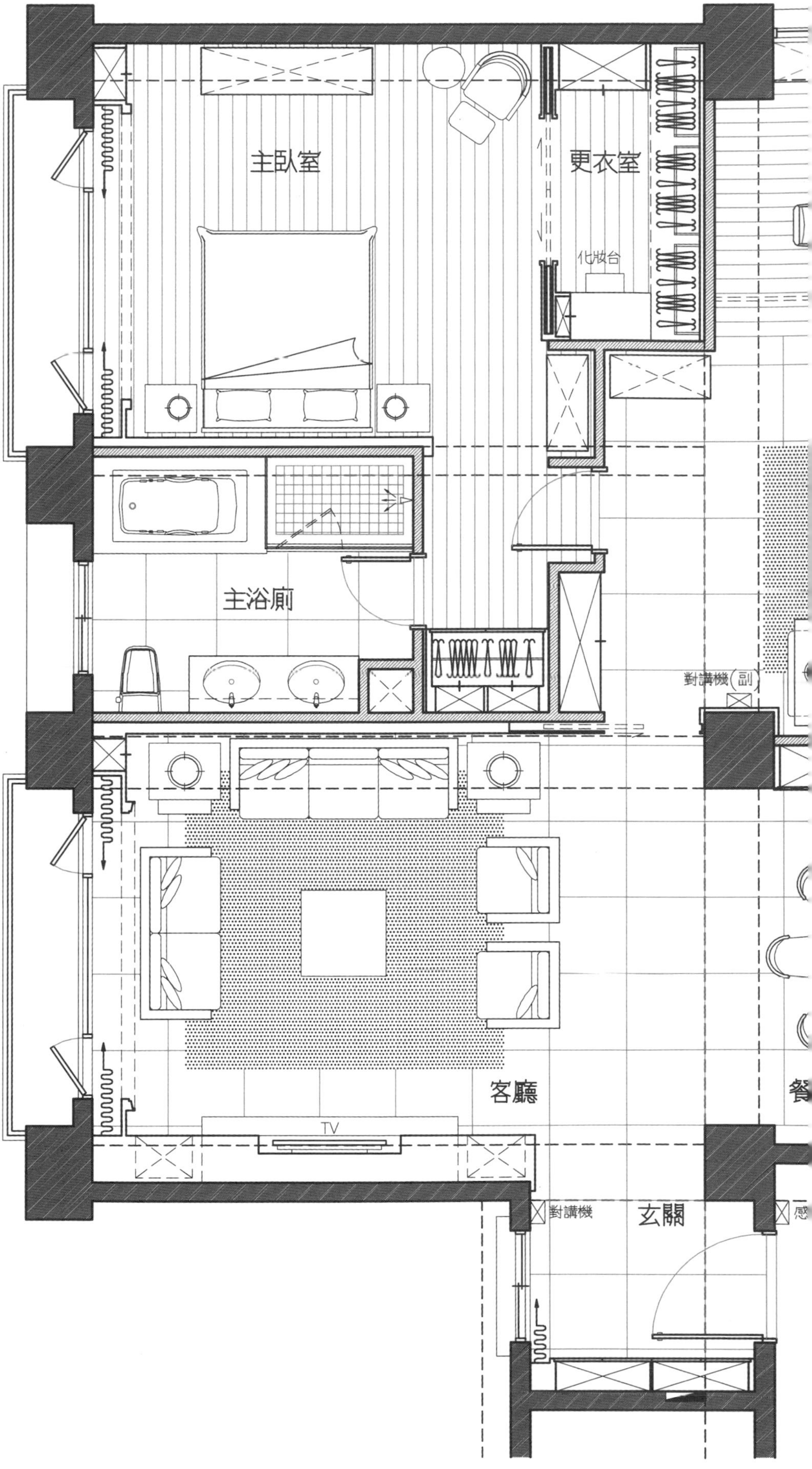

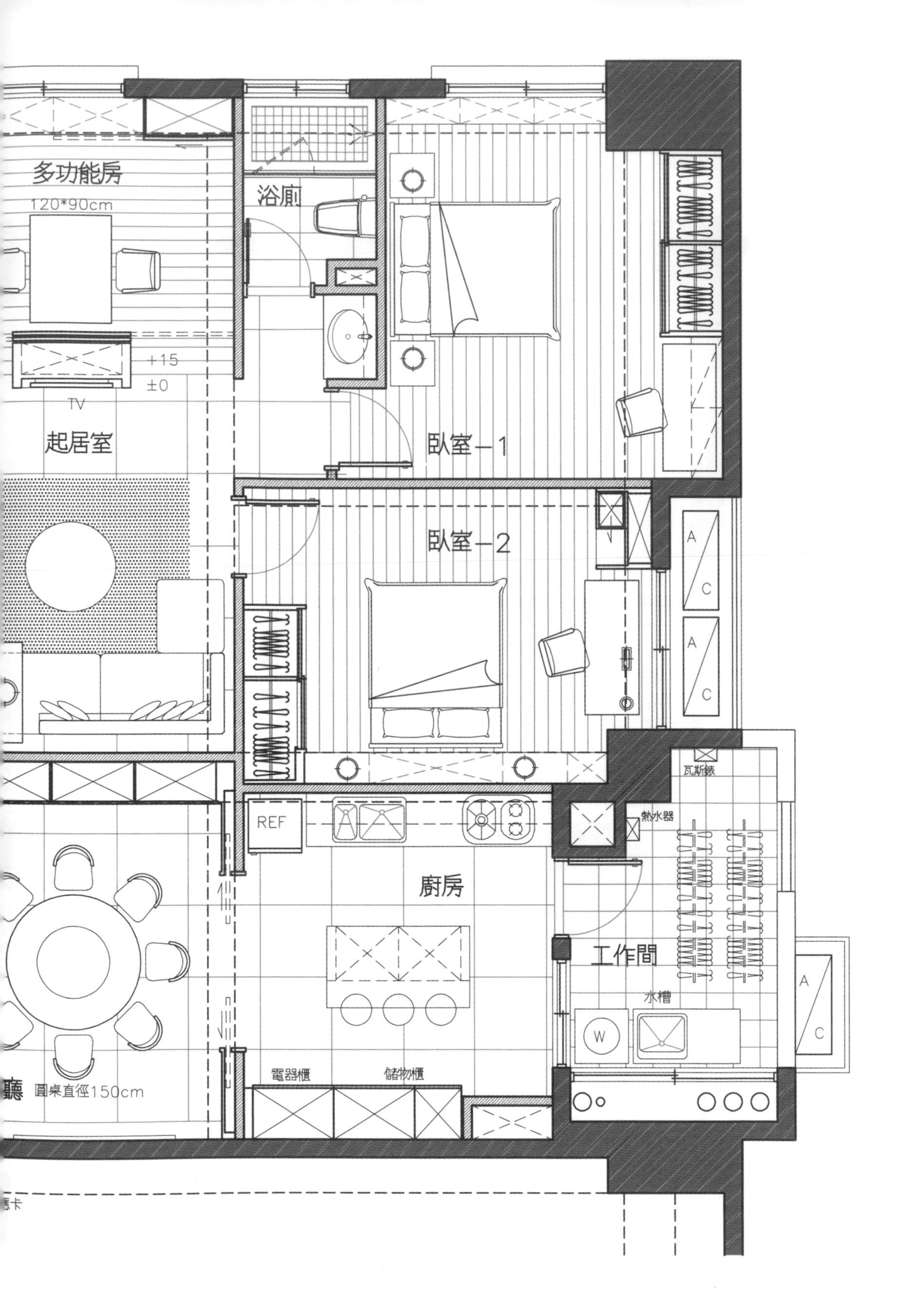

平面配置圖 SCALE:1/100

系統圖面之四

(繪製要點請見 4-1、4-2 節)

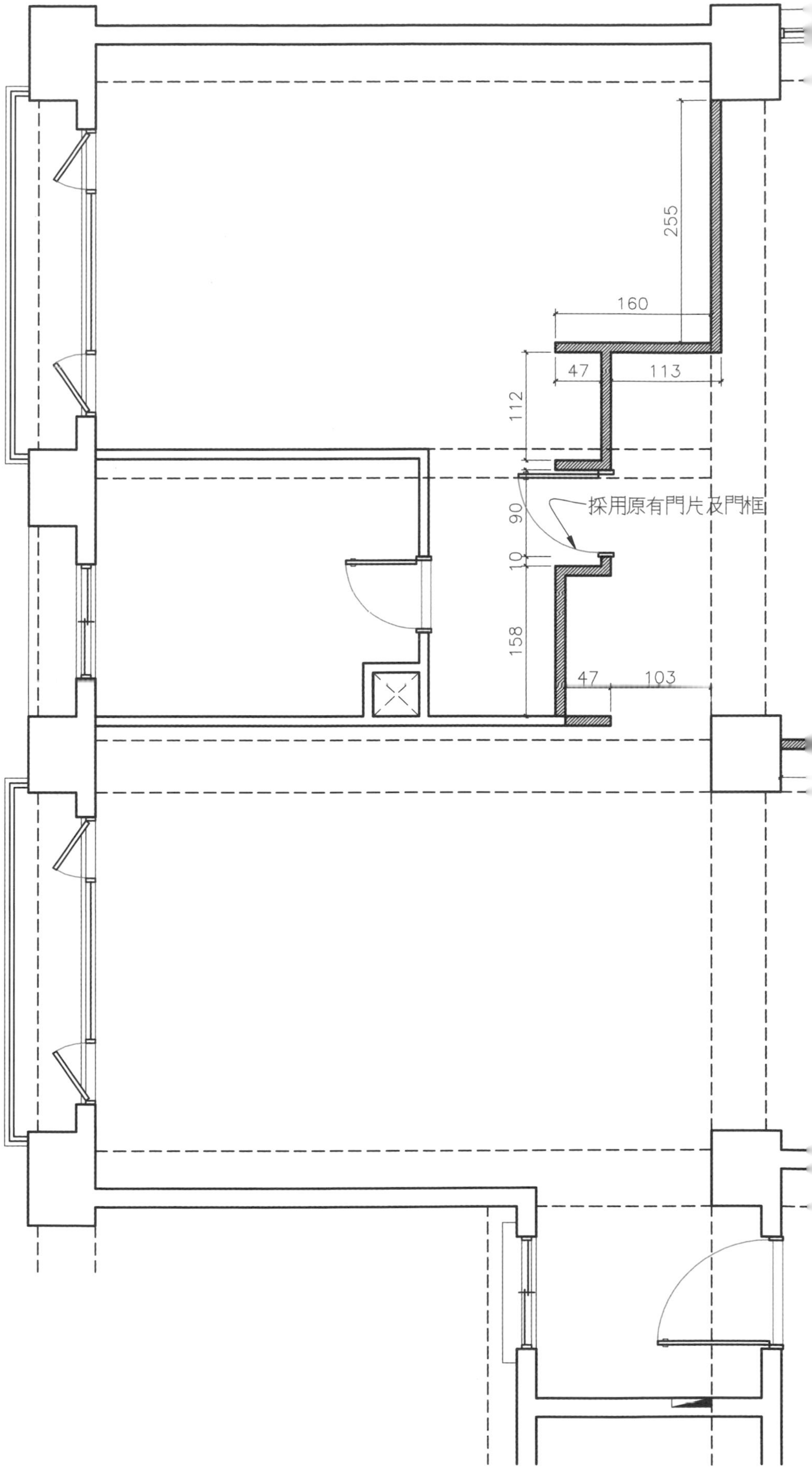

255

160

47 113

112

採用原有門片及門框

90

10

158

47 103

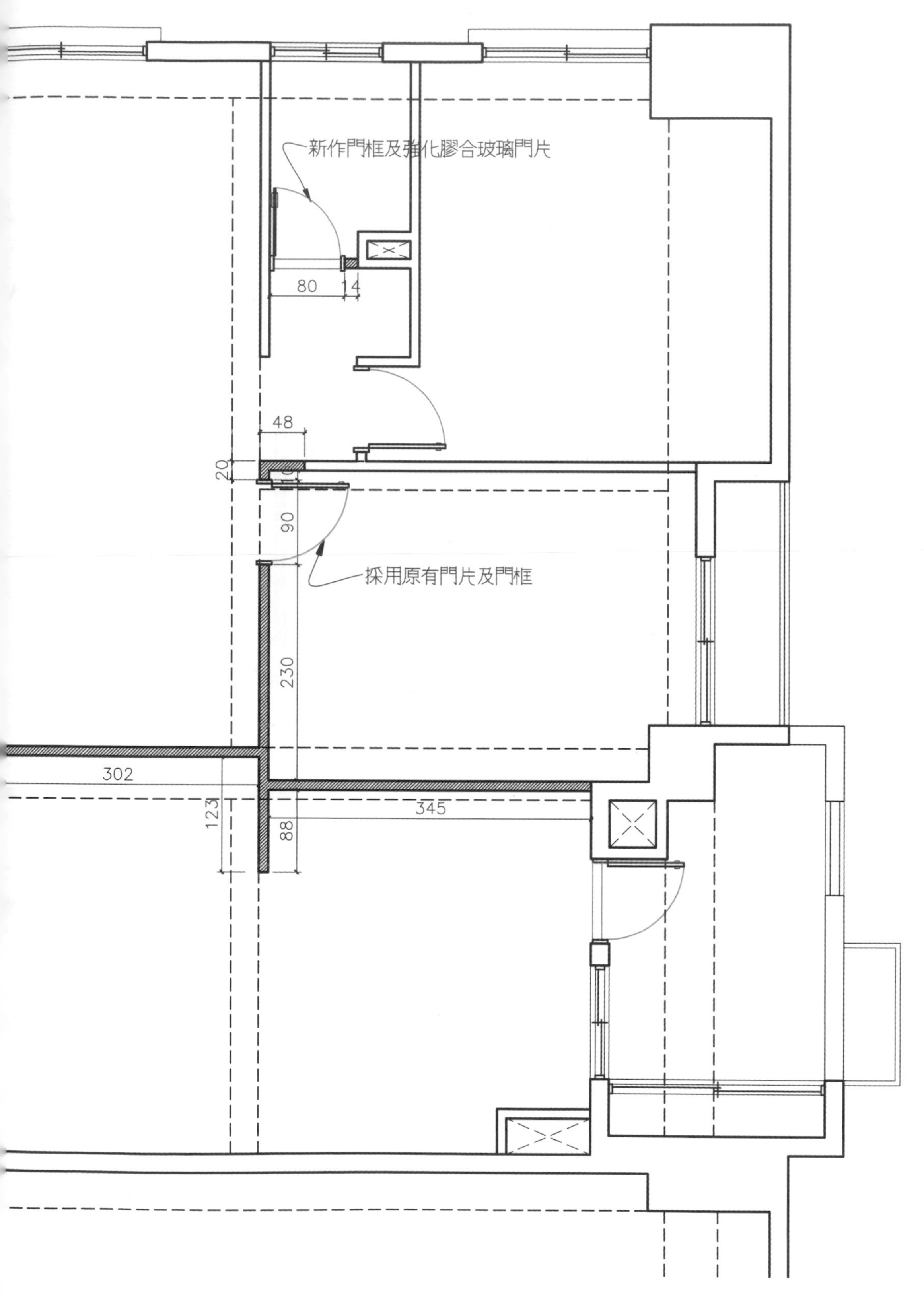

新作牆尺寸平面圖 SCALE:1/100

系統圖面之六

(繪製要點請見 4-1、4-2 節)

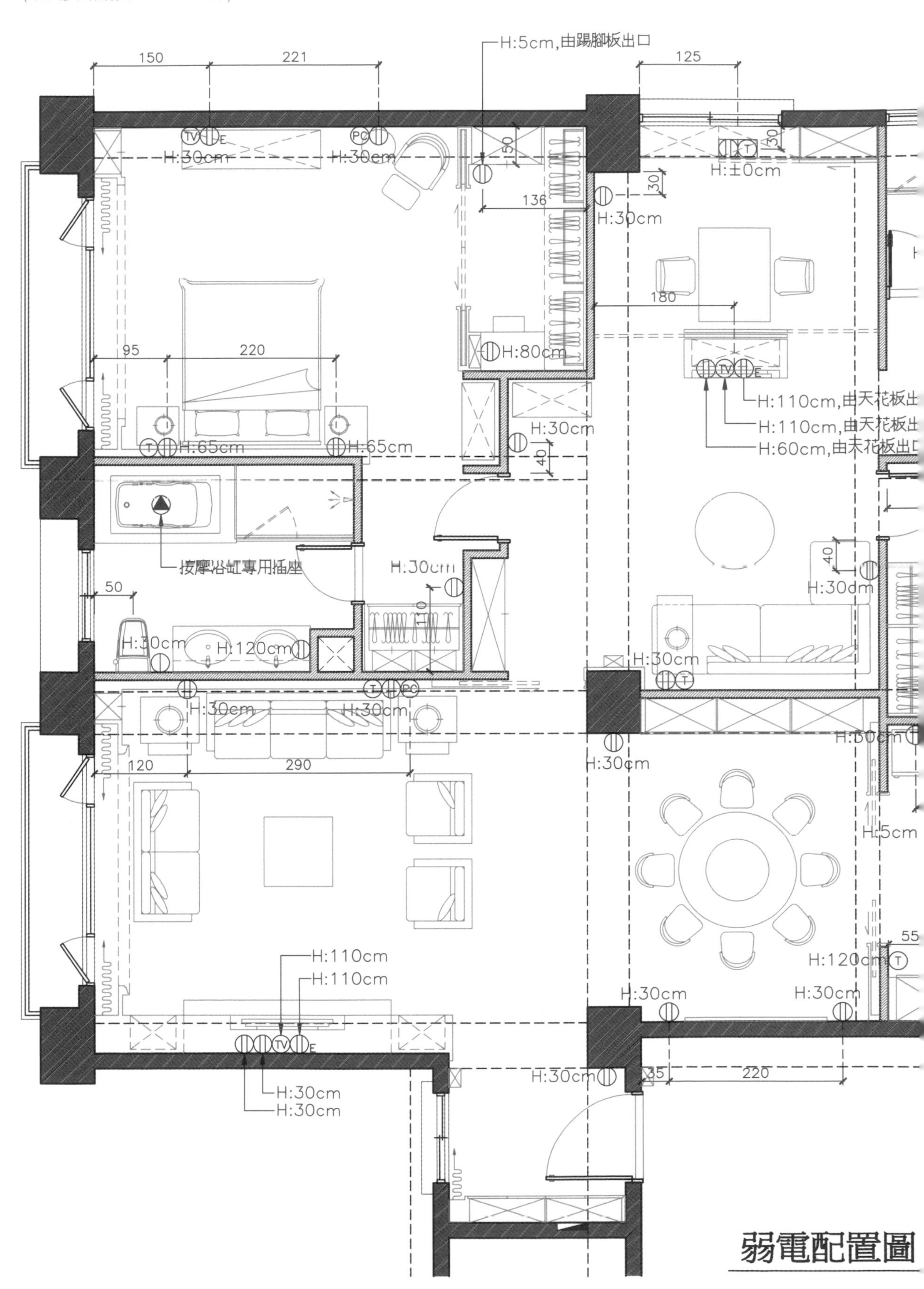

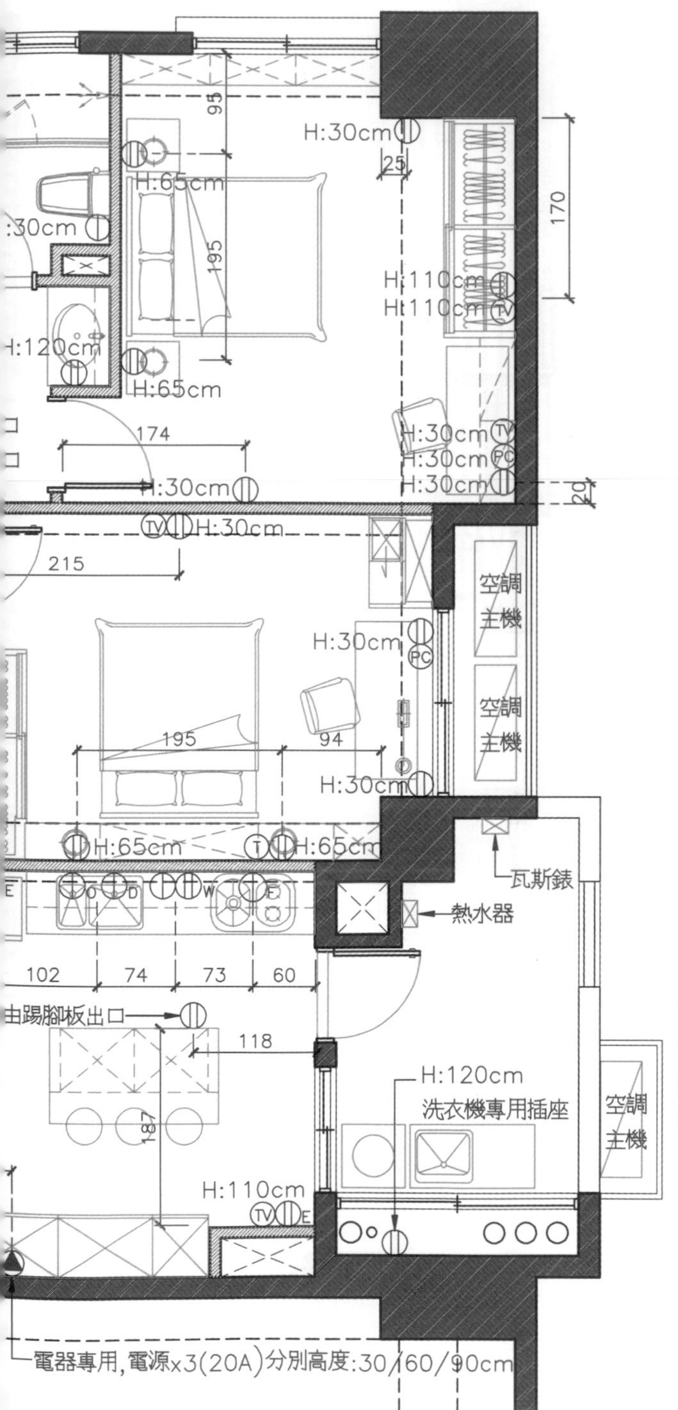

弱電圖例

圖例	說明/名稱
TV	電視插座
T	電話插座
T	電話地插座
PC	網路插座
	單聯(單孔)插座
	雙聯(雙孔)地插座
	雙聯(雙孔)插座
E	雙聯插座(接緊急電源) (全室電視.冰箱使用專用插座)
	專用插座(110V)
O	逆滲透接地型單聯插座 H:30cm
D	烘碗機接地型雙聯插座 H:180cm
W	洗碗機接地型單聯插座 H:60cm
F	抽油煙機接地型單聯插座 H:220cm

備註:

(1) 浴廁.廚房.工作間(陽台)等範圍區域,均為專用接地型插座.

(2) 浴廁.工作間(陽台)之插座迴路連接至漏電斷路器.

(3) 電話線路採用8心線,網路採用(CAT.5E)規格線材.

SCALE:1/100

系統圖面之八

(繪製要點請見 4-1、4-2 節)

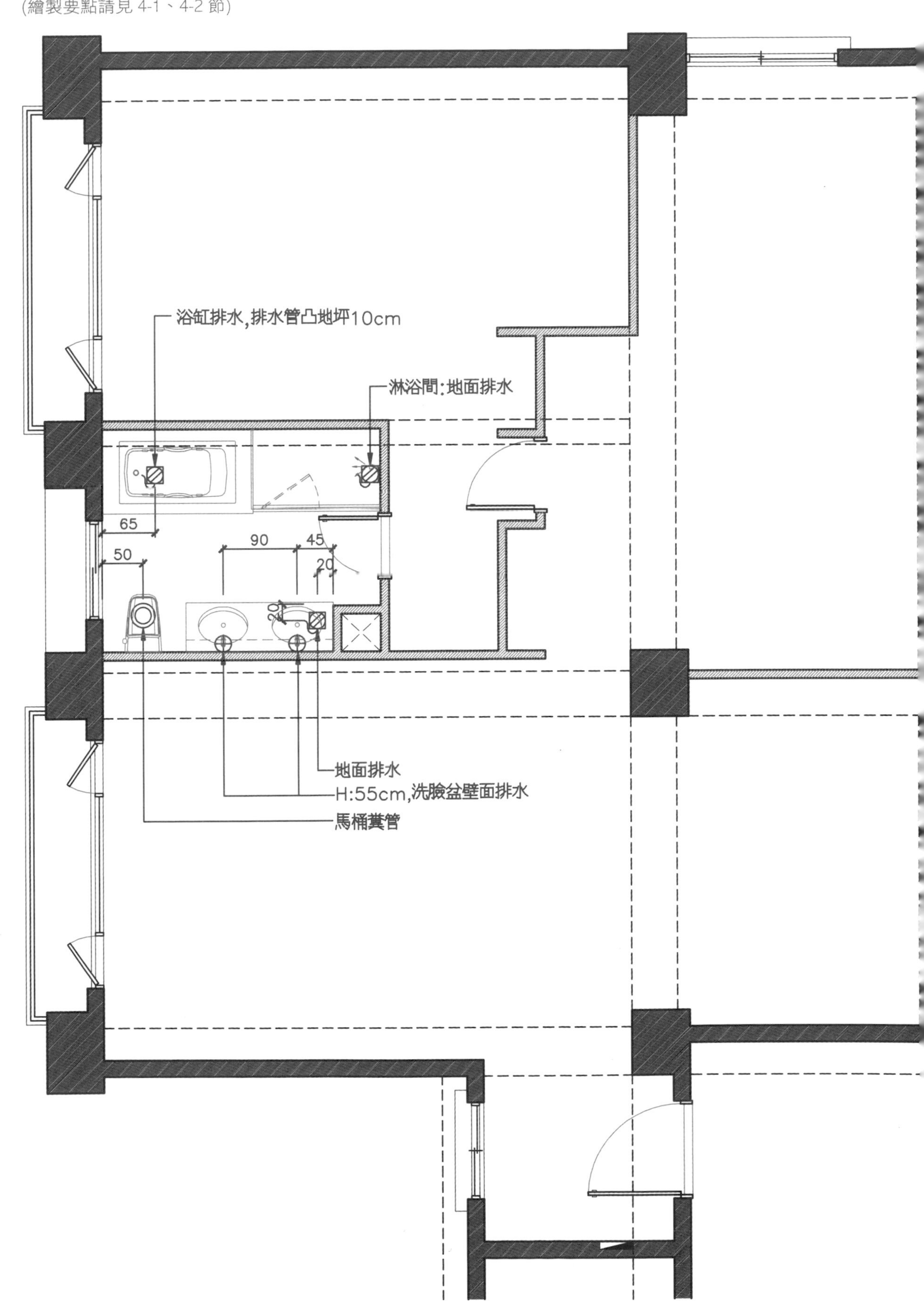

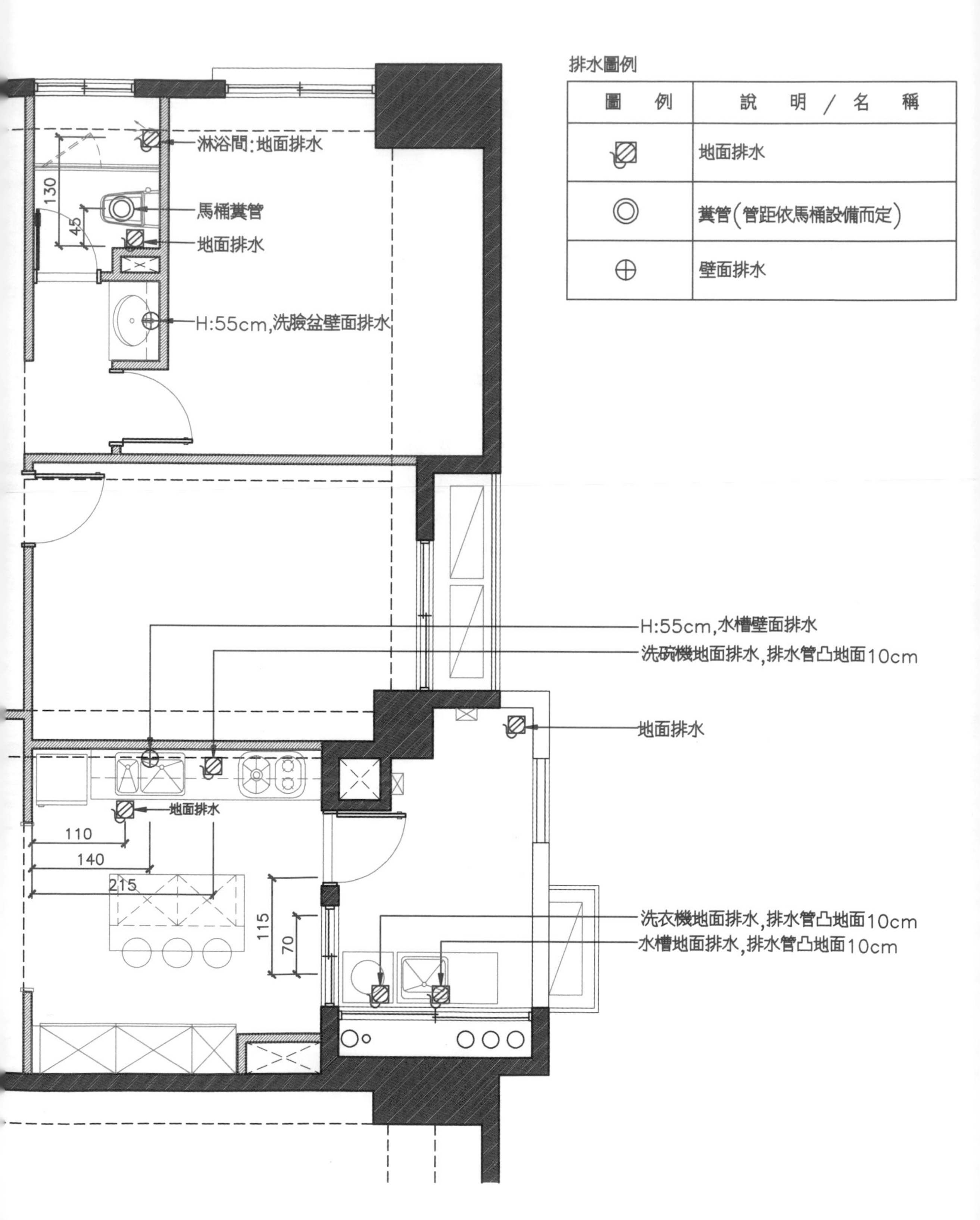

排水配置圖 SCALE:1/100

系統圖面之十

(繪製要點請見 4-1、4-2 節)

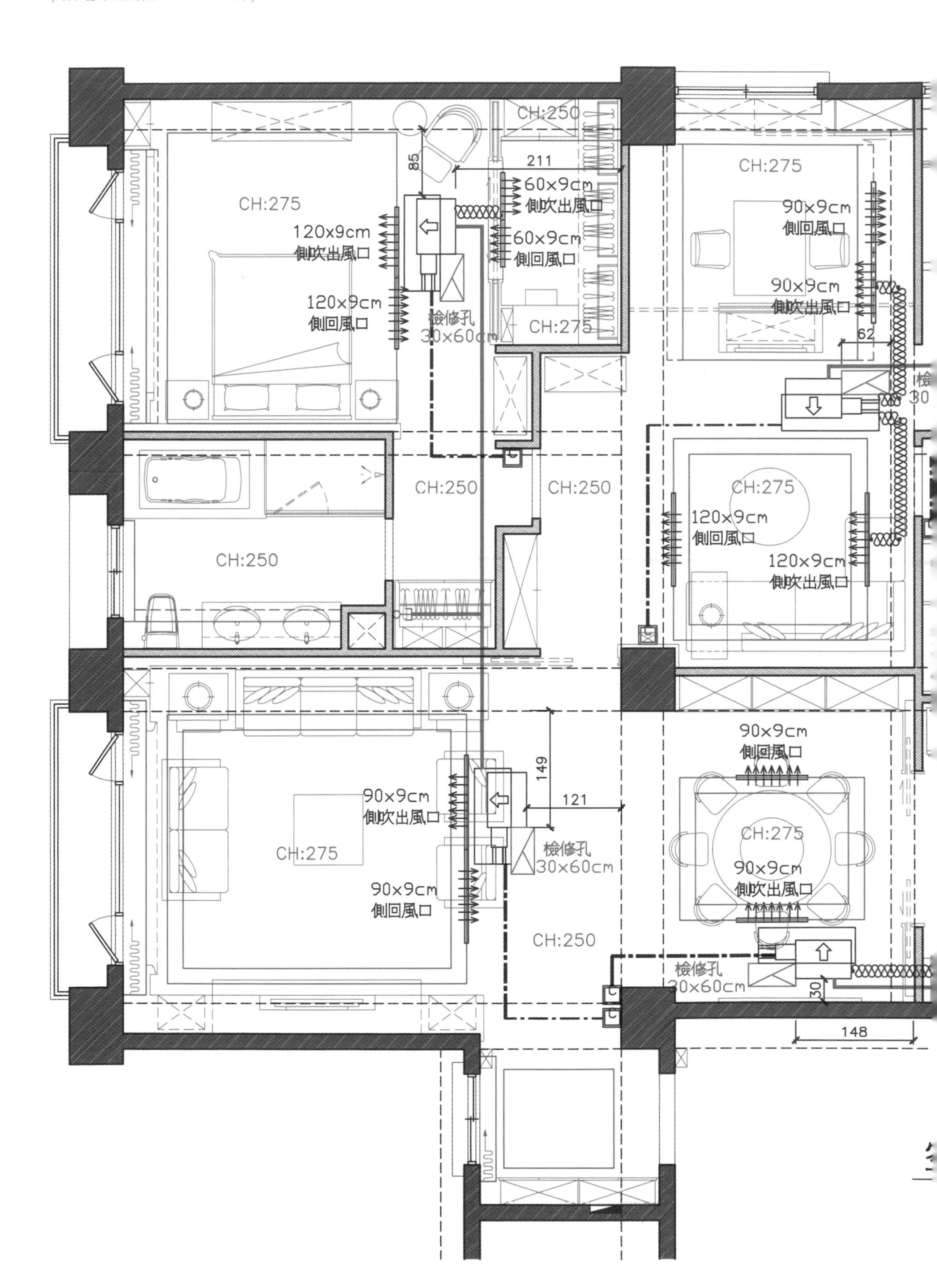

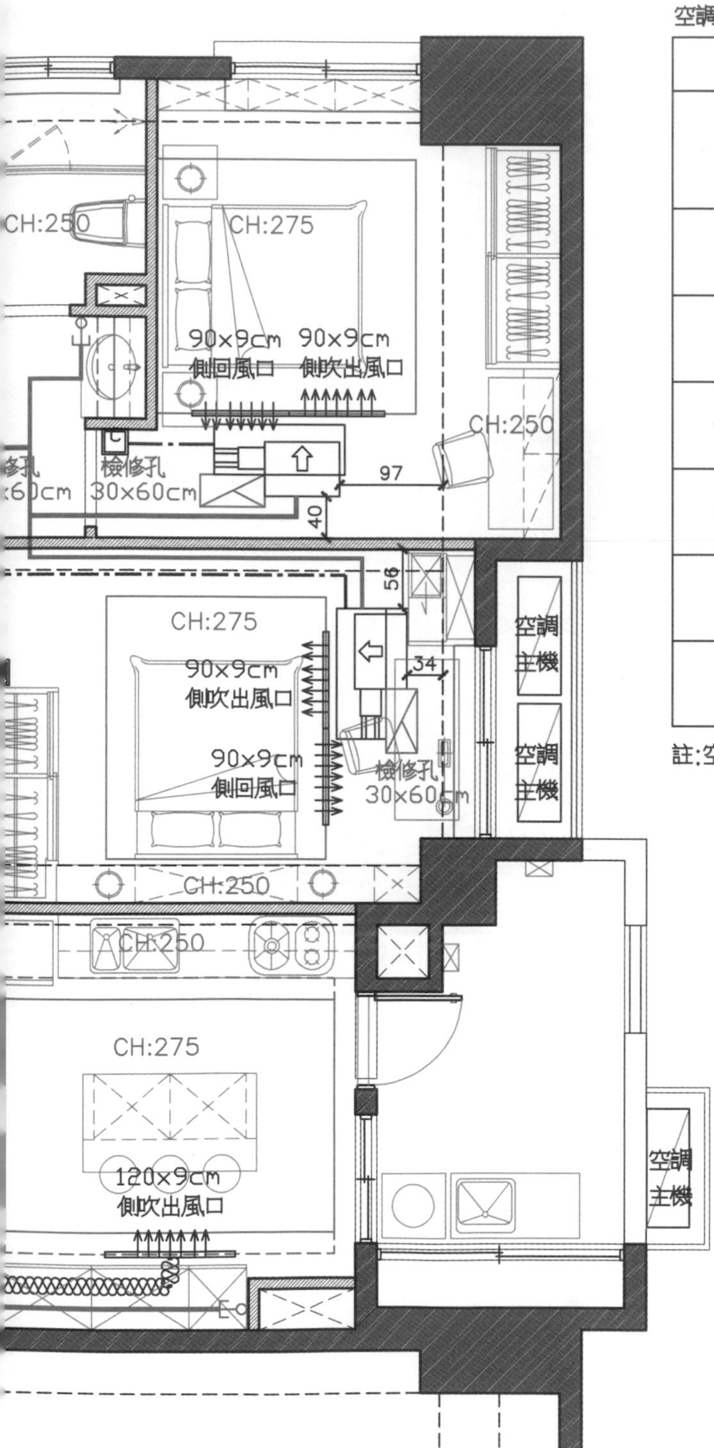

空調圖例

圖　例	說　明 / 名　稱
	室內機: 吊隱直膨式送風機/冷暖式
	排水(依現場施作)
	軟管
	(下吹/側吹)　出風口
	(下回/側回)　回風口
	(回風口)檢修孔　30*60cm
	空調控制面板 (H:120cm)

註:空調配置及噸數,需專業廠商再檢討確認

空調設備配置圖 SCALE:1/100

4-3 AutoCAD系統圖的底圖製作

使用 AutoCAD 繪製系統圖 (包括：弱電、給排水、空調、天花板燈具等等) 會採用圖紙空間、外掛 Express 這兩種方式來進行，而不管用那種方式繪製系統圖，建議以 "平面配置圖" 做為 "底圖" 去延展後續圖面，因為系統圖的修改往往隨著平面配置圖的異動而有所變動，使用底圖的作法可讓修改作業耗損的時間縮減許多。

製作底圖的目的是讓配置及空間能清楚顯示位置，卻又不致影響系統圖上的繪製，製作上通常會把做為底圖的物件複製及設為最細及最淺的線，這樣一來繪製系統物件就能明顯顯示。而製作AutoCAD 底圖方法如下：

STEP 1 開一張需繪製系統圖的平面配置圖

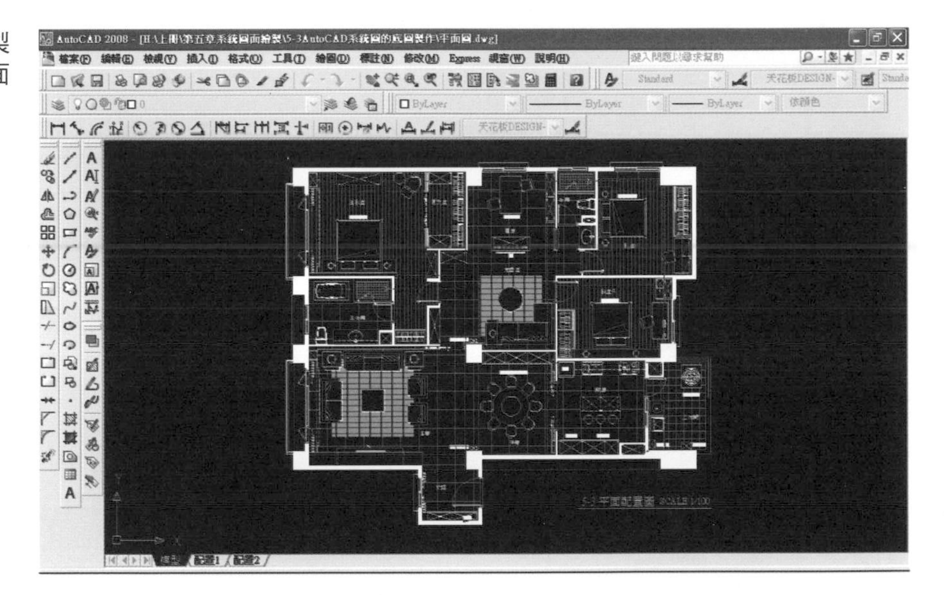

STEP 2 關閉AutoCAD部份的圖層(LAYER)：包括10填實、07文字、11地坪、09樑

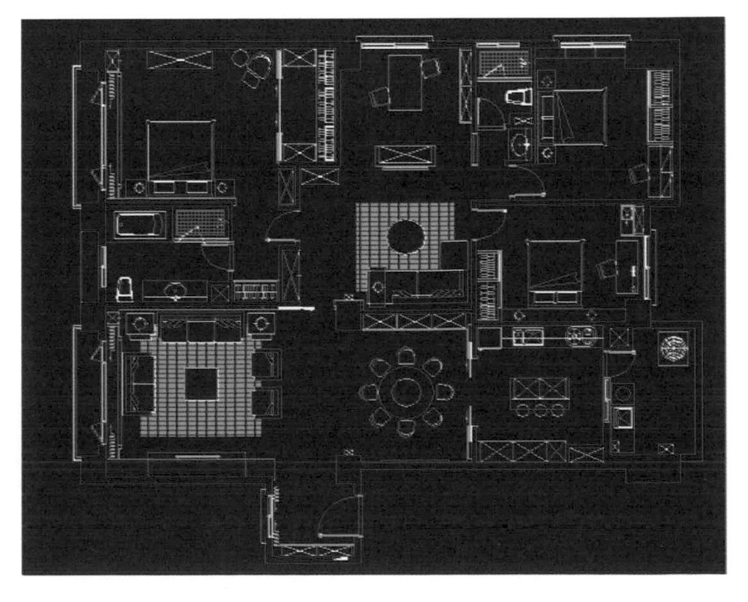

STEP 3 指令：COPY(複製物件) 框選整個平面配置圖，拖拉至空白處

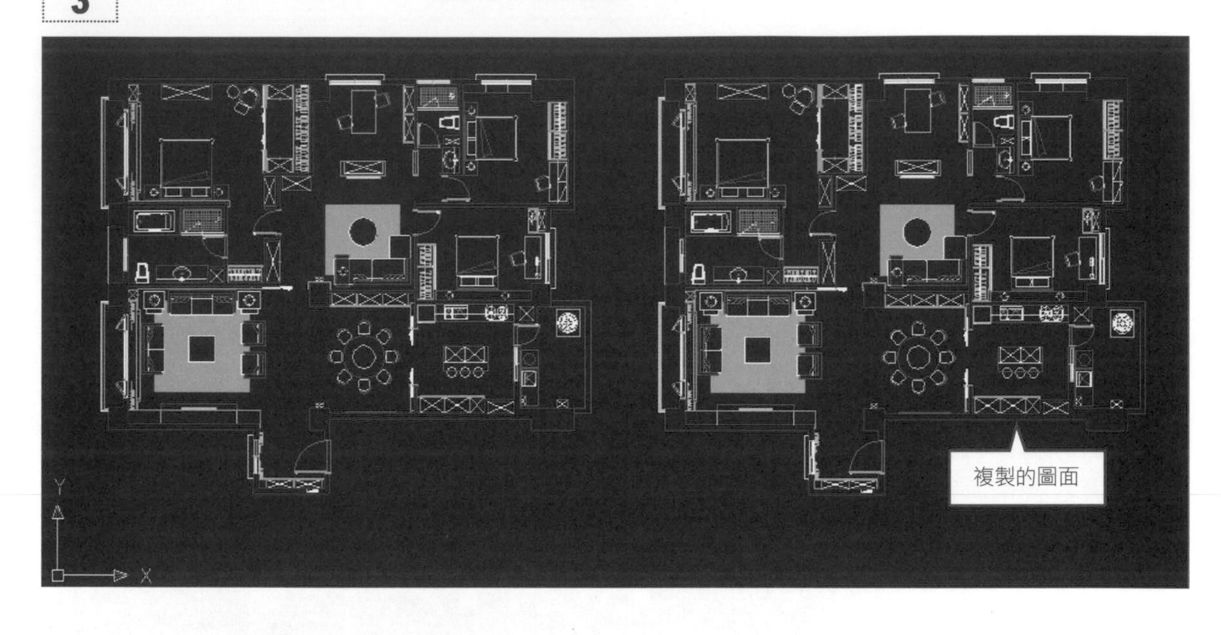

STEP 4 在複製的圖面上，刪除一些多餘的物件，或者無任何意義且會干擾系統圖面的物件

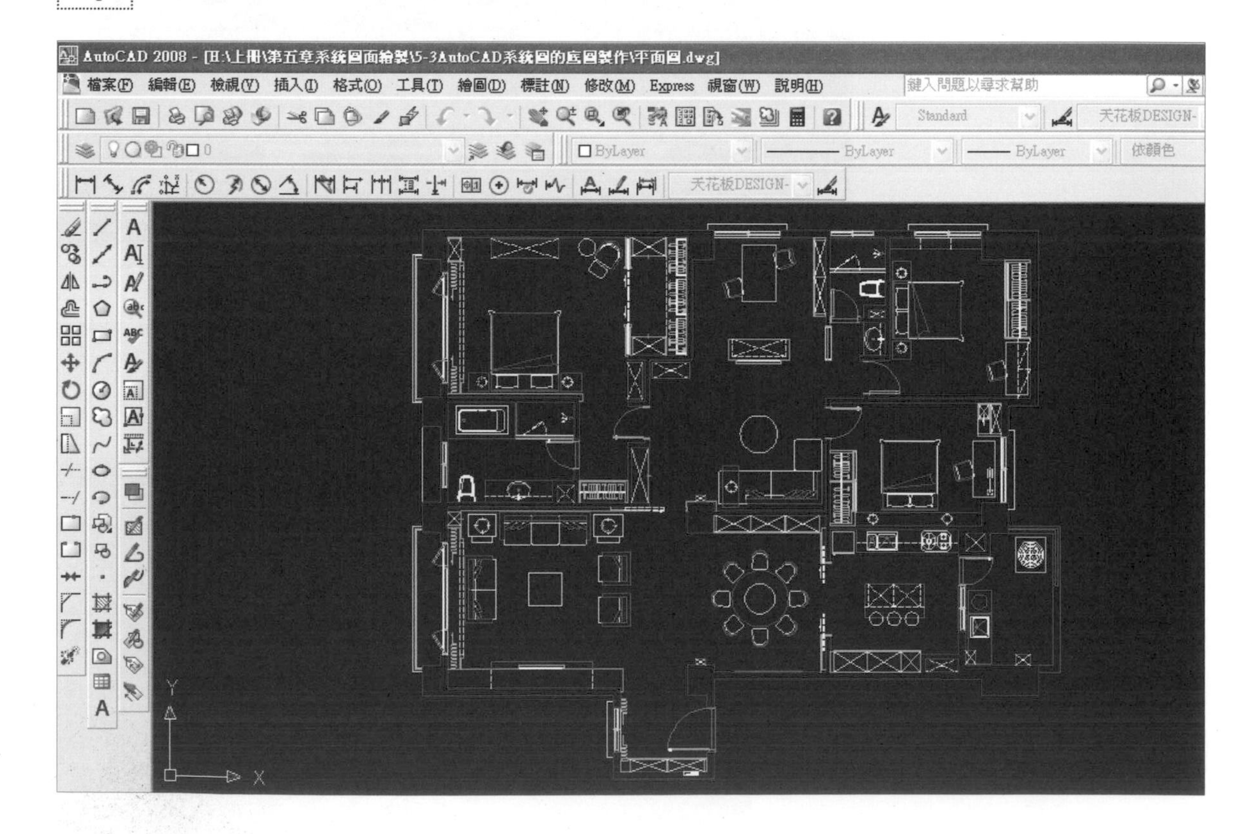

STEP 5

❶ 滑鼠按住左鍵框選之前複製好的整個平面配置圖

❷ 框選到的平面配置圖會呈現虛線

❸ 至圖層標準工具列變更為06 傢俱(灰色)圖層

❹ 至性質標準工具列變更顏色為依圖層，此時平面配置圖會變成灰色

❺ 若有些物件沒有改變，那表示此物件為圖塊(BLOCK)，只要逐一執行指令：EXPLODE(炸開)，再逐一變更為 **06 傢俱(灰色)** 即可

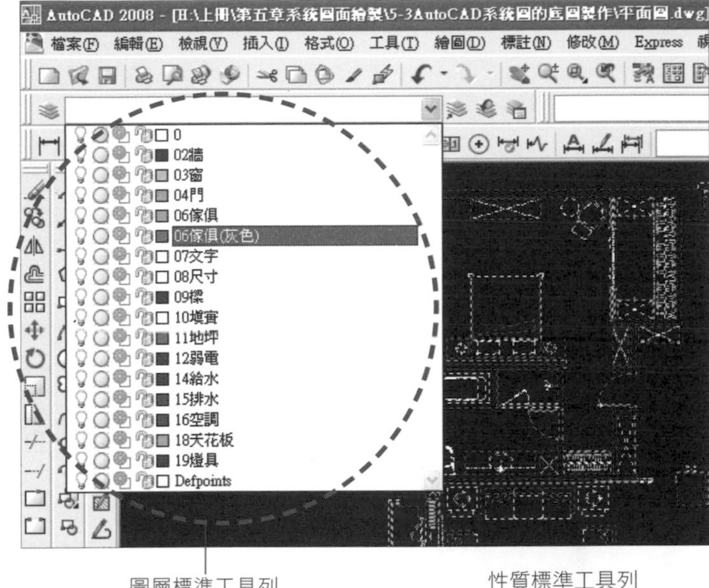

圖層標準工具列　　性質標準工具列

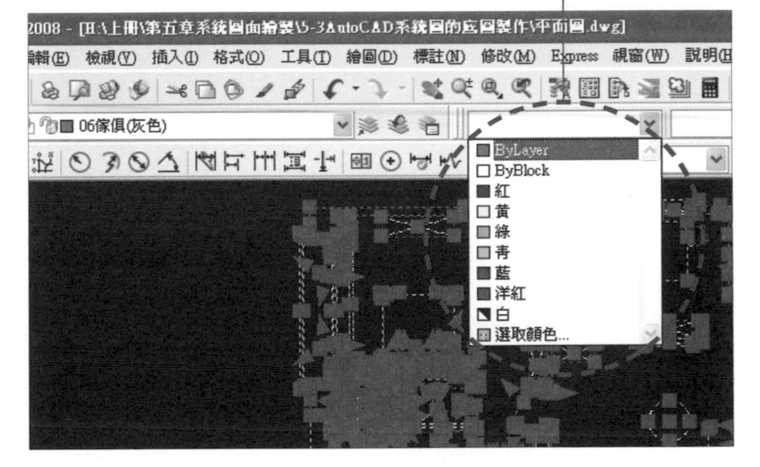

STEP 6

此底圖的圖面為06 傢俱(灰色)圖層，而此圖面為灰色

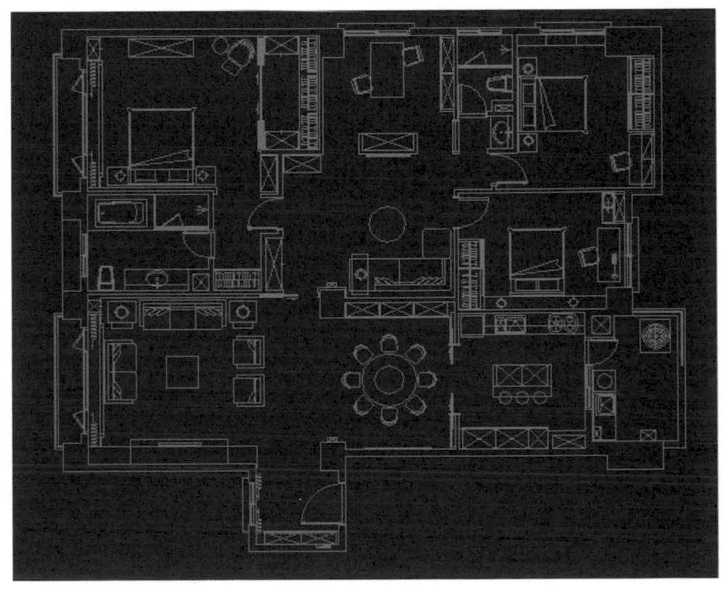

STEP 7 此時AutoCAD桌面目前的層(LAYER)設為06 傢俱(灰色)，若沒有這樣設定，待會製作圖塊(BLOCK)時此圖塊會具有兩種圖層的名稱

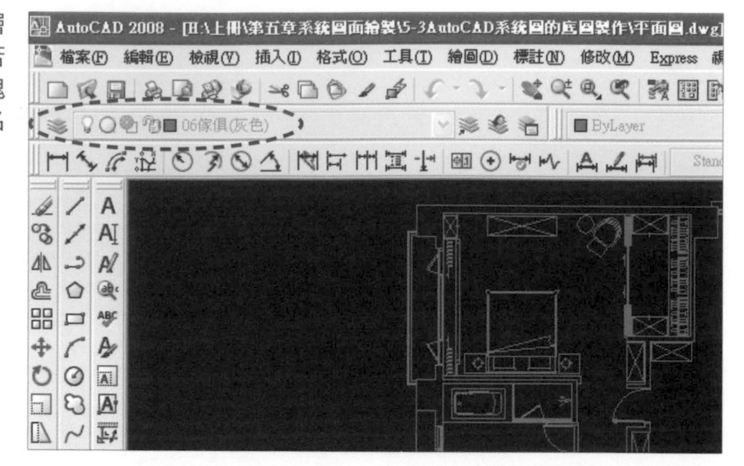

STEP 8 以複製的平面配置圖為底圖，開始製作圖塊(BLOCK)，至AutoCAD下拉式指令的『繪圖/圖塊/建立』

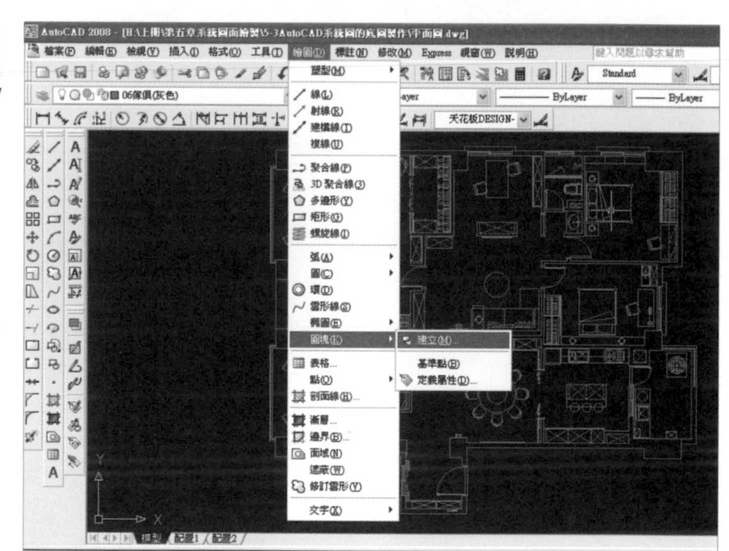

STEP 9 會出現圖塊定義交談框

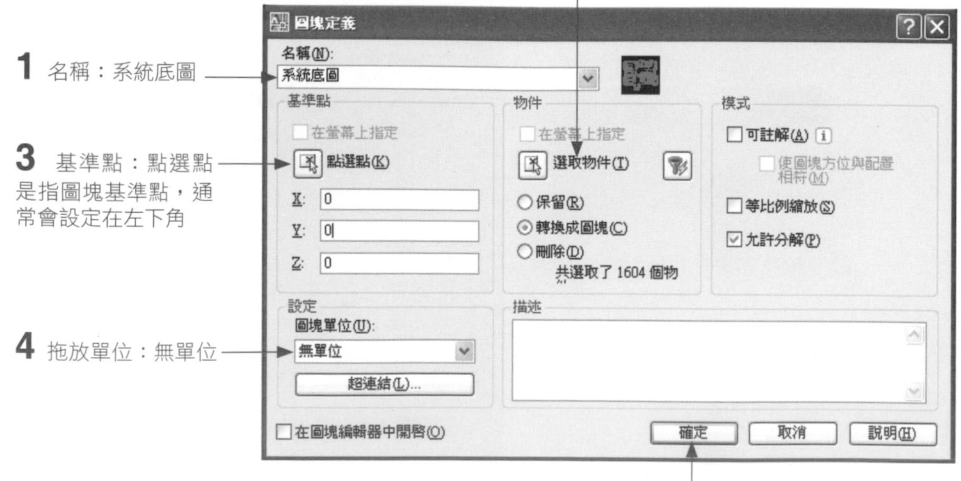

STEP 10 製作圖塊(BLOCK)完成

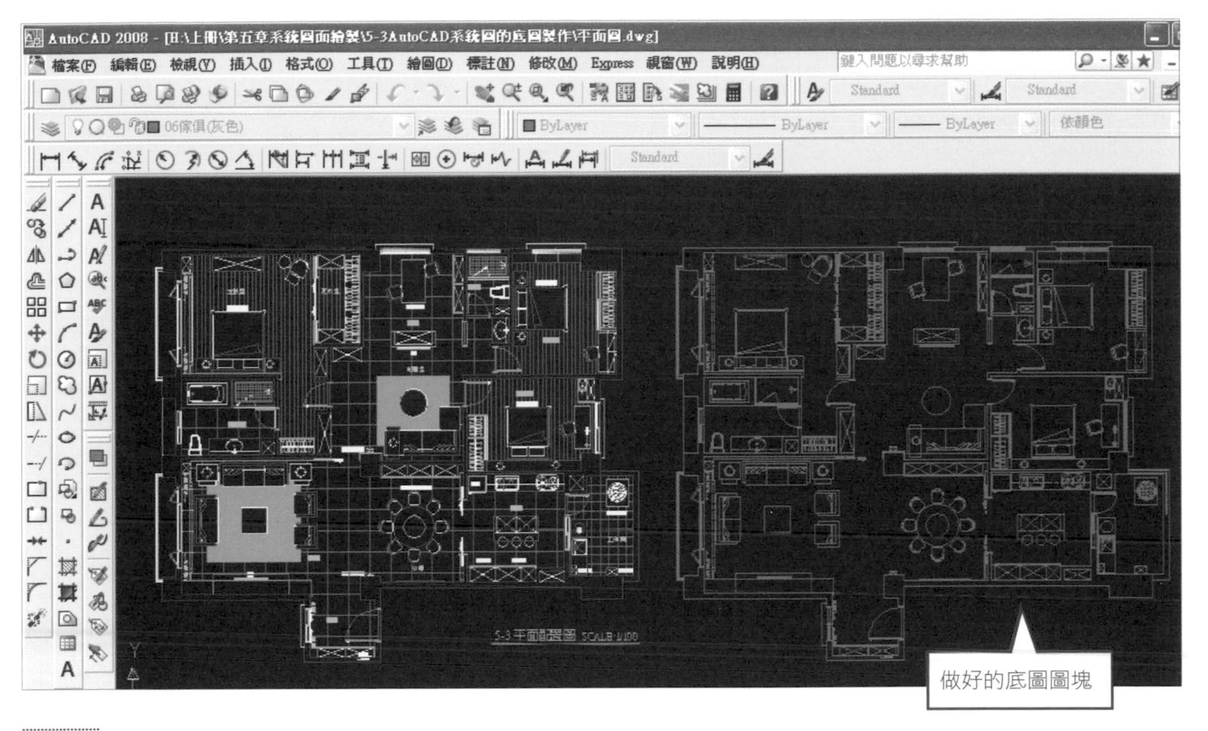

STEP 11 完成系統圖底圖的製作後，就可以覆蓋在平面配置裡，用開關圖層去控管所需要的平面圖面

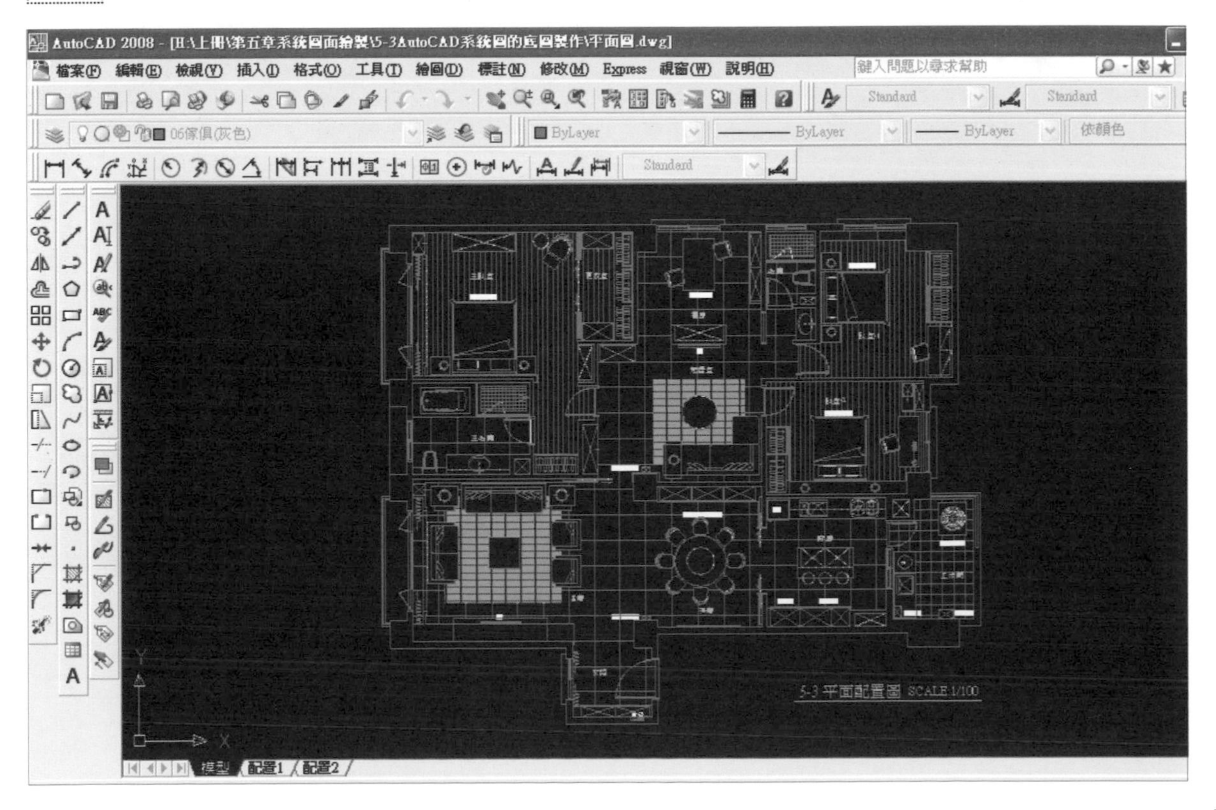

若平面配置圖有變更修改，再做1-10步驟就可以，而圖塊名稱點選之前做好的系統底圖，此時會出現是否重新定義的文字再按確定後，覆蓋且更新之前所做的底圖圖塊即可。

此底圖是保留 02 牆、03 窗、04 門、05 傢俱圖層，再進行複製圖面，以複製平面為底圖圖塊。在進行繪製系統圖時，開關圖層之關係詳見後面 4-3-A 表格，其中標示 ● 與 ◎ 的圖層皆需『關閉』。

底圖的製作還有另一種方式，可以保留 "05傢俱圖層" 再進行複製，依上述製作底圖步驟1-9，就可以完成另一種底圖。

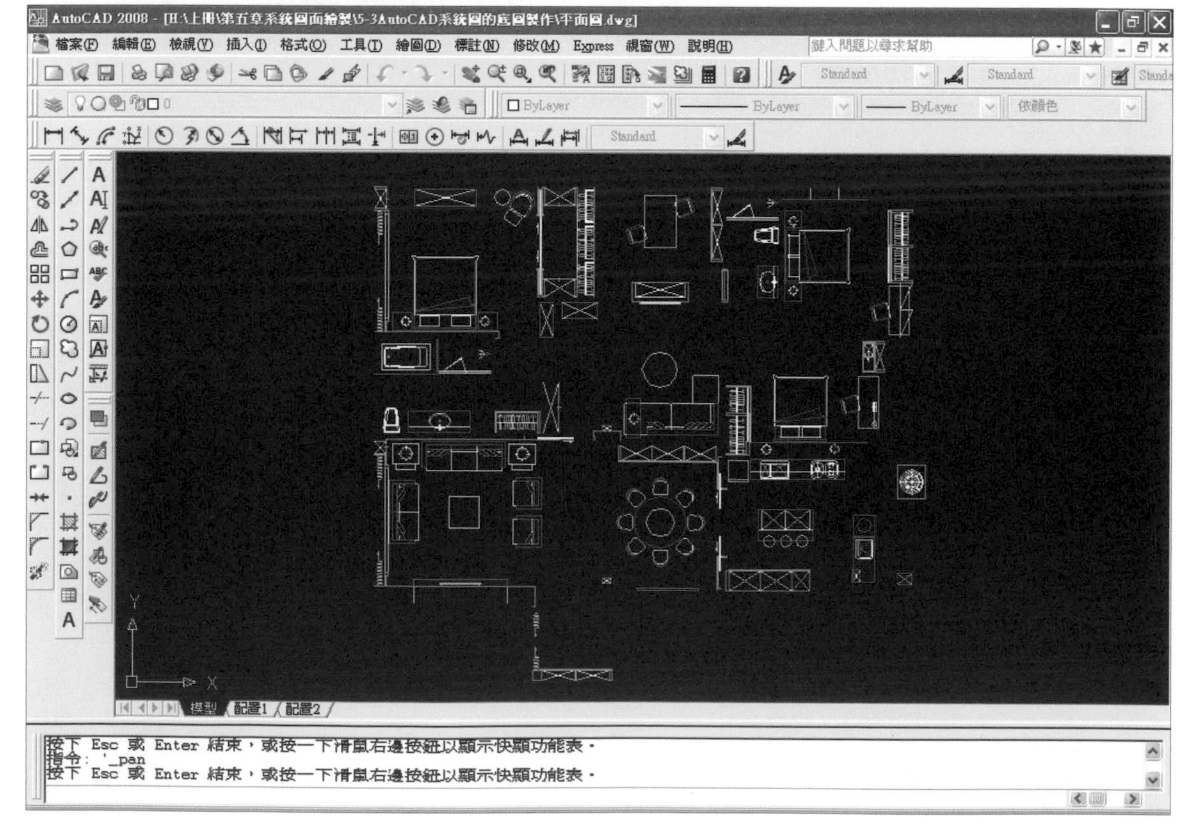

保留05傢俱圖層物件

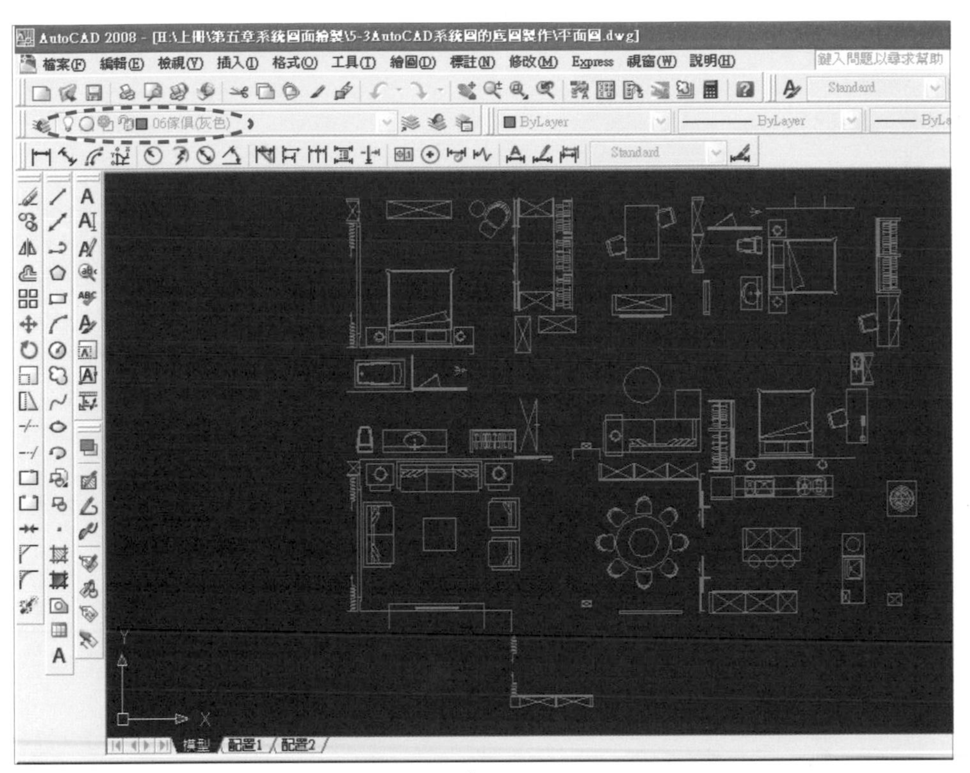

整個物件更改為06 傢俱(灰色)圖層，再製作成圖塊(BLOCK)

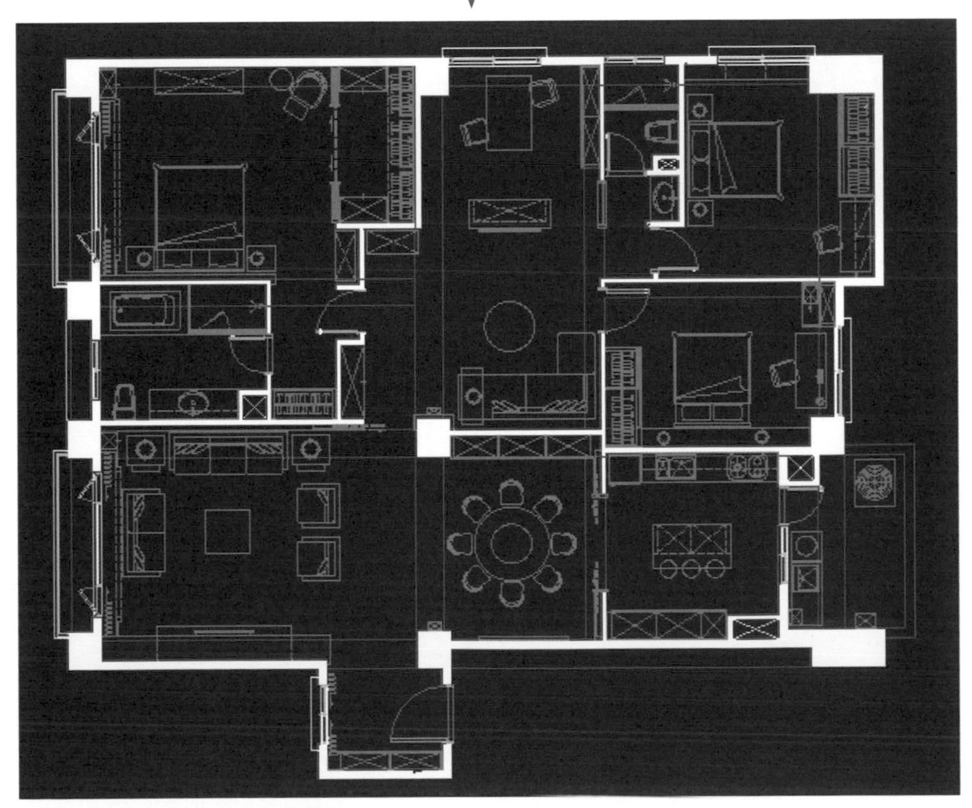

底圖圖塊再移覆蓋至平面配置上

當然依照以05傢俱圖層做為系統的底圖，相對也影響開關圖層上的管理，與上一個在介紹製作底圖方式的開關圖層，是有些出入的。依照此底圖的作法在開關圖層之關係，表格4-3-A中標示 ● 的圖層需『關閉』。

表4-3-A 系統圖與開關圖層之關係表格

系統圖 / 圖層	平面配置圖	新作牆尺寸平面圖	表面材質配置圖	弱電配置圖	給水配置圖	排水配置圖	天花板高度尺寸配置圖	空調設備配置圖	天花板燈具配置圖
01圖框									
02牆				◎	◎	◎	◎	◎	◎
03窗				◎	◎	◎	◎	◎	◎
04門				◎	◎	◎	●	●	●
05傢俱		●	●	●	●	●	●	●	●
06傢俱(灰色)	●	●							
07文字		●	●	●	●	●	●	●	●
08尺寸	●			●	●	●	●	●	●
09樑									
10填實									
11地坪	●	●		●	●	●	●	●	●
12弱電	●	●	●		●	●	●	●	●
13給水	●	●	●	●		●	●	●	●
14排水	●	●	●	●	●		●	●	●
15空調	●	●	●	●	●	●	●		●
16天花板	●	●	●	●	●	●			
17天花板尺寸	●	●	●	●	●	●		●	●
18燈具	●	●	●	●	●	●	●	●	

備註:

1. "●" 符號表示關閉圖層(LAYER)狀態
2. "◎" 符號請參照內文說明

Chapter 5 繪製圖面常見的問題

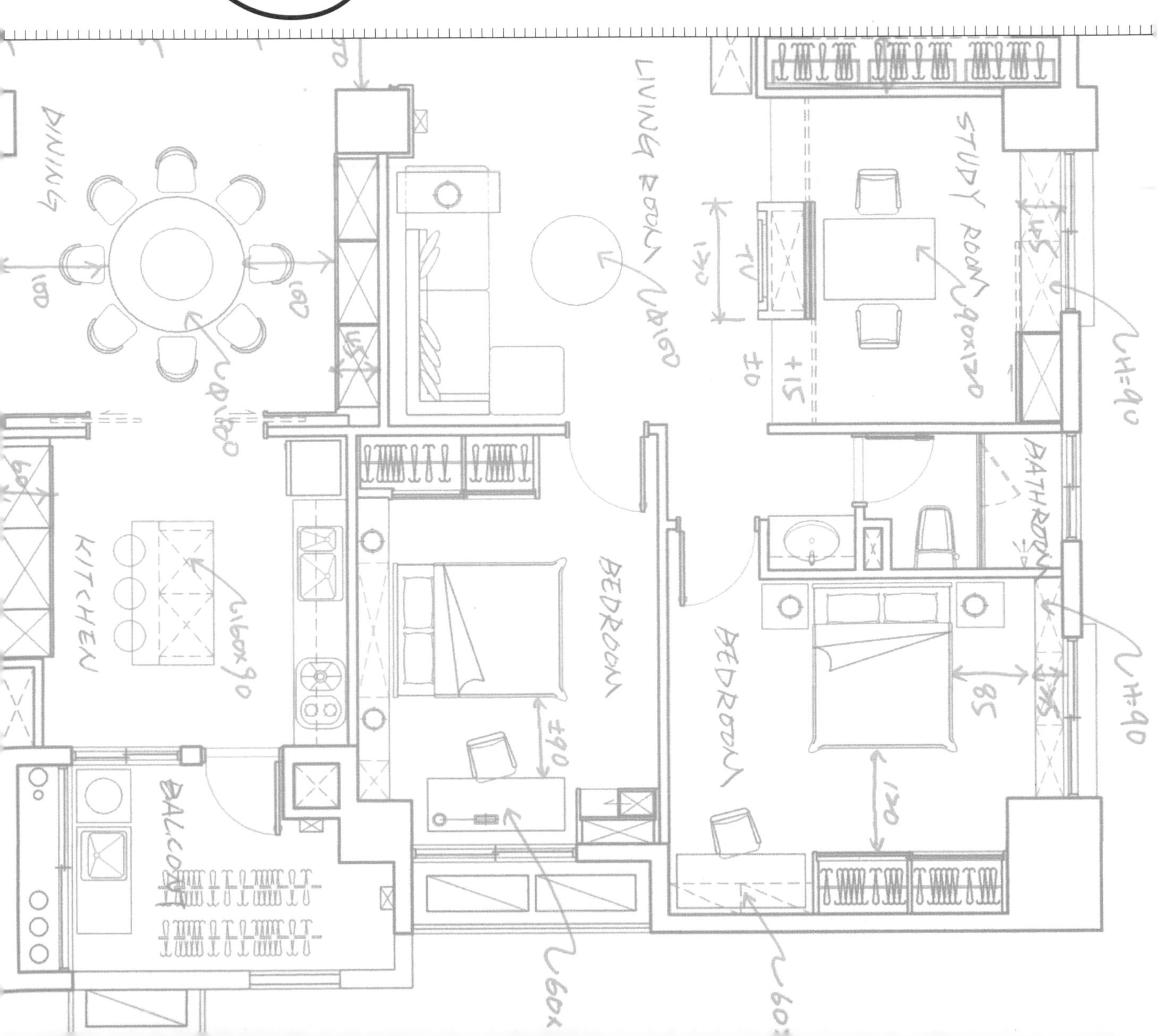

5-1 如何利用 AutoCAD 計算地坪面積？

當一張平面圖框架完成後，或著依現場丈量繪聲繪影完成的平面圖，必須知道此平面圖的總使用坪數為多少？單一空間的坪數多少？可以利用AutoCAD求得地坪的面積。步驟如下：

+ 求得地坪面積

STEP 1 取一張只有框架的平面圖

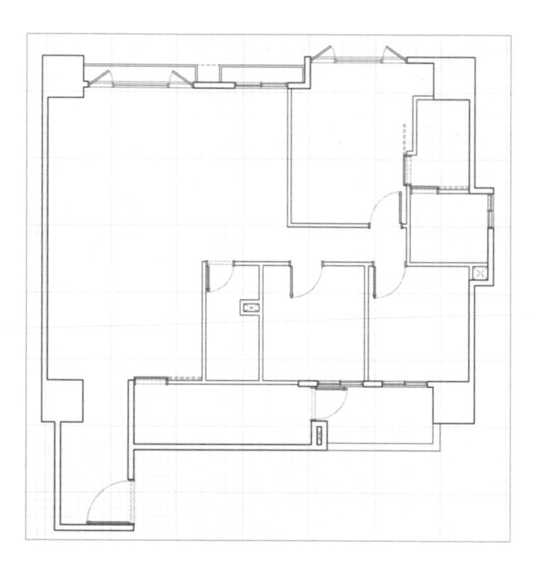

STEP 2 利用聚合線描繪平面圖的室內地坪範圍

執行指令：PLINE （聚合線）

(1)點選下一點：
→點選第一點

(2)請依序點選室內地坪的各點

(3)指令：指定下一點或[弧(A)/半寬(H)/長度(L)/退回(U)/寬度(W)]：C
→當點選最後一點時請輸入"C"(閉合)，這樣才算完整聚合框線。

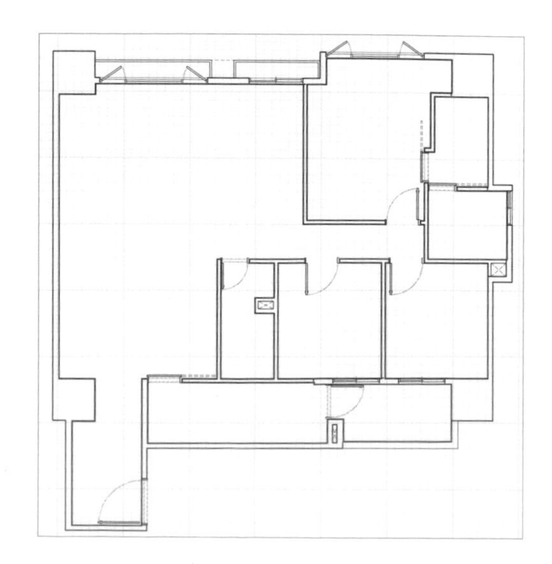

STEP 3 執行指令：MOVE (移動)

(1)選取物件：
→點選紅色聚合框線

(2)指定基準點或[位移(D)]：
→點選基準點

(3)指定第二點
→將紅色聚合框線移動至空白處。

STEP 4 執行指令：LIST(列示)

點選聚合線會出現文字視窗，看到 "面積" 數值，如下圖：

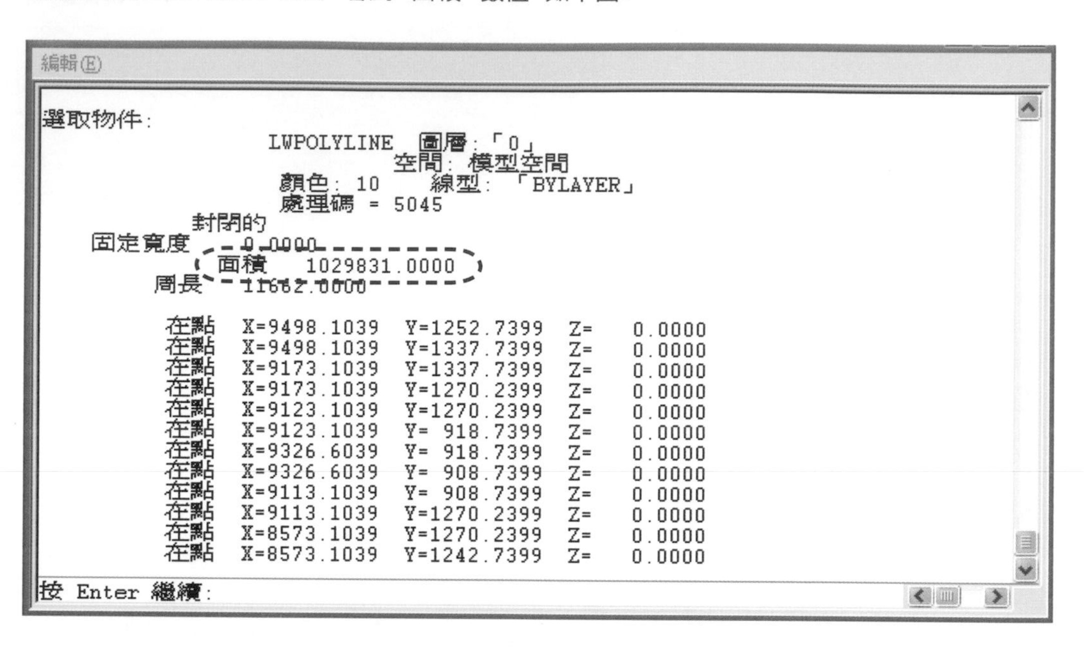

面積單位的換算

看到 "面積" 欄位數值後進四位，例如看到 "面積：1029831" 進四位為102.9831㎡ 的單位。利用102.9831㎡ 的數值分別可以算出 "坪" 及 "才" 的單位，計算式如下：

» 若要得知 "坪" 數面積的話，計算式：

102.9831 ㎡x0.3025=31.15坪

» 若要得知 "才" 數面積的話("才" 數單位常應用在計算玻璃、明鏡、石材等數量)，計算式：

一才為：30x30cm

102.9831 ㎡ ÷ 0.09=1144.25才

5-2 如何利用 AutoCAD 計算牆面面積？

當浴廁牆面面貼壁磚，如何去計算面積為多少？應用室內隔間總面積為多少？面貼於牆面的壁紙總使用面積為多少？可利用 5-1 章節類似的方法，另外計算出牆面面積。步驟如下：

STEP 1 取一張只有框架的平面圖

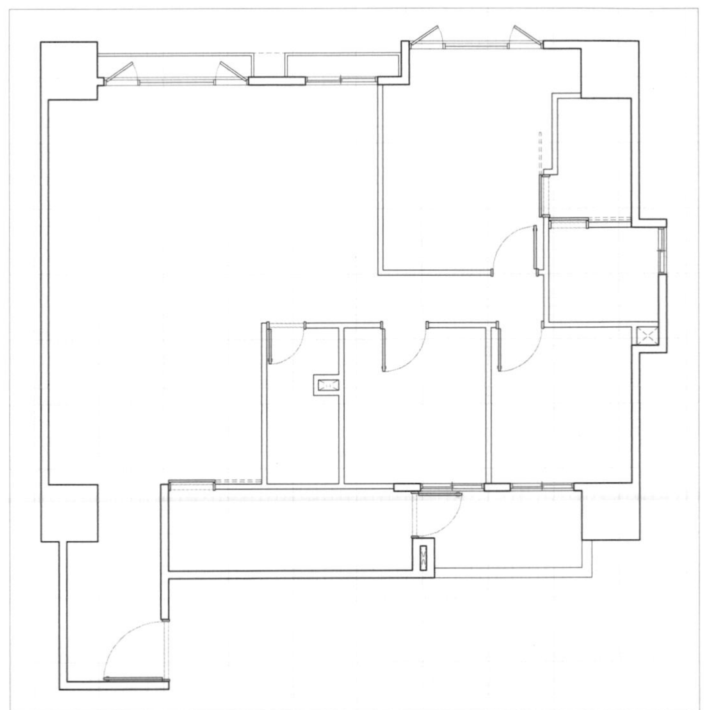

STEP 2 利用聚合線描繪浴廁牆面壁磚範圍

執行指令：PLINE （聚合線）

(1)點選下一點：
→點選第一點

(2)依序點選要計算的各點

(3)指令：指定下一點或[弧(A)/半寬(H)/長度(L)/退回(U)/寬度(W)]：
→當點選最後一點(如下圖紅色聚合線範圍)

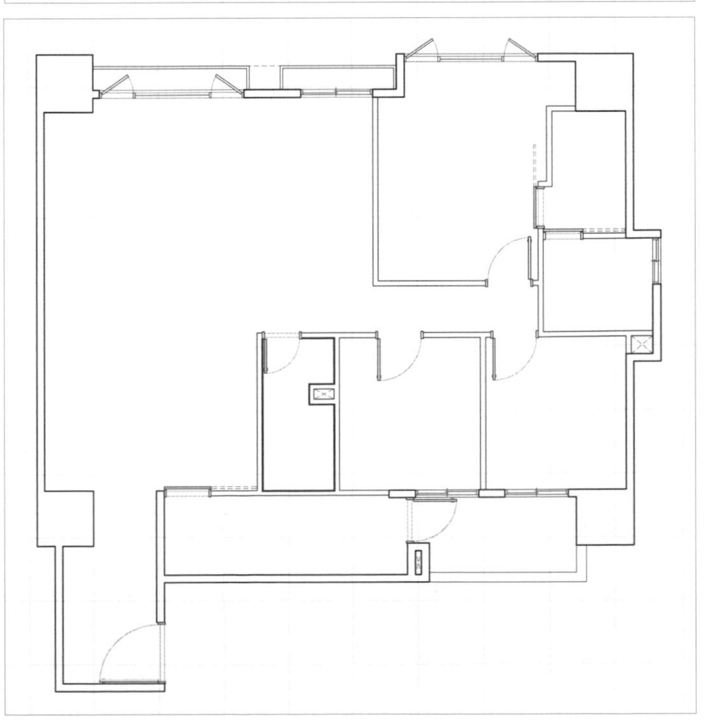

STEP 3 執行指令：MOVE (移動)

(1)選取物件：
→點選紅色聚合線

(2)指定基準點或[位移(D)]：
→點選基準點

(3)指定第二點
→將紅色聚合線移動至空白處。

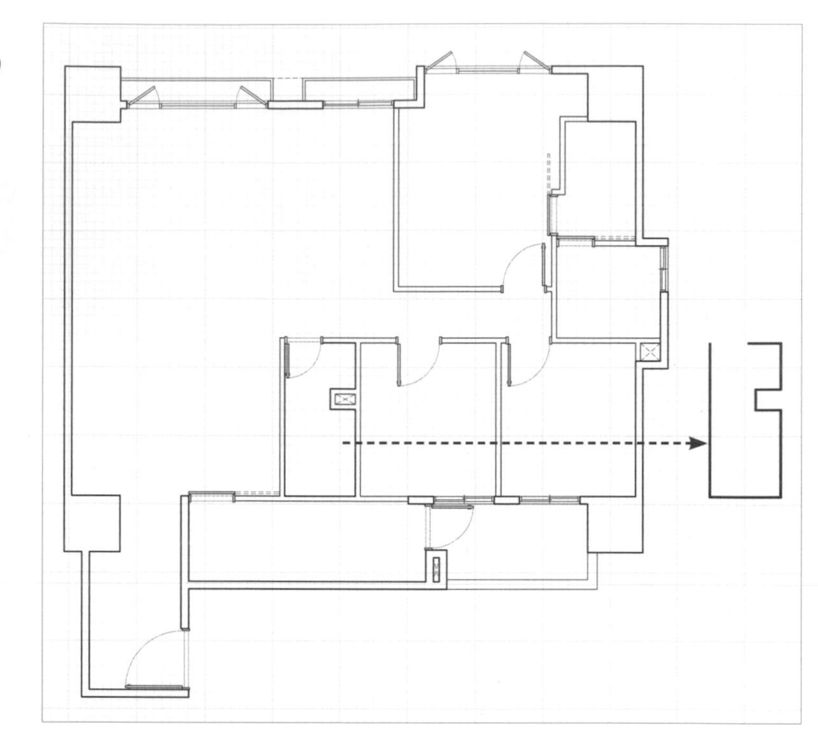

STEP 4 執行指令：LIST(列示)

點選聚合線會出現文字視窗，會看到 "長度"數值。

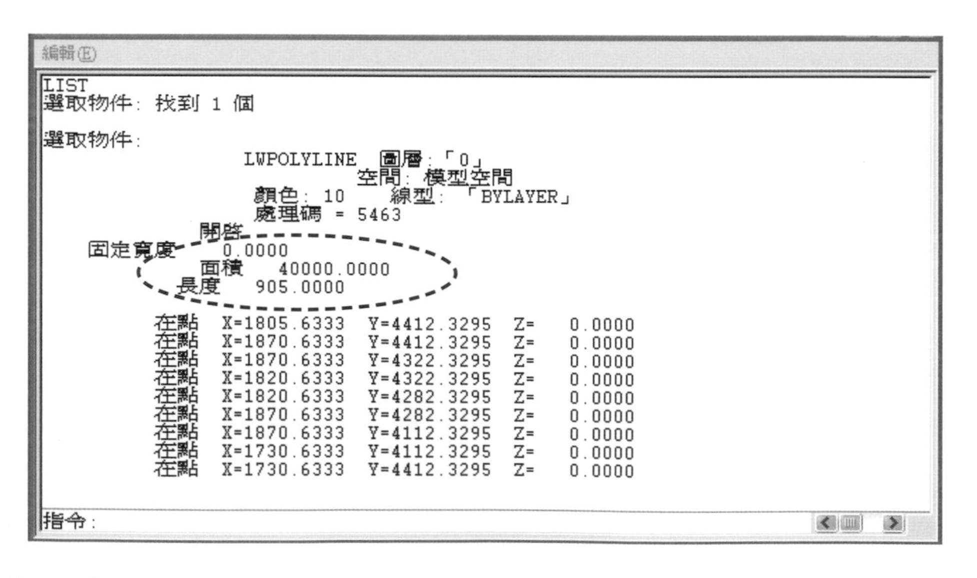

看到 "長度" 欄位數值再進二位，例如看到長度為"905"，進二位為"9.05m"的單位。利用 9.05m 的數值乘以已知牆面完成高度數值，即可算出牆面面積。

計算式如下：

9.05m(長度)x2.45m (牆面完成高度) = 22.1725㎡
22.1725x0.325=6.7坪 (為浴廁牆面面貼磁磚總坪數)

5-3 初估施作數量如何進行比較有效率？

一張平面配置圖若定案，通常會以定案的平面配置圖下去做估價單。而估價單上每一個單項工程都需有數量的明細，為了讓估價單施作單項能更詳盡且無遺漏，可以將平面配置圖複製多張，再準備不同色的螢光筆做分類區隔。並且在複製紙張上做尺寸上的記錄及手寫計算式，方便日後查尋依據，在粗估全戶施作計算數值時是很好用的方法。方法如下:

STEP 1 取一張需估算數量的平面配置圖，關閉文字及樑層之後列印出圖。

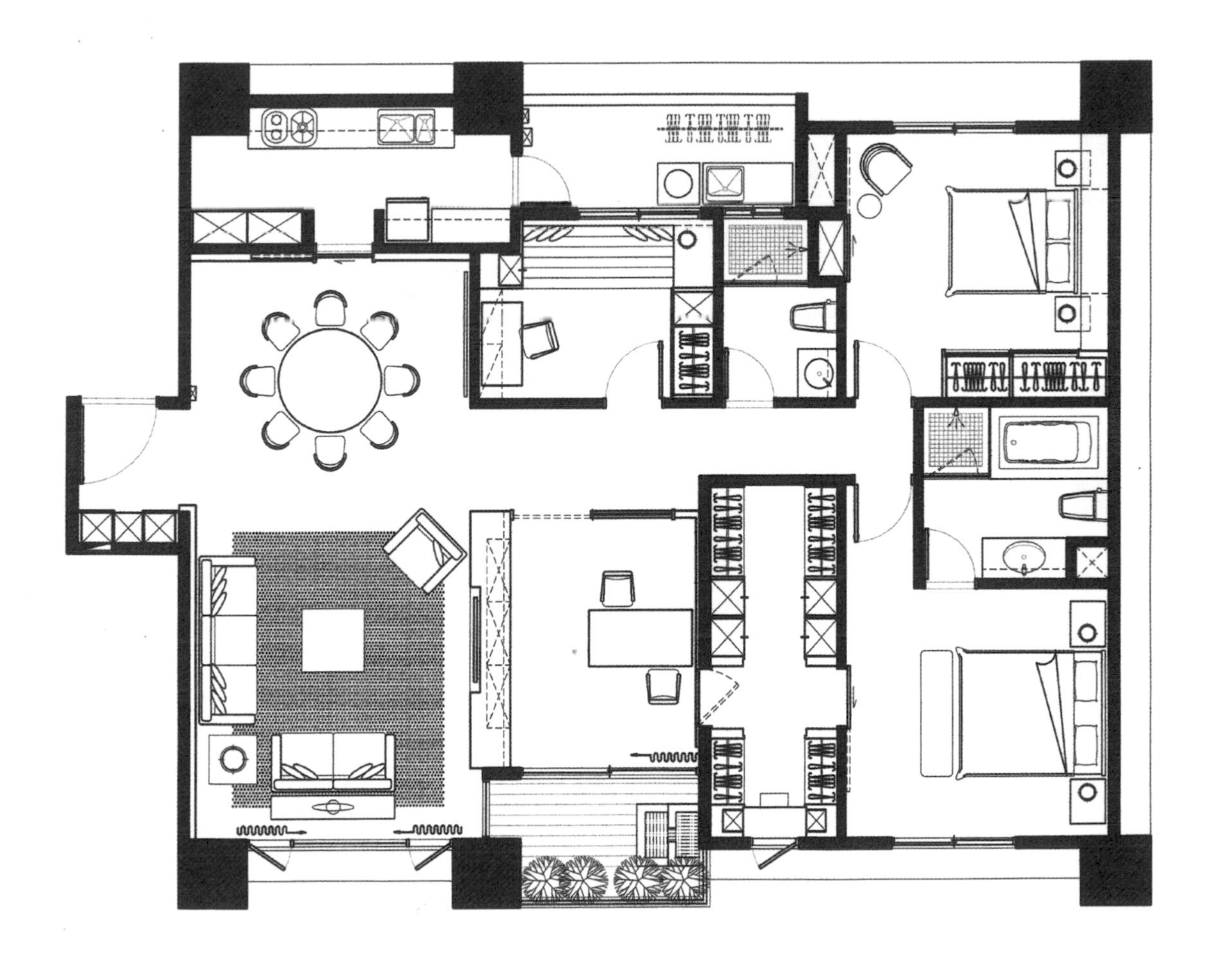

STEP 2 取圖面的空白處先用原子筆繪製小方框，在方框旁標註需施作及需計算的材質名稱。每一張以三個色塊方框範圍區域為限，若用太多顏色、寫太多計算式及數字會太混亂，在列示估價單的明細上容易發生遺漏。

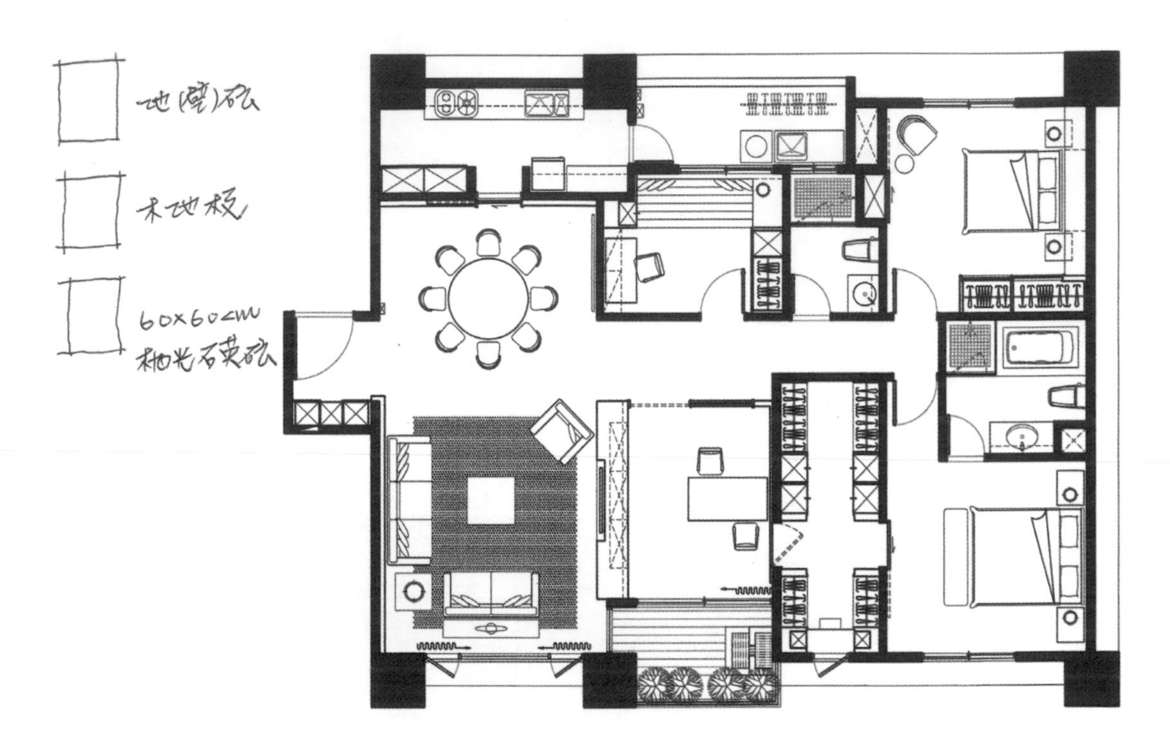

STEP 3 使用不同顏色的螢光筆，依自己的喜好把方框內塗滿。

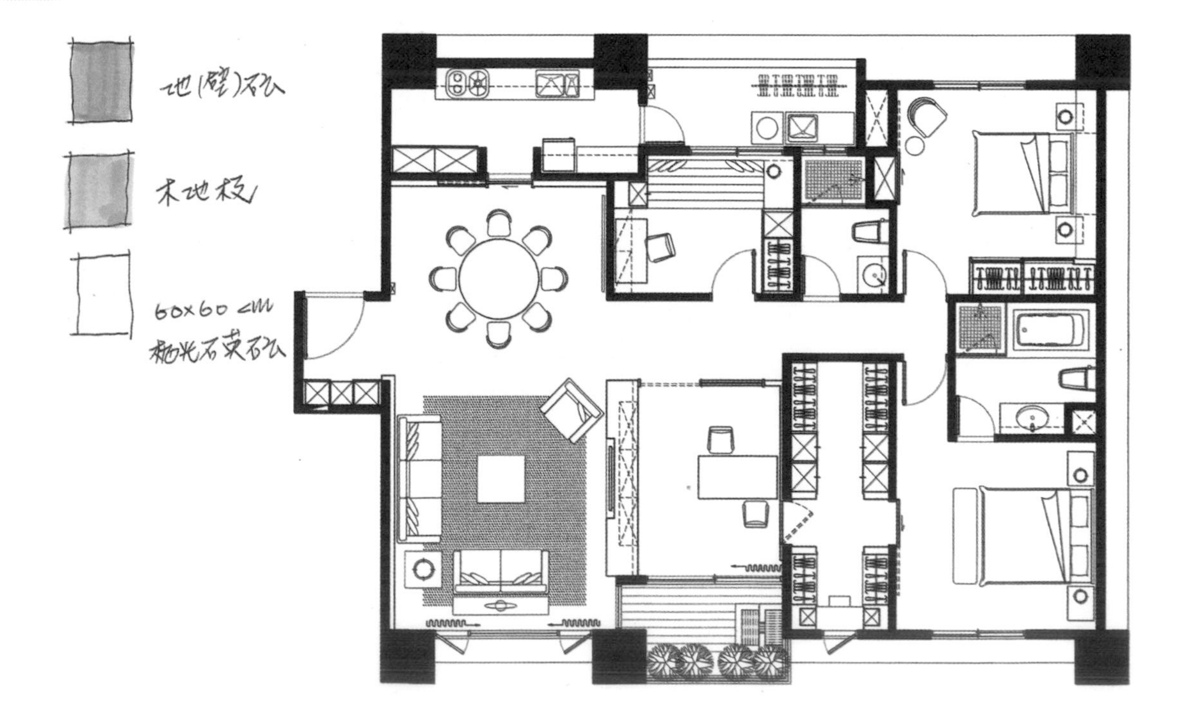

STEP 4 依方框界定的顏色及材質名稱，套用在平面配置圖所應用到的區域。例如紅色的螢光筆方框是指地(壁)磚，分別為地坪的地磚及牆面的壁磚，而此平面配置圖需施作區域是在浴廁空間。所以，在浴廁區域塗滿紅色的螢光筆，就表示此區域需計算地(壁)磚面積數值。

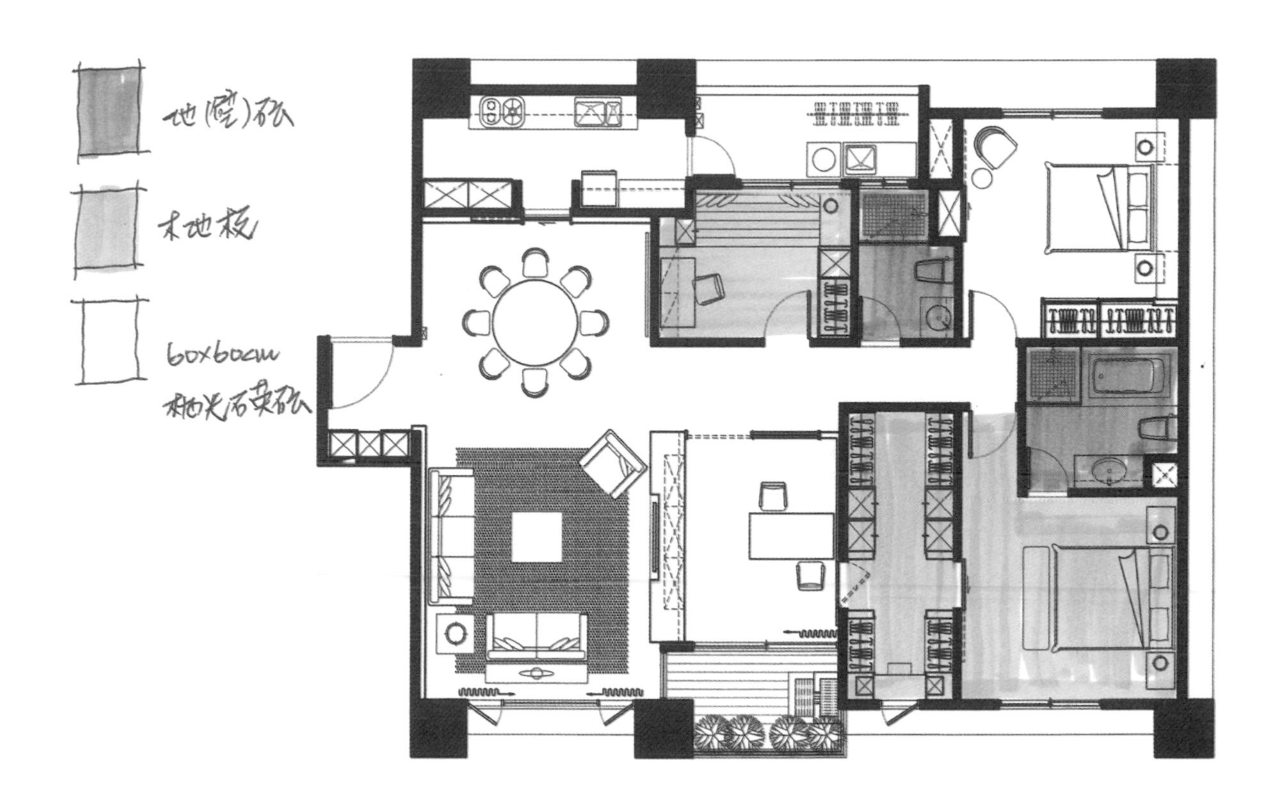

STEP 5 開始依標示材質計算。計算方式如下:

1. 算地坪的面積：(如 5-1章節)
2. 計算牆面的面積: (如 5-2章節)
3. 木作(櫃)的長度:可以用比例尺量，並標示在圖面上。需注意的是木作的長度部份應用在估價單上為 "尺" 單位，需在圖面上求得的cm單位的數值除以30，才為"尺"的單位。例如:木作衣櫃總長度為150cm÷30=5尺，求得木作衣櫃長度為5尺。

下圖是完成的平面配置圖計算手稿，可應用在估價單的泥作工程項目的工料明細及地板工程項目的明細裡。

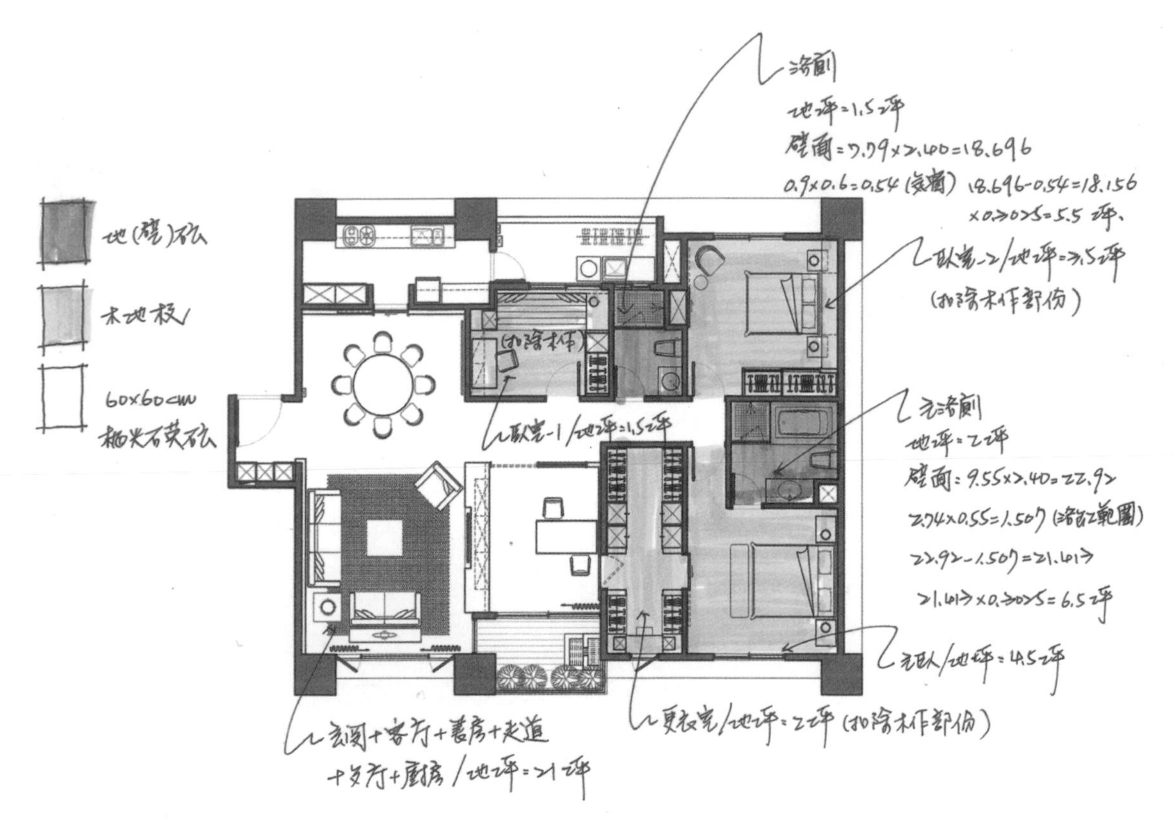

依步驟1-5的方法，衍生下列平面配置圖的計算手稿，此圖面可作為估價單木作工程項目明細及數量的依據。

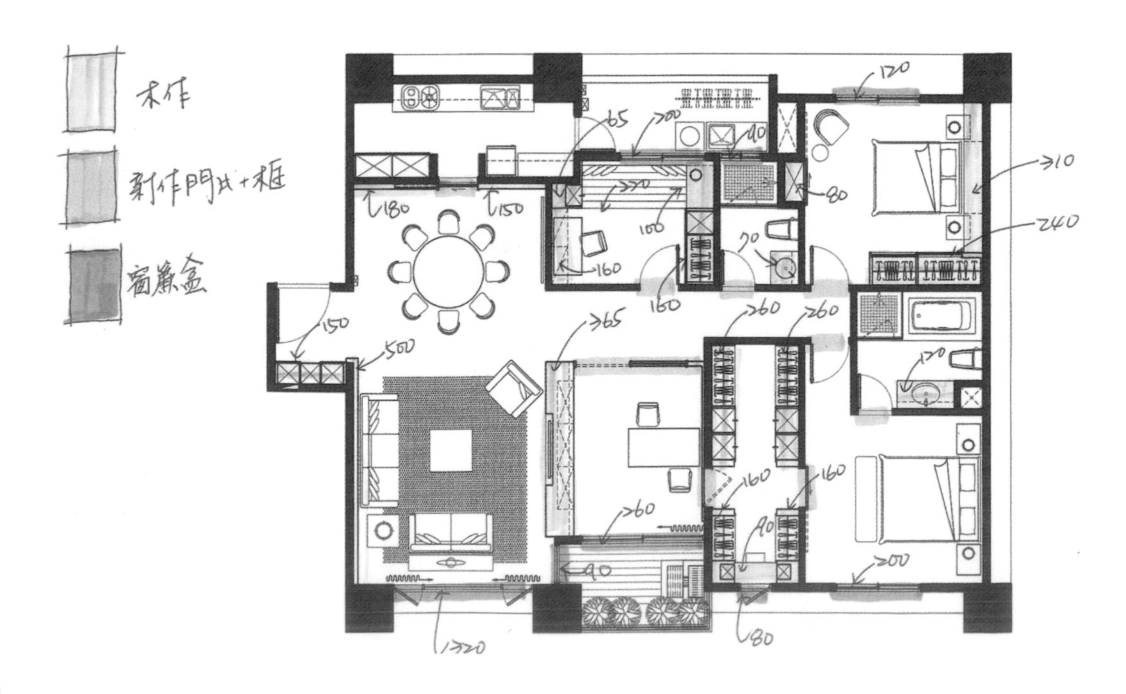

5-4 簡易的平面圖圖框比例設定

一張平面圖圖面要怎麼馬上知道需要圖面的比例?沒有正式圖框卻要讓每次列印範圍統一要怎麼做?一般圖紙尺寸為:A1(594x841)、A2(420x590)、A3(297x420)、A4(210x297),而一般室內設計公司最常用圖紙尺寸為 A3 尺寸。本節教您用簡易的方式來界定圖面範圍及出圖框選的範圍。

方法步驟如下:

STEP 1 取一張平面圖

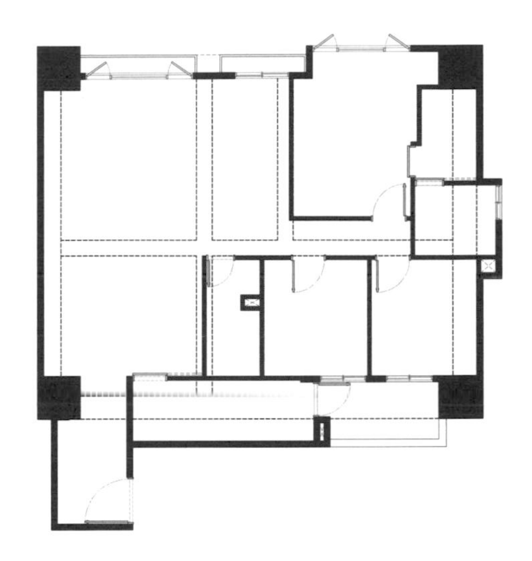

STEP 2 先建構A3圖紙尺寸的框線

執行指令:RECTANG(矩形)

(1)指定第一個角點或[倒角(C) / 高程(E) / 圓角 (F) / 厚度 (T) / 寬度(W)]:

→點選平面圖左下角空白處

(2) 指定其他角點或[面積(A) / 尺寸 (D) / 旋轉 (R)]:D

→輸入"D",再按鍵盤的 Enter 鍵

(3)指定矩形的長:420

→輸入"420"數值,再按鍵盤的 Enter 鍵

(4)指定矩形的寬 :297

→輸入"297"數值再按鍵盤的 Enter 鍵

(5)指定其他角點或[面積(A) / 尺寸 (D) / 旋轉 (R)]:

→按鍵盤的 Enter 鍵

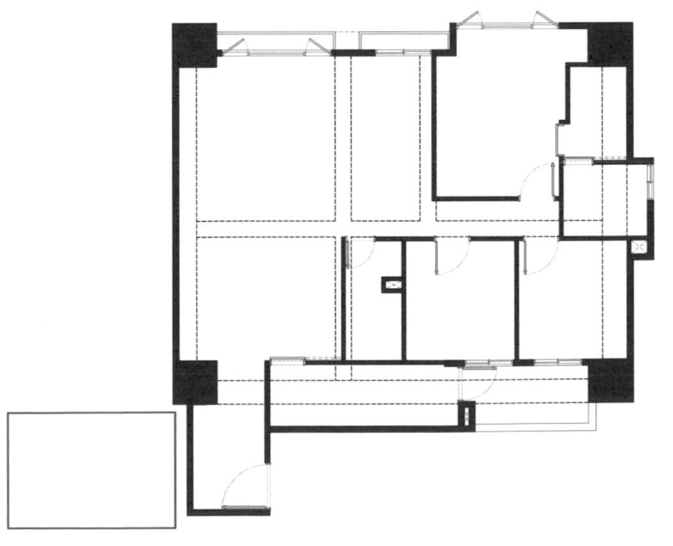

STEP 3 依紅色的長方型框線縮放比例,以框線蓋住平面圖範圍為準

執行指令:SCALE(比例)

(1)選取物件:
→點選紅色長方型框

(2)指定基準點:
→點選紅色長方型框的左下角

(3)指定比例係數或[複製(C) / 參考(R)]:
依平面圖的大小輸入適合的數值,若輸入數值並無法全部蓋住平面圖範圍(如下圖),再執行指令"U"回復,重新再執行SCALE(比例) 指令

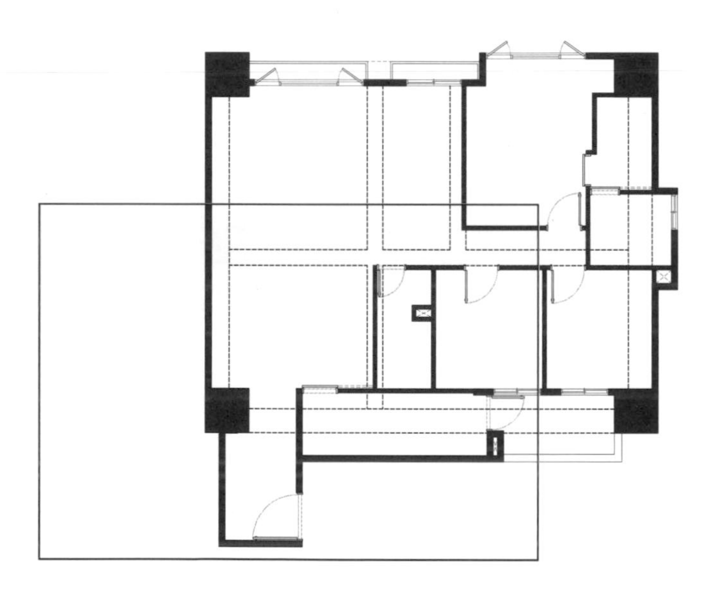

直到紅色長方型框依比例縮放蓋住平面圖的範圍,以上下左右有預留空白處為最理想。(如右圖),要記住正確的比例係數為多少,此比例係數為此張圖圖面的比例,也是出圖使用的比例。

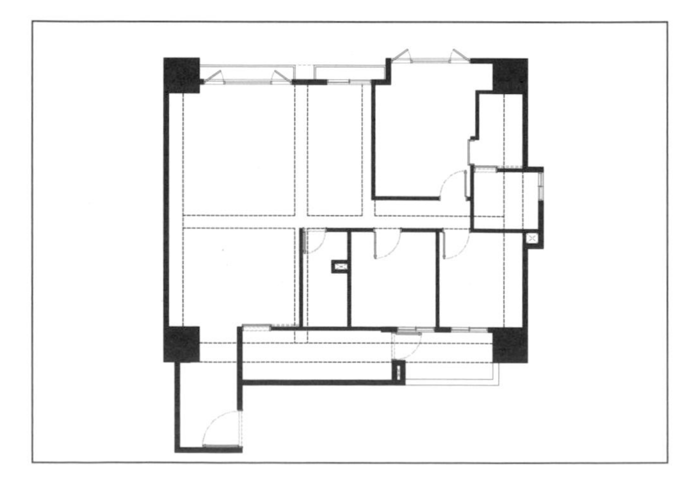

若比例係數輸入 "5" 表示為比例 1:50 的框線,而輸入 "10" 表示為比例 1:100 的框線,依此類推。

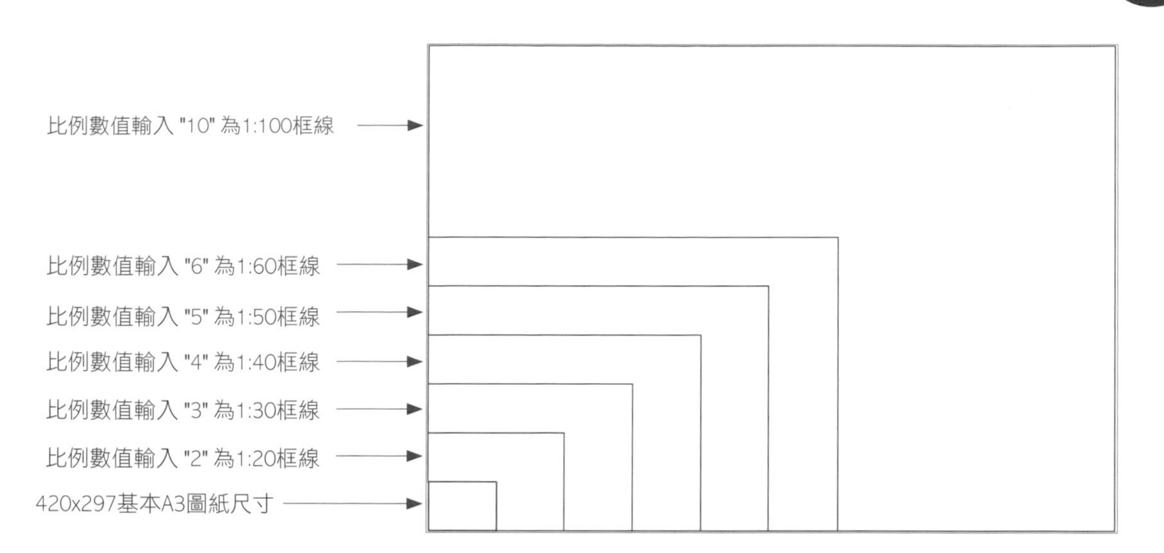

STEP 4 確定比例後，將此框線的圖層設定為 "DEFPOINTS" 其作用只是規劃圖面範圍及列印框選範圍，但此框線為隱藏框線，在列印出來時並不會出現。

套好隱藏框線後，可再套一般公司既有使用的圖框，但必須在隱藏框線的範圍內，上下左右必須留白，也就是說圖框必須比隱藏框線小一點。

如右圖隱藏框線以紅色線表示，但隱藏框線是被設定為圖層 "DEFPOINTS"，列印出圖後在紙張上是看不到此框線的，而讓隱藏框線出現主要目的是便於了解隱藏框線與圖框之間的關係，因為紅色隱藏框線為常常使用A3尺寸的圖紙，也是列印框選的範圍，不管任何的出圖列印機器都會有上下或左右夾紙的運作範圍，若沒有預留上下左右留白處會發生圖框有斷線問題，發生列印不完整的問題。為了避免這樣問題發生，再次強調套圖框時必須注意上下左右留白的問題。

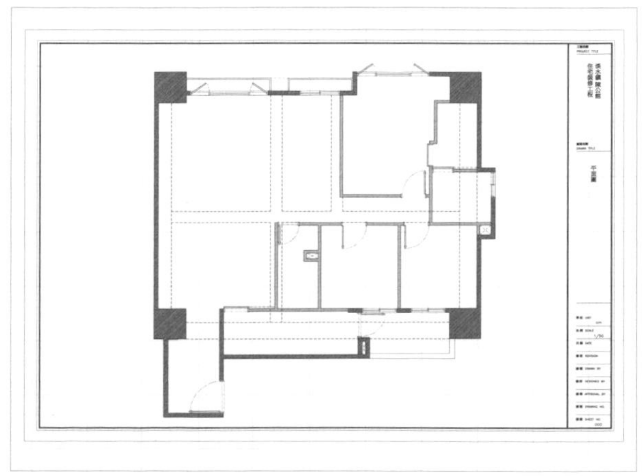

5-5 如何將 AutoCAD的CAD 檔轉為圖片檔？

平面配置圖常會遇到需要轉檔的問題，例如業主想看圖面卻沒有 AutoCAD 軟體可以閱覽怎麼辦？此時，可以把 AutoCAD 的 CAD 檔轉為圖片檔方便業主讀取閱覽。而由 AutoCAD 直接轉檔為中繼檔 (wmf檔)，只要業主有讀閱圖片軟體都可以讀取，縮放視窗大小圖面的線條也不會模糊掉。AutoCAD 轉中繼檔 (wmf檔) 的步驟如下:

STEP 1 開啟一張AutoCAD的平面圖

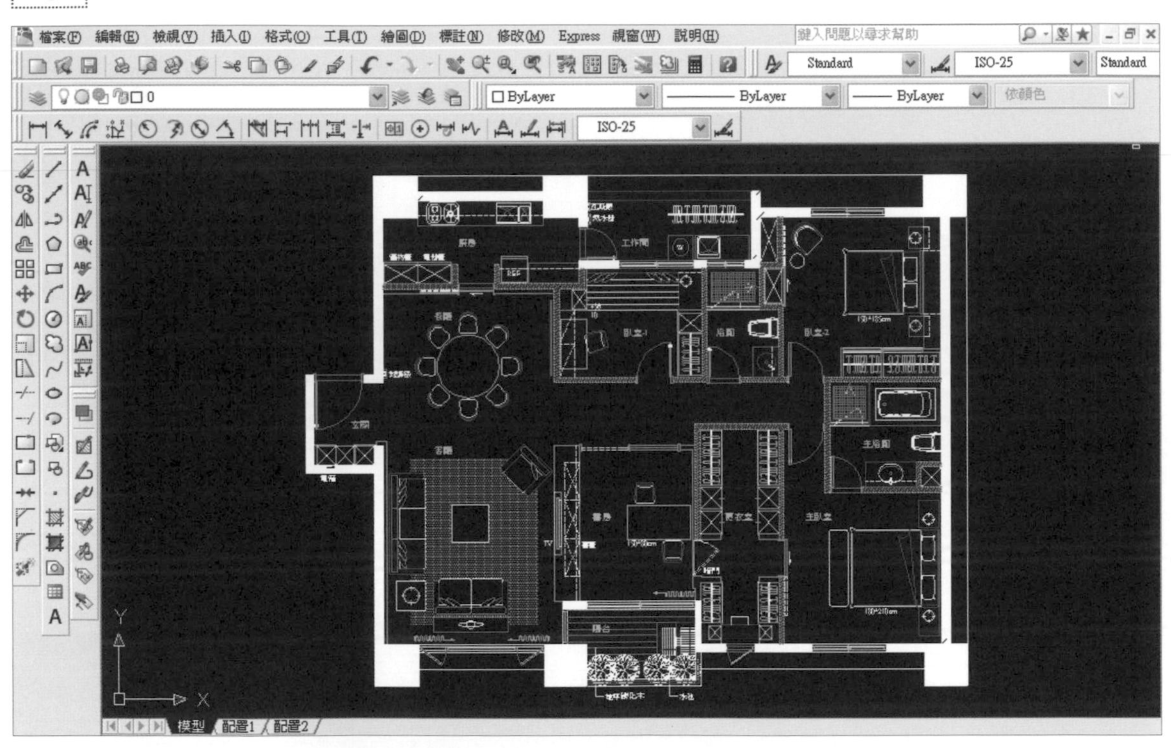

STEP 2 指令:COPY(複製物件)。複製物件至空白處

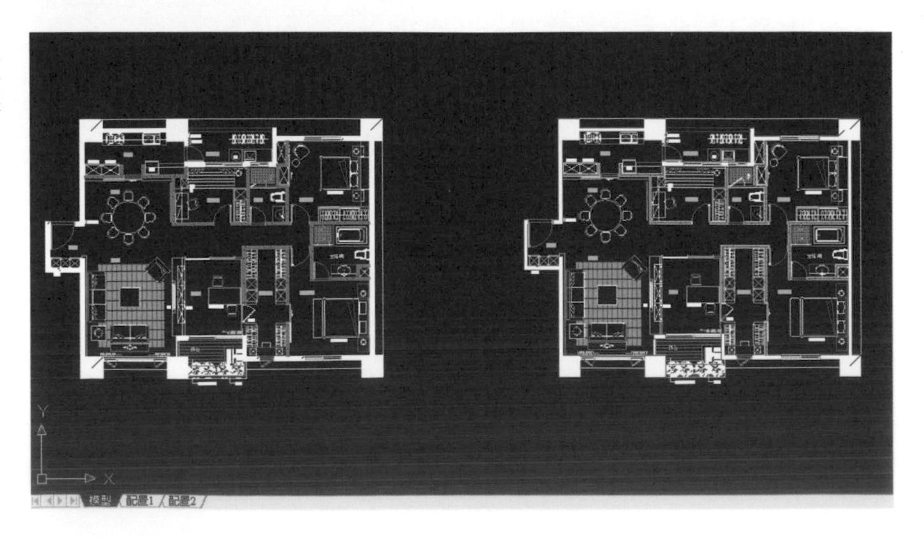

STEP 3 框選需轉檔的圖面，更改為 "0"層

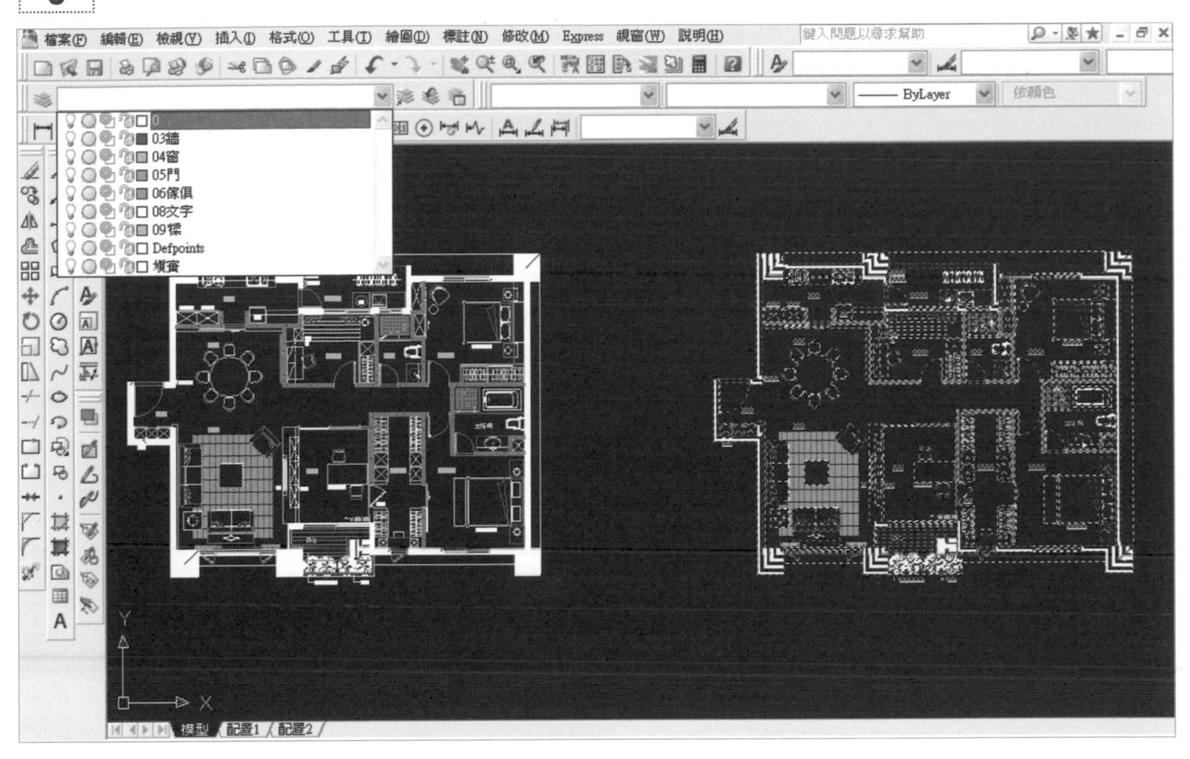

STEP 4 變更需轉檔圖面顏色為 "By Layer (依圖層)"

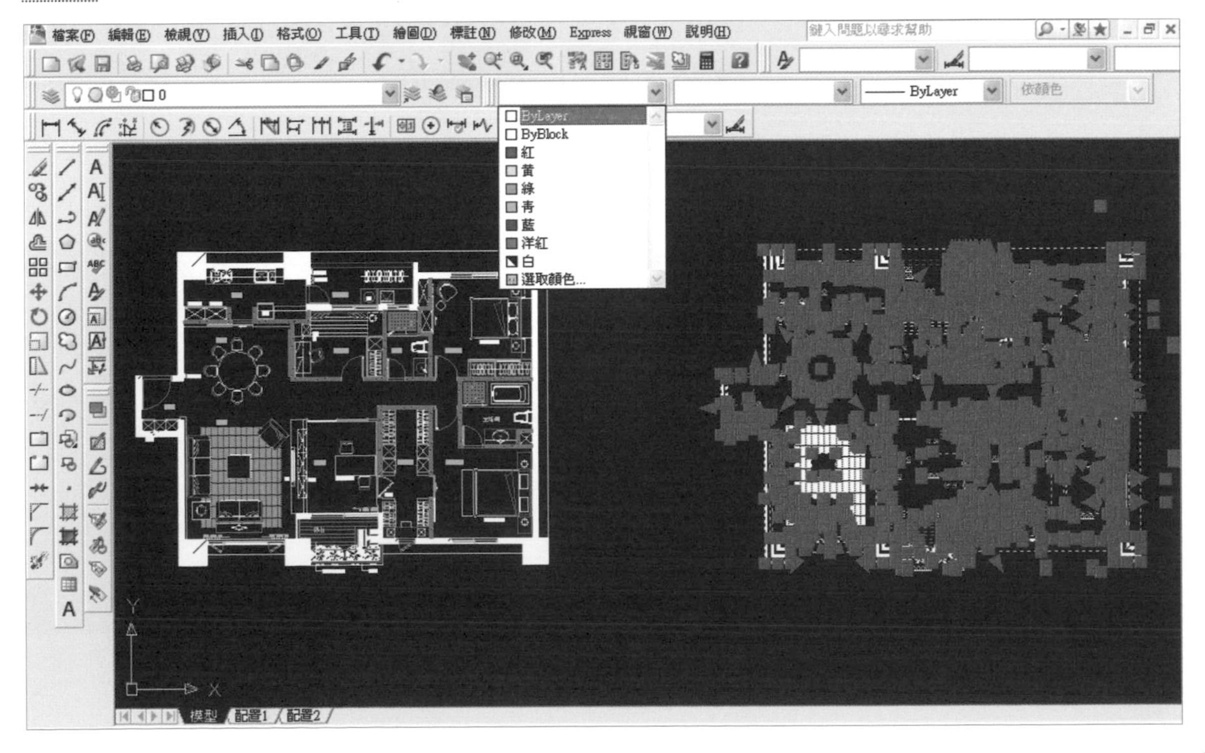

STEP 5

若執行步驟3-4時圖面仍有物件無法更改，那可能為圖塊，請各別炸開(EXPLODE)後再重複執行步驟3-4就可以讓轉檔圖面全為 "0" 層及顏色為 "依圖層"

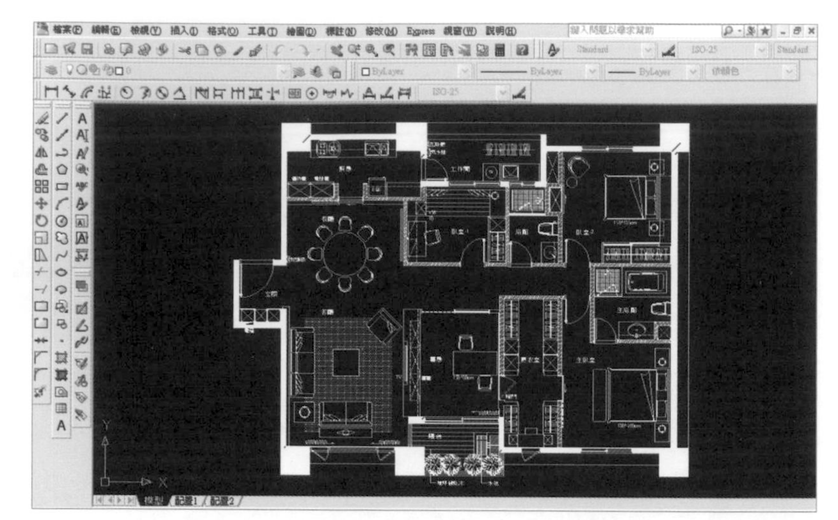

STEP 6

在AutoCAD的下拉式指令中，點選 "檔案" 的 "匯出"

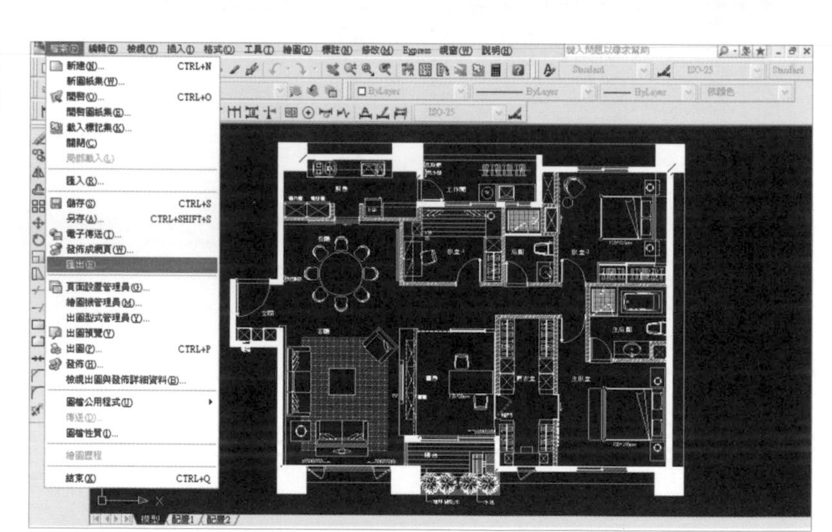

STEP 7

❶ 按住滑鼠左鍵，框選需轉圖片檔的圖面

❷ 按鍵盤的 "Enter" 鍵，此轉檔程序就完成

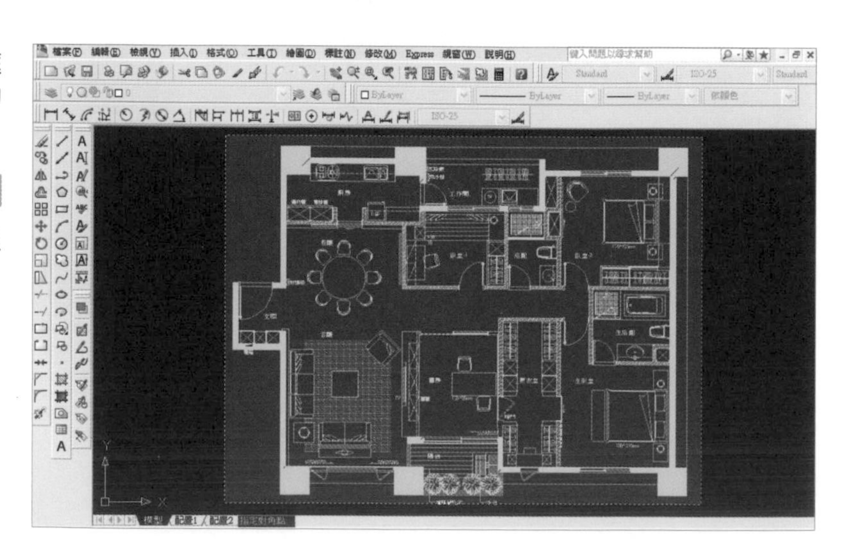

STEP 8

❶ 檔案類型設定為中繼檔(wmf檔)

❷ 選擇儲存路徑，輸入檔名

❸ 點選 "儲存(S)"鍵

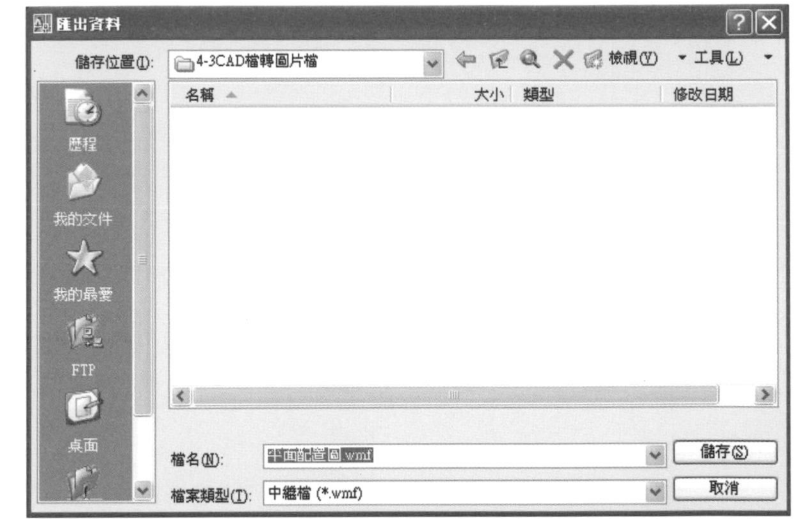

而中繼檔 (wmf檔) 可以藉由轉檔軟體再另儲存為JPG檔，JPG檔可以上傳到網路上，但此檔案格式在縮放視窗大小時圖面上的線條會模糊掉，比較無法看到圖面的細節。

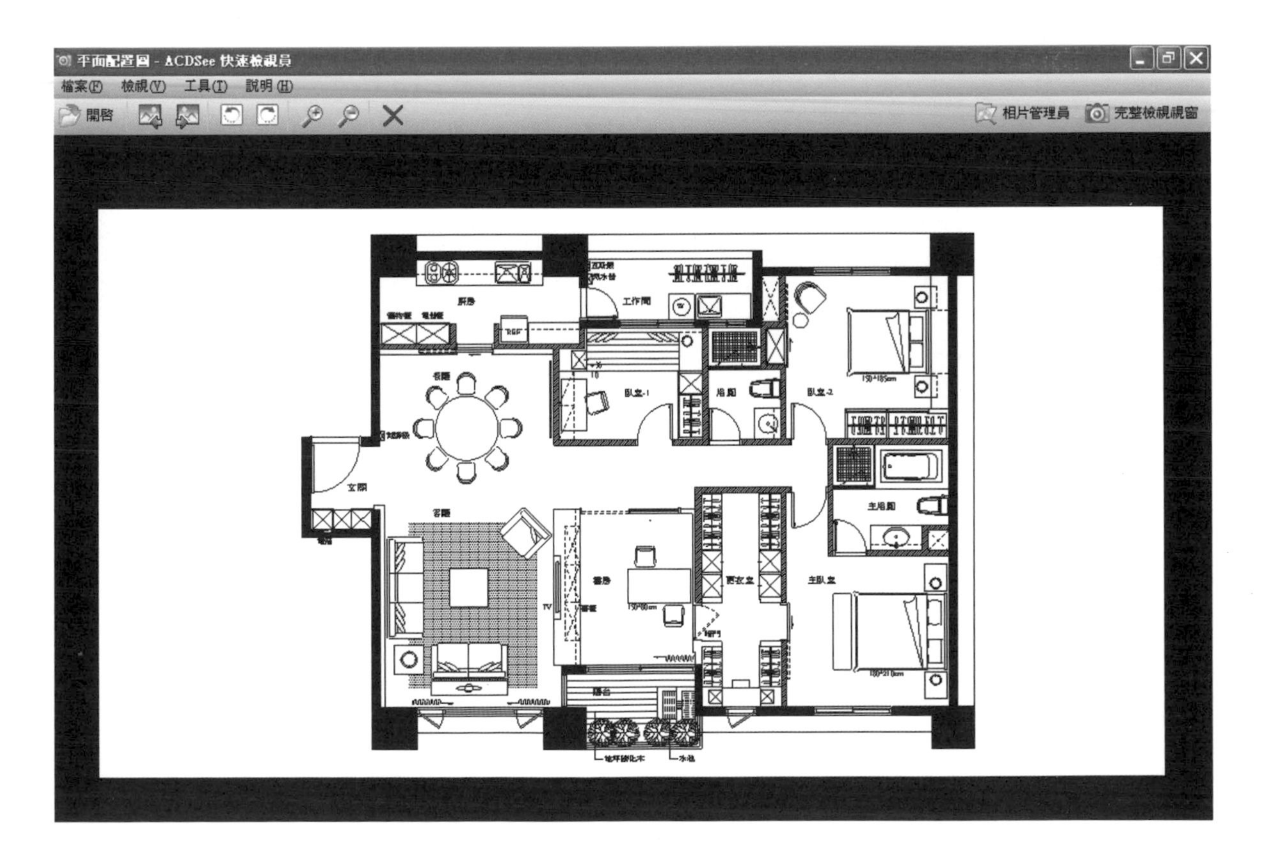

5-6 圖面上的字型變成問號？

有時在讀取並不是自己繪製的 AutoCAD 圖面或者外來的圖檔，開啟AutoCAD圖面時，圖面字體會呈現 "???" 狀態，要該怎麼處理解決？這主要是因為有些 AutoCAD 的字型是繪製者自行自建的，是以兩組字型組合再給新的字型名稱而成，比較特別。還有另一個原因是 AutoCAD 內定值無法讀到的字型。這兩者是影響 AutoCAD 字體呈現 "???"的主因，不過只要去做字型取代的動作就可以了。

當開啟一個 AutoCAD 圖檔，會出現文字呈現 "???" 狀態，如下圖。

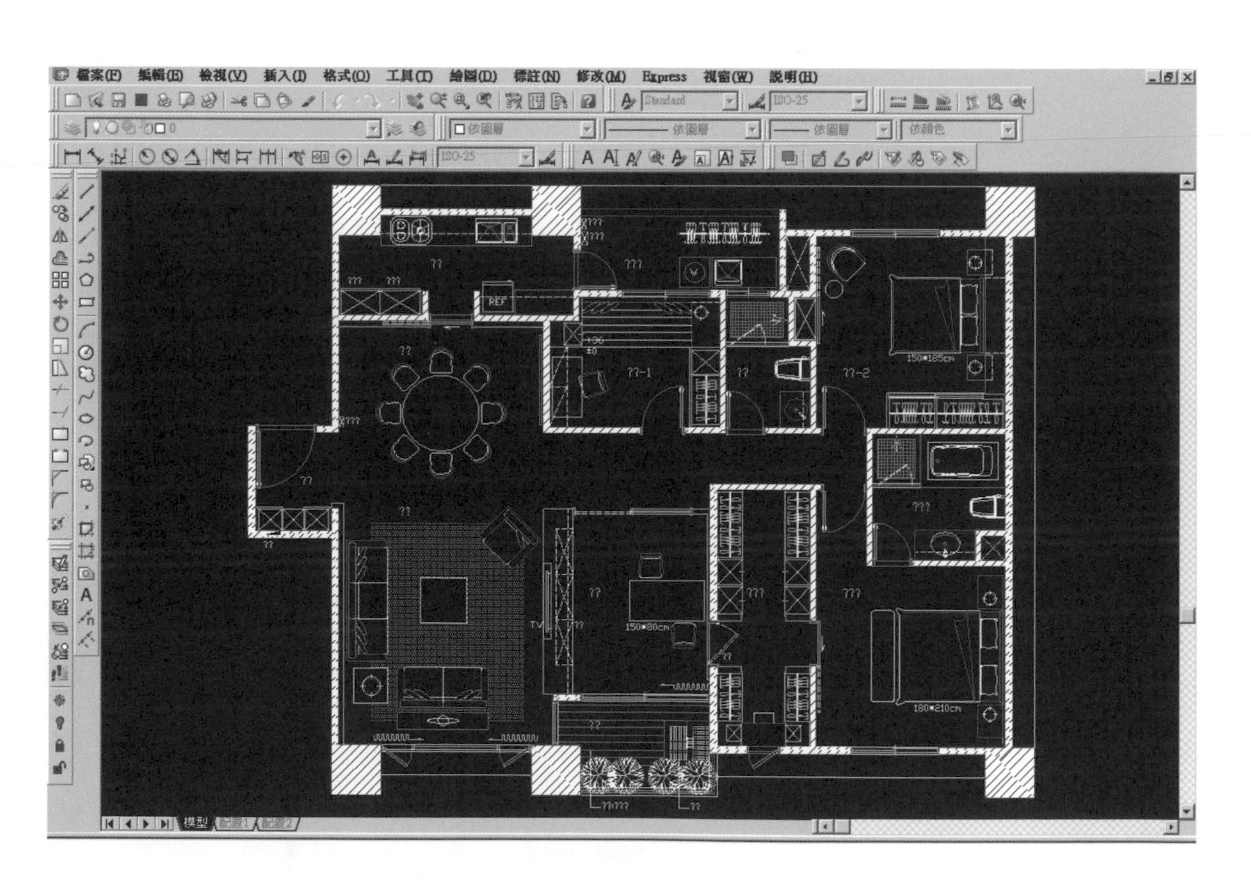

STEP 1 滑鼠點選 "???" 的文字，然後指令輸入 "LI" (LIST列式)再按"Enter"鍵，會出現AutoCAD文字視窗。其中會看到一個欄位有 "字型"的資料，此點點文字字型名稱為 "Standard"，請記下來並把文字視窗關閉。

```
AutoCAD 文字視窗 - Drawing1.dwg
編輯(E)
[全部(A)/中心點(C)/動態(D)/實際範圍(E)/前次(P)/比例(S)/視窗(W)] <即時>: w
指定第一角點: 指定對角點:
指令: z ZOOM
指定視窗角點，輸入比例係數 (nX 或 nXP)，或
[全部(A)/中心點(C)/動態(D)/實際範圍(E)/前次(P)/比例(S)/視窗(W)] <即時>: w
指定第一角點: 指定對角點:
指令: '_pan
請按下 ESC 或 ENTER 結束，或按一下滑鼠右邊按鈕以顯示快顯功能表。

指令: '_pan
請按下 ESC 或 ENTER 結束，或按一下滑鼠右邊按鈕以顯示快顯功能表。

指令: '_style
指令:
指令: li LIST 1 找到

                    MTEXT      圖層: 「08文字」
                               空間: 模型空間
                    顏色: 7 (白色)     線型: 「依圖層」
                    處理碼 = A6E
位置:        X= 985.5395  Y= 949.3469  Z=    0.0000
寬度:         515.3278
法線:        X=    0.0000  Y=    0.0000  Z=    1.0000
旋轉:                 0
字型:            「Standard」
文字高度:        15.0000
行距:         多重 (1.000000x =    25.0000)
貼附:         左上
流向:         由左至右
內容:         {\C4;臥室-1}

指令:
```

STEP 2 至 AutoCAD 下拉式指令的 "格式/字型"

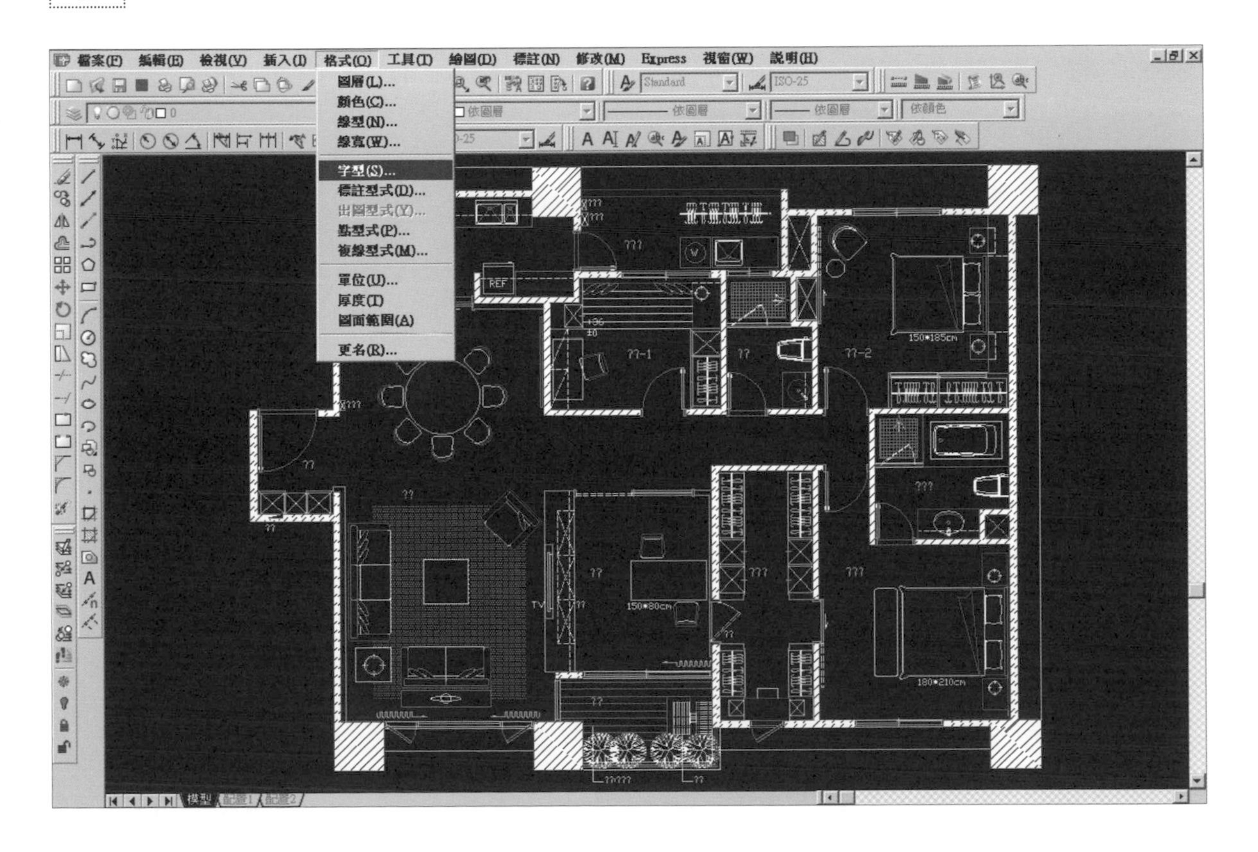

STEP 3 會出現 "字型"的介面，至左上角的 "字型名稱"欄位點選需取代的字型。因剛查尋文字的字型為 "Standard"字型，就設定為取代，設定好時此欄位為藍色狀態。

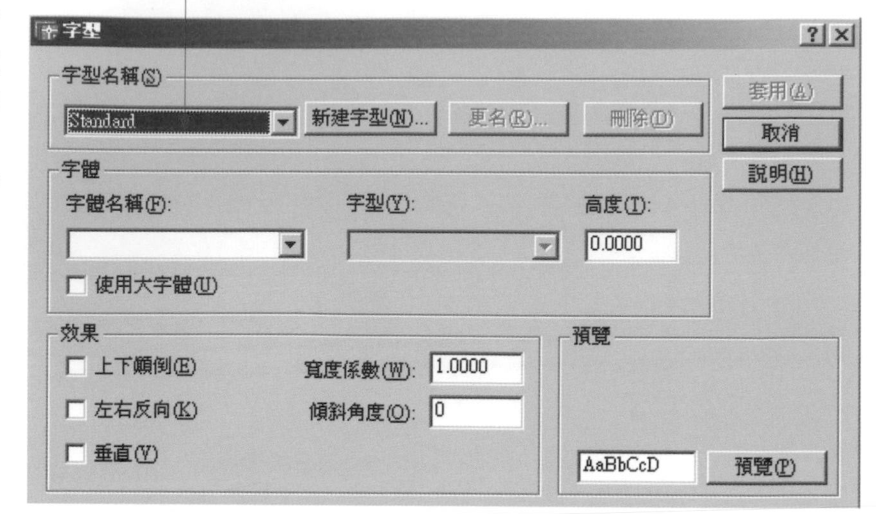

STEP 4 至字體名稱設定欄位的捲軸往下拉到底會看到為 "新細明體"或者 "細明體"，這兩種字體名稱其中一個都可以取代任何的字體名稱。

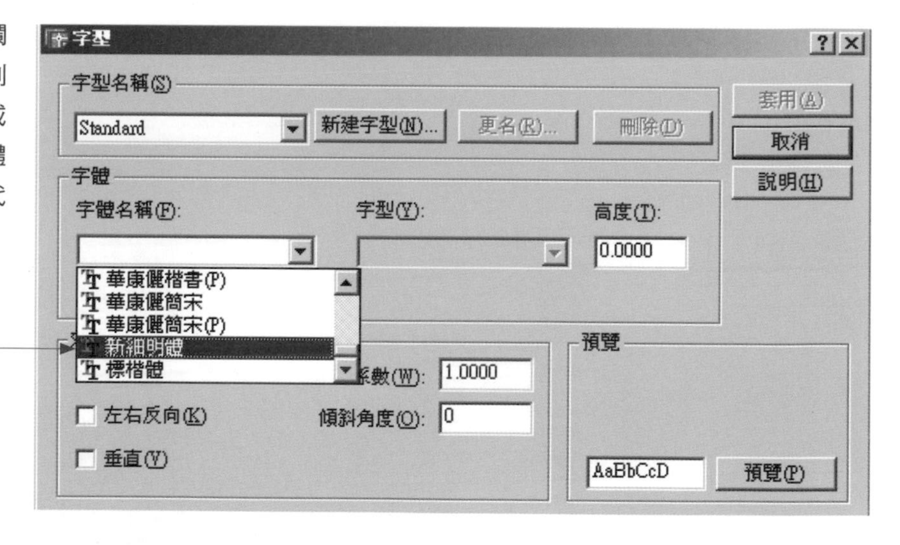

STEP 5 字體設定為 "新細明體"時，右上方的 "套用"會由灰色呈現黑色，請點選執行套用取代的動作。

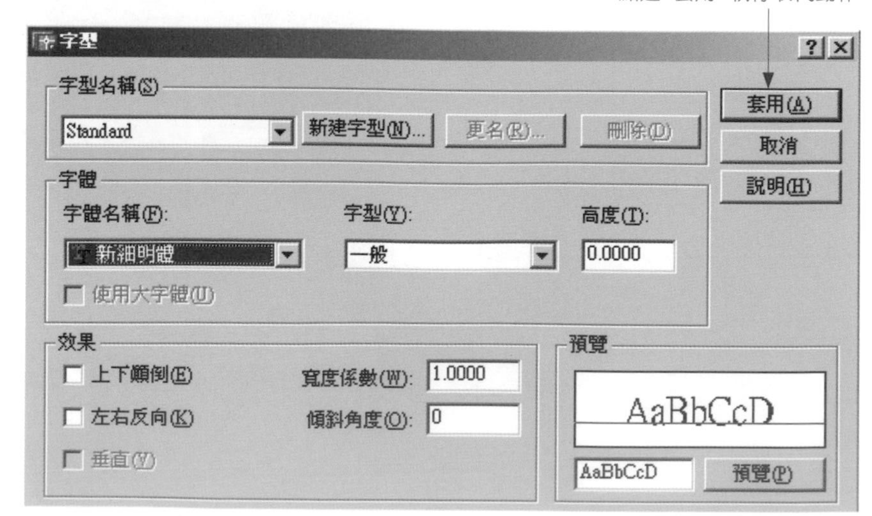

STEP 6 再點選 "關閉" 這樣表示文字字型取代動作已完成。

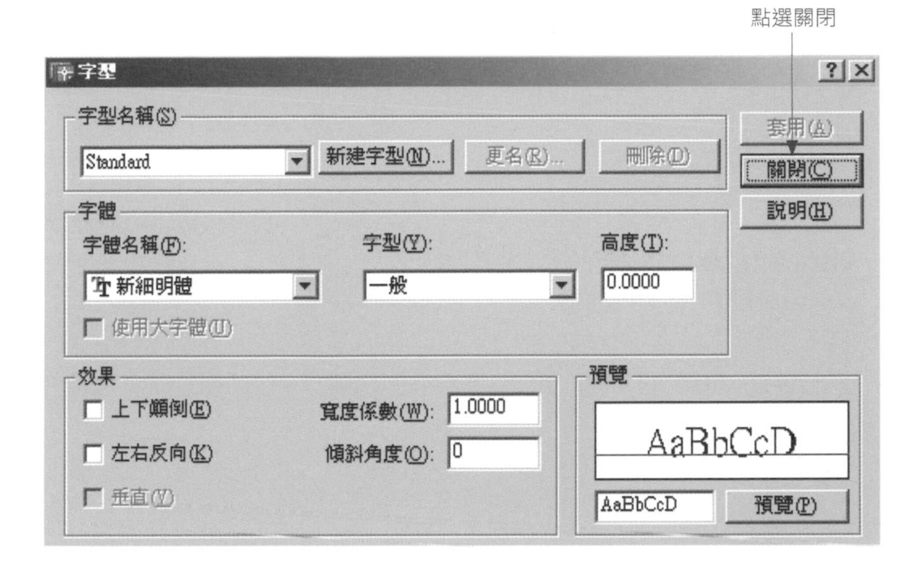

STEP 7 當執行完第六個步驟時，桌面視窗會切到AutoCAD桌面，此時圖面的文字就會由 "???" 顯示新細明體的中文文字。

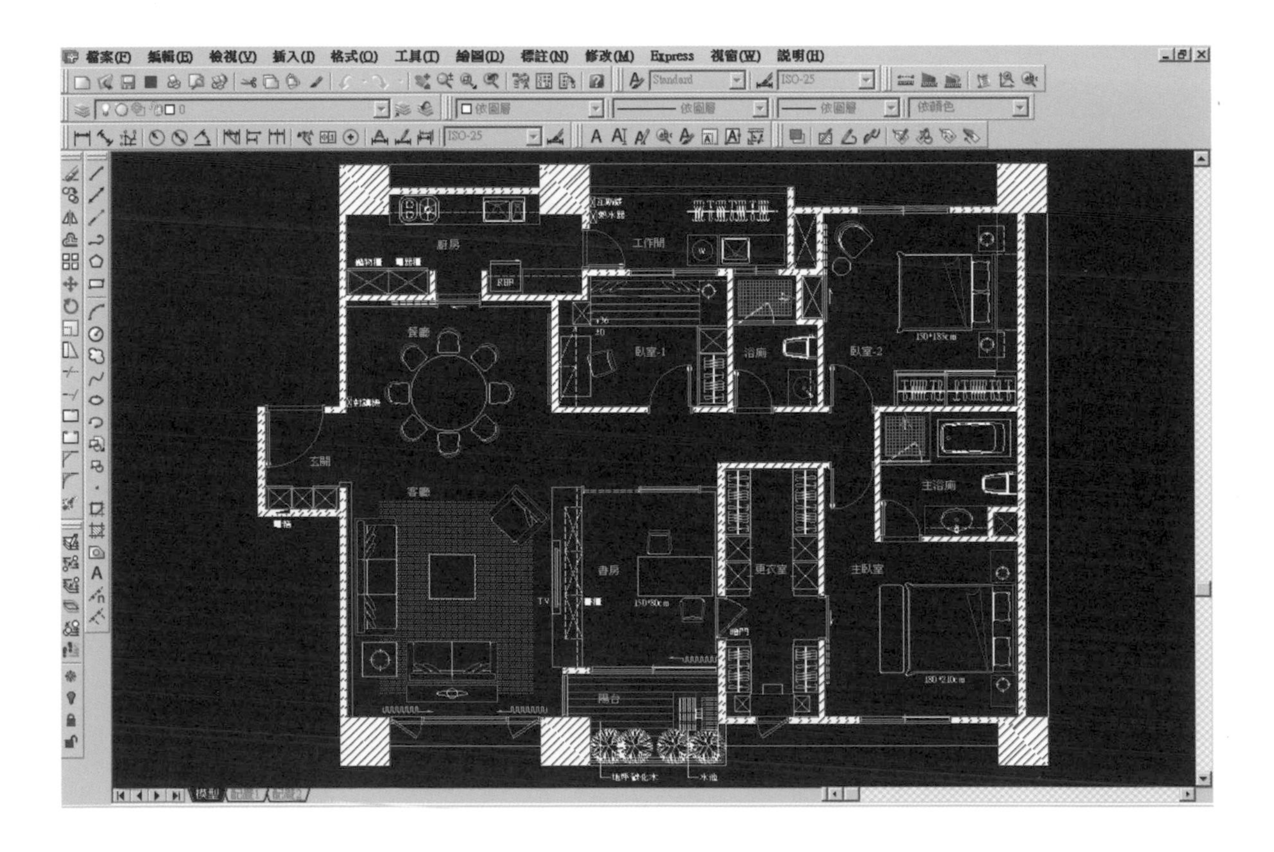

5-7 快速繪製圖面的方法

室內設計大部份著重線條上圖面的處理，在一張圖面或者一套圖面時，有時會面臨時間上的緊迫而處於趕圖的狀態。所以，圖面的速度是非常重要的！

而讓圖面能快速的完成是有方法的，可用 AutoCAD 的簡寫指令(又稱為快捷鍵)取代使用下拉式或點選指令的動作，使用頻繁率高的指令只需按一鍵就可執行，可縮減下拉式或點選所花費 2-4 秒的時間，增加了繪製圖面的效率。

鍵盤與快捷鍵的應用上，只要記住常使用的指令英文簡寫，例如:MOVE (移動)簡寫指令為 "M"，只要按鍵盤的 "M" 便是執行移動的動作，透過下圖可以了解哪些鍵盤可以快速執行 AutoCAD 的指令。

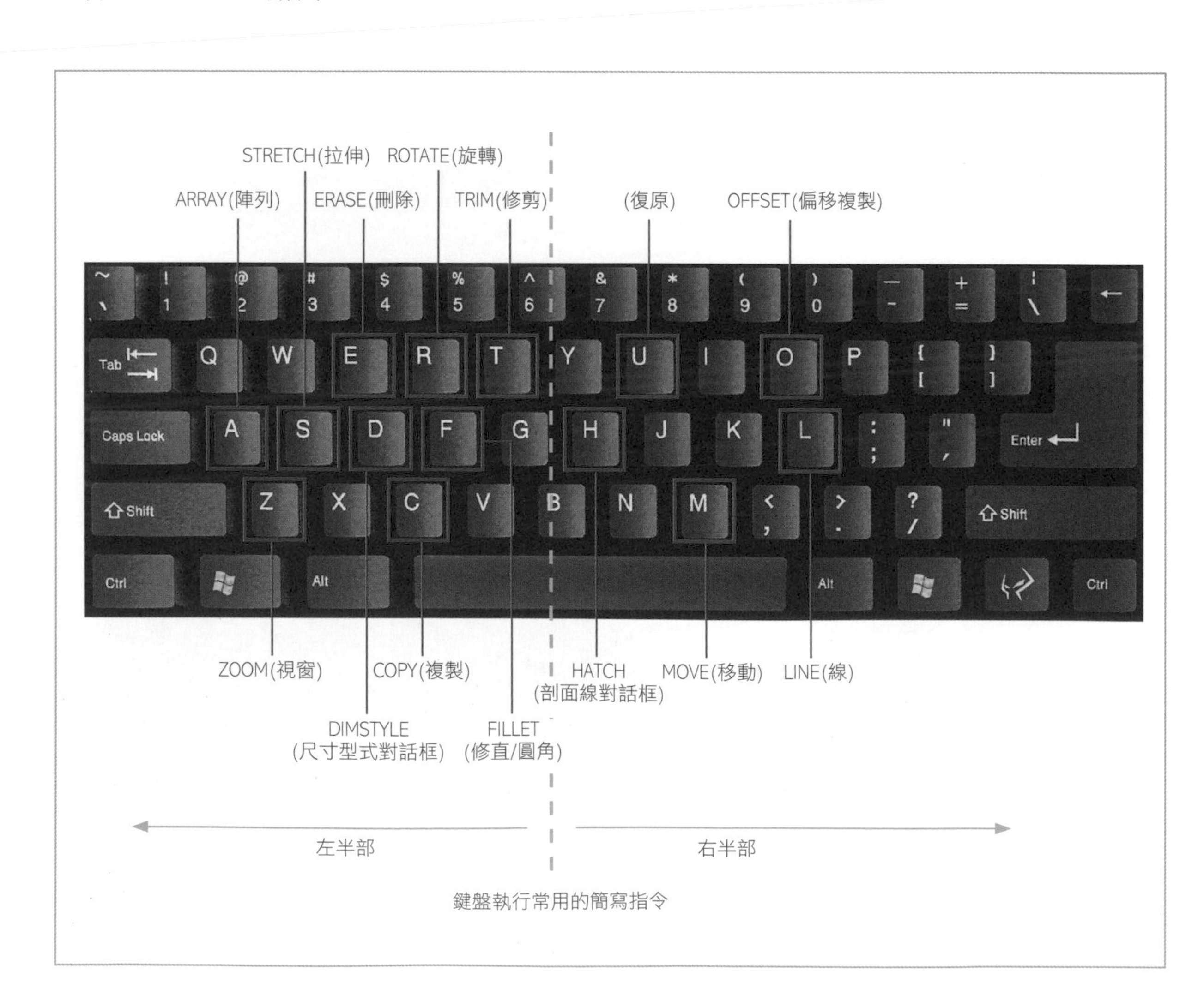

鍵盤執行常用的簡寫指令

+ 自訂簡寫指令

AutoCAD已經編寫好簡寫指令，路徑在下拉式指令的 "工具/自訂/編輯/程式參數(acad.pgp)" 裡。

簡寫指令路徑

點進去後會出現"acad-記事本"，捲軸往下拉有一區是簡寫指令編寫區(右圖紅色虛線範圍)。

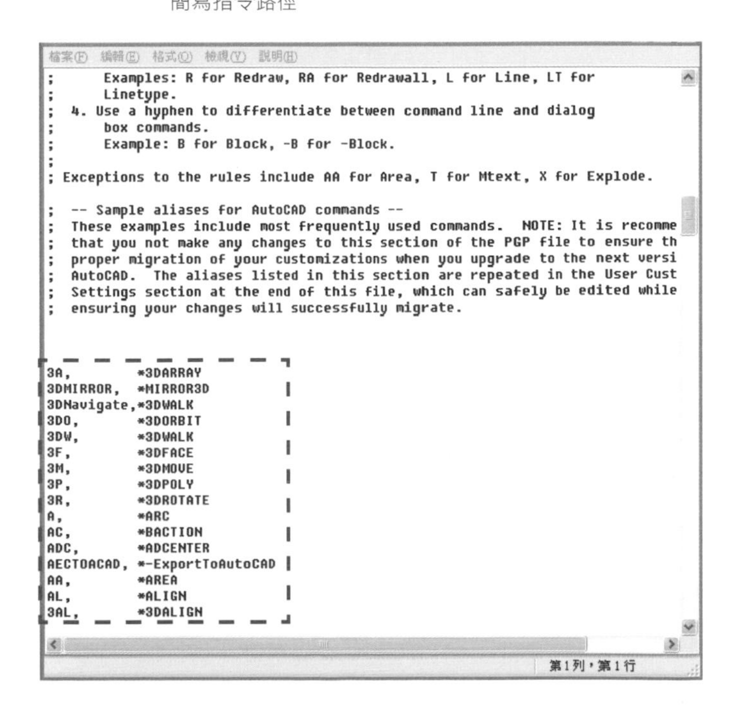

```
;       Examples: R for Redraw, RA for Redrawall, L for Line, LT for
;       Linetype.
;    4. Use a hyphen to differentiate between command line and dialog
;       box commands.
;       Example: B for Block, -B for -Block.
;
; Exceptions to the rules include AA for Area, T for Mtext, X for Explode.

;   -- Sample aliases for AutoCAD commands --
;   These examples include most frequently used commands.  NOTE: It is recomme
;   that you not make any changes to this section of the PGP file to ensure th
;   proper migration of your customizations when you upgrade to the next versi
;   AutoCAD.  The aliases listed in this section are repeated in the User Cust
;   Settings section at the end of this file, which can safely be edited while
;   ensuring your changes will successfully migrate.


3A,          *3DARRAY
3DMIRROR,    *MIRROR3D
3DNavigate,*3DWALK
3DO,         *3DORBIT
3DW,         *3DWALK
3F,          *3DFACE
3M,          *3DMOVE
3P,          *3DPOLY
3R,          *3DROTATE
A,           *ARC
AC,          *BACTION
ADC,         *ADCENTER
AECTOACAD,   *-ExportToAutoCAD
AA,          *AREA
AL,          *ALIGN
3AL,         *3DALIGN
```

但編修指令需注意：

1. 需照原有編寫格式形式編改、不能重複編改同一指令，不然 AutoCAD 作業會不正常。
2. 編修簡寫指令時，使用率比較高的指令以編改為一個英文母去執行為宜，也就是只須要按一個鍵就可執行。

初次編修可以先試著依下列圖片增減幾個指令步驟去做，更改完畢儲存後電腦再重新開機，重新進入 AutoCAD 作業系統繪圖時，簡寫指令就會依先前更改的設定去執行，試試用簡寫指令操作，會發現繪圖速度快很多。

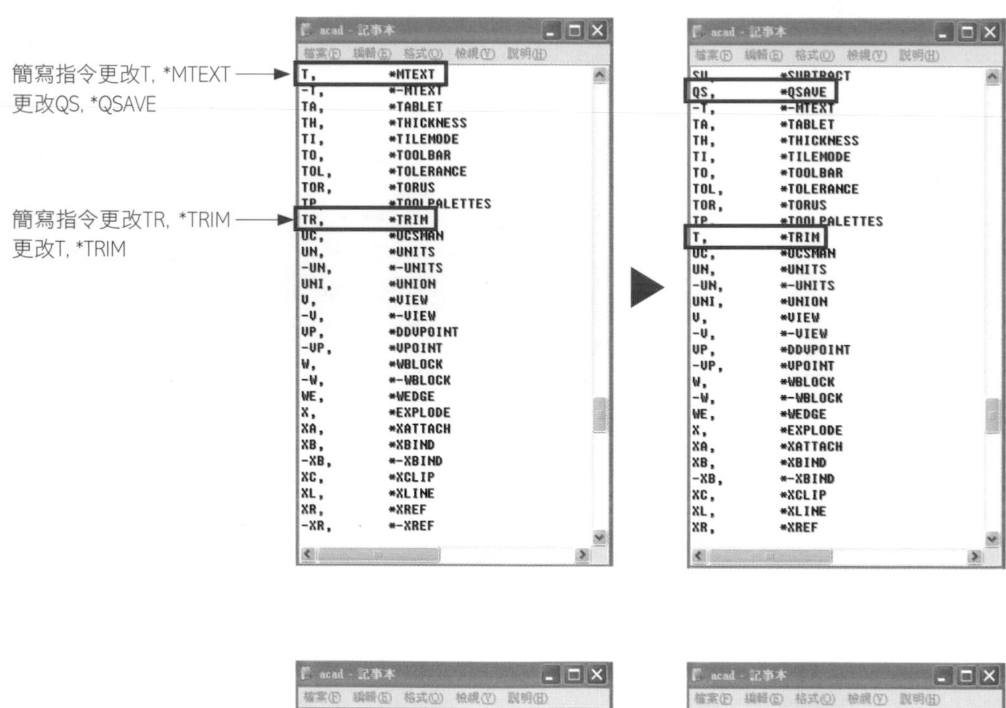


```
acad - 記事本
檔案(F) 編輯(E) 格式(O) 檢視(V) 說明(H)
T,          *MTEXT
-T,         *-MTEXT
TA,         *TABLET
TH,         *THICKNESS
TI,         *TILEMODE
TO,         *TOOLBAR
TOL,        *TOLERANCE
TOR,        *TORUS
TP,         *TOOLPALETTES
TR,         *TRIM
UC,         *UCSMAN
UN,         *UNITS
-UN,        *-UNITS
UNI,        *UNION
V,          *VIEW
-V,         *-VIEW
VP,         *DDVPOINT
-VP,        *VPOINT
W,          *WBLOCK
-W,         *-WBLOCK
WE,         *WEDGE
X,          *EXPLODE
XA,         *XATTACH
XB,         *XBIND
-XB,        *-XBIND
XC,         *XCLIP
XL,         *XLINE
XR,         *XREF
-XR,        *-XREF
```

```
acad - 記事本
檔案(F) 編輯(E) 格式(O) 檢視(V) 說明(H)
SU,         *SUBTRACT
QS,         *QSAVE
-T,         *-MTEXT
TA,         *TABLET
TH,         *THICKNESS
TI,         *TILEMODE
TO,         *TOOLBAR
TOL,        *TOLERANCE
TOR,        *TORUS
TP,         *TOOLPALETTES
T,          *TRIM
UC,         *UCSMAN
UN,         *UNITS
-UN,        *-UNITS
UNI,        *UNION
V,          *VIEW
-V,         *-VIEW
VP,         *DDVPOINT
-VP,        *VPOINT
W,          *WBLOCK
-W,         *-WBLOCK
WE,         *WEDGE
X,          *EXPLODE
XA,         *XATTACH
XB,         *XBIND
-XB,        *-XBIND
XC,         *XCLIP
XL,         *XLINE
XR,         *XREF
```

```
acad - 記事本
檔案(F) 編輯(E) 格式(O) 檢視(V) 說明(H)
3A,         *3DARRAY
3DO,        *3DORBIT
3F,         *3DFACE
3P,         *3DPOLY
A,          *ARC
ADC,        *ADCENTER
AA,         *AREA
AL,         *ALIGN
AP,         *APPLOAD
AR,         *ARRAY
-AR,        *-ARRAY
ATT,        *ATTDEF
-ATT,       *-ATTDEF
ATE,        *ATTEDIT
-ATE,       *-ATTEDIT
ATTE,       *-ATTEDIT
B,          *BLOCK
-B,         *-BLOCK
BH,         *BHATCH
BO,         *BOUNDARY
-BO,        *-BOUNDARY
BR,         *BREAK
C,          *CIRCLE
CH,         *PROPERTIES
-CH,        *CHANGE
CHA,        *CHAMFER
CHK,        *CHECKSTANDARDS
COL,        *COLOR
COLOUR,     *COLOR
CO,         *COPY
```

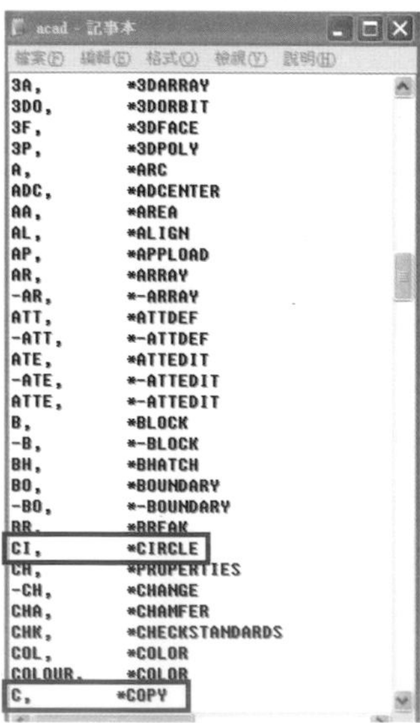

```
acad - 記事本
檔案(F) 編輯(E) 格式(O) 檢視(V) 說明(H)
3A,         *3DARRAY
3DO,        *3DORBIT
3F,         *3DFACE
3P,         *3DPOLY
A,          *ARC
ADC,        *ADCENTER
AA,         *AREA
AL,         *ALIGN
AP,         *APPLOAD
AR,         *ARRAY
-AR,        *-ARRAY
ATT,        *ATTDEF
-ATT,       *-ATTDEF
ATE,        *ATTEDIT
-ATE,       *-ATTEDIT
ATTE,       *-ATTEDIT
B,          *BLOCK
-B,         *-BLOCK
BH,         *BHATCH
BO,         *BOUNDARY
-BO,        *-BOUNDARY
BR,         *BREAK
CI,         *CIRCLE
CH,         *PROPERTIES
-CH,        *CHANGE
CHA,        *CHAMFER
CHK,        *CHECKSTANDARDS
COL,        *COLOR
COLOUR,     *COLOR
C,          *COPY
```